国外计算机科学教材系列

算法设计技巧与分析
（修订版）

Algorithms Design Techniques and Analysis
Revised Edition

［沙特阿拉伯］ M. H. Alsuwaiyel 著

曹霑懋 译

U0290872

电子工业出版社
Publishing House of Electronics Industry
北京·BEIJING

内 容 简 介

本书是国际著名算法专家李德财教授主编的系列丛书 *Lecture Notes Series on Computing* 中的一本。本书涵盖了绝大多数算法设计中的一般技术，在讲解每一种技术时，阐述了它的应用背景，注重用与其他技术相比较的方法说明它的特征，并提供大量实际问题的例子。本书同时也强调了对每一种算法的详细的复杂性分析。全书分七部分共 18 章，从算法设计与算法分析的基本概念和方法入手，先后介绍了递归、分治、动态规划、贪心算法、图的遍历等技术，对 NP 完全问题进行了基本但清晰的讨论。作者对概率算法、近似算法和计算几何这些发展迅猛的领域也用一定的篇幅讲述了基本内容。书中每章后都附有大量的练习，有利于读者对书中内容的理解和应用。

本书结构简明，内容丰富，可作为计算机学科及相关学科算法课程的教材或参考书，尤其适合已有数据结构和离散数学基础的算法课程，也可作为从事算法研究的工作人员的参考书籍。

版权贸易合同登记号　图字：01-2018-7258

图书在版编目（CIP）数据

算法设计技巧与分析：修订版/（沙特阿拉伯）M. H. 阿苏外耶（M. H. Alsuwaiyel）著；曹霑懋译. —北京：电子工业出版社，2023.1

书名原文：Algorithms Design Techniques and Analysis, Revised Edition

国外计算机科学教材系列

ISBN 978-7-121-44661-0

Ⅰ. ①算… Ⅱ. ①M… ②曹… Ⅲ. ①电子计算机 – 算法设计 – 高等学校 – 教材 ②电子计算机 – 算法分析 – 高等学校 – 教材 Ⅳ. ①TP301.6

中国版本图书馆 CIP 数据核字（2022）第 236072 号

责任编辑：冯小贝

印　　刷：北京虎彩文化传播有限公司
装　　订：北京虎彩文化传播有限公司
出版发行：电子工业出版社
　　　　　北京市海淀区万寿路 173 信箱　　邮编：100036
开　　本：787×1092　1/16　印张：22　字数：620 千字
版　　次：2004 年 8 月第 1 版
　　　　　2023 年 1 月第 2 版
印　　次：2025 年 1 月第 4 次印刷
定　　价：79.00 元

凡所购买电子工业出版社图书有缺损问题，请向购买书店调换。若书店售缺，请与本社发行部联系，联系及邮购电话：(010)88254888，88258888。

质量投诉请发邮件至 zlts@phei.com.cn，盗版侵权举报请发邮件至 dbqq@phei.com.cn。

本书咨询联系方式：fengxiaobei@phei.com.cn。

修订版译者序

这本书的第一版在国内高校使用已超过 20 年了。感谢朱洪教授推荐了一本内容合适的教材，为高校算法课程的教师提供了一个很好的教材选择。

在本书的修订版中，内容组织结构有了较多的调整，特别对新的发展趋势及算法应用领域进行了补充。新版内容很适合国内相关课程的需要。本书只提及少量的数据结构概念，避免了和数据结构课程内容的重叠。本书把阐述的重点放在了算法设计技术和算法分析方面。修订版增加了关于随机化的数学基础内容。部分内容调整具体列举如下：附录 A 新增了数学基础知识；附录 B 是全新的，讨论了概率及统计的基本知识；其他各章也有部分内容调整，练习也连带有调整，比如第 1 章新增了 1.15 节"分治法递归式"，丰富了算法分析的相关实例。另外，随机算法中的内容也有所增加，可以消除学生在了解新兴算法领域时的陌生感。

这本书内容全面，取舍较好。对大学生参加 ICPC 竞赛有明显帮助。通过数年的观察对比，学习完这本书的学生，其分析与解决问题的能力明显增强，并且竞赛成绩明显提升。这从实际效果上体现了本书具有完整性、合理性的优势，并且也有助于提高学生将相关模型转化为算法的能力。

在翻译过程中，译者想使中文内容表达准确、流畅、易于理解，但鉴于译者水平所限，书中缺点乃至错误恐怕难以避免。欢迎各位专家及广大读者批评指正。

感谢并致敬本书上一版本的译者吴伟昶、方世昌老师及审校者朱洪老师，感谢他们的辛苦付出。

曹霑懋

前　言①

　　早在 20 世纪 60 年代初期，电子计算机用户便开始注意程序的执行性能，计算机算法领域随即活跃起来。在那个年代，计算机的有限资源也促进了有效算法的设计。人们在这个领域进行了广泛的研究之后，出现了大量解决不同问题的有效算法。属于一定问题类的不同问题之间的相似性产生了一般算法设计技术，本书所强调的大多数算法设计技术在解决许多问题中已经证明是有用的。涵盖顺序算法设计中的最普遍技术是本书的一个尝试。对于每一种技术都通过如下方法表述：首先，叙述这种技术可以应用的场合；其次，总结出它的技术特点；再次，如果可能，和其他技术进行比较；最后也是最重要的，通过把它应用在几个实际问题中来举例说明这种技术。

　　虽然本书的主题是算法设计技术，但也强调了算法设计中的另一个重要组成部分：算法分析。本书对大多数给出的算法进行了详细的分析。附录 A 给出了在算法分析中有用的数学基础知识，第 10 章是计算复杂性领域的一个导论，第 11 章论述了在求解各种问题时建立下界的基础。这几章在有效算法的设计中是不可缺少的。

　　本书论述的重点是设计技术的实际应用。每一种技术通过提供具备充足数据的求解某些问题的算法来说明，这些问题通常出现在科学和工程的许多应用中。

　　在本书中，算法的表现方式是比较直接的，并且使用了与结构化程序设计语言的语法类似的伪代码，例如 if-then-else、for 和 while 结构。在需要时，伪代码中混有说明性文字。利用说明性文字描述算法的一部分当然是有益的，它可以使读者花费最少的时间来了解算法思想。但是有时用伪代码会使算法描述变得更简单和更形式化。例如，赋值语句

$$B[1\cdots n] \leftarrow A[1\cdots n]$$

的功能是，对于 $1 \leqslant i \leqslant n$ 中的所有 i，用每个 $A[i]$ 代替每个 $B[i]$。利用 for…end for 结构，或者用简洁的说明性文字，都不会比这条赋值语句表述得更清楚和更简单。

　　本书分为七个部分，每部分由相关的几章组成，每章包含具有共同特征或相同主题的一些算法设计技术。第一部分是为本书的余下部分做准备的，另外也提供了后面章节需要的背景材料。第二部分致力于递归设计技术的研究，它是极其重要的，因为这部分强调了计算机科学领域中的一个基本工具：递归。第三部分涉及了两个直观和自然的设计技术：贪心算法和图的遍历。第四部分是关于研究"对于一个给定问题，或者为这个问题提供一个有效算法，或者证明它是难解的"所需要的一些技术。这部分包含了 NP 完全问题、计算复杂性和下界的相关内容。第五部分讨论了应对困难问题的技术，这些技术包括回溯、随机化，以及在合理的时间内寻找合理的可接受的近似解。第六部分利用两个受到高度关注的重要问题——寻找网络最大流及在无向图中寻找最大匹配，介绍了迭代改进的概念，以得出越来越有效的算法。最后，第七部分介绍了一个快速发展的领域——计算几何。其中，我们以这个

---

　　① 中文翻译版的一些字体、正斜体、图示沿用英文原版的写作风格。

领域中的重要问题作为例子，讲解了广泛使用的几何扫描技术。在另外一章中，讨论了Voronoi图解这个通用的工具，并且讲述了它的一些应用。

本书可作为算法设计与分析课程的教材，其中包含了可作为两学期算法课程的内容。第1章到第9章提供了大学本科三、四年级算法课程的核心材料，有些内容可以略过，如合并查找算法的平摊分析、稠图情况下的最短路径和最小生成树的线性时间算法。教师可能会发现，加上后面章节的一些内容，如回溯、随机算法、近似算法或几何扫描是很有用的。余下的内容可用于研究生的算法课程。

本书所要求的预备知识已经减到最少，仅需要离散数学和数据结构的基本知识。

感谢 King Fahd University of Petroleum & Minerals(KFUPM)的支持和对手稿准备工作提供的帮助。本书的编写得到 KFUPM 的项目 ics/algorithm/182 的资助。我还要感谢那些认真阅读手稿各部分且提出许多有益建议的人，包括一些在 KFUPM 学习算法课程的本科生和研究生。特别感谢 S. Albassam、H. Almuallim 和 S. Ghanta 的珍贵评注。

M. H. Alsuwaiyel

Dhahran, Saudi Arabia

目　录

第一部分　基本概念和算法导引

第二部分　基于递归的技术

第三部分　最先割技术

第四部分　问题的复杂性

第一部分　基本概念和算法导引

本书这一部分涉及学习算法设计和分析的基本工具与准备知识。

第 1 章有意为本书其余部分做准备。这一章将讨论一些简单算法的例子，这些算法用来解决几乎在所有计算机科学应用中都会遇到的某些基本问题，包括搜索、合并和排序。参考这些示例算法，接着研究作为算法分析基础的数学知识，尤其对如何分析一个给定算法的运行时间和所需空间进行了详细研究。

第 2 章重温一些算法设计时常用的基本数据结构。本章并没有详细介绍相关的内容，如果想要深入学习，读者应选读有关数据结构的教材。

第 3 章较详尽地讨论用来保持优先队列和不相交集的两种基本数据结构。在许多有效算法中（特别是图的算法设计中），这两种数据结构（堆和不相交集数据结构）被用作构件模块。本书中，堆被用来设计有效排序算法 HEAPSORT。在第 7 章中，堆还是解决单源最短路径问题、最小生成树问题和为数据压缩寻找可变长编码问题的有效算法，堆也被用在分支限界法中（在 12.5 节讨论）。7.3 节的算法 KRUSKAL 将用不相交集数据结构来寻找无向图中的最小生成树。在设计更加复杂的算法的有关文献中，这两种数据结构都已被广泛使用。

第1章　算法分析基本概念

1.1　引言

一般直觉意义上的算法就是由有限的指令集所组成的一个过程。从可能的输入集中给这个过程提供一个输入，通过系统地执行该指令集，对于这个特定的输入，当输出存在时，就能得到输出；当没有输出时，就什么结果也得不到。可能的输入集是指能让该算法给出一个输出的所有输入。如果对于一个特定的输入有一个输出，那么就说该算法能用于这一输入，执行该算法能够得到相应的输出。我们要求算法对于每一个输入能停下来，这意味着每一条指令只需有限的时间，同时每一个输入的长度是有限的。我们还要求对于一个合法输入，所对应的输出是唯一的。也就是说，当算法从一个特定的输入开始，多次执行同一指令集时，结果总是相同的，从这个意义上来讲算法是确定的。第13章在研究随机算法时将放宽这一条件。

在计算机科学领域，算法设计与分析是十分重要的。正如 Donald E. Knuth 所说，"计算机科学就是算法的研究"。这没什么可惊讶的，因为计算机科学的每个领域都高度依赖于有效算法的设计。举个简单例子，编译程序和操作系统不外乎就是具有特定目标的算法的直接实现。

本章的目的有两个：首先介绍一些简单的算法，特别是与搜索和排序相关的一类算法；其次讲述用于算法设计和分析的基本概念。由于算法的"运行时间"这一概念对于设计有效算法是至关重要的，因此我们将对它进行深入讨论。总之，时间是衡量算法有效性的最好测度。我们也会讨论其他重要资源的测度，比如一个算法所需要的空间等。

本章给出的算法虽然简单，但都是用于解释某些算法概念的许多例子的基础。从简单有用的且在更复杂的算法中被用作构件模块的算法开始学习，这是非常有益的。

1.2　历史背景

20世纪早期，尤其在30年代，能否用一种有效的过程（即相当于现在所说的算法）来求解问题受到了人们的广泛关注。在那时，人们的注意力是放在问题的可解或不可解的分类上，即是否存在有效过程来求解问题。为此，学术界产生了对计算模型的需要。如果应用这个模型能够建立一个算法来求解这个问题，那么这个问题就被归入可解的问题类。其中的一些模型有哥德尔（Gödel）的递归函数、丘奇（Church）的 λ 演算、波斯特（Post）的波斯特机和图灵（Turing）的图灵机。RAM 计算模型是作为实际的计算机器理论的补充被引入的。根据丘奇的论断，所有这些模型是等效的，即意味着如果一个问题在其中的一个模型上是可解的，那么对于所有其他的模型，该问题都是可解的。

令人惊奇的是，基于以上观点，"几乎所有"的问题都是不可解的。可以简单地进行如下证明：由于可以将每个算法都看成一个函数，其定义域是非负整数集合，值域是实数集合，因此计算的函数集合是不可数的。而任何算法，或更精确地说一个程序，可以被编码成一个二进制的串，它对应于一个唯一的正整数，因此可以被计算的函数的个数是可数的。这样可以非正式地说，可解问题的个数和整数集合（它是可数的）是等量的，而不可解问题的个数和实数集合（它是不可数的）是等量的。举个简单的例子，不能构建这样一个算法来确定在 π 的十进制表示形式中是否存在 7 个连续的 1。这是从算法的定义得到的，因为根据规定，运行算法所允许的时间必须是有限的。另一个例子是，确定一个包含 n 个变量 $x_1, x_2, \cdots, x_n$ 的多项式方程是否有整数解。不管采用功能多么强大的计算机器，这个问题都是不可解的。我们把问题的可判定性和可解性的研究领域称为可计算性理论或计算理论，虽然一些计算机科学家主张把现代算法领域包含到这门学科中。

数字计算机出现以后，对于可解问题研究的要求越来越多。起初，人们满足于一个简单的程序能够在它需要的时间内求解一个特定的问题，而不考虑资源量。之后，由于有限的可用资源和开发复杂算法的要求，人们提出了对尽可能少占用资源的有效算法的需求。这导致在计算领域中出现了一个称为计算复杂性的新领域。在这个领域中，人们研究可解类问题的效率。所谓效率，是指解决问题所需的时间和空间。后来又包括一些其他资源，例如，当用并行计算模型分析问题时，要考虑通信费用和处理器个数。

遗憾的是，这种研究产生的一些结论是否定的：有许多自然问题由于需要巨量的资源，在特定的时间内实际上是不可解的。而另一方面，人们已经设计出一些有效算法来解决许多问题。不仅如此，这些算法已在这样的意义上被证明是最优的——即使发现了解决同一问题的新算法，它在效率上的收益也几乎是最小的。例如，人们已对一组元素的排序问题进行了广泛的研究，作为结果，已经设计出几种有效算法来解决这类问题，而且已经证明这些算法在效率上是最优的，即以后不可能设计出实质上更好的算法。

1.3　二分搜索

从本节起，在搜索和排序问题的内容中，我们都假定元素取自于线序集合，例如整数集合。在一些类似的问题中，如查找中项、第 k 小的元素等问题中也做此假设。设 $A[1 \cdots n]$ 为 n 个元素的数组，考虑这样的问题：判定给定元素 x 是否在 A 中。这个问题也可以这样表述：寻找索引 j，$1 \leqslant j \leqslant n$，如果 x 在 A 中，有 $x = A[j]$，否则 $j = 0$。一种直接的方法是扫描 A 中的所有元素，将每个元素与 x 进行比较，如果在 j 次比较后（$1 \leqslant j \leqslant n$）搜索成功，即 $x = A[j]$，则返回 j 的值；否则返回 0，表示没有找到。这种方法称为顺序搜索，由于元素比较的最大次数随序列的大小呈线性增长，所以又称为线性搜索，见算法 1.1。

算法 1.1　LINEARSEARCH
输入：n 个元素的数组 $A[1 \cdots n]$ 和元素 x。
输出：如果 $x = A[j]$，$1 \leqslant j \leqslant n$，则输出 j；否则，输出 0。

1. $j \leftarrow 1$
2. **while** $(j < n)$ **and** $(x \neq A[j])$
3. 　　$j \leftarrow j + 1$
4. **end while**
5. **if** $x = A[j]$ **then return** j **else return** 0

直观地说，如果没有更多的关于 A 中元素顺序的信息，那么扫描 A 中所有的元素是不可避免的。但是，如果知道 A 中的元素按非降序排列，那么存在一种效率高得多的算法。下面的例子说明了这种有效搜索算法。

例 1.1　考虑搜索数组

$$A[1\cdots14] = \boxed{\begin{array}{|c|c|c|c|c|c|c|c|c|c|c|c|c|c|} 1 & 4 & 5 & 7 & 8 & 9 & 10 & 12 & 15 & 22 & 23 & 27 & 32 & 35 \end{array}}$$

本例中要搜索的元素 $x=22$。首先将 x 与 A 的中间元素做比较，$A[\lfloor(1+14)/2\rfloor]=A[7]=10$，由于 $22>A[7]$，并且 $A[i]\leqslant A[i+1]$，$1\leqslant i<14$，x 不在 $A[1\cdots7]$ 中，因此可以把序列的这一部分舍弃掉。我们来看剩余子序列

$$A[8\cdots14] = \boxed{\begin{array}{|c|c|c|c|c|c|c|} 12 & 15 & 22 & 23 & 27 & 32 & 35 \end{array}}$$

接着将 x 和剩余子序列的中间元素做比较，$A[\lfloor(8+14)/2\rfloor]=A[11]=23$，由于 $22<A[11]$，并且 $A[i]\leqslant A[i+1]$，$11\leqslant i<14$，x 不会在 $A[11\cdots14]$ 中，因此可以把序列的这一部分也舍弃掉。这样，待搜索的序列的剩余部分现在减少为

$$A[8\cdots10] = \boxed{\begin{array}{|c|c|c|} 12 & 15 & 22 \end{array}}$$

重复上述过程，去掉 $A[8]$ 和 $A[9]$，留在序列里待搜索的仅剩下一个元素 $A[10]=22$。最后找到 $x=A[10]$，搜索成功完成。

一般令 $A[low\cdots high]$ 为元素按非降序排列的非空数组，$A[mid]$ 为中间元素，假定 $x>A[mid]$，注意如果 x 在 A 中，则它必定是 $A[mid+1]$，$A[mid+2]$，$\cdots$，$A[high]$ 中的一个，接下来只需在 $A[mid+1\cdots high]$ 中搜索 x，换句话说，$A[low\cdots mid]$ 中的元素在后续的比较中被舍弃掉了。因为根据前面的假定，A 按升序排列，这意味着 x 不会在 $A[low\cdots mid]$ 这部分数组中。类似地，如果 $x<A[mid]$，只需在 $A[low\cdots mid-1]$ 中搜索 x。由于重复进行二等分，形成了一个称为二分搜索的有效策略，算法 BINARYSEARCH 给出了该方法的形式化描述。

算法 1.2　BINARYSEARCH

输入：n 个元素的非降序数组 $A[1\cdots n]$ 和元素 x。

输出：如果 $x=A[j]$，$1\leqslant j\leqslant n$，则输出 j；否则，输出 0。

1. $low \leftarrow 1$; $high \leftarrow n$; $j \leftarrow 0$
2. **while** $(low\leqslant high)$ **and** $(j=0)$
3. 　$mid \leftarrow \lfloor(low+high)/2\rfloor$
4. 　**if** $x=A[mid]$ **then** $j \leftarrow mid$
5. 　**else if** $x<A[mid]$ **then** $high \leftarrow mid-1$
6. 　**else** $low \leftarrow mid+1$
7. **end while**
8. **return** j

1.3.1　二分搜索算法分析

从本节起，我们假定每个三向比较(if-then-else)都计为一次比较。显然最小的比较次数是 1，即被搜索的元素 x 在序列的中间位置。为了找到最大的比较次数，先考察在数组

$\boxed{2}\,\boxed{3}\,\boxed{5}\,\boxed{8}$ 上二分搜索的应用。如果搜索 2 或 5，则需要 2 次比较，而搜索 8 需要 3 次比较。在未成功搜索的情况下，很容易知道搜索 1,4,7,9 这些元素各自需要 2,2,3,3 次比较。不难看出，一般只要 x 大于或等于序列中的最大元素，算法总要执行最大次数的比较。本例中，搜索任何大于或等于 8 的元素都要用 3 次比较。这样，为了找到最大比较次数，不失一般性，我们假定 x 大于或等于 $A[n]$。

例 1.2　假定要在下面的数组 A 中搜索 $x = 35$ 或 $x = 100$：

$$A[1\cdots14] = \boxed{1}\,\boxed{4}\,\boxed{5}\,\boxed{7}\,\boxed{8}\,\boxed{9}\,\boxed{10}\,\boxed{12}\,\boxed{15}\,\boxed{22}\,\boxed{23}\,\boxed{27}\,\boxed{32}\,\boxed{35}$$

在执行算法的每一次迭代中，都要丢弃数组前面一半的元素，直到只剩下一个元素：

$$\boxed{12}\,\boxed{15}\,\boxed{22}\,\boxed{23}\,\boxed{27}\,\boxed{32}\,\boxed{35} \to \boxed{27}\,\boxed{32}\,\boxed{35} \to \boxed{35}$$

因此，为了计算执行算法 BINARYSEARCH 的元素比较次数的最大值，可以假定 x 大于或等于将要被搜索的序列中的所有元素。为了计算第二次迭代时 $A[1\cdots n]$ 中剩余元素的数目，要根据 n 是奇数还是偶数分两种情况进行考虑。如果 n 是偶数，则在 $A[mid+1\cdots n]$ 中的元素数目是 $n/2$，否则是 $(n-1)/2$。这样两种情况下都有：$A[mid+1\cdots n]$ 中的元素数目恰好是 $\lfloor n/2 \rfloor$。

类似地，第三次迭代时，要搜索的剩余元素的数目是 $\lfloor \lfloor n/2 \rfloor/2 \rfloor = \lfloor n/4 \rfloor$ [见式（A.3）]。

一般情况下，在 while 循环中第 j 次循环时剩余元素的数目是 $\lfloor n/2^{j-1} \rfloor$。或者找到 x，或者要搜索的子序列的长度达到 1，任何一个条件满足都将停止循环。结果，搜索 x 的最大循环次数就是满足条件 $\lfloor n/2^{j-1} \rfloor = 1$ 时的 j 值。

根据底函数的定义，这种情况发生在当

$$1 \leqslant n/2^{j-1} < 2$$

或

$$2^{j-1} \leqslant n < 2^j$$

或

$$j-1 \leqslant \log n < j^{①}$$

时。因为 j 是整数，可以得出结论

$$j = \lfloor \log n \rfloor + 1$$

也可以选择把二分搜索算法的执行描述为决策树，即一棵显示算法执行过程的二叉树。图 1.1 描述的是与例 1.1 给定的数组对应的决策树，颜色加深的节点是与 x 做比较的数字。

注意决策树只是数组中元素数目的一个函数。图 1.2 显示了两个大小分别是 10 和 14 的数组所对应的决策树。如两个图所示，决策树中的最大比较次数都是 4。一般情况下，最大比较次数为 1 加上相应决策树的高度（见 2.5 节高度的定义）。由于一棵二叉树的高度为 $\lfloor \log n \rfloor$（见练习 1.4），我们可得出最大比较次数是 $\lfloor \log n \rfloor + 1$ 的结论。这样，实际上对如下定理已给出了两种证明。

---

① 除非另外说明，本书中所有对数的底是 2。x 的自然对数记为 $\ln x$。

定理 1.1　对于一个大小为 n 的有序数组，算法 BINARYSEARCH 执行比较的最大次数为 $\lfloor \log n \rfloor + 1$。

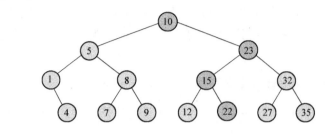

图 1.1　二分搜索过程的决策树

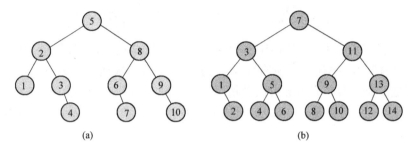

(a)　　　　　　　　　　　　　　　　　(b)

图 1.2　两个大小分别是 10 和 14 的数组所对应的决策树

1.4　合并两个已排序的表

假定有一个数组 $A[1 \cdots m]$，p,q,r 为它的三个索引，并有 $1 \leqslant p \leqslant q < r \leqslant m$，两个子数组 $A[p \cdots q]$ 和 $A[q+1 \cdots r]$ 各自按升序排列，我们要重新安排 A 中元素的位置，使得子数组 $A[p \cdots r]$ 也按升序排列。这就是合并 $A[p \cdots q]$ 和 $A[q+1 \cdots r]$ 的过程。合并这两个子数组的算法是这样工作的，我们使用两个指针 s 和 t，初始化时各自指向 $A[p]$ 和 $A[q+1]$，再用一个空数组 $B[p \cdots r]$ 作为暂存器。每一次比较元素 $A[s]$ 和 $A[t]$，将小的元素添加到辅助数组 B，如果相同就把 $A[s]$ 添加进去。然后更新指针，如果 $A[s] \leqslant A[t]$，则 s 加 1，否则 t 加 1。当条件 $s = q+1$ 或 $t = r+1$ 成立时，过程结束。在第一种情况下，我们把数组 $A[t \cdots r]$ 中的剩余元素添加到 B，而在另一种情况下，把数组 $A[s \cdots q]$ 中的剩余元素添加到 B。最后，把数组 $B[p \cdots r]$ 复制回 $A[p \cdots r]$。这一过程由算法 MERGE 给出。

算法 1.3　MERGE

输入：数组 $A[1 \cdots m]$ 和它的三个索引 p,q,r，$1 \leqslant p \leqslant q < r \leqslant m$，两个各自按升序排列的子数组 $A[p \cdots q]$ 和 $A[q+1 \cdots r]$。

输出：合并两个子数组 $A[p \cdots q]$ 和 $A[q+1 \cdots r]$ 的数组 $A[p \cdots r]$。

1. **comment**：$B[p \cdots r]$ 是个辅助数组
2. $s \leftarrow p$; $t \leftarrow q+1$; $k \leftarrow p$
3. **while** $s \leqslant q$ **and** $t \leqslant r$
4. 　　**if** $A[s] \leqslant A[t]$ **then**

5.　　　$B[k] \leftarrow A[s]$

6.　　　$s \leftarrow s+1$

7.　　**else**

8.　　　$B[k] \leftarrow A[t]$

9.　　　$t \leftarrow t+1$

10.　**end if**

11.　　$k \leftarrow k+1$

12.　**end while**

13.　**if** $s = q+1$ **then** $B[k \cdots r] \leftarrow A[t \cdots r]$

14.　**else** $B[k \cdots r] \leftarrow A[s \cdots q]$

15.　**end if**

16.　$A[p \cdots r] \leftarrow B[p \cdots r]$

算法 MERGE 的输入中用 n 来表示数组 $A[p \cdots r]$ 的大小，那么 $n = r-p+1$，我们现在寻找重新安排数组 $A[p \cdots r]$ 中元素所需的比较次数。必须强调，从现在起所说的算法执行需要的比较次数，是指元素比较，即输入数据中所含对象的比较。这样就与其他的比较（如需要执行 while 循环的比较）区分开了。

设有大小分别为 n_1 和 n_2 的两个子数组，$n_1 + n_2 = n$，如果小的子数组中的每一元素都比大的子数组中的所有元素小，例如，要合并下面两个子数组：

| 2 | 3 | 6 | 和 | 7 | 11 | 13 | 45 | 57 |

那么该算法只需执行 3 次比较。另一方面，比较次数最多为 $n-1$。例如，要合并下面两个子数组：

| 2 | 3 | 66 | 和 | 7 | 11 | 13 | 45 | 57 |

就需要 7 次比较。算法 MERGE 的最小比较次数是 n_1，最大是 $n-1$。

观察结论 1.1　执行算法 MERGE 将两个大小分别为 n_1 和 n_2 的非空数组合并成一个大小为 $n = n_1 + n_2$ 的有序数组。当 $n_1 \leqslant n_2$ 时，元素比较次数在 n_1 到 $n-1$ 之间。特别地，如果两个数组大小为 $\lfloor n/2 \rfloor$ 和 $\lceil n/2 \rceil$，则需要的比较次数在 $\lfloor n/2 \rfloor$ 到 $n-1$ 之间。

怎样确定元素赋值次数呢（这里是指涉及输入数据的赋值）？为了确定算法怎样工作，从而计算出元素赋值次数，可以先从 while 循环、if 条件等开始。很容易看出，B 中每个元素都恰好被赋值一次。同样，当把 B 复制回 A 时，A 中每个元素也恰好被赋值一次，因此可以得出下面的观察结论。

观察结论 1.2　使用算法 MERGE 将两个数组合并为一个大小为 n 的有序数组，元素赋值次数恰好是 $2n$。

1.5　选择排序

令 $A[1 \cdots n]$ 为一个有 n 个元素的数组，将 A 中元素进行排序的一种简单直接的算法如下：首先找到最小元素，将其存放在 $A[1]$ 中，然后在剩下的 $n-1$ 个元素中找到最小元素，将

其存放在 $A[2]$ 中，重复此过程直至找到第二大的元素，并将其存放在 $A[n-1]$ 中。这种方法在算法 SELECTIONSORT 中描述。

算法 1.4   SELECTIONSORT

输入：n 个元素的数组 $A[1\cdots n]$。

输出：按非降序排列的数组 $A[1\cdots n]$。

1. **for** $i \leftarrow 1$ **to** $n-1$
2. $k \leftarrow i$
3.   **for** $j \leftarrow i+1$ **to** n {查找第 i 小的元素}
4.   **if** $A[j] < A[k]$ **then** $k \leftarrow j$
5.   **end for**
6.   **if** $k \neq i$ **then**   交换 $A[i]$ 与 $A[k]$
7. **end for**

很容易看出，这个算法执行的元素比较次数恰好为

$$\sum_{i=1}^{n-1}(n-i) = (n-1) + (n-2) + \cdots + 1 = \sum_{i=1}^{n-1}i = \frac{n(n-1)}{2}$$

也可以看出，元素交换的次数在 0 与 $n-1$ 之间。由于每次交换需要 3 次元素赋值，因此元素赋值次数在 0 到 $3(n-1)$ 之间。

观察结论 1.3   执行算法 SELECTIONSORT 所需的元素比较次数为 $n(n-1)/2$，元素赋值次数在 0 到 $3(n-1)$ 之间。

1.6   插入排序

如观察结论 1.3 所述，无论输入数组中的元素如何排列，执行算法 SELECTIONSORT 的比较次数恰好是 $n(n-1)/2$。另外一种排序算法的比较次数依赖于输入元素的排列顺序，这种算法称为 INSERTIONSORT。该排序算法从大小为 1 的子数组 $A[1]$ 开始，$A[1]$ 自然是已经排好序的，接下来将 $A[2]$ 插入到 $A[1]$ 的前面或后面，这取决于 $A[2]$ 比 $A[1]$ 小还是比 $A[1]$ 大。继续这一过程，那么在第 i 次执行中，要将 $A[i]$ 插入到已排序的子数组 $A[1\cdots i-1]$ 中的合适位置上，应这样进行：依次扫描序号从 $i-1$ 到 1 的元素，每次都将 $A[i]$ 和当前位置的元素相比较。在扫描的每一步，元素都被移到序号更高的一个位置，这种执行比较和移位的扫描过程直到以下情况出现时为止：或者找到一个小于等于 $A[i]$ 的元素，或者前面已排序数组的元素都已扫描过。在这种情况下，$A[i]$ 已被插到合适的位置，插入 $A[i]$ 的过程就完成了。算法 1.5 描述了这一过程。

算法 1.5   INSERTIONSORT

输入：n 个元素的数组 $A[1\cdots n]$。

输出：按非降序排列的数组 $A[1\cdots n]$。

1. **for** $i \leftarrow 2$ **to** n
2. $x \leftarrow A[i]$

3.　　　　$j \leftarrow i - 1$

4.　　　　**while** $(j > 0)$ **and** $(A[j] > x)$

5.　　　　　　$A[j + 1] \leftarrow A[j]$

6.　　　　　　$j \leftarrow j - 1$

7.　　　　**end while**

8.　　　　$A[j + 1] \leftarrow x$

9. **end for**

与算法 SELECTIONSORT 不同，执行算法 INSERTIONSORT 时，元素比较次数取决于输入元素的顺序。很容易看出，当序列已按非降序排列时，元素比较次数最少。在这种情况下，元素的比较次数为 $n-1$，每一个元素 $A[i]$（$2 \le i \le n$）只和 $A[i-1]$ 相比较。在另一种情况下，当元素已按降序排列且所有元素各不相同时，元素比较次数最大。这时元素比较次数是

$$\sum_{i=2}^{n} i - 1 = \sum_{i=1}^{n-1} i = \frac{n(n-1)}{2}$$

因为每个元素 $A[i]$（$2 \le i \le n$）都和子序列 $A[1 \cdots i-1]$ 中的每个元素相比较，这个比较次数与算法 SELECTIONSORT 的结果一致。

至于元素赋值次数，注意到 while 循环中每次比较后，就有一次元素赋值。另外，算法的第 2 步中，有 $n-1$ 次将 $A[i]$ 赋值给 x。这样，元素赋值次数等于元素比较次数加上 $n-1$。

观察结论 1.4　算法 INSERTIONSORT 中的元素比较次数在 $n-1$ 到 $n(n-1)/2$ 之间。元素赋值次数等于元素比较次数加上 $n-1$。

注意算法 INSERTIONSORT 中元素比较和元素赋值之间的相关性，而算法 SELECTIONSORT 中的元素比较次数相对于数据排列具有独立性，二者不同。

1.7　自底向上合并排序

已经讨论的两种排序算法对于 n 个元素排序的操作次数都与 n^2 成正比，从这种意义上来说，这两种算法的效率都比较低。本节将提供一种元素比较次数要少得多的有效排序算法。假定要对如下 8 个数字的数组排序：

9	4	5	2	1	7	4	6

考虑如下对这些数字排序的方法（见图 1.3）。

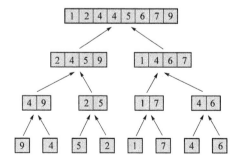

图 1.3　自底向上合并排序示例

首先将输入元素分成 4 对, 合并每对为一个 2 元素的排序序列, 然后将每两个连续的 2 元素的序列合并成大小为 4 的排序序列, 最后将两个排序序列合并成如图中所示的最终的排序序列。

一般令 A 为需要排序的 n 个元素的数组, 首先合并 $\lfloor n/2 \rfloor$ 个连续元素对, 生成 $\lfloor n/2 \rfloor$ 个大小为 2 的排序序列, 如果剩余一个元素, 则让它进入下一轮迭代。然后合并 $\lfloor n/4 \rfloor$ 个连续的 2 元素对的序列, 生成 $\lfloor n/4 \rfloor$ 个大小为 4 的排序序列。如果剩余一或两个元素, 那么它们将进入下一轮迭代; 如果剩余 3 个元素, 则将两个(已排序的)元素和另一个元素合并成一个 3 元素的排序序列。继续这一过程, 在第 j 次迭代中, 合并 $\lfloor n/2^j \rfloor$ 对大小为 2^{j-1} 的排序序列, 生成大小为 2^j 的 $\lfloor n/2^j \rfloor$ 个排序序列。如果有 k 个剩余元素, 其中 $1 \le k \le 2^{j-1}$, 则将它们放在下一次合并过程中; 如果有 k 个剩余元素, 其中 $2^{j-1} < k < 2^j$, 则将它们合并, 形成一个大小为 k 的排序序列。

算法 BOTTOMUPSORT 实现了这一思想。算法用变量 s 存储被合并序列的大小, 开始时将 s 置为 1, 每次执行外面的 while 循环时将其乘以 2。$i+1$, $i+s$ 和 $i+t$ 用来定义两个要排序的序列的边界。当 n 不是 t 的倍数时, 执行第 8 步。在这种情况下, 如果剩余元素的数目(即 $n-i$)大于 s, 就要在大小为 s 的序列和剩余元素之间再进行一次排序。

算法 1.6 BOTTOMUPSORT

输入: n 个元素的数组 $A[1 \cdots n]$。

输出: 按非降序排列的数组 $A[1 \cdots n]$。

1. $t \leftarrow 1$
2. **while** $t < n$
3. $s \leftarrow t$; $t \leftarrow 2s$; $i \leftarrow 0$
4.   **while** $i + t \le n$
5.   MERGE $(A, i+1, i+s, i+t)$
6. $i \leftarrow i+t$
7.   **end while**
8.   **if** $i + s < n$ **then** MERGE $(A, i+1, i+s, n)$
9. **end while**

例 1.3 图 1.4 是一个当 n 不是 2 的幂时该算法的示例, 对算法的行为描述如下。

(1) 第 1 次迭代, $s = 1$, $t = 2$, 5 对 1 元素的序列合并产生 5 个 2 元素的排序序列, 内部 while 循环结束后, $i + s = 10 + 1 \not< n = 11$, 因此不再进行合并;

(2) 第 2 次迭代, $s = 2$, $t = 4$, 两对 2 元素的序列合并产生两个 4 元素的排序序列, 内部 while 循环结束后, $i + s = 8 + 2 < n = 11$, 因此一个大小为 $s = 2$ 的序列和一个剩余元素合并产生一个 3 元素的排序序列;

(3) 第 3 次迭代, $s = 4$, $t = 8$, 一对 4 元素的序列合并产生一个 8 元素的排序序列, 内部 while 循环结束后, $i + s = 8 + 4 \not< n = 11$, 因此不再进行合并;

(4) 第 4 次迭代, $s = 8$, $t = 16$, 由于 $i + t = 0 + 16 \not\le n = 11$, 不执行内部 while 循环。由于 $i + s = 0 + 8 < n = 11$, 满足 if 条件, 因此执行一次 8 元素的排序序列和 3 元素的排序序列的合并, 产生一个大小为 11 的排序序列;

(5) 由于 $t = 16 > n$, 不满足外部 while 循环条件, 因此算法结束。

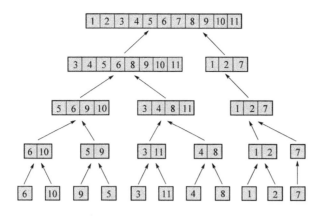

图 1.4　当 n 不是 2 的幂时，自底向上合并排序示例

1.7.1　自底向上合并排序分析

现在计算 n 为 2 的幂这种特殊情况下，算法执行的元素比较次数。在这种情况下，外部 while 循环执行 $k = \log n$ 次，排序树中除最顶层外每层执行一次（见图 1.3）。显然，由于 n 是 2 的幂，在执行内部的 while 循环后，有 $i = n$，因此第 8 步中的算法 MERGE 永远不会执行。第 1 次迭代执行了 $n/2$ 次比较；在第 2 次迭代中，$n/2$ 个 2 元素的排序序列被成对合并，每对合并需要的比较次数是 2 或 3；在第 3 次迭代中，$n/4$ 个 4 元素的排序序列被成对合并，每对合并需要的比较次数在 4 到 7 之间。一般在 while 循环的第 j 次迭代中，两个大小为 2^{j-1} 的子序列的合并操作共有 $n/2^j$ 次。于是，由观察结论 1.1 可知，第 j 次迭代中的元素比较次数在 $(n/2^j) 2^{j-1}$ 到 $(n/2^j)(2^j - 1)$ 之间。这样，如果令 $k = \log n$，那么元素的比较次数最少为

$$\sum_{j=1}^{k} \left(\frac{n}{2^j} \right) 2^{j-1} = \sum_{j=1}^{k} \frac{n}{2} = \frac{kn}{2} = \frac{n \log n}{2}$$

最多为

$$\sum_{j=1}^{k} \frac{n}{2^j} (2^j - 1) = \sum_{j=1}^{k} \left(n - \frac{n}{2^j} \right)$$

$$= kn - n \sum_{j=1}^{k} \frac{1}{2^j}$$

$$= kn - n \left(1 - \frac{1}{2^k} \right) \qquad [\text{见式(A.11)}]$$

$$= kn - n \left(1 - \frac{1}{n} \right)$$

$$= n \log n - n + 1$$

关于元素赋值次数，在每一次执行合并操作时通过观察结论 1.2 可知，外部 while 循环每执行一次要进行 $2n$ 次元素赋值，一共进行了 $2n \log n$ 次。这样，我们得出下面的观察结论。

观察结论 1.5　用算法 BOTTOMUPSORT 对 n 个元素的数组进行排序，当 n 为 2 的幂时，元素比较次数在 $(n \log n)/2$ 到 $n \log n - n + 1$ 之间。执行该算法的元素赋值次数为 $2n \log n$。

1.8　时间复杂性

这一节研究算法分析的一个基本组成部分,即算法运行时间的确定问题。这个称为计算复杂性的问题,属于计算理论中的一个重要领域,它是由于对有效算法的需求而发展起来的,产生于20世纪60年代,繁荣于70~80年代。在计算复杂性领域中,主要研究的是一个算法所需的时间和空间,即当给出合法输入时,为了得到输出,该算法所需的时间和空间。本节以一个例子开始,它唯一的目的是为了展现分析算法运行时间的重要性。

例1.4　前面已经说过,当 n 为 2 的幂时,执行算法 BOTTOMUPSORT 的最大元素比较次数是 $n \log n - n + 1$,执行算法 SELECTIONSORT 的元素比较次数是 $n(n-1)/2$,元素可以是整数、实数和字符串等。具体地说,假设某台计算机上每一次元素比较需要 10^{-6} 秒,如果我们要对一个小的数目,比如 128 个元素进行排序,那么算法 BOTTOMUPSORT 用在元素比较上所需的最长时间为 $10^{-6}(128 \times 7 - 128 + 1) = 0.0008$ 秒;若用算法 SELECTIONSORT,则时间为 $10^{-6}(128 \times 127)/2 = 0.008$ 秒。换句话说,算法 BOT-TOMUPSORT 所用的比较时间是算法 SELECTIONSORT 的 1/10。这当然不会引起人们的注意,尤其对于一个初学编程的人来说,他主要关心的是开发出一个能完成该任务的程序。然而,如果考虑一个大一点的数目,比如 $n = 2^{20} = 1\,048\,576$,一个在现实世界的许多问题中很典型的数,我们就会发现:算法 BOTTOMUPSORT 用在元素比较上所需的最长时间是 $10^{-6}(2^{20} \times 20 - 2^{20} + 1) = 20$ 秒,而采用算法 SELECTIONSORT,比较时间变成了 $10^{-6}(2^{20} \times (2^{20} - 1))/2 = 6.4$ 天!

上面例子中的计算说明了这样的事实:在算法分析的研究中,时间毫无疑问是一种极为珍贵的资源。

1.8.1　阶的增长

显而易见,说一个算法 A 对于输入 x 要用 y 秒执行是没有意义的。这是因为影响实际时间的因素不仅有相关的算法,还有其他诸多因素,例如算法是在什么样的机器上执行及怎样执行的,使用的是哪一种语言,甚至编译程序或编程人员的能力都有影响。因此,只要得出确切时间的近似值就可以了。但最重要的是,在评估一个算法的效率时,我们依据的是确切时间还是近似时间?事实上,我们甚至不需要近似时间,这是由许多因素支持的。首先,在分析算法运行时间时,我们通常将该算法和解决同一问题甚至是不同问题的算法相比较,这样估计的时间是相对的而不是绝对的;其次,我们希望一个算法不仅是独立于机器的,而且它也能用各种语言来表示,甚至是人类语言;再者,它还应该是技术独立的,也就是说,无论科技如何进步,我们对算法运行时间的测度始终成立;第四,我们并不关心小规模输入量的情况,而是重点考虑大规模输入量时算法的执行情况。

事实上,在算法的某个"合理"实现中计算的运算次数比它所需要的多了一些。作为上面第四种因素的推论,我们可以前进一大步:要精确计算所有的运算次数,就算是可行的,也是非常麻烦的。由于我们只对大规模输入量时的运行时间感兴趣,因此可以讨论运行时间的增长率或增长的阶。例如,如果可以找到某个常量 $c > 0$,当给算法 A 以大小为 n 的输入时,算法的运行时间至多为 cn^2, 随着 n 越来越大, c 将逐渐不起作用。进一步, 把这个函数和另一个求解同一问题的算法 B 的不同阶的函数 (例如 dn^3) 做比较, 很明显, 该常数并不起多大作用。为了解释这一点, 记两个函数的比值是 dn/c, 当 n 变得很大时, d/c 实际上没有什么作用。同样的道理可用于函数 $f(n) = n^2 \log n + 10n^2 + n$ 中的低阶项上, 我们观察到 n 值越大, 低阶项 $10n^2$ 和 n 的影响就越小。因此, 可以说算法 A 和 B 的运行时间分别为"n^2 阶和 n^3 阶"或"属于 n^2 阶和 n^3 阶"。类似地, 我们说上面的函数 $f(n)$ 是 $n^2 \log n$ 阶的。

一旦去除了表示算法运行时间的函数中的低阶项和首项常数, 就表示我们是在度量算法的渐近运行时间。与此相同, 在算法分析的术语中, 可以用更为技术性的术语"时间复杂性"来表示这一渐近运行时间。

现在假定有两个算法 A_1 和 A_2, 运行时间都为 $n \log n$ 阶, 那么其中哪一个更好呢? 从技术上看, 由于两个算法有同样的时间复杂性, 我们就说在一个乘法常数内, 它们有相同的运行时间, 也就是两个运行时间的比值是常数。在某些情况下, 这个常数可能很重要, 对算法的更详尽分析或在算法的行为上进行某些实验可能很有帮助。而且这时考察其他因素, 例如空间需求和输入分布等也很有必要, 后者对分析算法运行的平均情况是有帮助的。

图 1.5 是一些广泛用来表示算法运行时间的函数, 高阶函数和指数及超指数函数没有在这张图中显示出来。即使 n 为一个中等的值, 指数和超指数函数也比图中的几个函数增长得快很多。函数 $\log^k n, cn, cn^2, cn^3$ 分别称为对数函数、线性函数、平方函数和立方函数, 函数 n^c 或 $n^c \log^k n (0 < c < 1)$ 称为次线性函数; 在线性函数和平方函数之间的 (如 $n \log n$ 和 $n^{1.5}$) 称为次平方函数。表 1.1 是时间复杂性分别为 $\log n, n, n \log n, n^2, n^3, 2^n (n = 2^3, 2^4, \cdots, 2^{20})$ 的算法的近似运行时间, 假定每次执行用时 1 纳秒 (ns)。注意在阶为 2^n 时, 运行时间是呈爆炸性增长的 (以世纪为单位来衡量)。

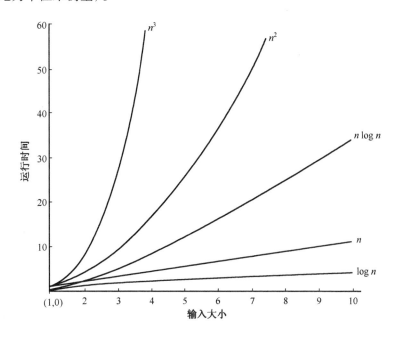

图 1.5 一些表示运行时间的典型函数的增长情况

表 1.1　不同大小的输入的运行时间

输入 n	$\log n$	n	$n \log n$	n^2	n^3	2^n
8	3 ns	0.01 μs	0.02 μs	0.06 μs	0.51 μs	0.26 μs
16	4 ns	0.02 μs	0.06 μs	0.26 μs	4.10 μs	65.5 μs
32	5 ns	0.03 μs	0.16 μs	1.02 μs	32.7 μs	4.29 s
64	6 ns	0.06 μs	0.38 μs	4.10 μs	262 μs	5.85 cent
128	0.01 μs	0.13 μs	0.90 μs	16.38 μs	0.01 s	10^{20} cent
256	0.01 μs	0.26 μs	2.05 μs	65.54 μs	0.02 s	10^{58} cent
512	0.01 μs	0.51 μs	4.61 μs	262.14 μs	0.13 s	10^{135} cent
2048	0.01 μs	2.05 μs	22.53 μs	0.01 s	1.07 s	10^{598} cent
4096	0.01 μs	4.10 μs	49.15 μs	0.02 s	8.40 s	10^{1214} cent
8192	0.01 μs	8.19 μs	106.50 μs	0.07 s	1.15 min	10^{2447} cent
16 384	0.01 μs	16.38 μs	229.38 μs	0.27 s	1.22 h	10^{4913} cent
32 768	0.02 μs	32.77 μs	491.52 μs	1.07 s	9.77 h	10^{9845} cent
65 536	0.02 μs	65.54 μs	1048.6 μs	0.07 min	3.3 d	$10^{19\,709}$ cent
131 072	0.02 μs	131.07 μs	2228.2 μs	0.29 min	26 d	$10^{39\,438}$ cent
262 144	0.02 μs	262.14 μs	4718.6 μs	1.15 min	7 m	$10^{78\,894}$ cent
524 288	0.02 μs	524.29 μs	9961.5 μs	4.58 min	4.6a	$10^{157\,808}$ cent
1 048 576	0.02 μs	1048.60 μs	20 972 μs	18.3 min	37a	$10^{315\,634}$ cent

注：ns 为纳秒，μs 为微秒，s 为秒，min 为分钟，h 为小时，d 为天，m 为月，a 为年，cent 为世纪。

定义 1.1　对于任何计算步骤，它的代价总是以一个时间常数为上界，而不管输入数据或执行的算法，我们称该计算步骤为"元运算"。

例如取两个整数相加的运算，不管使用何种算法，我们都规定其运算对象的大小是固定的，这一运算的运行时间是常数。而且由于现在处理的是渐近运行时间，因此可以任意选择正整数 k 作为"计算模型"的"字长"。顺便说一下，这仅仅是一个表现渐近符号优越性的例子，字长可以是任何固定的正整数。如果要把任意大的数相加，则很容易根据加法的元运算写出相应的算法，它的运行时间和输入的大小成正比。同样应用固定大小的条件，我们能从一个大的运算集合中，随心所欲地选择多个元运算。下面是在固定大小运算对象上进行元运算的例子：

- 算术运算，包括加、减、乘和除。
- 比较和逻辑运算。
- 赋值运算，包括遍历表或树的指针赋值。

为了使增长的阶和时间复杂性这两个概念形式化，我们已经广泛使用了特殊的数学符号，这些符号便于运用最少的复杂数学计算来比较和分析运行时间。

1.8.2　O 符号

前面已经看到（见观察结论 1.4），算法 INSERTIONSORT 执行的元运算次数至多为 cn^2，其中 c 为某个适当选择的正常数。这时，我们说算法 INSERTIONSORT 的运行时间是 $O(n^2)$（读作"O n 平方"或"大 O n 平方"）。这可以做如下解释：只要当排序元素的个数等于或超过某个阈值 n_0 时，那么对某个常量 $c > 0$，运行时间至多为 cn^2。应当强调的是，即使是在输入数量很大的时候，也不能说运行时间总是恰好为 cn^2。这样，O 符号提供了一个运行时间的上界, 它可能不是算法的实际运行时间。例如, 对于任意值 n, 当输入已经按升序排列时, 算法 INSERTIONSORT 的运行时间是 $O(n)$。

一般情况下, 称一个算法的运行时间为 $O(g(n))$, 是指如果每当输入的大小等于或超过某个阈值 n_0 时, 那么它的运行时间上限是 $g(n)$ 的 c 倍, 其中 c 是某个正常数。该符号的形式化定义如下①。

定义 1.2 令 $f(n)$ 和 $g(n)$ 是从自然数集合到非负实数集合的两个函数, 如果存在一个自然数 n_0 和一个常数 $c > 0$, 使得

$$\forall\, n \geqslant n_0, f(n) \leqslant cg(n)$$

则称 $f(n)$ 是 $O(g(n))$ 的。

因此, 如果 $\lim_{n \to \infty} f(n)/g(n)$ 存在, 那么

$$\lim_{n \to \infty} \frac{f(n)}{g(n)} \neq \infty \text{ 蕴含着 } f(n) = O(g(n))$$

非形式化地, 这个定义说明 f 没有 g 的某个常数倍增长得快。O 符号也可作为一个简化工具用在等式中。例如, 对于

$$f(n) = 5n^3 + 7n^2 - 2n + 13$$

可以写成

$$f(n) = 5n^3 + O(n^2)$$

如果我们对低阶项的细节不感兴趣, 那么这是有帮助的。

1.8.3 Ω 符号

O 符号给出一个上界, 而 Ω 符号在运行时间的一个常数因子内提供一个下界。我们已知 (见观察结论 1.4), 执行算法 INSERTIONSORT 的元运算次数至少是 cn, c 为某一合适的正常数。在这种情况下, 称算法 INSERTIONSORT 的运行时间是 $\Omega(n)$ (读作 "omega n" 或 "大 omega n")。这可以做如下解释: 无论何时, 当被排序的元素数目等于或超过某一个阈值 n_0 时, 那么对某个常数 $c > 0$, 运行时间至少是 cn。与 O 符号相同的是, 这并不意味着运行时间总是像 cn 那么小。这样, Ω 符号给出了运行时间的下限, 它可能不指示一个算法确切的运行时间。例如, 对于 n 的任意值, 如果输入由互不相同的按降序排列的元素组成, 则算法 INSERTIONSORT 的运行时间是 $\Omega(n^2)$。

一般而言, 如果输入大小等于或大于某一阈值 n_0, 它的运行时间下界是 $g(n)$ 的 c 倍, c 是某个正常数, 则称算法是 $\Omega(g(n))$ 的。

这个符号也被广泛用于表示问题的下界。换句话说, 它通常用来表示解决某一特定问题的算法的下界。例如, 我们说矩阵乘法问题是 $\Omega(n^2)$ 的, 这是对 "任意两个 $n \times n$ 矩阵相乘的算法的运行时间都是 $\Omega(n^2)$" 的简略说明。同样, 我们说比较排序问题的比较次数为 $\Omega(n \log n)$, 是指无法设计出基于比较的排序算法, 它的时间渐近复杂性小于 $n \log n$。第 11 章将全面研究算法的下界。该符号的形式化定义和 O 符号相对应。

---

① 这一符号和后面的其他符号更为正式的定义是用集合的术语描述的。最好不要使用这些精确的定义, 因为这只会使事情复杂化。

定义 1.3　设 $f(n)$ 和 $g(n)$ 是从自然数集合到非负实数集合的两个函数,如果存在一个自然数 n_0 和一个常数 $c > 0$,使得

$$\forall n \geqslant n_0, \quad f(n) \geqslant cg(n)$$

则称 $f(n)$ 是 $\Omega(g(n))$ 的。

因此,如果 $\lim_{n \to \infty} f(n)/g(n)$ 存在,那么

$$\lim_{n \to \infty} \frac{f(n)}{g(n)} \neq 0 \text{ 蕴含着 } f(n) = \Omega(g(n))$$

非形式化地,这个定义说明 f 的增长至少和 g 的某个常数倍增长一样快。从定义可以很清楚地得到

$$f(n) \text{ 是 } \Omega(g(n)) \text{ 的,当且仅当 } g(n) \text{ 是 } O(f(n)) \text{ 的}$$

1.8.4　Θ 符号

前面已经看到,算法 SELECTIONSORT 执行元运算的次数总是和 n^2 成正比(见观察结论 1.3),由于每一个元运算需要一个常数时间,我们说算法 SELECTIONSORT 的运行时间是 $\Theta(n^2)$(读作"theta n 平方")。可做如下解释:存在与算法有关的两个常数 c_1 和 c_2,在 $n \geqslant n_0$ 的任意大小的输入情况下,算法运行时间在 $c_1 n^2$ 和 $c_2 n^2$ 之间。这两个常数概括了许多诸如算法执行、机器或技术等细节方面的因素。像前面提到的那样,程序执行的细节问题包括使用的程序设计语言、编程人员的技能等许多因素。

观察结论 1.5 表明,对于任意正整数 n,算法 BOTTOMUPSORT 的运行时间与 $n \log n$ 是成比例的,即 $\Theta(n \log n)$。

一般来说,对于任意大小等于或超过某一阈值 n_0 的输入,如果运行时间在下限 $c_1 g(n)$ 和上限 $c_2 g(n)$ 之间($0 < c_1 \leqslant c_2$),则称算法的运行时间是 $\Theta(g(n))$。因此,这一符号用来表示算法的精确阶,它蕴含着在算法的运行时间上有确界。该符号的形式化定义如下。

定义 1.4　设 $f(n)$ 和 $g(n)$ 是从自然数集合到非负实数集合的两个函数,如果存在一个自然数 n_0 和两个正常数 c_1 和 c_2,使得

$$\forall n \geqslant n_0, c_1 g(n) \leqslant f(n) \leqslant c_2 g(n)$$

则称 $f(n)$ 是 $\Theta(g(n))$ 的。

因此,如果 $\lim_{n \to \infty} f(n)/g(n)$ 存在,那么

$$\lim_{n \to \infty} \frac{f(n)}{g(n)} = c \text{ 蕴含着 } f(n) = \Theta(g(n))$$

其中 c 必须是一个大于零的常数。

上述定义的一个重要推论是

$$f(n) = \Theta(g(n)), \text{当且仅当} f(n) = O(g(n)) \text{ 及 } f(n) = \Omega(g(n))$$

与前两个符号不同,Θ 符号给出算法运行时间增长率的一个精确描述。因此,像 INSERTIONSORT 这样的算法,由于运行时间从线性到平方变化,因此不能用这一符号表示。另一方面,算法 SELECTIONSORT 和算法 BOTTOMUPSORT 的运行时间可以精确地用这一符号描述。

可以认为"O"类似于"$\leqslant$"，"Ω"类似于"$\geqslant$"，而"Θ"类似于" $=$ "，这样有助于理解。我们要强调"类似于"这个词，一定不要将确切的关系和渐近的符号相混淆。例如，虽然 $100n \geqslant n$，但 $100n = O(n)$；虽然 $n \leqslant 100n$，但 $n = \Omega(100n)$；虽然 $n \neq 100n$，但 $n = \Theta(100n)$。

1.8.5 举例

上述三个符号 O、Ω 和 Θ 不仅可以用来描述算法的时间复杂性，而且由于它们具有一般意义，因此可以用来描述任何其他资源测度的渐近表现，如用来测度算法的空间量。从理论上讲，这三个符号可以与任何抽象函数相结合。正因为如此，我们不给下面例子中的函数附加任何测度或意义，只假定在这些例子中 $f(n)$ 是自然数集合到非负实数集合的一个函数。

例 1.5 设 $f(n) = 10n^2 + 20n$，由于对 $n \geqslant 1$，$f(n) \leqslant 30n^2$，有 $f(n) = O(n^2)$；由于对 $n \geqslant 1$，$f(n) \geqslant n^2$，有 $f(n) = \Omega(n^2)$；此外，由于对 $n \geqslant 1$，$n^2 \leqslant f(n) \leqslant 30n^2$，有 $f(n) = \Theta(n^2)$。还可以用上面提到的极限建立三个关系。由于 $\lim_{n \to \infty} (10n^2 + 20n)/n^2 = 10$，因此有 $f(n) = O(n^2)$，$f(n) = \Omega(n^2)$，$f(n) = \Theta(n^2)$。

例 1.6 设 $f(n) = a_k n^k + a_{k-1} n^{k-1} + \cdots + a_1 n + a_0$，则 $f(n) = \Theta(n^k)$，注意它蕴含着 $f(n) = O(n^k)$ 和 $f(n) = \Omega(n^k)$。

例 1.7 因为

$$\lim_{n \to \infty} \frac{\log n^2}{n} = \lim_{n \to \infty} \frac{2 \log n}{n} = \lim_{n \to \infty} \frac{2}{\ln 2} \frac{\ln n}{n} = \frac{2}{\ln 2} \lim_{n \to \infty} \frac{1}{n} = 0$$

对分子和分母求导，可知 $f(n) = \log n^2$ 是 $O(n)$ 的，但不是 $\Omega(n)$ 的。同理可知 $f(n)$ 不是 $\Theta(n)$ 的。

例 1.8 由于 $\log n^2 = 2 \log n$，马上可以得出 $\log n^2 = \Theta(\log n)$。不失一般性，对于任何固定常数 k，$\log n^k = \Theta(\log n)$。

例 1.9 任意常函数是 $O(1)$ 的、$\Omega(1)$ 的和 $\Theta(1)$ 的。

例 1.10 很容易得知 2^n 是 $\Theta(2^{n+1})$ 的，这是满足 $f(n) = \Theta(f(n+1))$ 的许多函数中的一个例子。

例 1.11 本例中，我们给出一个单调递增函数 $f(n)$，使得 $f(n)$ 不是 $\Omega(f(n+1))$ 的，因此也不是 $\Theta(f(n+1))$ 的。由于 $(n+1)! = (n+1)n! > n!$，因此有 $n! = O((n+1)!)$。由于

$$\lim_{n \to \infty} \frac{n!}{(n+1)!} = \lim_{n \to \infty} \frac{1}{n+1} = 0$$

因此得出 $n!$ 不是 $\Omega((n+1)!)$ 的。同理可知 $n!$ 也不是 $\Theta((n+1)!)$ 的。

例 1.12 考虑级数 $\sum_{j=1}^{n} \log j$，显然

$$\sum_{j=1}^{n} \log j \leqslant \sum_{j=1}^{n} \log n$$

即

$$\sum_{j=1}^{n} \log j = O(n \log n)$$

又

$$\sum_{j=1}^{n} \log j \geqslant \sum_{j=1}^{\lfloor n/2 \rfloor} \log\left(\frac{n}{2}\right) = \lfloor n/2 \rfloor \log\left(\frac{n}{2}\right) = \lfloor n/2 \rfloor \log n - \lfloor n/2 \rfloor$$

那么

$$\sum_{j=1}^{n} \log j = \Omega(n \log n)$$

同理得到

$$\sum_{j=1}^{n} \log j = \Theta(n \log n)$$

例 1.13　我们要找出函数 $f(n) = \log n!$ 的确界。首先,注意有 $\log n! = \sum_{j=1}^{n} \log j$。在例 1.12 中已经证明 $\sum_{j=1}^{n} \log j = \Theta(n \log n)$,可得出 $\log n! = \Theta(n \log n)$。

例 1.14　因为 $\log n! = \Theta(n \log n)$,$\log 2^{n} = n$,可以推导出 $2^{n} = O(n!)$,但 $n!$ 不是 $O(2^{n})$ 的。类似地,因为 $\log 2^{n^2} = n^2 > n \log n$,$\log n! = \Theta(n \log n)$(见例 1.13),可得出 $n! = O(2^{n^2})$,但是 2^{n^2} 不是 $O(n!)$ 的。

例 1.15　容易看出

$$\sum_{j=1}^{n} \frac{n}{j} \leqslant \sum_{j=1}^{n} \frac{n}{1} = O(n^2)$$

然而,由于不是紧密界,因此这个上界没用处,例 A.16 将给出

$$\frac{\log(n+1)}{\log e} \leqslant \sum_{j=1}^{n} \frac{1}{j} \leqslant \frac{\log n}{\log e} + 1$$

也就是

$$\sum_{j=1}^{n} \frac{1}{j} = O(\log n) \text{ 且 } \sum_{j=1}^{n} \frac{1}{j} = \Omega(\log n)$$

于是有

$$\sum_{j=1}^{n} \frac{n}{j} = n \sum_{j=1}^{n} \frac{1}{j} = \Theta(n \log n)$$

例 1.16　考虑在算法 BRUTE-FORCE PRIMALITYTEST(见算法 1.7)中,测试素数的蛮力算法的情况。

假定 $\sqrt{n}$ 可以在 $O(1)$ 时间内计算出来,当输入是素数时,循环执行次数为 $\lfloor \sqrt{n} \rfloor - 1$,显然算法是 $O(\sqrt{n})$ 的。而且,素数的个数是无限的,这意味着对于无限多个 n 值,算法执行的循环次数为 $\lfloor \sqrt{n} \rfloor - 1$。同时也容易看出对于无限多个 n 值,算法仅执行 $O(1)$ 次循环(例如 n 是偶数),因此算法是 $\Omega(1)$ 的。由于该算法对于某些输入需用 $\Omega(\sqrt{n})$ 时间,而对于其他无限多的输入需用 $O(1)$ 时间,因此该算法既不是 $\Theta(\sqrt{n})$ 的也不是 $\Theta(1)$ 的。这样可以得知该算法对于任意函数 f 均不是 $\Theta(f(n))$ 的。

算法 1.7 BRUTE-FORCE PRIMALITYTEST

输入：正整数 $n \geqslant 2$。

输出：如果 n 是素数则输出为真，否则为假。

1. $s \leftarrow \lfloor \sqrt{n} \rfloor$
2. **for** $j \leftarrow 2$ **to** s
3.   **if** j 划分 n **then return** *false*
4. **end for**
5. **return** *true*

1.8.6 复杂性类与 o 符号

令 R 是复杂性函数集合上由下列条件定义的关系：$f\,R\,g$，当且仅当 $f(n) = \Theta(g(n))$。显然，R 是自反的、对称的、可传递的，即为一个等价关系（见 A.1.2.1 节），由这个关系导出的等价类称为复杂性类。包含复杂性函数 $g(n)$ 的复杂性类，将包括所有的阶为 $\Theta(g(n))$ 的函数 $f(n)$。例如，所有二次多项式属于同一个复杂性类 n^2。为了说明两个函数属于不同的类，用 o 记号（读作"小 o"）是很有用的，其定义如下。

定义 1.5 令 $f(n)$ 和 $g(n)$ 是从自然数集合到非负实数集合的两个函数，如果对每一个常数 $c > 0$，存在一个正整数 n_0，使得对于所有的 $n \geqslant n_0$，都有 $f(n) < cg(n)$ 成立，则称 $f(n)$ 是 $o(g(n))$ 的。因此，如果 $\lim_{n \to \infty} f(n)/g(n)$ 存在，那么

$$\lim_{n \to \infty} \frac{f(n)}{g(n)} = 0 \text{ 蕴含着 } f(n) = o(g(n))$$

非形式化地，这个定义说明当 n 趋于无穷时，$f(n)$ 对于 $g(n)$ 可以忽略不计。这可从下面的定义得出：

$$f(n) = o(g(n))，\text{当且仅当 } f(n) = O(g(n))，\text{但 } g(n) \neq O(f(n))$$

例如，$n \log n$ 是 $o(n^2)$ 的，等价于 $n \log n$ 是 $O(n^2)$ 的，但 n^2 不是 $O(n \log n)$ 的。

我们用 $f(n) < g(n)$ 来表示 $f(n)$ 是 $o(g(n))$ 的，用这种记号可以简明地表示下面复杂性类的层次：

$$1 < \log \log n < \log n < \sqrt{n} < n^{3/4} < n < n \log n < n^2 < 2^n < n! < 2^{n^2}$$

1.9 空间复杂性

我们把算法使用的空间定义成为了求解问题的实例而执行的计算步骤所需的内存空间量（或字数目），其中不包括分配的用来存储输入的空间，换句话说，仅仅是算法需要的工作空间。不包括输入大小的原因基本上是为了区分那些在整个计算过程中占用了"少于"线性空间的算法。所有关于时间复杂性增长的阶的定义和渐近界的讨论都可"移植"到空间复杂性的讨论中。显然算法的空间复杂性不可能超过运行时间的复杂性，因为写入每一个内存单元都至少需要一定的时间。这样，如果用 $T(n)$ 和 $S(n)$ 分别代表算法的时间复杂性和空间复杂性，则有 $S(n) = O(T(n))$。

假定要对 $n = 2^{20} = 1\ 048\ 576$ 个元素排序，我们来看一下空间复杂性的重要性。如果采用算法 SELECTIONSORT，则不需要额外的存储空间；但如果采用算法 BOTTOMUPSORT，就需要 $n = 1\ 048\ 576$ 个额外的存储单元来作为输入的临时存储空间(见例 1.19)。

在下面的例子中，我们看一下曾经讨论过的一些算法，并分析它们的空间复杂性。

例 1.17 在算法 LINEARSEARCH 中，只需要一个内存单元来保存搜索结果。例如，为了循环，如果加上局部变量，则可以得出需要的空间量是 $\Theta(1)$ 的结果，在算法 BINARYSEARCH, SELECTIONSORT 和 INSERTIONSORT 中也是如此。

例 1.18 在合并两个已排序序列的算法 MERGE 中，需要大小为 n (和输入大小相同，n 为 $A[p\cdots r]$ 的大小)的辅助存储器，因此空间复杂性是 $\Theta(n)$。

例 1.19 在试图估计算法 BOTTOMUPSORT 所需的空间大小时，起初会认为这个问题比较复杂。尽管如此，不难看出所需空间不超过输入数组的大小 n，这是由于我们可以留出大小为 n 的一个数组 $B[1\cdots n]$，作为算法 MERGE 用来完成合并过程的辅助存储器。由此可以得出，算法 BOTTOMUPSORT 的空间复杂性为 $\Theta(n)$。

例 1.20 本例中，我们"设计"一个使用 $\Theta(\log n)$ 空间的算法。首先修改算法 BINARYSEARCH，搜索结束后，输出一个在数组 A 中和 x 比较过的元素的已排序列表。这意味着我们在每次循环中测试 x 不是 $A[mid]$ 后，必须用一个辅助数组 B 来存储 $A[mid]$，然后再对 B 进行排序。由于比较次数最多是 $\lfloor \log n \rfloor + 1$，因此容易得出 B 的大小最多是 $O(\log n)$。

例 1.21 输出给定的 n 个字符的所有排列只需要 $\Theta(n)$ 空间。如果需要保留这些排列用于后续计算，则至少需要 $n \times n! = \Theta((n+1)!)$ 空间。

许多问题需要在时间与空间之间权衡：给算法分配的空间越大，运行速度就越快，反之亦然。当然，这样做是有限度的，迄今为止我们讨论过的大多数算法中，增加空间并没有导致明显的速度加快。然而，绝大多数情形往往是，减小空间会导致算法运行速度降低。

1.10 最优算法

在 11.3.2 节中将证明，利用元素比较对大小为 n 的数组排序的任意算法，其运行时间在最坏情况下必定是 $\Omega(n \log n)$ (见 1.12 节)。这意味着不能期望一个算法在最坏情况下，它的渐近运行时间少于 $n \log n$。因此，我们通常把在 $O(n \log n)$ 时间内利用元素比较排序的任意算法，称为基于比较的排序问题的最优算法。根据这一定义可知，算法 BOTTOMUPSORT 是最优的。在这种情况下，我们还说它是在一个乘法常数内最优的，从而表示可能存在另一排序算法，它的运行时间是算法 BOTTOMUPSORT 的运行时间乘以常数因子。一般来说，如果可以证明任意一个求解问题 $\prod$ 的算法必定是 $\Omega(f(n))$ 的，那么我们把在 $O(f(n))$ 时间内求解问题 $\prod$ 的任何算法都称为问题 $\prod$ 的最优算法。

顺便指出，这个在文献中被广泛使用的定义没有考虑空间复杂性。原因是两方面的；第一，正如前面指出的，只要使用的空间在一个合理的范围内，那么时间要比空间珍贵；第二，对于大多数已有的最优算法，在相互比较它们的空间复杂性时，它的是同处于 $O(n)$ 阶内的。

例如, 算法 BOTTOMUPSORT 是最优算法, 它需要 $\Theta(n)$ 的空间作为辅助存储器, 尽管存在其他的算法以 $O(n \log n)$ 时间和 $O(1)$ 空间排序。例如, 在 3.2.3 节将介绍算法 HEAPSORT, 其运行时间在 $O(n \log n)$ 内, 仅用 $O(1)$ 空间。

1.11　如何估计算法的运行时间

正如前面讨论过的, 如果限定算法用到的运算是那些我们定义的元运算, 那么算法运行时间的界限是围上的、围下的还是恰好精确的界限, 在相差一个常数因子的范围内是可以估计的。现在还需要说明, 如何分析算法以得到所关心的界限。当然可以把所有元运算加起来得到一个精确的界限, 但无疑这种方法是不可取的, 因为它十分麻烦且常常是不可能实现的。一般来说, 不存在一个固定的过程, 可以通过它来得到算法使用时间和空间的"合理"界限。而且, 这项工作经常是靠直觉, 许多情况下也需要智慧。不过, 在许多算法中有一些公认的技术, 可以通过直接分析给出一个紧密界。下面用一些简单的例子来讨论这些技术。

1.11.1　计算迭代次数

运行时间常常和 while 循环及类似结构的执行次数成正比。这样, 计算迭代次数将很好地表明算法的运行时间。这种情况适用于许多算法, 包括搜索、排序、矩阵乘法等。

计算迭代次数可以通过找到算法中执行最多的一个或多个语句而实现, 只要进一步估计它们的执行次数。假设每个语句执行一次的代价都是常数, 算法的总消耗可以通过近似计算来估计, 并表示为 $O(\ )$ 和 $\Theta(\ )$ 记号。一个计算消耗的方法是把循环转化为数学求和式。如果循环中的迭代变量每次增加 1, 则称迭代变量是简单的。如果一个迭代变量是简单的, 则称循环是简单的。简单的 for 循环如下:

1. $count \leftarrow 0$
2. **for** $i \leftarrow low$ **to** $high$
3. 　　　$count \leftarrow count + 1$
4. **end for**

转化为求和式:

$$count = \sum_{i=low}^{high} 1 。$$

因此, 一个简单循环可以转化为数学求和式, 方法如下:

- 用迭代变量作为求和指标。
- 用迭代的开始值作为求和式的下限, 用迭代的最后值作为求和式的上限。
- 每个内嵌的循环转化为一个内嵌的和。

例 1.22　令 n 是一个完全平方数, 即一个整数的平方根是整数。算法 COUNT1 对每个完全平方数 j 计算 1 到 n 之间的和 $\sum_{i=1}^{j} i$。(显然, 可以更有效地计算这个和。)

我们将假设 $\sqrt{n}$ 能在 $\Theta(1)$ 时间求出。很明显算法的耗费是由第 5 步的执行次数决定的。既然有两个简单循环, 可以立刻将其转化为双重和 $\sum_{j=1}^{k} \sum_{i=1}^{j^2} 1$, 即计算如下:

$$\sum_{j=1}^{k} \sum_{i=1}^{j^2} 1 = \sum_{j=1}^{k} j^2 = \frac{k(k+1)(2k+1)}{6} = \Theta(k^3) = \Theta(n^{1.5})$$

由此可得算法的运行时间为 $\Theta(n^{1.5})$。

算法 1.8 COUNT1

输入: $n = k^2$, k 为某个整数。

输出: $\displaystyle\sum_{i=1}^{j} i$, j 为 1 到 n 之间的完全平方数。

1. $k \leftarrow \sqrt{n}$
2. **for** $j \leftarrow 1$ **to** k
3. $sum[j] \leftarrow 0$
4.   **for** $i \leftarrow 1$ **to** j^2
5. $sum[j] \leftarrow sum[j] + i$
6.   **end for**
7. **end for**
8. **Return** $sum[1 \cdots k]$

例 1.23 考虑下面的算法 COUNT2,它包含两个嵌套循环和一个变量 *count*,这个变量用来对执行的迭代次数计数,输入为 n,它是一个正整数。

算法 1.9 COUNT2

输入: 正整数 n。

输出: 第 5 步的执行次数 *count*。

1. $count \leftarrow 0$
2. **for** $i \leftarrow 1$ **to** n
3. $m \leftarrow \lfloor n/i \rfloor$
4.   **for** $j \leftarrow 1$ **to** m
5. $count \leftarrow count + 1$
6.   **end for**
7. **end for**
8. **return** $count$

再一次,我们有两个内嵌的简单循环。因此,*count* 的值是

$$\sum_{i=1}^{n} \sum_{j=1}^{m} 1 = \sum_{i=1}^{n} m = \sum_{i=1}^{n} \left\lfloor \frac{n}{i} \right\rfloor$$

依据底函数的定义,我们有

$$\frac{n}{i} - 1 < \left\lfloor \frac{n}{i} \right\rfloor \leq \frac{n}{i}$$

因此

$$\sum_{i=1}^{n} \left(\frac{n}{i} - 1 \right) < \sum_{i=1}^{n} \left\lfloor \frac{n}{i} \right\rfloor \leq \sum_{i=1}^{n} \frac{n}{i} \approx n \ln n$$

可以得出结论, 第 5 步执行了 $\Theta(n \log n)$ 次。由于运行时间和 count 成正比, 因此得到运行时间是 $\Theta(n \log n)$。

在前面的例子中, 因为循环都是简单的, 所以都是直接得出运行时间的 。如果至少有一次循环不是简单的, 那么就要"设置"一个新的达到简单性要求的迭代变量, 以便将其包含于和式中。这个变量依赖于原有的迭代变量, 因此需要保留这种依赖性以求值新的和式。

例 1.24 考虑下面的算法 COUNT3, 它包含两个嵌套循环和一个变量 count, 这个变量用来对 while 循环执行的循环次数计数, 输入 n 具有 2^k 形式, k 为正整数。

算法 1.10   COUNT 3
输入: $n = 2^k$, k 为正整数。
输出: 第 5 步的执行次数 count。

    1. $count \leftarrow 0$
    2. $i \leftarrow 1$
    3. **while** $i \leqslant n$
    4.   **for** $j \leftarrow 1$ **to** i
    5. $count \leftarrow count + 1$
    6.   **end for**
    7. $i \leftarrow 2i$
    8. **end while**
    9. **return** $count$

在这个例子中, 显然 for 循环是简单的, 但 while 循环不是。while 循环的迭代变量 i 不是简单的, 每次迭代时将加倍。i 的值假设取为

$$i = 1, 2, 4, \cdots, n$$

这可以写为

$$i = 2^0, 2^1, 2^2, \cdots, 2^k = n$$

显然, 2 的指数在原来的迭代变量中是简单的, 在 0 到 k 之间。因此我们选一个算法未用的变量名作为和式的指数变量, 取为 r。注意下面新的迭代变量和原有的迭代变量之间的关系:

$$i = 2^r \quad 或 \quad r = \log i$$

因此, 第 5 步的执行次数可以表示为

$$\sum_{r=0}^{k} \sum_{j=1}^{i} 1 = \sum_{r=0}^{k} i = \sum_{r=0}^{k} 2^r = \frac{2^{k+1} - 1}{2 - 1} = 2^{\log n + 1} - 1 = 2n - 1 = \Theta(n)$$

由此可得运行时间为 $\Theta(n)$。

例 1.25 考虑算法 COUNT4, 对于输入 $n = 2^k$, 每次迭代时将减半, 直到变为 1。该算法包含内嵌的循环和一个变量 count。count 记录对于某个正整数 k, 迭代执行的次数。

for 循环很简单, 而 while 循环从 n 开始。我们假设有一个迭代变量 i 用于 while 循环。在此时, i 的取值是

$$i = n, \frac{n}{2}, \frac{n}{4}, \cdots, \frac{n}{\frac{n}{2}} = 2, 1$$

这可以写为 $i = 2^k, 2^{k-1}, 2^{k-2}, \cdots, 2^1, 2^0$。

类似我们在例 1.24 中的处理方式，引入一个指数变量 r 使 $i = 2^r$ 且 $r = \log i$，可得 $count$ 的值如下：

$$\sum_{r=0}^{k} \sum_{j=1}^{i} 1$$

这个和式与例 1.24 的和式完全一样。既然运行时间与 $count$ 成正比，我们可以得出该算法是 $\Theta(n)$ 的结论。

算法 1.11   COUNT4
输入：$n = 2^k$，k 为正整数。
输出：第 4 步的执行次数 $count$。

    1. $count \leftarrow 0$
    2. **while** $n \geq 1$
    3.   **for** $j \leftarrow 1$ **to** n
    4. $count \leftarrow count + 1$
    5.   **end for**
    6. $n \leftarrow n/2$
    7. **end while**
    8. **return** $count$

例 1.26   考虑算法 COUNT5，它包含两个内嵌的循环和一个变量 $count$，这个变量对 while 循环执行的循环次数计数，输入 n 具有 2^{2^k} 形式（$k = \log \log n$），k 为正整数。本例中，for 循环是简单的，而 while 循环则不是。

算法 1.12   COUNT5
输入：$n = 2^{2^k}$，k 为正整数。
输出：第 6 步的执行次数 $count$。

    1. $count \leftarrow 0$
    2. **for** $i \leftarrow 1$ **to** n
    3. $j \leftarrow 2$
    4.   **while** $j \leq n$
    5. $j \leftarrow j^2$
    6. $count \leftarrow count + 1$
    7.   **end while**
    8. **end for**
    9. **return** $count$

如此，让我们看看设想的 j 的取值：

$$j = 2, \ 2^2, \ 2^{2^2} = 2^4, \ 2^{4^2} = 2^8, \ \cdots, \ 2^{2^k}$$

也可以写为

$$j = 2^{2^0}, \ 2^{2^1}, \ 2^{2^2}, \ 2^{2^3}, \ \cdots, \ 2^{2^{k-1}}, \ 2^{2^k}$$

让我们引入一个指数变量 r 满足 $j = 2^{2^r}$，等价地，有 $r = \log \log j$。$count$ 的值就等于

$$\sum_{i=1}^{n} \sum_{r=0}^{k} 1 = \sum_{i=1}^{n} (k+1) = \sum_{i=1}^{n} (\log \log n + 1) = (\log \log n + 1) \sum_{i=1}^{n} 1 = n(\log \log n + 1)$$

我们可以得出结论：算法的运行时间为 $\Theta(n \log \log n)$。

1.11.2 计算基本运算的频度

在某些算法中，用前面的方法来完成算法运行时间的精确估算是很麻烦的，甚至是不可能的。遗憾的是，直到现在我们还没有为这样的算法给出很好的例子。后面的章节会涉及一些很好的例子，包括单源最短路径问题、寻找最小生成树的 Prim 算法、深度优先搜索、计算凸包和其他算法等。不过，算法 MERGE 在这里可以作为一个合理的选择。回忆一下算法 MERGE 的功能，它把两个有序数组合并为一个有序数组。如果我们试图采用前面的方法，那么分析将变得冗长而困难。现在考虑 1.4 节中已经提到过的论证，在算法第 16 步执行前，数组 B 存放最终的排序结果。这样，对于每一个元素 $x \in A$，算法执行一次元素赋值运算，将 x 从 A 移到 B。类似地，在第 16 步中，算法执行 n 次元素赋值运算，将 B 复制回 A，这表明算法恰好执行了 $2n$ 次元素赋值运算（见观察结论 1.2）；另一方面，也没有执行超过 $2n$ 次的其他运算。例如，将每个元素从 A 移到 B 最多需要一次元素比较（见观察结论 1.1）。

一般来说，在分析一个算法的运行时间时，可以挑选出一个具有这样性质的元运算，它的频度至少和任何其他运算的频度一样大，我们称这样的运算为基本运算。我们还可以放宽这个定义，把那些频度和运行时间成正比的运算包含进来。

定义 1.6 如果算法中的一个元运算具有最高频度，所有其他元运算频度均在它的频度的常数倍内，则称这个元运算为基本运算。

根据这个定义，算法 MERGE 中的元素赋值是基本运算，这样它也代表了算法的运行时间。由观察结论 1.2 可知，要把两个大小为 n 的数组合并为一个数组，所需要的元素赋值次数恰好是 $2n$，因而它的运行时间是 $\Theta(n)$。注意在算法 MERGE 中，元素比较运算一般不是基本运算，因为在整个算法执行过程中可能只执行一次元素比较运算。但是，如果用这个算法合并大小大致相同的两个数组（如 $\lfloor (n/2) \rfloor$ 和 $\lceil (n/2) \rceil$），就可以确定地说，在这个特殊的例子中，元素比较运算是基本运算。例如采用算法 BOTTOMUPSORT，将两个大小为 $\lfloor (n/2) \rfloor$ 和 $\lceil (n/2) \rceil$ 的子数组排序，就将产生这种结果。

一般来说，这种方法是由两部分组成的：确定一种基本运算，以及应用渐近表达式来找出这种运算执行的阶，这个阶将是算法运行时间的阶。这实际上是一大类问题选择的方法。这里列出这些基本运算中的若干候选者：

- 在分析搜索和排序算法时，如果元素比较是元运算，则可以将其选为基本运算。
- 在矩阵乘法算法中，选择标量乘法运算。
- 在遍历一个链表时，可以选择设置或更新指针的运算。
- 在图的遍历中，可以选择访问节点的"动作"和对被访问节点的计数。

例 1.27 利用下面的方法，可以得到算法 BOTTOMUPSORT 的确界。首先这种算法的基本运算从算法 MERGE 继承而来，这是由于在 while 循环中每次循环都调用算法 MERGE。由上面的讨论可知，我们可以有把握地选择元素比较的元运算作为基本运算。由观察结论 1.5，当

n 是 2 的幂时, 算法所需的元素比较总次数在 $(n \log n)/2$ 和 $n \log n - n + 1$ 之间。这意味着当 n 是 2 的幂时, 元素比较总次数是 $\Omega(n \log n)$ 和 $O(n \log n)$, 也就是 $\Theta(n \log n)$。可以证明, 甚至在 n 不是 2 的幂时, 它仍然成立。由于算法用到的元素比较运算在相差一个常数因子的意义下具有最大频度, 我们可以得出结论, 算法的运行时间和比较次数成正比。由此可知, 算法的运行时间是 $\Theta(n \log n)$。

然而在选择基本运算时, 有一点需要注意, 请看下面的例子。

例 1.28　考虑下面修改后的算法 INSERTIONSORT。当试图把数组中的一个元素插入相应的位置时, 我们用类似算法 BINARYSEARCH 中的二分搜索技术, 而不用线性搜索。算法 BINARYSEARCH 可以很方便地修改成: 当 x 不是数组 A 中的项时, 不返回 0, 而是返回 x 在已排序数组 A 中的位置。例如, 当 $A = \boxed{2\ 3\ 6\ 8\ 9}$ 和 $x = 7$ 时, 调用算法 BINARYSEARCH, 它返回 4。顺便说一下, 这表明应用二分搜索不限于测试元素 x 在数组 A 中的成员关系; 在许多算法中, 用它来寻找元素 x 在排序表中相对于其他元素的位置。设算法 MODBINARYSEARCH 是二分搜索技术的某种实现, 那么 MODBINARYSEARCH $(\{2, 3, 6, 8, 9\}, 7) = 4$。算法 MODINSERTIONSORT 给出了修改后的排序算法。

算法 MODBINARYSEARCH 执行的元素比较总次数是这样计算的, 因为该算法被调用 $n-1$ 次, 且二分搜索算法在大小为 $i-1$ 的数组上执行比较的最大次数是 $\lfloor \log(i-1) \rfloor + 1$ (见定理 1.1), 所以算法 MODINSERTIONSORT 的比较总次数最多是

$$\sum_{i=2}^{n} (\lfloor \log(i-1) \rfloor + 1) = n - 1 + \sum_{i=1}^{n-1} \lfloor \log i \rfloor \leqslant n - 1 + \sum_{i=1}^{n-1} \log i = O(n \log n)$$

最后的等式从例 1.12 和式 (A.18) 得出。如果基于元素比较是基本运算这样一个错误假设, 则有一个结论很有吸引力, 那就是总的运行时间是 $O(n \log n)$。然而情况并不是这样, 当两个算法的输入相同时, 算法 MODINSERTIONSORT 和算法 INSERTIONSORT 的元素赋值次数完全一样, 这已被证明是 $O(n^2)$ (见观察结论 1.4)。因此得出结论, 这个算法的运行时间是 $O(n^2)$, 而不是 $O(n \log n)$。

算法 1.13　MODINSERTIONSORT

输入: n 个元素的数组 $A[1 \cdots n]$。

输出: 按非降序排列的数组 $A[1 \cdots n]$。

```
1. for i ← 2 to n
2.     x ← A[i]
3.     k ← MODBINARYSEARCH (A[1···i-1], x)
4.     for j ← i-1 downto k
5.         A[j+1] ← A[j]
6.     end for
7.     A[k] ← x
8. end for
```

在一些算法里, 所有的元运算都不是基本运算。它可能是这样的情况: 两种或者更多的

运算结合在一起的频度与算法的运行时间成正比。在这种情况下，利用执行这些运算的总次数的函数来表示运行时间。例如，我们既不能限定插入的次数，也无法限定删除的次数，但却能得到限定它们的总数的公式。那么可以这样说：最多存在 n 个插入和删除。这个办法在图和网络的算法中广泛使用。这里给出一个简单例子，其中仅仅包括一些数和加、乘两种运算。实际上还有包括图和复杂的数据结构的更好例子。

例 1.29 假定有一个 n 个整数的数组 $A[1\cdots n]$ 和一个正整数 k，$1 \leqslant k \leqslant n$，要求把 A 中的前 k 个整数相乘，把余下的相加。求解这个问题的算法简单描述如下。显然这里没有基本运算，因为运行时间正比于加法和乘法总的执行次数。这样可以得出结论，存在 n 个元运算(乘法和加法)，这意味着界是 $\Theta(n)$。注意，在这个例子中，能够通过对循环次数计数来获得运行时间的精确测度，这是因为在每一次循环中，算法所用的时间量不变，循环总次数是 $k + (n - k) = n$。

1. $prod \leftarrow 1$；$sum \leftarrow 0$
2. **for** $j \leftarrow 1$ **to** k
3. $\quad prod \leftarrow prod \times A[j]$
4. **end for**
5. **for** $j \leftarrow k + 1$ **to** n
6. $\quad sum \leftarrow sum + A[j]$
7. **end for**

1.11.3 使用递推关系

在递归算法中，一个界定运行时间的函数常常以递推关系的形式给出，即一个函数的定义包含了函数本身，例如 $T(n) = 2T(n/2) + n$。寻找递推式的解已经得到了很好的研究，甚至可以机械地得到它的解（见 1.15 节和 A.8 节对递推关系的讨论）。推导出一个递推关系，界定一个非递归算法中基本运算的次数是可能的。例如，在算法 BINARYSEARCH 中，如果令 $C(n)$ 为一个大小是 n 的实例中执行的比较次数，则可以用递推式表示算法所做的比较次数：

$$C(n) \leqslant \begin{cases} 1 & \text{若 } n = 1 \\ C(\lfloor n/2 \rfloor) + 1 & \text{若 } n \geqslant 2 \end{cases}$$

这个递推式的解简化成如下的和：

$$\begin{aligned} C(n) &\leqslant C(\lfloor n/2 \rfloor) + 1 \\ &\leqslant C(\lfloor \lfloor n/2 \rfloor / 2 \rfloor) + 1 + 1 \\ &= C(\lfloor n/4 \rfloor) + 1 + 1 \quad [\text{式}(A.3)] \\ &\quad \vdots \\ &\leqslant C[1] \lfloor \log n \rfloor \\ &= \lfloor \log n \rfloor + 1 \end{aligned}$$

也就是 $C(n) \leqslant \lfloor \log n \rfloor + 1$，因此 $C(n) = O(\log n)$。由于在算法 BINARYSEARCH 中，元素比较运算是基本运算，因此它的时间复杂性是 $O(\log n)$。

1.12 最坏情况和平均情况的分析

考虑两个 $n \times n$ 的整数矩阵 A 和 B 相加的问题。显然对于任意两个 $n \times n$ 矩阵 A 和 B 来说,用计算 $A+B$ 的算法中加法次数表示的运行时间总是相同的。也就是说,算法的运行时间和输入的值无关,而只与用元素数目测度的大小有关。这与 INSERTIONSORT 一类的算法相反,后者的运行时间在很大程度上与输入值有关。由观察结论 1.4 可知,输入大小为 n 的数组中,执行的元素比较次数在 $n-1$ 和 $n(n-1)/2$ 之间。这表明算法的执行不仅是 n 的函数,也是输入元素初始顺序的函数。算法运行时间不仅依赖于输入数据的个数,还依赖于它的形式,这是许多问题的特征。例如,排序过程本质上与被排序数据的相对顺序有关。但并不是说所有的排序算法都受输入数据的影响,例如不管输入值的顺序或形式怎样,算法 SE-LECTIONSORT 对大小为 n 的数组执行的元素比较次数都是相同的,这是由于算法执行的元素比较次数仅仅是 n 的函数。更精确地说,用基于比较的算法对 n 个元素的集合排序,所用的时间依赖于元素间相对的顺序,例如,对 6,3,4,5,1,7,2 排序需要的步数和对 60,30,40,50,10,70,20 排序需要的步数相同。显然,不可能找到一个与输入大小和形式都相关的描述算法时间复杂性的函数,后一种因素只能被忽略。

再来看算法 INSERTIONSORT,令 $A[1 \cdots n] = \{1, 2, \cdots, n\}$,考虑 A 中元素的所有 $n!$ 个排列,每个排列都对应一个可能的输入。对于两个不同排列,可以认为算法的运行时间是不同的。考虑三个排列:排列 a,数组 A 中的元素已按降序排列;排列 b,数组 A 中的元素为随机顺序;排列 c,数组 A 中的元素已按升序排列(见图 1.6)。这样,输入 a 代表了大小为 n 的所有输入中的最坏情况;输入 c 代表最好情况;输入 b 居于二者之间。这就产生了分析算法运行时间的三种方法:最坏情况分析、平均情况分析和最好情况分析。最后一种由于没有给出算法在一般情况下的有用信息,所以不在实际中研究。

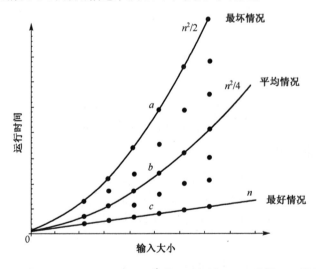

图 1.6 算法 INSERTIONSORT 的性能:最坏情况、平均情况和最好情况

1.12.1　最坏情况分析

在时间复杂性的最坏情况分析中，我们在所有大小为 n 的输入中选择代价最大的，如前面所述，对于任意一个正整数 n，算法 INSERTIONSORT 需要 $\Omega(n^2)$ 时间来处理大小为 n 的某一输入（如图 1.6 中的输入 a）。由于这个原因，我们说在最坏情况下该算法的运行时间是 $\Omega(n^2)$。由于运行时间是 $O(n^2)$，那么我们也说算法在最坏情况下的运行时间是 $O(n^2)$，因此使用更强的 Θ 符号，该算法在最坏情况下的运行时间是 $\Theta(n^2)$。显然 Θ 符号是几个符号中最合适的，因为它给出了算法在最坏情况下的确切性能。换句话说，称算法 INSERTION-SORT 在最坏情况下的运行时间是 $\Theta(n^2)$ 也蕴含了该算法在最坏情况下的运行时间是 $\Omega(n^2)$，但说该算法在最坏情况下的运行时间是 $O(n^2)$ 就没有这层含义。注意对于任何 n，都能找到输入的实例，对于这一实例，算法的运行时间不超过 $O(n)$（如图 1.6 中的输入 c）。

这说明在最坏情况假设下，许多算法的上下界合一，因此可以说算法在最坏情况下以 $\Theta(f(n))$ 运行。上面已经解释过，这比说算法在最坏情况下是 $O(f(n))$ 的更好。作为另一个例子，前面提到的算法 LINEARSEARCH 是 $O(n)$ 的和 $\Omega(1)$ 的。在最坏情况下，该算法既是 $O(n)$ 的也是 $\Omega(n)$ 的，也就是 $\Theta(n)$ 的。

有人试图得出这样的结论，在最坏情况下，上下界的概念总会重合，然而实际情况却不是这样。考虑一个在最坏情况下的运行时间是 $O(n^2)$ 的算法例子，我们还不能证明对于所有大于某个阈值 n_0 的 n，都存在一个大小为 n 的输入，对于这个输入，算法要用的时间为 $\Omega(n^2)$。在这种情况下，即使我们知道算法对于 n 的无限多个值用了 $\Theta(n^2)$ 的时间，也不能说该算法在最坏情况下的运行时间是 $\Theta(n^2)$。在许多图和网络算法中有这样的情况，仅可以证明运算次数有一个上界，而这个上界是否能达到却不清楚。下面给出这种情况的一个具体例子。

例 1.30　考虑下面所示的过程，输入为一个元素 x 和一个有 n 个元素的有序数组 A。

　　1. **if** n 为奇数 **then** $k \leftarrow$ BINARYSEARCH(A, x)
　　2. **else** $k \leftarrow$ LINEARSEARCH(A, x)

这个过程在 A 中搜索 x，当 n 为奇数时采用二分搜索，当 n 为偶数时采用线性搜索。显然这个过程的运行时间是 $O(n)$，因为当 n 是偶数时，算法 LINEARSEARCH 的运行时间是 $O(n)$。但在最坏情况下这个过程不是 $\Omega(n)$ 的，因为不存在一个阈值 n_0，使得对于所有的 $n \geqslant n_0$，都存在某一大小为 n 的输入，使算法对于某一常数 c 至少用 cn 的时间。我们只能确定在最坏情况下的运行时间是 $\Omega(\log n)$。注意，对于 n 的无限多个值，运行时间是 $\Omega(n)$，并不意味着在最坏情况下运行时间是 $\Omega(n)$。所以在最坏情况下，这个过程是 $O(n)$ 的和 $\Omega(\log n)$ 的。这说明在最坏情况下，对于任意函数 $f(n)$，运行时间不是 $\Theta(f(n))$。

1.12.2　平均情况分析

另一个对算法时间复杂性的解释是平均情况分析。这里的运行时间是指所有大小为 n 的输入的平均时间（见图 1.6）。在这种方法中，必须知道所有输入出现的概率，也就是需要预先知道输入的分布。然而在许多情况下，即使放宽了一些约束，包括假设有一个理想的输入分布（如均匀分布），分析也是复杂和冗长的。

例 1.31　考虑算法 LINEARSEARCH。为简化分析,我们假定 A 中所有的元素都是不同的,再假定 x 在数组中。更重要的是,我们假定 A 中每一个元素 y 以等可能性出现在数组的任意位置上,换句话说,对于所有的 $y \in A, y = A[j]$ 的概率是 $1/n$。为找到 x 的位置,算法执行的比较次数的平均值是

$$T(n) = \sum_{j=1}^{n} j \times \frac{1}{n} = \frac{1}{n} \sum_{j=1}^{n} j = \frac{1}{n} \frac{n(n+1)}{2} = \frac{n+1}{2}$$

这表明在平均情况下,为找到 x 的位置,算法要执行 $(n+1)/2$ 次元素比较,因此算法 LINEARSEARCH 的时间复杂性在平均情况下是 $\Theta(n)$。

例 1.32　考虑计算算法 INSERTIONSORT 执行的平均比较次数。为了简化分析,我们假定 A 中的所有元素都是不同的,我们再假定输入元素的所有 $n!$ 个排列以等可能性出现。现在要将元素 $A[i]$ 插入 $A[1 \cdots i]$ 中的合适位置上,如果这个位置是 $j, 1 \leqslant j \leqslant i$,那么为把 $A[i]$ 插入合适位置上所执行的比较次数,当 $j = 1$ 时为 $i - j$,当 $2 \leqslant j \leqslant i$ 时为 $i - j + 1$。由于这个合适位置在 $A[1 \cdots i]$ 中的概率是 $1/i$,因此将 $A[i]$ 插入 $A[1 \cdots i]$ 中的合适位置上所需的平均比较次数是

$$\frac{i-1}{i} + \sum_{j=2}^{i} \frac{i-j+1}{i} = \frac{i-1}{i} + \sum_{j=1}^{i-1} \frac{j}{i} = 1 - \frac{1}{i} + \frac{i-1}{2} = \frac{i}{2} - \frac{1}{i} + \frac{1}{2}$$

这样,算法 INSERTIONSORT 执行的平均比较次数是

$$\sum_{i=2}^{n} \left(\frac{i}{2} - \frac{1}{i} + \frac{1}{2} \right) = \frac{n(n+1)}{4} - \frac{1}{2} - \sum_{i=2}^{n} \frac{1}{i} + \frac{n-1}{2} = \frac{n^2}{4} + \frac{3n}{4} - \sum_{i=1}^{n} \frac{1}{i}$$

由于

$$\ln(n+1) \leqslant \sum_{i=1}^{n} \frac{1}{i} \leqslant \ln n + 1 \quad [\text{式}(A.16)]$$

因此算法 INSERTIONSORT 执行的平均比较次数近似为

$$\frac{n^2}{4} + \frac{3n}{4} - \ln n = \Theta(n^2)$$

那么,算法 INSERTIONSORT 在平均情况下执行的运算次数,大致相当于在最坏情况下该算法的运算次数的一半(见图 1.6)。

1.13　平摊分析

在许多算法中,也许无法用 Θ 符号表达时间复杂性以得到一个运行时间的确界。这样,我们将满足于 O 符号,但在某些时候,上界是被低估了。如果用 O 符号得到运行时间的上界,那么即使在最坏情况下,算法可能也比我们估计的要快得多。

考虑这样一个算法,其中的一种运算反复执行时具有这样的特性:它的运行时间始终变动。如果这一运算在大多数时候运行得很快,只是偶尔要花费大量时间,又假定求确界虽然可能,但是非常困难,那么这就预示要使用平摊分析了。

在平摊分析中,可以算出算法在整个执行过程中所用时间的平均值,称为该运算的平摊运行时间。平摊分析保证了运算的平均代价,进而也保证了算法在最坏情况下的平均开销。

这与平均时间分析不同,在平均时间分析中,要计算同样大小的所有实例才能得到平均值,它也不像平均情况分析,不需要假设输入的概率分布。

一般来说,平摊时间分析比最坏情况分析更困难,但是当我们由此导出了一个更低的时间复杂性时,克服这些困难就值得了。在 3.3 节中研究合并查找算法时,会给出一个关于这种分析的很好例子,它负责为不相交集保持数据结构。可以看到用平摊时间分析得出的该算法的运行时间几乎是线性的,这不同于一个直接的界 $O(n \log n)$。在这一节中,我们给出两个简单的例子来说明平摊分析的要点。

例 1.33 考虑下面的问题。有一个双向链表(见 2.2 节),初始时由一个节点组成,节点内容是整数 0。一个具有 n 个正整数的数组 $A[1 \cdots n]$ 作为输入,我们用如下方法处理它们:如果当前的 x 是奇数,那么将 x 添加到表中;如果 x 是偶数,先将 x 添加到表中,然后移去表中所有在 x 之前的奇数元素。这个问题的算法概述如下,并在图 1.7 中说明。输入为

$$\boxed{5 \mid 7 \mid 3 \mid 4 \mid 9 \mid 8 \mid 7 \mid 3}$$

1. **for** $j \leftarrow 1$ **to** n
2. $x \leftarrow A[j]$
3.   将 x 加入表中
4.   **if** x 为偶数 **then**
5.   **while** $pred(x)$ 为奇数
6.   删除 $pred(x)$
7.   **end while**
8.   **end if**
9. **end for**

首先将 $5, 7, 3$ 加入表中。在处理 4 的时候,将其插入,然后把 $5, 7, 3$ 删除,如图 1.7(f) 所示。接着,如图 1.7(i) 所示,在插入 9 和 8 后,删除 9。最后插入元素 7 和 3,但不删除,因为它们没有在输入的偶数之前。

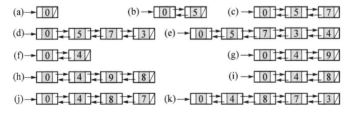

图 1.7 平摊时间分析示例

现在来分析算法的运行时间,如果输入数据不包含偶数,或者所有的偶数都在前面,那么就没有要删除的元素,每次执行 for 循环用的是固定的时间。另一方面,如果输入是 $n-1$ 个奇数后跟一个偶数,则删除的次数是 $n-1$,即 while 循环的次数是 $n-1$。这意味着 while 语句在一些循环中需要 $\Omega(n)$ 时间,那么每次 for 语句的循环执行用 $O(n)$ 时间,可以得到总的运行时间是 $O(n^2)$。

然而采用平摊时间分析，可以像下面那样得出时间复杂性为 $\Theta(n)$。插入的次数显然是 n。对于删除的次数，可以看到没有元素被删除超过 1 次，那么删除的次数在 0 到 $n-1$ 之间。这样，所有插入和删除的元运算的总次数在 n 到 $2n-1$ 之间，这说明算法的时间复杂性确实是 $\Theta(n)$。但是要强调一下，while 语句在最坏情况下使用恒定的平摊时间是有条件的，也就是说，不管输入如何，while 语句的平均时间一定是 $O(1)$。

例 1.34 假定要给未知个数的输入 $x_1, x_2, \cdots$ 分配内存空间，有一种处理内存分配的技术是先分配一个合理大小，比如说大小为 m 的数组 A_0，当这个数组满了之后，在第 $m+1$ 个元素输入之前，分配一个大小为 $2m$ 的新数组 A_1，将所有 A_0 中的元素移到 A_1 中，然后将第 $m+1$ 个元素存储在 $A_1[m+1]$ 中。一旦数组满了，而还有新元素时，则继续分配新的、大小加倍的数组，重复这一过程直到存入所有的元素。

为了简化问题，假定从大小为 1 的数组开始，那么 A_0 只包含一个元素。首先，对于元素 x_1，把它存入 $A_0[1]$。接收 x_2 时，先分配一个大小为 2 的新数组 A_1，把 $A_0[1]$ 移到 $A_1[1]$，把 x_2 存入 $A_1[2]$；x_3 到来之前，分配一个新数组 $A_2[1 \cdots 4]$，把 $A_1[1 \cdots 2]$ 移到 $A_2[1 \cdots 2]$ 中，把 x_3 存入 $A_2[3]$，下面一个元素 x_4 可以直接存入 $A_2[4]$ 中。这时 A_2 已满，接收 x_5 时，分配一个新数组 $A_3[1 \cdots 8]$，把 $A_2[1 \cdots 4]$ 移到 $A_3[1 \cdots 4]$ 中，将 x_5 存入 $A_3[5]$ 中，下面的元素 x_6, x_7, x_8 可以直接存入 A_3 数组剩下的空余位置上；一旦现在的数组满了，而又有新元素输入时，继续分配大小加倍的新数组，这样就可把当前数组的内容移到新分配的数组中。

现在对元素赋值次数进行计数。为使问题简化，假定接收的所有元素的个数 n 为 2 的幂，于是已经分配的数组是 $A_0, A_1, \cdots, A_k, k = \log n$，由于 x_1 被移动了 k 次，因此 x_2 被移动了 $k-1$ 次，等等。所以 $\{x_1, x_2, \cdots, x_n\}$ 中的每个元素被移动的次数是 $O(k) = O(\log n)$，即总的元素赋值次数是 $O(n \log n)$。

但如果使用平摊时间分析，则可以得出更加紧密的界限。注意到在新分配的数组中，每个元素恰好都被赋值了一次，结果元素赋值总次数等于所有曾被分配数组的大小的和，它的值为

$$\sum_{j=0}^{k} 2^j = 2^{k+1} - 1 = 2n - 1 = \Theta(n) \quad [\text{式}(A.10)]$$

这样，使用平摊时间分析，存储和移动每个元素 $x_1, x_2, \cdots, x_n$ 需要的时间是 $\Theta(1)$ 平摊时间。

1.14 输入大小和问题实例

一个算法执行性能的测度通常是它输入的大小、顺序和分布等的函数。其中最重要的，也是我们最感兴趣的是输入的大小。用图灵机作为计算模型，能方便地以非空单元的数目测量算法输入的大小。如果想要用数字、顶点、线段和其他对象来描述我们研究的现实世界中的问题，当然是不切实际的。由于这个原因，输入大小的概念属于算法分析的实践部分，并且对它的解释已约定俗成。当讨论对应于一个算法的问题时，我们通常讨论的是这个问题的实例。于是，一个问题的实例就转变为求解该问题的一个算法的输入。例如，我们把 n 个整

数的数组 A 称为关于对数排序问题的一个实例，同时，在讨论算法 INSERTIONSORT 时，我们把这个数组看作算法的输入。

输入大小作为一个数量，不是输入的精确测度，它的解释属于已设计或将要设计的算法的问题。一些常用的输入大小的测度如下。

- 在排序和搜索问题中，用数组或表中的元素数目作为输入大小。
- 在图的算法中，输入大小通常指图中的边或顶点的数目，或二者皆有。
- 在计算几何中，输入大小通常用点、顶点、边、线段或多边形等的数目来表示。
- 在矩阵运算中，输入大小通常是输入矩阵的维数。
- 在数论算法和密码学中，通常选择输入的比特数来表示它的长度。当每一个字由固定的比特数组成时，字的字数也可以用于表示输入的长度。

这些"不单一的"测度方法在比较两个算法所需的时间和空间时会带来一些不一致性。例如，将两个 $n \times n$ 的矩阵相加的算法要执行 n^2 次加法，看上去是平方的关系，而实际上与输入大小的关系却是线性的。

考虑例 1.16 中给出的测试素数的蛮力算法，已经证明它的时间复杂性是 $O(\sqrt{n})$。由于这是个数论问题，所以算法的时间复杂性用 n 的二进制形式中的比特数来测度，又因为 n 可以用 $k = \lceil \log(n+1) \rceil$ 个比特来表达，所以时间复杂性可以写成 $O(\sqrt{n}) = O(2^{k/2})$，因此，算法 BRUTE-FORCE PRIMALITYTEST 实质上是一个指数级算法。

现在来比较计算和式 $\sum_{j=1}^{n} j$ 的两个算法。在第一个算法中（称为算法 FIRST），输入是一个数组 $A[1 \cdots n]$，对于每一个 j，$1 \leqslant j \leqslant n$，有 $A[j] = j$。第二个算法（称为算法 SECOND）的输入只是数字 n，这两个算法分别描述如下。

算法 1.14　FIRST
输入：一个正整数 n 和一个数组 $A[1 \cdots n]$，$A[j] = j, 1 \leqslant j \leqslant n$。
输出：$\sum_{j=1}^{n} A[j]$。

    1. $sum \leftarrow 0$
    2. **for** $j \leftarrow 1$ **to** n
    3. $sum \leftarrow sum + A[j]$
    4. **end for**
    5. **return** sum

算法 1.15　SECOND
输入：正整数 n。
输出：$\sum_{j=1}^{n} j$。

    1. $sum \leftarrow 0$
    2. **for** $j \leftarrow 1$ **to** n
    3. $sum \leftarrow sum + j$
    4. **end for**
    5. **return** sum

显然,两个算法都以 $\Theta(n)$ 时间运行,算法 FIRST 的时间复杂性是 $\Theta(n)$。算法 SECOND 被设计用来解决一个数论问题,如前所述,算法 SECOND 的输入大小用整数 n 的二进制形式中的比特数来测度,它的输入由 $k = \lceil \log(n+1) \rceil$ 个比特组成,所以算法 SECOND 的时间复杂性是 $\Theta(n) = \Theta(2^k)$。换句话说,我们认为这是个指数时间的算法。这有点让人迷惑,因为这两种算法执行的基础运算次数是相同的。

1.15 分治递推式

这一节的主要目的是研究一些专门用来求解分治递推式的技术,它们产生于大多数的单变量的分治算法分析中(见第 5 章),这些递推式以下面的形式出现:

$$f(n) = \begin{cases} d & \text{若 } n \leq n_0 \\ a_1 f(n/c_1) + a_2 f(n/c_2) + \cdots + a_p f(n/c_p) + g(n) & \text{若 } n > n_0 \end{cases}$$

这里,$a_1, a_2, \cdots, a_p, c_1, c_2, \cdots, c_p$ 和 n_0 都是非负整数,d 是一个非负常数,$p \geq 1$,$g(n)$ 是从非负整数集合到实数集合的一个函数,这里我们讨论三种最普通的求解分治递推式的技术。对于一般的递推式,参见附录 A(见 A.8 节)。

1.15.1 展开递推式

也许,求解递推式的最自然的方法就是通过显而易见的方式将其反复展开,这种方法十分机械也很直观,实际上不需要任何说明。然而,在某些情况下,这种方法很耗时,也容易出现计算错误。在函数定义的比例不相等的递推式中,这种方法很难使用,我们在 1.15.2 节研究代入法时将给出这方面的例子。

例 1.35　考虑递推式

$$f(n) = \begin{cases} d & \text{若 } n = 1 \\ 2f(n/2) + bn \log n & \text{若 } n \geq 2 \end{cases}$$

这里 b 和 d 是非负常数,n 是 2 的幂。我们用下面的方法来求解递推式(设 $k = \log n$)。

$$
\begin{aligned}
f(n) &= 2f(n/2) + bn \log n \\
&= 2(2f(n/2^2) + b(n/2)\log(n/2)) + bn \log n \\
&= 2^2 f(n/2^2) + bn \log(n/2) + bn \log n \\
&= 2^2(2f(n/2^3) + b(n/2^2)\log(n/2^2)) + bn \log(n/2) + bn \log n \\
&= 2^3 f(n/2^3) + bn \log(n/2^2) + bn \log(n/2) + bn \log n \\
&\ \ \vdots \\
&= 2^k f(n/2^k) + bn(\log(n/2^{k-1}) + \log(n/2^{k-2}) + \cdots + \log(n/2^{k-k})) \\
&= dn + bn(\log 2^1 + \log 2^2 + \cdots + \log 2^k) \\
&= dn + bn \sum_{j=1}^{k} \log 2^j \\
&= dn + bn \sum_{j=1}^{k} j \\
&= dn + bn \frac{k(k+1)}{2}
\end{aligned}
$$

$$= dn + \frac{bn \log^2 n}{2} + \frac{bn \log n}{2}$$

定理 1.2 设 b 和 d 是非负常数，n 是 2 的幂，那么下面的递推式：

$$f(n) = \begin{cases} d & \text{若 } n = 1 \\ 2f(n/2) + bn \log n & \text{若 } n \geq 2 \end{cases}$$

的解是

$$f(n) = \Theta(n \log^2 n)$$

证明： 由例 1.35 可直接证明。

引理 1.1 设 a 和 c 是非负整数，b, d, x 是非负常数，并且对于某个非负整数 k，令 $n = c^k$，那么下面的递推式：

$$f(n) = \begin{cases} d & \text{若 } n = 1 \\ af(n/c) + bn^x & \text{若 } n \geq 2 \end{cases}$$

的解是

$$f(n) = bn^x \log_c n + dn^x \qquad \text{若 } a = c^x$$
$$f(n) = \left(d + \frac{bc^x}{a - c^x}\right)n^{\log_c a} - \left(\frac{bc^x}{a - c^x}\right)n^x \qquad \text{若 } a \neq c^x$$

证明： 用展开法来求解这个递推式如下：

$$\begin{aligned} f(n) &= af(n/c) + bn^x \\ &= a(af(n/c^2) + b(n/c)^x) + bn^x \\ &= a^2 f(n/c^2) + (a/c^x)bn^x + bn^x \\ &\vdots \\ &= a^k f(n/c^k) + (a/c^x)^{k-1} bn^x + \cdots + (a/c^x)bn^x + bn^x \\ &= da^{\log_c n} + bn^x \sum_{j=0}^{k-1} (a/c^x)^j \\ &= dn^{\log_c a} + bn^x \sum_{j=0}^{k-1} (a/c^x)^j \end{aligned}$$

最后一步的等式来自式 (A.2)。有以下两种情况。

（1）$a = c^x$。在这种情况下，

$$\sum_{j=0}^{k-1} (a/c^x)^j = k = \log_c n$$

由于 $\log_c a = \log_c c^x = x$，因此

$$f(n) = bn^x \log_c n + dn^{\log_c a} = bn^x \log_c n + dn^x$$

（2）$a \neq c^x$。在这种情况下，由式 (A.9)，有

$$\begin{aligned} bn^x \sum_{j=0}^{k-1} (a/c^x)^j &= \frac{bn^x (a/c^x)^k - bn^x}{(a/c^x) - 1} \\ &= \frac{ba^k - bn^x}{(a/c^x) - 1} \end{aligned}$$

$$= \frac{bc^x a^k - bc^x n^x}{a - c^x}$$

$$= \frac{bc^x a^{\log_c n} - bc^x n^x}{a - c^x}$$

$$= \frac{bc^x n^{\log_c a} - bc^x n^x}{a - c^x}$$

因此

$$f(n) = \left(d + \frac{bc^x}{a - c^x}\right) n^{\log_c a} - \left(\frac{bc^x}{a - c^x}\right) n^x$$

推论 1.1 设 a 和 c 是非负整数, b, d, x 是非负常数, 并且对于某个非负整数 k, 令 $n = c^k$, 那么下面的递推式:

$$f(n) = \begin{cases} d & \text{若 } n = 1 \\ af(n/c) + bn^x & \text{若 } n \geq 2 \end{cases}$$

的解满足

$$f(n) = bn^x \log_c n + dn^x \qquad \text{若 } a = c^x$$

$$f(n) \leq \left(\frac{bc^x}{c^x - a}\right) n^x \qquad \text{若 } a < c^x$$

$$f(n) \leq \left(d + \frac{bc^x}{a - c^x}\right) n^{\log_c a} \qquad \text{若 } a > c^x$$

证明: 如果 $a < c^x$, 那么 $\log_c a < x$, 或 $n^{\log_c a} < n^x$; 如果 $a > c^x$, 那么 $\log_c a > x$, 或 $n^{\log_c a} > n^x$, 余下的证明可由引理 1.1 立即得出。

推论 1.2 设 a 和 c 是非负整数, b 和 d 是非负常数, $n = c^k$, 并且对于某个非负整数 k, 令 $n = c^k$, 那么下面的递推式:

$$f(n) = \begin{cases} d & \text{若 } n = 1 \\ af(n/c) + bn & \text{若 } n \geq 2 \end{cases}$$

的解是

$$f(n) = bn \log_c n + dn \qquad \text{若 } a = c$$

$$f(n) = \left(d + \frac{bc}{a - c}\right) n^{\log_c a} - \left(\frac{bc}{a - c}\right) n \qquad \text{若 } a \neq c$$

证明: 应用引理 1.1 可立即得到。

定理 1.3 设 a 和 c 是非负整数, b, d, x 是非负常数, 并且对于某个非负整数 k, 令 $n = c^k$, 那么下面的递推式:

$$f(n) = \begin{cases} d & \text{若 } n = 1 \\ af(n/c) + bn^x & \text{若 } n \geq 2 \end{cases}$$

的解是

$$f(n) = \begin{cases} \Theta(n^x) & \text{若 } a < c^x \\ \Theta(n^x \log n) & \text{若 } a = c^x \\ \Theta(n^{\log_c a}) & \text{若 } a > c^x \end{cases}$$

特别地，如果 $x = 1$，那么

$$f(n) = \begin{cases} \Theta(n) & \text{若 } a < c \\ \Theta(n \log n) & \text{若 } a = c \\ \Theta(n^{\log_c a}) & \text{若 } a > c \end{cases}$$

证明： 应用引理 1.1 和推论 1.1 可立即得到。

1.15.2　代入法

这种方法通常用来证明上下界，它也能用来证明精确解。在这种方法中，我们猜想一个解，并尝试用数学归纳法来证明（见 A.2.5 节）。与在归纳法证明中常用的做法不同的是，这里我们先证明带有一个或多个常数的归纳步，当 n 为任意值时，一旦对 $f(n)$ 的断言成立，为了使解适用于一个或多个边界条件，可以根据需要再来调整常数。这种方法的难点在于给出一个有效的猜测，作为所给递推式的相当接近的界限。但是在许多实例中，给出的递推式类似于另一个已经知道解的递推式，这对于寻找一个最初的猜测是相当有利的。下面用例子来说明这种方法。

例 1.36　考虑下面的递推式：

$$f(n) = \begin{cases} d & \text{若 } n = 1 \\ f(\lfloor n/2 \rfloor) + f(\lceil n/2 \rceil) + bn & \text{若 } n \geq 2 \end{cases}$$

其中 b, d 是非负常数。当 n 是 2 的幂时，递推式可以简化为

$$f(n) = 2f(n/2) + bn$$

由推论 1.2，它的解是 $bn \log n + dn$，因此，我们做一个猜测，对于某个常数 $c > 0$，$f(n) \leq cbn \log n + dn$，后面再来确定 c 的值。假定这个断言在 $n \geq 2$ 时对于 $\lfloor n/2 \rfloor$ 和 $\lceil n/2 \rceil$ 都成立，在递推式中代入 $f(n)$，可以得出

$$\begin{aligned} f(n) &= f(\lfloor n/2 \rfloor) + f(\lceil n/2 \rceil) + bn \\ &\leq cb\lfloor n/2 \rfloor \log\lfloor n/2 \rfloor + d\lfloor n/2 \rfloor + cb\lceil n/2 \rceil \log\lceil n/2 \rceil + d\lceil n/2 \rceil + bn \\ &\leq cb\lfloor n/2 \rfloor \log\lceil n/2 \rceil + cb\lceil n/2 \rceil \log\lceil n/2 \rceil + dn + bn \\ &= cbn \log\lceil n/2 \rceil + dn + bn \\ &\leq cbn \log((n+1)/2) + dn + bn \\ &= cbn \log(n+1) - cbn + dn + bn \end{aligned}$$

为了证明 $f(n)$ 最大为 $cbn \log n + dn$，必定有 $cbn \log(n+1) - cbn + bn \leq cbn \log n$，也就是 $c \log(n+1) - c + 1 \leq c \log n$，化简为

$$c \geq \frac{1}{1 + \log n - \log(n+1)} = \frac{1}{1 + \log \dfrac{n}{n+1}}$$

当 $n \geq 2$ 时，

$$\frac{1}{1 + \log \dfrac{n}{n+1}} \leqslant \frac{1}{1 + \log \dfrac{2}{3}} < 2.41$$

因此,我们令 $c = 2.41$,当 $n = 1$ 时,有 $0 + d \leqslant d$,那么

$$f(n) \leqslant 2.41bn \log n + dn$$

对于所有的 $n \geqslant 1$ 都成立。

例 1.37   本例中,我们来证明例 1.36 中定义的递推式 $f(n)$ 最小是 $cbn \log n + dn$,也就是说,对于晚些确定的常数 $c > 0$,证明 $cbn \log n + dn$ 是函数 $f(n)$ 的下界。假定这个结论对于 $\lfloor n/2 \rfloor$ 和 $\lceil n/2 \rceil$ 成立,$n \geqslant 2$,在递推式中代入 $f(n)$,我们得到

$$\begin{aligned}
f(n) &= f(\lfloor n/2 \rfloor) + f(\lceil n/2 \rceil) + bn \\
&\geqslant cb\lfloor n/2 \rfloor \log \lfloor n/2 \rfloor + d\lfloor n/2 \rfloor + cb\lceil n/2 \rceil \log \lceil n/2 \rceil + d\lceil n/2 \rceil + bn \\
&\geqslant cb\lfloor n/2 \rfloor \log \lfloor n/2 \rfloor + d\lfloor n/2 \rfloor + cb\lceil n/2 \rceil \log \lceil n/2 \rceil + d\lceil n/2 \rceil + bn \\
&= cbn \log \lfloor n/2 \rfloor + dn + bn \\
&\geqslant cbn \log(n/4) + dn + bn \\
&= cbn \log n - 2cbn + dn + bn \\
&= cbn \log n + dn + (bn - 2cbn)
\end{aligned}$$

为了证明 $f(n)$ 至少为 $cbn \log n + dn$,必定要有 $bn - 2cbn \geqslant 0$,也就是 $c \leqslant 1/2$。因此,$f(n) \geqslant bn \log n/2 + dn$。由于当 $n = 1$ 时,$f(n) \geqslant bn \log n/2 + dn$ 成立,因此

$$f(n) \geqslant \frac{bn \log n}{2} + dn$$

对于所有的 $n \geqslant 1$ 都成立。

定理 1.4   设

$$f(n) = \begin{cases} d & \text{若 } n = 1 \\ f(\lfloor n/2 \rfloor) + f(\lceil n/2 \rceil) + bn & \text{若 } n \geqslant 2 \end{cases}$$

b, d 是非负常数,那么

$$f(n) = \Theta(n \log n)$$

证明:可从例 1.36 和例 1.37 得出。

例 1.38   考虑下面的递推式:

$$f(n) = \begin{cases} 0 & \text{若 } n = 0 \\ b & \text{若 } n = 1 \\ f(\lfloor c_1 n \rfloor) + f(\lfloor c_2 n \rfloor) + bn & \text{若 } n \geqslant 2 \end{cases}$$

其中 b, c_1, c_2 是正常数,且 $c_1 + c_2 = 1$,当 $c_1 = c_2 = 1/2$,n 是 2 的幂时,上述递推式可以化简为

$$f(n) = \begin{cases} b & \text{若 } n = 1 \\ 2f(n/2) + bn & \text{若 } n \geqslant 2 \end{cases}$$

由推论 1.2,它的解是 $bn \log n + bn$。因此我们可以猜测,对于某个常数 $c > 0$,$f(n) \leqslant$

$cbn \log n + bn$，c 的值后面再确定。假定这个猜测对于 $\lfloor c_1 n \rfloor$ 和 $\lfloor c_2 n \rfloor$ 都成立，$n \geqslant 2$，在递推式中代入 $f(n)$，我们得到

$$
\begin{aligned}
f(n) &= f(\lfloor c_1 n \rfloor) + f(\lfloor c_2 n \rfloor) + bn \\
&\leqslant cb\lfloor c_1 n \rfloor \log \lfloor c_1 n \rfloor + b\lfloor c_1 n \rfloor + cb\lfloor c_2 n \rfloor \log \lfloor c_2 n \rfloor + b\lfloor c_2 n \rfloor + bn \\
&\leqslant cbc_1 n \log c_1 n + bc_1 n + cbc_2 n \log c_2 n + bc_2 n + bn \\
&= cbn \log n + bn + cbn(c_1 \log c_1 + c_2 \log c_2) + bn \\
&\doteq cbn \log n + bn + cben + bn
\end{aligned}
$$

这里 $e = c_1 \log c_1 + c_2 \log c_2 < 0$，为了使 $f(n) \leqslant cbn \log n + bn$，必有 $cben + bn \leqslant 0$ 或 $ce \leqslant -1$，即 $c \geqslant -1/e$。因此，$f(n) \leqslant -bn \log n/e + bn$，显然当 $n = 1$ 时不等式成立，得出

$$
f(n) \leqslant \frac{-bn \log n}{c_1 \log c_1 + c_2 \log c_2} + bn
$$

对于所有的 $n \geqslant 1$ 都成立。

例如，如果 $c_1 = c_2 = 1/2$，则 $c_1 \log c_1 + c_2 \log c_2 = -1$，因此 $f(n) \leqslant bn \log n + bn$ 对于所有的 $n \geqslant 1$ 都成立。当 n 为 2 的幂时，这与推论 1.2 一致。

例 1.39　本例中，我们来求解当 $c_1 + c_2 < 1$ 时，例 1.38 中定义的递推式。当 $c_1 = c_2 = 1/4$，且 n 是 2 的幂时，上述递推式可以简化成递推式：

$$
f(n) = \begin{cases} b & \text{若 } n = 1 \\ 2f(n/4) + bn & \text{若 } n \geqslant 2 \end{cases}
$$

由推论 1.2，它的解是 $f(n) = 2bn - b\sqrt{n}$。因此可以猜测对某个 $c > 0$，$f(n) \leqslant cbn$。即证明当 $c_1 + c_2 < 1$ 时，对于常数 $c > 0$（c 值待定），cbn 为函数 $f(n)$ 的上界。假定这个猜测对于 $\lfloor c_1 n \rfloor$ 和 $\lfloor c_2 n \rfloor$ 成立，这里 $n \geqslant 2$，在递推式中代入 $f(n)$，我们得到

$$
\begin{aligned}
f(n) &= f(\lfloor c_1 n \rfloor) + f(\lfloor c_2 n \rfloor) + bn \\
&\leqslant cb\lfloor c_1 n \rfloor + cb\lfloor c_2 n \rfloor + bn \\
&\leqslant cbc_1 n + cbc_2 n + bn \\
&= c(c_1 + c_2)bn + bn
\end{aligned}
$$

为了证明 $f(n) \leqslant cbn$，必须有 $c(c_1 + c_2)bn + bn \leqslant cbn$，或 $c(c_1 + c_2) + 1 \leqslant c$，也就是 $c(1 - c_1 - c_2) \geqslant 1$ 或 $c \geqslant 1/(1 - c_1 - c_2)$。显然当 $n = 0$ 和 $n = 1$ 时，$f(n) \leqslant bn/(1 - c_1 - c_2)$ 成立，得出

$$
f(n) \leqslant \frac{bn}{1 - c_1 - c_2}
$$

对于所有的 $n \geqslant 0$ 都成立。

例如，如果 $c_1 = c_2 = 1/4$，有 $f(n) \leqslant 2bn$，如前所述，精确解是 $f(n) = 2bn - b\sqrt{n}$。

定理 1.5　设 b, c_1, c_2 是非负常数，那么递推式：

$$
f(n) = \begin{cases} 0 & \text{若 } n = 0 \\ b & \text{若 } n = 1 \\ f(\lfloor c_1 n \rfloor) + f(\lfloor c_2 n \rfloor) + bn & \text{若 } n \geqslant 2 \end{cases}
$$

的解是

$$f(n) = \begin{cases} O(n \log n) & \text{若 } c_1 + c_2 = 1 \\ \Theta(n) & \text{若 } c_1 + c_2 < 1 \end{cases}$$

证明：由例 1.38，如果 $c_1 + c_2 = 1$，那么 $f(n) = O(n \log n)$；如果 $c_1 + c_2 < 1$，那么由例 1.39，有 $f(n) = O(n)$，由于 $f(n) = \Omega(n)$，因此可以得出 $f(n) = \Theta(n)$。

1.15.3　更换变元

在有些递推式中，如果改变函数的定义域，在新的定义域中定义一个新的易于求解的递推关系，那么这样会更加方便。下面给出两个例子，第二个例子表明这种方法有时是很有效的，因为它将最初的递推式简化成易于求解的新的递推式。

例 1.40　考虑递推式：

$$f(n) = \begin{cases} d & \text{若 } n = 1 \\ 2f(n/2) + bn \log n & \text{若 } n \geq 2 \end{cases}$$

我们已经在例 1.35 中用展开法求出解。这里 n 是 2 的幂，因此令 $k = \log n$，即 $n = 2^k$，这样递推式可以重写成

$$f(2^k) = \begin{cases} d & \text{若 } k = 0 \\ 2f(2^{k-1}) + bk2^k & \text{若 } k \geq 1 \end{cases}$$

现在令 $g(k) = f(2^k)$，有

$$g(k) = \begin{cases} d & \text{若 } k = 0 \\ 2g(k-1) + bk2^k & \text{若 } k \geq 1 \end{cases}$$

这个递推式具有式(A.23)的形式，所以可用 A.8.2 节的方法来求解递推式。令

$$2^k h(k) = g(k)，且 h(0) = g(0) = d$$

那么

$$2^k h(k) = 2(2^{k-1} h(k-1)) + bk2^k$$

或

$$h(k) = h(k-1) + bk$$

递推式的解是

$$h(k) = h(0) + \sum_{j=1}^{k} bj = d + \frac{bk(k+1)}{2}$$

因此

$$g(k) = 2^k h(k) = d2^k + \frac{bk^2 2^k}{2} + \frac{bk2^k}{2} = dn + \frac{bn \log^2 n}{2} + \frac{bn \log n}{2}$$

它和例 1.35 中得到的解相同。

例 1.41　考虑递推式：

$$f(n) = \begin{cases} 1 & \text{若 } n = 2 \\ 1 & \text{若 } n = 4 \\ f(n/2) + f(n/4) & \text{若 } n > 4 \end{cases}$$

这里假定 n 是 2 的幂，令 $g(k) = f(2^k)$，$k = \log n$，那么

$$g(k) = \begin{cases} 1 & \text{若 } k = 1 \\ 1 & \text{若 } k = 2 \\ g(k-1) + g(k-2) & \text{若 } k > 2 \end{cases}$$

$g(k)$ 就是例 A.20 中讨论过的 Fibonacci 递推式，它的解是

$$g(k) = \frac{1}{\sqrt{5}} \left(\frac{1 + \sqrt{5}}{2} \right)^k - \frac{1}{\sqrt{5}} \left(\frac{1 - \sqrt{5}}{2} \right)^k$$

因此

$$f(n) = \frac{1}{\sqrt{5}} \left(\frac{1 + \sqrt{5}}{2} \right)^{\log n} - \frac{1}{\sqrt{5}} \left(\frac{1 - \sqrt{5}}{2} \right)^{\log n}$$

如果令 $\phi = (1 + \sqrt{5})/2 = 1.618\,03$，那么

$$f(n) = \Theta(\phi^{\log n}) = \Theta(n^{\log \phi}) = \Theta(n^{0.69})$$

例 1.42　设

$$f(n) = \begin{cases} d & \text{若 } n = 2 \\ 2f(\sqrt{n}) + b \log n & \text{若 } n > 2 \end{cases}$$

这里 $n = 2^{2^k}$，$k \geqslant 1$，$f(n)$ 可以重新写成

$$f(2^{2^k}) = \begin{cases} d & \text{若 } k = 0 \\ 2f(2^{2^{k-1}}) + b2^k & \text{若 } k > 0 \end{cases}$$

设 $g(k) = f(2^{2^k})$，就有

$$g(k) = \begin{cases} d & \text{若 } k = 0 \\ 2g(k-1) + b2^k & \text{若 } k > 0 \end{cases}$$

这个递推式具有式(A.23)的形式，因此可用 A.8.2 节中的方法来求解这一递推式。如果设

$$2^k h(k) = g(k) \text{ 且 } h(0) = g(0) = d$$

那么有

$$2^k h(k) = 2(2^{k-1} h(k-1)) + b2^k$$

用 2^k 同时除等式两边，得出

$$h(k) = h(0) + \sum_{j=1}^{k} b = d + bk$$

因此

$$g(k) = 2^k h(k) = d2^k + bk2^k$$

用 $n = 2^{2^k}, \log n = 2^k$ 和 $\log \log n = k$ 代入上式, 得出

$$f(n) = d \log n + b \log n \log \log n$$

1.16 练习

1.1 令 $A[1\cdots60] = 11, 12, \cdots, 70$, 用算法 BINARYSEARCH 搜索下列 x 值时执行了多少次比较运算?

(a)33   (b)7   (c)70   (d)77

1.2 令 $A[1\cdots2000] = 1, 2, \cdots, 2000$, 用算法 BINARYSEARCH 搜索下列 x 值时执行了多少次比较运算?

(a) -3 (b)1   (c)1000   (d)4000

1.3 对于有下列输入的二分搜索算法, 画出其决策树。

(a)12 个元素   (b)17 个元素   (c)25 个元素   (d)35 个元素

1.4 说明二分搜索算法的决策树高度为 $\lfloor \log n \rfloor$。

1.5 请用图示说明算法 SELECTIONSORT 对于数组

45	33	24	45	12	12	24	12

的处理过程, 该算法执行了多少次比较?

1.6 将算法 SELECTIONSORT 修改成如下所示的算法 MODSELECTIONSORT。回答如下两个问题。

(a) 算法 MODSELECTIONSORT 执行的元素赋值的最少次数是多少? 什么时候达到最小值?

(b) 算法 MODSELECTIONSORT 执行的元素赋值的最多次数是多少? 注意每次交换用三次元素赋值来完成。什么时候达到最大值?

算法 1.16 MODSELECTIONSORT
输入: n 个元素的数组 $A[1\cdots n]$。
输出: 按非降序排列的数组 $A[1\cdots n]$。

    1. **for** $i \leftarrow 1$ **to** $n - 1$
    2.   **for** $j \leftarrow i + 1$ **to** n
    3.   **if** $A[j] < A[i]$ **then** 交换 $A[i]$ 与 $A[j]$
    4.   **end for**
    5. **end for**

1.7 用图示说明算法 INSERTIONSORT 对于数组

30	12	13	13	44	12	25	13

的处理过程, 该算法执行了多少次比较?

1.8 给出如下输入:

$$\boxed{4}\;\boxed{3}\;\boxed{12}\;\boxed{5}\;\boxed{6}\;\boxed{7}\;\boxed{2}\;\boxed{9}$$

算法 INSERTIONSORT 执行了多少次比较?

1.9　证明观察结论 1.4。

1.10　算法 INSERTIONSORT 和算法 SELECTIONSORT 相比,哪一个算法更有效? 如果输入数组由大量的元素组成又将怎样? 请给出解释。

1.11　请用图示说明算法 BOTTOMUPSORT 对于数组

$$A[1\cdots16]=\boxed{11}\;\boxed{12}\;\boxed{1}\;\boxed{5}\;\boxed{15}\;\boxed{3}\;\boxed{4}\;\boxed{10}\;\boxed{7}\;\boxed{2}\;\boxed{16}\;\boxed{9}\;\boxed{8}\;\boxed{14}\;\boxed{13}\;\boxed{6}$$

的处理过程,该算法执行了多少次比较?

1.12　请用图示说明算法 BOTTOMUPSORT 对于数组

$$A[1\cdots11]=\boxed{2}\;\boxed{17}\;\boxed{19}\;\boxed{5}\;\boxed{13}\;\boxed{11}\;\boxed{4}\;\boxed{8}\;\boxed{15}\;\boxed{12}\;\boxed{7}$$

的处理过程,该算法执行了多少次比较?

1.13　分别给出一个整数数组 $A[1\cdots8]$,对于该数组,算法 BOTTOMUPSORT 执行如下:

(a) 元素比较的次数最少;

(b) 元素比较的次数最多。

1.14　用 *true* 或 *false* 填空。

$f(n)$	$g(n)$	$f=O(g)$	$f=\Omega(g)$	$f=\Theta(g)$
$2n^3+3n$	$100n^2+2n+100$			
$50n+\log n$	$10n+\log\log n$			
$50n\log n$	$10n\log\log n$			
$\log n$	$\log^2 n$			
$n!$	5^n			

1.15　用 Θ 符号表示下列函数:

(a) $2n+3\log^{100}n$ 　　　　(b) $7n^3+1000n\log n+3n$

(c) $3n^{1.5}+(\sqrt{n})^3\log n$ 　　(d) $2^n+100^n+n!$

1.16　用 Θ 符号表示下列函数:

(a) $18n^3+\log n^8$ 　　　　(b) $(n^3+n)/(n+5)$

(c) $\log^2 n+\sqrt{n}+\log\log n$ 　(d) $n!/2^n+n^n$

1.17　考虑如下所示的排序算法,该算法称为 BUBBLESORT。

(a) 执行该算法,元素比较的最少次数是多少? 什么时候达到最小值?

(b) 执行该算法,元素比较的最多次数是多少? 什么时候达到最大值?

(c) 执行该算法,元素赋值的最少次数是多少? 什么时候达到最小值?

(d) 执行该算法,元素赋值的最多次数是多少? 什么时候达到最大值?

(e) 用 O 符号和 Ω 符号表示算法 BUBBLESORT 的运行时间。

(f) 可以用 Θ 符号表示算法的运行时间吗? 请说明理由。

算法 1.17 BUBBLESORT

输入：n 个元素的数组 $A[1\cdots n]$。

输出：按非降序排列的数组 $A[1\cdots n]$。

1. $i \leftarrow 1$；*sorted* $\leftarrow$ *false*
2. **while** $i \leqslant n-1$ **and not** *sorted*
3.   *sorted* $\leftarrow$ *true*
4.   **for** $j \leftarrow n$ **downto** $i+1$
5.   **if** $A[j] < A[j-1]$ **then**
6.   交换 $A[j]$ 与 $A[j-1]$
7.   *sorted* $\leftarrow$ *false*
8.   **end if**
9.   **end for**
10. $i \leftarrow i+1$
11. **end while**

1.18 找到两个单调递增函数 $f(n)$ 和 $g(n)$，使得 $f(n) \neq O(g(n))$ 且 $g(n) \neq O(f(n))$。

1.19 $x = O(x \sin x)$ 成立吗？用 O 符号的定义证明你的答案。

1.20 证明和式 $\sum_{j=1}^{n} j^k$ 是 $O(n^{k+1})$ 的和 $\Omega(n^{k+1})$ 的，k 是正整数，得出结论它也是 $\Theta(n^{k+1})$ 的。

1.21 令 $f(n) = \{1/n + 1/n^2 + 1/n^3 + \cdots\}$，用 Θ 符号表示 $f(n)$［提示：找出 $f(n)$ 的递归定义］。

1.22 说明 $n^{100} = O(2^n)$，但是 $2^n \neq O(n^{100})$。

1.23 说明 2^n 不是 $\Theta(3^n)$ 的。

1.24 $n! = \Theta(n^n)$ 成立吗？证明你的答案。

1.25 $2^{n^2} = \Theta(2^{n^3})$ 成立吗？证明你的答案。

1.26 请详细解释 $O(1)$ 和 $\Theta(1)$ 之间的不同。

1.27 函数 $\lfloor \log n \rfloor!$ 是 $O(n)$ 的、$\Omega(n)$ 的和 $\Theta(n)$ 的吗？证明你的答案。

1.28 能用 1.8.6 节中描述的 $\prec$ 关系来比较 n^2 和 $100n^2$ 增长的阶吗？为什么？

1.29 请用关系 $\prec$ 根据增长率给出下列函数的次序。

$$n^{1/100}, \sqrt{n}, \log n^{100}, n \log n, 5, \log \log n, \log^2 n, (\sqrt{n})^n, (1/2)^n, 2^{n^2}, n!$$

1.30 考虑下面的问题，给出 n 个整数的数组 $A[1\cdots n]$，检验 A 中的每一个元素 a，判断它是奇数还是偶数，如果是偶数，就什么都不做，否则用该数乘以 2。

(a) 要测度乘法的次数，O 和 Θ 哪个符号更合适？为什么？

(b) 要测度检验的次数，O 和 Θ 哪个符号更合适？为什么？

1.31 试给出一个比例 1.22 中给出的算法更有效的算法，你的算法的时间复杂性是什么？

1.32 考虑算法 COUNT6，它的输入是正整数 n。

(a) 第 6 步执行了多少次？

(b) 要表示算法的时间复杂性，O 和 Θ 哪个符号更合适？为什么？

（c）算法的时间复杂性是什么？

算法 1.18 COUNT6

    1. **comment**：练习 1.32
    2. $count \leftarrow 0$
    3. **for** $i \leftarrow 1$ **to** $\lfloor \log n \rfloor$
    4.   **for** $j \leftarrow i$ **to** $i + 5$
    5.   **for** $k \leftarrow 1$ **to** i^2
    6. $count \leftarrow count + 1$
    7.   **end for**
    8.   **end for**
    9. **end for**

1.33 考虑算法 COUNT7，它的输入是正整数 n。
（a）当 n 为 2 的幂时，第 6 步执行的最大次数是多少？
（b）用 O 符号表示的算法的时间复杂性是怎样的？
（c）用 Ω 符号表示的算法的时间复杂性是怎样的？
（d）O 和 Θ 哪个符号更适合用来表示算法的时间复杂性？请简要解释。

算法 1.19 COUNT7

    1. **comment**：练习 1.33
    2. $count \leftarrow 0$
    3. **for** $i \leftarrow 1$ **to** n
    4. $j \leftarrow \lfloor n/2 \rfloor$
    5.   **while** $j \geq 1$
    6. $count \leftarrow count + 1$
    7.   **if** j 为奇数 **then** $j \leftarrow 0$ **else** $j \leftarrow j/2$
    8.   **end while**
    9. **end for**

1.34 考虑算法 COUNT8，它的输入是正整数 n。
（a）n 为 2 的幂时，第 7 步执行的最大次数是多少？
（b）n 为 3 的幂时，第 7 步执行的最大次数是多少？
（c）用 O 符号表示的算法的时间复杂性是怎样的？
（d）用 Ω 符号表示的算法的时间复杂性是怎样的？
（e）O 和 Θ 哪个符号更适合用来表示算法的时间复杂性？简要解释。

算法 1.20 COUNT8

    1. **comment**：练习 1.34

```
2.  count ← 0
3.  for i ← 1 to n
4.      j ← ⌊n/3⌋
5.      while j ≥ 1
6.          for k ← 1 to i
7.              count ← count + 1
8.          end for
9.          if j 为偶数 then j ← 0 else j ← ⌊j/3⌋
10.     end while
11. end for
```

1.35　设计一个算法,用来找出存储在数组 $A[1\cdots n]$ 中的 n 个整数的最大值和最小值,使得它的时间复杂性分别是

(a) $O(n)$　　　　　　　　　(b) $\Omega(n \log n)$

1.36　令 $A[1\cdots n]$ 为整数数组, $n > 2$,请设计一个 $O(1)$ 时间的算法,它在 A 中找出一个既不是最大值也不是最小值的元素。

1.37　考虑元素唯一性问题:给出一个整数集合,假定这些整数存储在数组 $A[1\cdots n]$ 中,确定其中是否存在两个相等的元素。请设计出一个有效算法来解决这个问题,你的算法的时间复杂性是多少?

1.38　请设计一个算法,对于给定的 x 的值,在时间

(a) $\Omega(n^2)$　　　　　　　(b) $O(n)$

求输入多项式

$$a_n x^n + a_{n-1} x^{n-1} + \cdots + a_1 x + a_0$$

的值。

1.39　令 S 为具有 n 个正整数的集合, n 为偶数。请设计一个有效算法将 S 分成两个子集 S_1 和 S_2 ,使每个子集中有 $n/2$ 个元素,而且 S_1 中所有元素的和与 S_2 中所有元素的和的差最大,这个算法的时间复杂性是什么?

1.40　假定将练习 1.39 中的"最大"用"最小"替换,请设计一个算法来完成修改过的问题,比较这一算法和练习 1.39 中算法的时间复杂性。

1.41　令 m 和 n 是两个正整数,用 $gcd(m,n)$ 表示 m 和 n 的最大公约数,即同时整除 m 和 n 的最大整数,例如 $gcd(12,18) = 6$ 。考虑下面计算 $gcd(m,n)$ 的算法 EU-CLID。

(a) 如果在第一次调用 $gcd(m,n)$ 时,遇到 $n < m$ 的情况会怎么样?请解释。

(b) 证明算法 EUCLID 的正确性(提示:运用如下定理,如果 r 整除 m 和 n ,那么 r 整除 $m-n$)。

(c) 说明当 m 和 n 是 Fibonacci 数列中两个连续的数时,算法 EUCLID 的运行时间达到最大值。Fibonacci 数列定义为

$$f_1 = f_2 = 1;\ 当\ n > 2\ 时,\ f_n = f_{n-1} + f_{n-2}$$

（d）假定 $n \geqslant m$，用 n 来表示 EUCLID 算法的运行时间。

（e）算法的时间复杂性可以用 Θ 符号表示吗？为什么？

算法 1.21　EUCLID

输入：两个正整数 m 和 n。

输出：$gcd(m,n)$。

> 1. **comment**：练习 1.41
> 2. **repeat**
> 3. 　　$r \leftarrow n \bmod m$
> 4. 　　$n \leftarrow m$
> 5. 　　$m \leftarrow r$
> 6. **until** $r = 0$
> 7. **return** n

1.42　找出练习 1.41 中的算法 EUCLID 用输入大小来测度的时间复杂性。它是对数的、线性的还是指数的？为什么？

1.43　证明对于任意常数 $c > 0$，$(\log n)^c = o(n)$。

1.44　通过证明对于任意大于 1 的常数 c 和 d，有

$$n^c = o(d^n)$$

说明任意指数函数比多项式函数增长得快。

1.45　考虑下面的递推式：

$$f(n) = 4f(n/2) + n,\ n \geqslant 2;\ f(1) = 1$$

假定 n 为 2 的幂。

（a）用展开法求解递推式；

（b）直接应用定理 1.3 求解递推式。

1.46　考虑下面的递推式：

$$f(n) = 5f(n/3) + n,\ n \geqslant 2;\ f(1) = 1$$

假定 n 为 3 的幂。

（a）用展开法求解递推式；

（b）直接应用定理 1.3 求解递推式。

1.47　考虑下面的递推式：

$$f(n) = 9f(n/3) + n^2,\ n \geqslant 2;\ f(1) = 1$$

假定 n 为 3 的幂。

（a）用展开法求解递推式；

（b）直接应用定理 1.3 求解递推式。

1.48　考虑下面的递推式:

$$f(n) = 2f(n/4) + \sqrt{n}, \ n \geq 4; \ 若 \ n < 4, \ f(n) = 1$$

这里假定 n 具有 2^{2^k} 形式, $k \geq 0$。

(a) 用展开法求解递推式;

(b) 直接应用定理 1.3 求解递推式。

1.49　用代入法找出递推式的上界:

$$f(n) = f(\lfloor n/2 \rfloor) + f(\lfloor 3n/4 \rfloor), \ n \geq 4; \ 若 \ n < 4, \ f(n) = 4$$

用 O 符号来表示解。

1.50　用代入法找出递推式的上界:

$$f(n) = f(\lfloor n/4 \rfloor) + f(\lfloor 3n/4 \rfloor) + n, \ n \geq 4; \ 若 \ n < 4, \ f(n) = 4$$

用 O 符号来表示解。

1.51　用代入法找出练习 1.49 中递推式的下界,用 Ω 符号来表示解。

1.52　用代入法找出练习 1.50 中递推式的下界,用 Ω 符号来表示解。

1.53　用代入法求解递推式:

$$f(n) = 2f(n/2) + n^2, \ n \geq 2; \ f(1) = 1$$

假定 n 为 2 的幂,用 Θ 符号来表示解。

1.54　令

$$f(n) = f(n/2) + n, \ n \geq 2; \ f(1) = 1$$

和

$$g(n) = 2g(n/2) + 1, \ n \geq 2; \ g(1) = 1$$

当 n 是 2 的幂时, 请问 $f(n) = g(n)$ 吗? 证明你的结论。

1.55　用更换变元法求解递推式:

$$f(n) = f(n/2) + \sqrt{n}, \ n \geq 4; \ 若 \ n < 4, \ f(n) = 2$$

假定 n 具有形式 2^{2^k}。找出函数 $f(n)$ 的渐近表现。

1.56　用更换变元法求解下列递推式:

$$f(n) = 2f(\sqrt{n}) + n, \ n \geq 4; \ 若 \ n < 4, \ f(n) = 1$$

假定 n 具有形式 2^{2^k}。找出函数 $f(n)$ 的渐近表现。

1.57　证明只要 $g(n) = o(n)$ 成立, 递推式:

$$f(n) = 2f(n/2) + g(n), \ n \geq 2; \ f(1) = 1$$

的解是 $f(n) = O(n)$。例如, 如果 $g(n) = n^{1-\epsilon}, 0 < \epsilon < 1$, 那么 $f(n) = O(n)$。

1.17　参考注释

推荐以下几本算法分析和设计方面的书,它们按作者姓氏的字母顺序排列。Aho, Hopcroft and Ullman(1974), Baase(1988), Brassard and Bratley(1988), Brassard and Bratley(1996), Cormen, Leiserson, Rivest and Stein(2009), Dromey(1982), Horowitz and Sahni

（1978），Hu（1982），Knuth（1968，1969，1973），Manber（1989），Mehlhorn（1984a），Moret and Sha-piro（1991），Purdom and Brown（1985），Reingold，Nievergelt and Deo（1977），Sedgewick（1988），Wilf（1986）。关于算法的更通俗的讲解，请参考 Knuth（1977），Lewis and Papadimitriou（1978），以及 Karp（1986）和 Tarjan（1987）的两次图灵奖的演讲。一些更加实用的算法设计方面的讨论，可参见 Bentley（1982a，b）和 Gonnet（1984）。Knuth（1973）详细讨论了本章涵盖的排序算法，他给出了逐步计数分析的方法。渐近记号在数学中的使用早于在算法领域里的使用，Knuth（1976）给出了这段历史的说明，这篇论文讨论了 Ω 和 Θ 符号及正确的用法，是把这些符号标准化的一个尝试。Purdom and Brown（1985）用大量的例子全面阐述了算法分析的高级技术。关于算法分析的数学方面的主要内容可参考 Greene and Knuth（1981）。Weide（1977）提供了一个基本分析技术和高级分析技术的概述，Hofri（1987）详细讨论了算法平均情况的分析。

第2章 数据结构

2.1 引言

选择一个合适的数据结构对设计一个有效算法具有十分重要的影响。本章将简要介绍几种基本数据结构。这一章的讲解并不全面，省略了许多详细的内容，这些内容可以在数据结构的相关教材中找到。

2.2 链表

链表由有限的元素或节点序列组成，节点包含信息和到另一个节点的链（最后一个节点可能除外）。如果节点 x 指向节点 y，那么 x 称为 y 的前驱节点，y 称为 x 的后继节点。指向第一个元素的链称为表头，如果链表中存在由最后一个元素到第一个元素的链，那么这种链表称为循环链表；如果在一个链表中每一个节点（第一个节点可能除外）也指向它的前驱节点，那么这种链表称为双向链表；如果第一个和最后一个节点也被一对链连起来，那么这就是一个循环双向链表。链表和它的变化形式如图 2.1 所示。

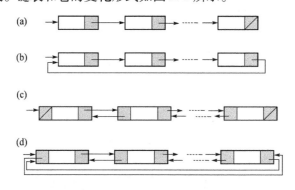

图 2.1　链表和它的变化形式：(a)链表；(b)循环
链表；(c)双向链表；(d)循环双向链表

链表上两个基本的操作是插入和删除。与数组不同，在链表中插入和删除元素只花费固定的时间。对链表的访问加入一些限制，就可以得到两种基本数据结构：堆栈和队列。

2.2.1 堆栈和队列

堆栈是一种只允许在称为栈顶的一端进行插入和删除运算的链表，也可以在数组中实现这些运算。这种数据结构支持两种基本运算：将元素压入堆栈和从堆栈中弹出元素。如果 S 是一个堆栈，那么运算 $pop(S)$ 返回栈顶并将它从堆栈中永久地移去。如果 x 是与 S 中元素类型相同的一个元素，那么运算 $push(S,x)$ 把 x 加到 S 中，并改变堆栈的顶部，使它指向 x。

队列是这样一种链表：仅允许在称为队列尾部的链表一端进行插入运算，而只允许在称为队列头部的另一端进行所有的删除运算。和堆栈一样，队列也可以在数组中实现这些运算。除了 push 运算把一个元素加入了队列尾部，队列支持的其他运算和堆栈支持的一样。

2.3 图

图 $G = (V, E)$ 由一个顶点集合 $V = \{v_1, v_2, \cdots, v_n\}$ 和一个边的集合 E 组成。G 可以是有向的也可以是无向的。如果 G 是无向的，那么 E 中的每一条边都是一个无序顶点对；如果 G 是有向的，那么 E 中的每一条边都是一个有序顶点对。图 2.2 显示了一个无向图（左）和一个有向图（右）。为了引用的方便，我们把这个图中的无向图和有向图分别称为 G 和 D。设 (v_i, v_j) 是 E 中的一条边，如果图

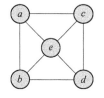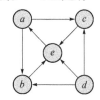

图 2.2　无向图和有向图

是无向的，那么 v_i 和 v_j 互相邻接；如果图是有向的，那么 v_j 邻接于 v_i，但 v_i 不邻接于 v_j，除非 (v_j, v_i) 也是 E 中一条边。例如，a 和 c 在 G 中互相邻接，但在 D 中，c 邻接于 a 但 a 不邻接于 c。无向图中顶点的度是和它邻接的顶点的数目，有向图中顶点 v_i 的入度和出度分别是连接到 v_i 的边和从 v_i 连接到其他顶点的边的数目。举个例子，G 中 e 的度是 4，D 中 c 的入度是 2，出度是 1。图中从顶点 v_1 到 v_k 的路径是一个顶点的序列 $v_1, v_2, \cdots, v_k$，其中的 (v_i, v_{i+1}) 是图的一条边（$1 \leqslant i \leqslant k-1$）。路径的长度是路径中边的数目，因此，路径 $v_1, v_2, \cdots, v_k$ 的长度是 $k-1$。如果所有的顶点都不同，那么路径是简单的；如果 $v_1 = v_k$，那么路径是一条回路。对于奇数长度的回路，其边的数目是奇数，类似的方法可定义偶数长度的回路。例如，在 G 和 D 中，a, b, e, a 是长度为 3 的奇数长度的回路。没有回路的图称为无回路图。如果有一条路径从顶点 u 开始到顶点 v 结束，那么就称顶点 v 从 u 出发是可到达的。在无向图中，如果每个顶点从其他每个顶点出发都是可到达的，那么这个无向图是连通的，否则就是不连通的。一个图的连通分支是图的最大连通子图。这样，如果图是连通的，那么它就由一个连通分支组成，即该图本身。我们的例图 G 就是连通的。在有向图中，如果子图中的每一对顶点 u 和 v 满足 v 是从 u 出发可到达的，同时 u 也是从 v 出发可到达的，那么这个子图就称为强连通分支。在我们的有向图 D 中，包括顶点 $\{a, b, c, e\}$ 的子图是强连通分支。

如果一个无向图的每一对顶点之间都恰有一条边，那么这个无向图就称为完全图。如果一个有向图的每个顶点到所有其他顶点之间都恰有一条边，那么这个有向图称为完全图。令 $G = (V, E)$ 是有 n 个顶点的完全图，如果 G 是有向图，那么 $|E| = n(n-1)$。如果 G 是无向的，那么 $|E| = n(n-1)/2$。有 n 个顶点的完全无向图用 K_n 表示。如果在无向图 $G = (V, E)$ 中，V 可以分成两个不相交的子集 X 和 Y，使得 E 中每一条边的一端在 X 中而另一端在 Y 中，则无向图称为二分图。令 $m = |X|, n = |Y|$，如果在任意的顶点 $x \in X$ 和 $y \in Y$ 之间都有一条边，则该图就称为完全二分图，记为 $K_{m,n}$。

2.3.1　图的表示

图 $G = (V, E)$ 可以用一个布尔矩阵 M 方便地表示。它是这样定义的，当且仅当 (v_i, v_j) 是 G 中的一条边时，$M[i, j] = 1$，矩阵 M 称为 G 的邻接矩阵。图的另一种表示法是邻接表表示

法。在这种方案中，一个顶点的所有邻接顶点用一个链表来表示，共有 $|V|$ 个这样的表。图 2.3 显示了一个无向图和一个有向图的邻接表表示。显然有 n 个顶点的图的邻接矩阵有 n^2 项，在邻接表表示的情况下，要花费 $\Theta(m+n)$ 空间来表示有 n 个顶点和 m 条边的图。

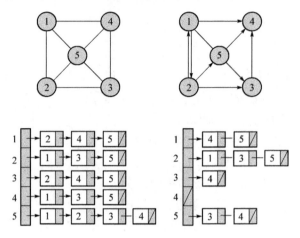

图 2.3　邻接表表示的例子

2.3.2　平面图

如果图 $G=(V,E)$ 可以嵌入平面而没有任何边互相穿越，那么这个图就是平面图。图 2.4(a) 显示了一个平面图的例子。由于它可以像图 2.4(b) 所示那样嵌入平面，因此该图是平面图。

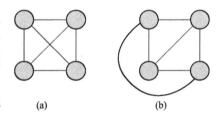

(a)　　　　(b)

图 2.4　一个平面图的例子

平面图的重要性来自它的顶点数、边数和区域数之间的关系。令 n,m,r 分别表示任意一个平面图中的顶点数、边数和区域数，这三个参数之间的关系由欧拉公式表示为

$$n-m+r=2$$

或

$$m=n+r-2$$

该式的证明在例 A.12 中给出。平面图中还有一个关于顶点数和边数的有用关系，即

$$m\leqslant 3n-6,\ n\geqslant 3$$

等号在图为三角形化时成立，即图的每一个区域（包括无界区域）都是三角形的。图 2.4(b) 所示的图是三角形化的，因此关系 $m=3n-6$ 对该图成立。上面的关系蕴含着在任何平面图中 $m=O(n)$，这样存储一个平面图所需的空间量仅仅是 $\Theta(n)$。完全图与此相比，需要的空间量是 $\Theta(n^2)$。

2.4　树

一个自由树（或简称树）是不包含回路的连通无向图。一个森林是顶点不相交的树的集合，即它们没有公共的顶点。

定理 2.1 如果 T 是有 n 个顶点的树，那么

（a）T 中任意两个顶点有唯一的一条路径连通。

（b）T 恰有 $n-1$ 条边。

（c）在 T 中加上一条边将构成一条回路。

由于树中边的数目是 $n-1$，因此在分析与树有关的时间和空间复杂性时，边的数目是无关紧要的。

2.5 根树

根树 T 是一棵带有一个特殊顶点 r 的树，顶点 r 称为 T 的根。这增加了从根顶点到其他任何顶点的路径上的一个隐含方向。在 T 中，如果顶点 v_i 在从根到 v_j 的路径上，并且和 v_j 相邻，就说 v_i 是 v_j 的父顶点，同时，v_j 是 v_i 的子顶点。一个顶点的子顶点之间彼此是兄弟。没有子顶点的顶点是根树的叶子(叶顶点，叶节点)，其他所有的顶点都称为内部顶点。在从根顶点到顶点 v 的路径上的顶点 u 是 v 的祖先，如果 $u \neq v$，u 就是 v 的真祖先；在从顶点 v 到叶子的路径上的顶点 w 是 v 的后代，如果 $w \neq v$，w 就是 v 的真后代。以顶点 v 为根的子树是包括顶点 v 和它的真后代的树。在根树中顶点 v 的深度是从根顶点到 v 的路径的长度。这样，根顶点的深度为 0。顶点 v 的高度定义为从顶点 v 到叶子中最长路径的长度，一棵树的高度是根顶点的高度。

例 2.1 考虑图 2.5 所示的根树 T，它的根是标为 a 的顶点；b 是 e,f 的父顶点，反过来，e,f 是 b 的子顶点；b,c,d 彼此之间是兄弟；e,f,g 和 d 是叶子，其他顶点是内部顶点；e 是 a 和 b 的真后代，反过来 a 和 b 也是 e 的真祖先；以 b 为根的子树是包括 b 和它的子顶点的树；g 的深度是 2，它的高度是 0。由于 a 到 g 的距离是 2，而且从 a 到叶子没有比 2 更长的路径，因此 a 的高度是 2，这就得出了 T 的高度，即根顶点的高度也是 2。

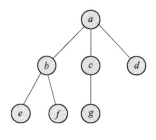

图 2.5 根树的例子

2.5.1 树的遍历

有几种方法可以对一棵根树的顶点进行系统的遍历和排序，其中最重要的三种是前序、中序和后序遍历。令 T 是一棵树，它的根顶点是 r，$T_1, T_2, \cdots, T_n$ 是子树。

- 在 T 顶点的前序遍历中，先访问根顶点 r，然后前序遍历 T_1 的顶点，之后前序遍历 T_2 的顶点。如此继续，直到前序遍历 T_n 的顶点。
- 在 T 顶点的中序遍历中，先中序遍历 T_1 的顶点，然后访问根顶点 r，之后中序遍历 T_2 的顶点。如此继续，直到中序遍历 T_n 的顶点。
- 在 T 顶点的后序遍历中，先后序遍历 T_1 的顶点，然后后序遍历 T_2 的顶点。如此继续，直到后序遍历 T_n 的顶点，最后访问根顶点 r。

2.6 二叉树

二叉树是顶点(节点)的一个有限集合,集合或者为空,或者由一个根 r 和称为左右子树的两个不相交的二叉树组成。这些子树的根称为 r 的左右子顶点(子节点)。二叉树与根树之间有两个很重要的不同点:第一,二叉树可以为空而根树不能为空;第二,由于二叉树有左右子树的区别,因此图 2.6 中(a)、(b)两棵二叉树是不同的,但如果是根树,则它们就不能区分。

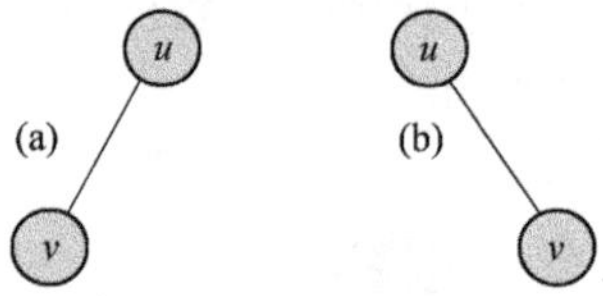

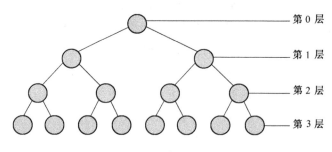

图 2.6 两棵不同的二叉树

根树的其他定义对于二叉树都适用,如果二叉树中的每个内部顶点都正好有两个子顶点,则这样的二叉树称为满的;如果二叉树是满二叉树,而且所有的叶子都有同样的深度(如在同一层),那么这种二叉树称为完全二叉树,图 2.7 显示了一棵完全二叉树。二叉树中顶点的集合被分成几层,每一层由那些具有同样深度的顶点组成(见图 2.7)。

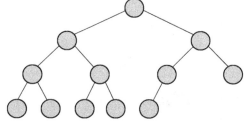

图 2.7 完全二叉树

这样,第 i 层由那些深度为 i 的顶点组成。如果一棵二叉树除最右边位置上的一个或几片叶子可能缺少外,它是满的,则将其定义为几乎完全的二叉树。因此,由定义可知,一个几乎完全的二叉树可能是完全的。图 2.8 显示了一棵几乎完全的二叉树,在这棵树中,少了最右边的三片叶子(见图 2.7)。

一棵有 n 个顶点的完全(或几乎完全)的二叉树可以用数组 $A[1\cdots n]$ 来有效地表示,数组根据下面的简单关系列出二叉树的顶点:如果存储在 $A[j]$ 中的顶点有左子顶点和右子顶点,就把它们分别存储在 $A[2j]$ 和 $A[2j+1]$ 中,存储在 $A[j]$ 中的顶点的父顶点将存储在 $A[\lfloor j/2 \rfloor]$ 中。

图 2.8 几乎完全的二叉树

2.6.1 二叉树的一些定量特征

在下面的观察结论中,列出了二叉树的层、顶点数和高度之间的一些有用的关系。

观察结论 2.1 在二叉树中,第 j 层的顶点数最多是 2^j。

观察结论 2.2 令二叉树 T 的顶点数是 n,高度是 h,那么

$$n \leqslant \sum_{j=0}^{h} 2^j = 2^{h+1} - 1$$

如果 T 是完全的，则等号成立。如果 T 是几乎完全的，则有

$$2^h \leqslant n \leqslant 2^{h+1} - 1$$

观察结论 2.3 任何有 n 个顶点的二叉树的高度最少是 $\lfloor \log n \rfloor$，最多是 $n-1$。

观察结论 2.4 有 n 个顶点的完全或几乎完全的二叉树的高度是 $\lfloor \log n \rfloor$。

观察结论 2.5 在完全二叉树中，叶子数等于内部顶点数加 1。

2.6.2 二叉搜索树

二叉搜索树是用线序集合中的元素来标记顶点的一种二叉树，标记的方法是：所有存储在顶点 v 的左子树中的元素都小于存储在 v 中的元素，所有存储在顶点 v 的右子树中的元素都大于存储在 v 中的元素。这称为二叉搜索树的特性，对于二叉搜索树中的每一个顶点都成立。用二叉搜索树来表示一个集合并不是唯一的，最坏情况下它可能是一棵退化的树，即这棵树的每一个内部顶点都恰好有一个子顶点。图 2.9 显示了表示同一个集合的两棵二叉搜索树。

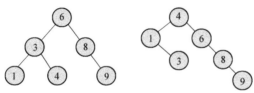

图 2.9 表示同一个集合的两棵二叉搜索树

这种数据结构支持的操作有插入、删除、测试成员身份和检索最大值或最小值。

2.7 练习

2.1 编写一个算法，如果 x 在双向链表 L 中存在，则将其删除。假定变量 *head* 指向链表中的第一个元素，函数 *pred*(y) 和 *next*(y) 分别返回节点 y 的前驱和后继。

2.2 编写一个算法，测试链表中是否有重复元素。

2.3 重写算法 INSERTIONSORT，它的输入是 n 个元素的双向链表而不是数组。新算法的时间复杂性会改变吗？它是否更有效？

2.4 形式为 $p(x) = a_1 x^{b_1} + a_2 x^{b_2} + \cdots + a_n x^{b_n}$，$b_1 > b_2 > \cdots > b_n \geqslant 0$ 的多项式可以用链表来表示，其中每个记录有三个域，分别存放 a_i, b_i 和指向下一个记录的链。给出一个算法，将两个用这种方法表示的多项式相加，你的算法的运行时间是多少？

2.5 将图 2.5 所示的图用邻接矩阵和邻接表表示出来。

2.6 在用邻接表表示的下列两种图中：

（a）有向图；

（b）无向图。

分别描述一个插入边和删除边的算法。

2.7 令 S_1 是一个包含 n 个元素的堆栈,编写一个算法将 S_1 中的元素排序,排序结果使得最小的元素在栈顶。假设可以用另一个堆栈 S_2 作为暂存器。你的算法的时间复杂性怎样?

2.8 在练习 2.7 中,如果允许你用两个堆栈 S_2 和 S_3 作为暂存器,则算法的时间复杂性是多少?

2.9 令 G 是有 n 个顶点和 m 条边的有向图,在什么情况下用邻接矩阵表示比用邻接表表示更有效?请解释。

2.10 证明当且仅当一个图中没有奇数长度的回路时,该图是二分图。

2.11 画出有(a) 10 个节点和(b) 19 个节点的几乎完全的二叉树。

2.12 证明观察结论 2.1。

2.13 证明观察结论 2.2。

2.14 证明观察结论 2.3。

2.15 证明观察结论 2.4。

2.16 证明观察结论 2.5。

2.17 树是二分图吗?证明你的结论(参考练习 2.10)。

2.18 令 T 是非空二叉搜索树,编写一个算法,
   (a)返回存储在 T 中的最小元素;
   (b)返回存储在 T 中的最大元素。

2.19 令 T 是非空二叉搜索树,编写一个算法,用升序列出 T 中的所有元素。你的算法的时间复杂性怎样?

2.20 令 T 是非空二叉搜索树,如果元素 x 在 T 中,编写一个算法,将元素 x 从 T 中删除。你的算法的时间复杂性怎样?

2.21 令 T 是二叉搜索树,编写一个算法将元素 x 插入 T 中的合适位置上。你的算法的时间复杂性怎样?

2.22 在二叉搜索树中进行删除和插入操作的时间复杂性怎样?请解释。

2.23 当讨论在二叉搜索树中进行某一操作的时间复杂性时,O 和 Θ 哪个符号更合适?请解释。

2.8 参考注释

本章概述了在算法设计和算法分析中一些常用的基本数据结构,更详细的内容可以在许多数据结构的教材中找到,它们包括:Aho,Hopcroft and Ullman(1983),Gonnet(1984),Knuth(1968),Knuth(1973),Reingold and Hansen(1983),Standish(1980),Tarjan(1983),Wirth(1986)。本章相关概念的定义与 Tarjan(1983)一致。邻接表数据结构由 Tarjan 提出,在 Tarjan(1972)和 Hopcroft and Tarjan(1973)中描述了这种数据结构。

第 3 章　堆和不相交集数据结构

3.1　引言

在这一章里，我们将研究两种比较重要的数据结构，即堆和不相交集。它们比第 2 章中讨论的数据结构更复杂，但它们是设计有效算法的基础，而且这两种数据结构本身也是令人感兴趣的。

3.2　堆

在许多算法中，需要支持两种运算——插入元素和寻找最大值元素的数据结构。支持这两种运算的数据结构称为优先队列。如果使用普通队列，那么寻找最大元素需要搜索整个队列，开销比较大；如果采用排序数组，那么插入运算就需要移动很多元素，开销也会比较大。优先队列的有效实现使用了一种称为堆的简单数据结构。堆可分为最大堆和最小堆，本章将关注最大堆。

定义 3.1　*一个（二叉）堆是一棵几乎完全的二叉树（见 2.6 节），它的每个节点都满足堆的特性：如果 v 和 $p(v)$ 分别是节点和它的父节点，那么存储在 $p(v)$ 中的数据项的键值不小于存储在 v 中的数据项的键值。*

堆数据结构支持下面的运算。

- *delete-max*$[H]$：从一个非空的堆 H 中删除键值最大的数据项并将数据项返回。
- *insert*$[H, x]$：将项 x 插入堆 H 中。
- *delete*$[H, i]$：从堆 H 中删除第 i 项。

因此，堆的特性蕴含着：沿着每条从根节点到叶节点的路径，元素的键值以非升序排列。如同在 2.6 节中描述的那样，有 n 个节点的堆 T（一棵几乎完全的二叉树）可以由一个数组 $H[1 \cdots n]$ 用下面的方式来表示。

- T 的根节点存储在 $H[1]$ 中。
- 假设 T 的节点 x 存储在 $H[j]$ 中，如果它有左子节点，则这个子节点存储在 $H[2j]$ 中；如果它也有右子节点，则这个子节点存储在 $H[2j+1]$ 中。
- 如果元素 $H[j]$ 的父节点不是根节点，则其存储在 $H[\lfloor j/2 \rfloor]$ 中。
- T 的叶节点存储在 $H[\lfloor n/2 \rfloor + 1]$，$H[\lfloor n/2 \rfloor + 2]$，…，$H[n]$ 中。

注意，如果堆中的节点有右子节点，则它一定也有左子节点，这是从几乎完全的二叉树的定义得来的。因此可以将堆看作二叉树，而它实质上是一个数组 $H[1 \cdots n]$，具有如下性质：对于任何索引 j，$2 \leq j \leq n$，$key(H[\lfloor j/2 \rfloor]) \geq key(H[j])$。图 3.1 是一个分别用树和数组来表示堆的例子。为了简化这张图和后面的图，我们把存储在堆中数据项的键看作数据项本身。在图 3.1 中我们注意到，如果树的节点以自顶向下、从左到右的方式，按 1 到 n 的顺序编号，那么每一项

$H[i]$在对应的树中表示成编号为i的节点。在图中，这个编号由树节点旁的标号指明。这样，利用这种方法以数组形式给出一个堆，可以很容易构造出其对应的树，反之亦然。

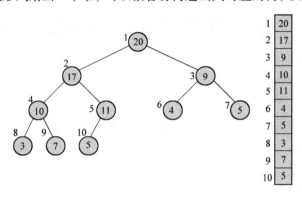

图 3.1　堆和它的数组表示法

3.2.1　堆运算

在描述主要的堆运算之前，首先介绍在算法中作为子程序来实现堆运算的两个辅助运算。

sift-up

假定对于某个$i>1$，$H[i]$变成了键值大于其父节点的键值的元素，这样就违反了堆的特性，因此这种数据结构就不再表示一个堆。如果要修复堆的特性，则需用 sift-up 运算把新的数据项上移到二叉树中适合它的位置上，这样堆的属性就修复了。sift-up 运算沿着从$H[i]$到根节点的唯一一条路径，把$H[i]$移到适合它的位置上。沿着这条路径的每一步，都将$H[i]$的键值和其父节点的键值$H[\lfloor i/2 \rfloor]$相比较。过程 SIFT-UP 对此进行了更详细的描述。

过程　SIFT-UP
输入：数组$H[1\cdots n]$和位于 1 和n之间的索引i。
输出：上移$H[i]$（如果需要），以使它不大于父节点。

1. $done \leftarrow$ **false**
2. **if** $i=1$ **then exit** ｛节点 i 为根节点｝
3. **repeat**
4. 　　**if** $key(H[i]) > key(H[\lfloor i/2 \rfloor])$ **then** 互换 $H[i]$ 和 $H[\lfloor i/2 \rfloor]$
5. 　　**else** $done \leftarrow$ **true**
6. 　　$i \leftarrow \lfloor i/2 \rfloor$
7. **until** $i=1$ **or** $done$

例 3.1　假定图 3.1 中存储在第 10 个位置上的键值从 5 变成 25，由于现在新的键值 25 比存储在其父节点的键值 11 大，因此这就违反了堆的特性。为了修复堆的特性，我们从存储 25 的节点处开始对树运用 sift-up 运算，如图 3.2 所示，25 被上移到根节点。

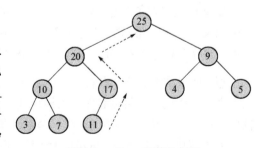

图 3.2　sift-up 运算的例子

sift-down

假定对于 $i \leqslant \lfloor n/2 \rfloor$，存储在 $H[i]$ 中元素的键值变成小于 $H[2i]$ 和 $H[2i+1]$ 中的最大值（如果 $H[2i+1]$ 存在），这样就违反了堆的特性，因此这种数据结构就不再表示一个堆。如果要修复堆的特性，则需用 sift-down 运算使 $H[i]$ "渗"到二叉树中适合它的位置上。沿着这条路径的每一步，都把 $H[i]$ 的键值和存储在它子节点（如果存在）中两个键值里最大的那个相比较。对于这一过程，过程 SIFT-DOWN 中有更形式化的描述。

过程　SIFT-DOWN

输入：数组 $H[1 \cdots n]$ 和位于 1 和 n 之间的索引 i。

输出：下移 $H[i]$（如果需要），以使它不小于子节点。

    1. $done \leftarrow$ **false**
    2. **if** $2i > n$ **then exit**　{节点 i 是叶节点}
    3. **repeat**
    4. $i \leftarrow 2i$
    5.   **if** $i+1 \leqslant n$ **and** $key(H[i+1]) > key(H[i])$ **then** $i \leftarrow i+1$
    6.   **if** $key(H[\lfloor i/2 \rfloor]) < key(H[i])$ **then** 互换 $H[i]$ 和 $H[\lfloor i/2 \rfloor]$
    7.   **else** $done \leftarrow$ **true**
    8.   **end if**
    9. **until** $2i > n$ **or** $done$

例 3.2　假定将图 3.1 所示的堆中存储在第 2 个位置上的键值 17 变成图 3.3 中的 3，因为新的键值 3 比存储在它的两个子节点中的键值的最大值 11 小，这就改变了堆的特性。为了修复堆的特性，我们从存储 3 的节点处开始运用 sift-down 运算，这个操作在图 3.3 中描述。正像图中所示，3 一直下移，直到找到合适位置为止。

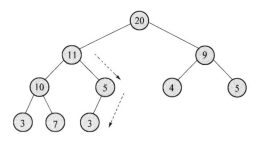

图 3.3　sift-down 运算的例子

现在，利用这两个过程，很容易写出主要的堆运算的算法。

插入

为了把元素 x 插入到堆 H 中，先将堆的大小加 1，然后将 x 添加到 H 的末尾，再根据需要，把 x 上移，直到满足堆特性。这个过程在算法 INSERT 中描述。由观察结论 2.4 可知，如果 n 是新堆的大小，那么堆树的高度是 $\lfloor \log n \rfloor$，所以将一个元素插入大小为 n 的堆中所需要的时间是 $O(\log n)$。

算法 3.1　INSERT

输入：堆 $H[1 \cdots n]$ 和元素 x。

输出：新的堆 $H[1 \cdots n+1]$，x 为其元素之一。

    1. $n \leftarrow n+1$ {增加 H 的大小}

2. $H[n] \leftarrow x$

3. SIFT-UP(H,n)

删除

要从大小为 n 的堆 H 中删除元素 $H[i]$，可先用 $H[n]$ 替换 $H[i]$，然后将堆的大小减 1，如果需要的话，根据 $H[i]$ 的键值与存储在其父节点和子节点中元素的键值的关系，对 $H[i]$ 进行 sift-up 或 sift-down 运算，直到满足堆特性为止。这个过程在算法 DELETE 中进行描述。由观察结论 2.4 可知，堆树的高度是 $\lfloor \log n \rfloor$，所以从一个大小为 n 的堆中删除一个元素所需的时间是 $O(\log n)$。

算法 3.2 DELETE

输入：非空堆 $H[1\cdots n]$ 和位于 1 和 n 之间的索引 i。

输出：删除 $H[i]$ 之后的新堆 $H[1\cdots n-1]$。

1. $x \leftarrow H[i]; y \leftarrow H[n]$

2. $n \leftarrow n-1$ {减少 H 的大小}

3. **if** $i = n+1$ **then exit** {完成}

4. $H[i] \leftarrow y$

5. **if** $key(y) \geqslant key(x)$ **then** SIFT-UP(H,i)

6. **else** SIFT-DOWN(H,i)

7. **end if**

删除最大值

这项运算在一个非空堆 H 中删除并返回最大键值的数据项。在堆中返回最大键值元素需要 $\Theta(1)$ 时间，因为这个元素是树的根节点。然而由于删除根节点破坏了这个堆，因此为了修复堆的数据结构还需要更多的工作。直接完成这种运算要用到删除运算：只要返回根节点中的元素并将其从堆中删除。这种运算方法在算法 DELETEMAX 中给出。显然，这项运算的时间复杂性就是删除运算的时间复杂性，即 $O(\log n)$。

算法 3.3 DELETEMAX

输入：堆 $H[1\cdots n]$。

输出：返回最大键值元素 x 并将其从堆中删除。

1. $x \leftarrow H[1]$

2. DELETE$(H,1)$

3. **return** x

3.2.2 创建堆

给出一个有 n 个元素的数组 $A[1\cdots n]$，要创建一个包含这些元素的堆比较容易，可以这样进行：从空的堆开始，不断插入每一个元素，直到 A 完全被转移到堆中为止。因为插入第 j 个键值用时 $O(\log j)$，因此使用这种方法创建堆栈的时间复杂性是 $O(n \log n)$（见例 1.12）。

有趣的是，可以证明能在 $\Theta(n)$ 的时间内，用 n 个元素来创建一个堆，下面给出这种方法的实现细节。我们知道对应于堆 $H[1\cdots n]$ 的树节点可以方便地以自顶向下、从左到右的方式从 1 到 n 编码。在这样编码之后，可以用以下方法，把一棵 n 个节点的几乎完全的二叉树转换成堆

$H[1\cdots n]$。从最后一个节点开始（编码为 n 的那一个）到根节点（编码为 1 的节点），逐个扫描所有的节点，根据需要，每次将以当前节点为根节点的子树转换成堆。

例 3.3 图 3.4 给出将数组 $A[1\cdots n]$ 转换成堆的线性时间算法的例子。输入数组和它的树表示如图 3.4(a) 所示，每一棵只有一个叶节点的子树已经是一个堆，因此叶节点被跳过。然后如图 3.4(b) 所示，以第 4 个、第 5 个节点为根节点的两棵子树不是堆，所以对它们的根进行 sift-down 运算，以便把它们转换成堆。这时，所有根节点在第 2 层、第 3 层的子树都成了堆。如此继续进行下去，我们再来调整以第 1 层中第 3 个、第 2 个节点为根节点的两棵子树，使它们符合堆的特性，参见图 3.4(c) 和图 3.4(d)。最后到达最顶层，将存储在根节点的元素向下“渗”到合适的位置。现在得到的树是一个堆，它的数组表示如图 3.4(e) 所示。

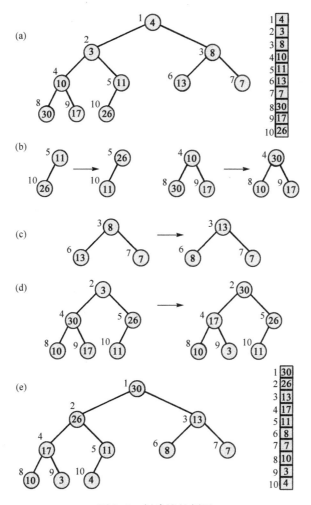

图 3.4 创建堆的例子

至此已经说明了如何对树进行运算。直接对输入数组执行同样的过程是相当容易的。令 $A[1\cdots n]$ 是已知数组，T 是对应于 A 的一棵几乎完全的二叉树，首先注意下面这些元素：

$$A[\lfloor n/2 \rfloor + 1], A[\lfloor n/2 \rfloor + 2], \cdots, A[n]$$

它们对应于 T 的叶节点，这样可以从 $A[\lfloor n/2 \rfloor]$ 开始调整数组，并且继续对

$$A[\lfloor n/2 \rfloor - 1], A[\lfloor n/2 \rfloor - 2], \cdots, A[1]$$

进行调整。一旦进行到以 $A[1]$ 为根节点的子树，也就是 T 自身，这时得到的数组就是要求得的堆。算法 MAKEHEAP 构建了一个堆，其数据项是存储在数组 $A[1 \cdots n]$ 中的元素。

算法 3.4　MAKEHEAP
输入：n 个元素的数组 $A[1 \cdots n]$。
输出：$A[1 \cdots n]$ 转换成堆。

1. **for** $i \leftarrow \lfloor n/2 \rfloor$ **downto** 1
2. 　　SIFT-DOWN(A, i)
3. **end for**

下面来计算算法 MAKEHEAP 的运行时间。设 T 是对应于数组 $A[1 \cdots n]$ 的一棵几乎完全的二叉树，那么由观察结论 2.4 可知，T 的高是 $h = \lfloor \log n \rfloor$。令 $A[j]$ 对应该树的第 i 层中的第 j 个节点，当语句 SIFT-DOWN(A, j) 调用过程 SIFT-DOWN 时，重复执行的次数最多是 $h - i$。因为在第 i 层上正好有 2^i 个节点，$0 \leqslant i < h$，循环执行的总次数的上界是

$$\sum_{i=0}^{h-1} (h-i)2^i = 2^0(h) + 2^1(h-1) + 2^2(h-2) + \cdots + 2^{h-1}(1)$$

$$= 1(2^{h-1}) + 2(2^{h-2}) + \cdots + h(2^{h-h})$$

$$= \sum_{i=1}^{h} i2^{(h-i)}$$

$$= 2^h \sum_{i=1}^{h} i/2^i$$

$$\leqslant n \sum_{i=1}^{h} i/2^i$$

$$< 2n$$

最后一步由式(A.14)得出。最后，高度为 h 的堆中的节点数 n 最小为

$$2^0 + 2^1 + \cdots + 2^{h-1} + 1 = 2^h$$

由于在过程 SIFT-DOWN 的每一次循环中，最多有两次元素的比较，因此元素比较的总次数的上界是 $4n$。而且因为在每次调用过程 SIFT-DOWN 时，都要至少执行一次循环，所以元素比较的最少次数是 $2\lfloor n/2 \rfloor \geqslant n - 1$。很明显可以看出，算法需要 $\Theta(1)$ 空间来构造 n 元素的堆。这样，我们有下面的定理。

定理 3.1　算法 MAKEHEAP 用来构造一个 n 元素的堆，令 $C(n)$ 为执行该算法的元素比较次数，那么 $n - 1 \leqslant C(n) < 4n$。因此，算法需要 $\Theta(n)$ 时间和 $\Theta(1)$ 空间构造一个 n 元素的堆。

3.2.3　堆排序

现在把注意力转向用堆这种数据结构来排序的问题。回顾一下用算法 SELECTIONSORT 对 n 个元素的数组排序的过程，在 $n-1$ 次循环中，算法每次用线性搜索在剩下的元素中找出

最小值。由于用线性搜索来找最小值需要用 $\Theta(n)$ 的时间，因此算法就要用 $\Theta(n^2)$ 时间。如果选择正确的数据结构，那么算法 SELECTIONSORT 就可以大有改进。由于可以对堆数据结构使用DELETEMAX的运算，因此可以用它来得到一个有效算法。给出数组 $A[1\cdots n]$，将其中的元素用如下方法以非降序有效地排序。首先将 A 变换成堆，并使其具有这样的性质，每个元素的键值是该元素本身，即 $key(A[i])=A[i]$，$1 \leqslant i \leqslant n$。下一步，由于 A 中各项的最大值存储在 $A[1]$ 中，可以将 $A[1]$ 和 $A[n]$ 交换，使得 $A[n]$ 是数组中的最大元素。这时，$A[1]$ 中的元素可能小于存放在它的一个子节点中的元素，于是用过程 SIFT-DOWN 将 $A[1\cdots n-1]$ 转换成堆。接下来将 $A[1]$ 和 $A[n-1]$ 交换，并调整数组 $A[1\cdots n-2]$ 成为堆。交换元素和调整堆的过程一直重复，直到堆的大小变成 1 为止，这时，$A[1]$ 是最小的。在算法 HEAPSORT 中有上述过程的正式描述。

算法 3.5　HEAPSORT

输入：n 个元素的数组 $A[1\cdots n]$。

输出：以非降序排列的数组 A。

1. MAKEHEAP(A)
2. **for** $j \leftarrow n$ **downto** 2
3. 　　互换 $A[1]$ 和 $A[j]$
4. 　　SIFT-DOWN($A[1\cdots j-1]$, 1)
5. **end for**

这个算法的一个好处是它在原有的空间里排序，也就是说，它不需要辅助存储器，因此算法 HEAPSORT 的空间复杂性是 $\Theta(1)$。下面来计算算法的运行时间。由定理 3.1 可知，建立堆用 $\Theta(n)$ 时间，sift-down 运算用 $O(\log n)$ 时间，并且要重复 $n-1$ 次，也就是用该算法给 n 个元素排序需要 $O(n\log n)$ 时间。这蕴含了下面的定理。

定理 3.2　算法 HEAPSORT 对 n 个元素排序需要 $O(n\log n)$ 时间和 $\Theta(1)$ 空间。

3.2.4　最小堆和最大堆

到目前为止，我们把堆看作一个数据结构，它的主要运算是检索有最大键值的元素。一般来说，可以很容易地把堆修改成具有最小键值的元素存储在根节点中。在这种情况下，堆的特性要求，存储在根节点之外的节点的键值大于或等于存储在其父节点中的键值。这两种类型的堆一般可以看作最大堆和最小堆，并不是说后者没有前者重要，它们都经常用于最优化算法中。习惯上把它们两个中的任意一个都看作一个堆，至于具体指的是哪一种，可从使用的上下文中知道。

3.3　不相交集数据结构

假设给出一个有 n 个不同元素的集合 S，这些元素被分成不相交集。最初假设每个元素自成一个集合。下面定义一个 m 次合并(UNION)和寻找(FIND)运算的序列 σ，每次执行合并指令之后，两个不相交子集合并为一个子集。由观察可知，合并次数最多是 $n-1$。在每个子集中，用一个特殊的元素作为集合的名字或代表。例如，如果集合 $S = \{1,2,\cdots,11\}$ 有 4 个子集，分别是 $\{1,7,10,11\}$，$\{2,3,5,6\}$，$\{4,8\}$ 和 $\{9\}$，那么这些子集可以依次被标记为 1,3,8,9。

寻找运算返回一个包含特定元素的集合的名字。例如,执行运算 FIND(11)的结果返回 1,即包含元素 11 的那个集合的名字是 1。下面对这两种运算进行更精确的定义。

- FIND(x):寻找并返回包含元素 x 的集合的名字。
- UNION(x,y):包含元素 x 和 y 的两个集合用它们的并集替换。并集的名字或者是原来包含元素 x 的那个集合的名字,或者是原来包含元素 y 的那个集合的名字,这会在以后确定。

我们的目的是设计这两种运算的有效算法。为此需要一种数据结构,它既要简单,同时又要考虑到能有效地实现合并和寻找这两种运算。满足条件的数据结构是用根树来表示每个集合,集合中的元素存储在节点中,树中除根节点外的每个元素 x 都有一个指向父节点 $p(x)$ 的指针。根节点有一个空指针,用作集合的名字或集合的代表。这样产生了一个森林,其中每一棵树对应于一个集合。

对于任意元素 x,用 $root(x)$ 表示包含 x 的树的根。那么,FIND(x)总是返回 $root(x)$。由于合并运算必须有两棵树的根作为它的参数,我们将假定对于任意两个元素 x 和 y,UNION(x,y)实际上表示 UNION($root(x)$, $root(y)$)。

如果假定元素是整数 $1,2,\cdots,n$,则森林可以方便地用数组 $A[1\cdots n]$ 来表示,$A[j]$ 是元素 j 的父节点,$1\leqslant j\leqslant n$,空的父节点可以用数字 0 来表示。图 3.5(a)所示的是对应于 4 个集合 $\{1,7,10,11\}$,$\{2,3,5,6\}$,$\{4,8\}$ 和 $\{9\}$ 的 4 棵树,图 3.5(b)是它们的数组表示。显然,由于元素是连续整数,所以数组表示法更为优越;然而,在开发合并和寻找运算的算法时,我们采用更一般的表示法,即树表示法。

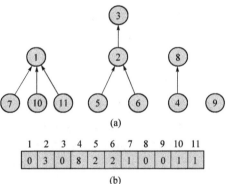

图 3.5 不相交集表示的例子:(a)树表示法;(b)数组表示法,$S=\{1,2,\cdots,n\}$

现在已经定义了数据结构,下面把注意力集中到合并和寻找运算的实现上。一种直接实现的方法如下:在进行 FIND(x)运算时,只是沿着从 x 开始直到根节点的路径,然后返回 $root(x)$。在进行 UNION(x,y)运算时,令 $root(x)$ 的链接指向 $root(y)$,也就是说,如果 $root(x)$ 是 u,$root(y)$ 是 v,就令 v 是 u 的父节点。

为了改善运行时间,我们在下面两节中给出两种措施:按秩合并和路径压缩。

3.3.1 按秩合并

上面讲到的合并运算的直接实现有一个明显的缺点,就是树的高度可能变得非常大,大到寻找运算将需要 $\Omega(n)$ 时间的程度。在极端情况下,树可能退化。这种情况的一个简单例子如下所示。假定我们从单元素集合 $\{1\},\{2\},\cdots,\{n\}$ 开始,然后执行下面的合并和寻找运算序列,见图 3.6(a)。

$$\text{UNION}(1,2),\text{UNION}(2,3),\cdots,\text{UNION}(n-1,n)$$

$$\text{FIND}(1),\text{FIND}(2),\cdots,\text{FIND}(n)$$

在这种情况下,n 次寻找运算的总代价正比于

$$n + (n-1) + \cdots + 1 = \frac{n(n+1)}{2} = \Theta(n^2)$$

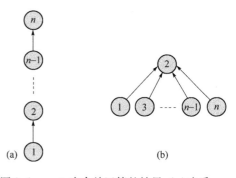

为限制每棵树的高度，采用按秩合并措施：给每个节点存储一个非负数作为该节点的秩，记为 $rank$，节点的秩基本上就是它的高度。设 x 和 y 是当前森林中两棵不同的树的根节点，初始状态时，每个节点的秩是 0，在执行运算 UNION(x,y) 时，比较 $rank(x)$ 和 $rank(y)$，如果 $rank(x) < rank(y)$，则使 y 为 x 的父节点；如果 $rank(x) > rank(y)$，则使 x 为 y 的父节点；如果 $rank(x) = rank(y)$，则使 y 为 x 的父节点，并将 $rank(y)$ 加 1。把这个规则应用

图 3.6　$n-1$ 次合并运算的结果：(a) 未采用按秩合并；(b) 采用按秩合并

到上述运算序列中，得出图 3.6(b) 所示的树。注意 n 次寻找运算所用的总代价现在减少到 $\Theta(n)$。然而并不总是这样的，以后将会看到，使用这种规则，处理 n 次寻找运算所需的时间是 $O(n \log n)$。

令 x 是任意节点，$p(x)$ 是 x 的父节点，有下面两个基本的观察结论。

观察结论 3.1　$rank(p(x)) \geqslant rank(x) + 1$。

观察结论 3.2　$rank(x)$ 的值初始化为 0，在后继合并运算序列中递增，直到 x 不再是根节点。一旦 x 变成了其他节点的一个子节点，它的秩就不再改变了。

引理 3.1　包括根节点 x 在内的树中节点的个数至少是 $2^{rank(x)}$。

证明： 对合并运算的次数应用归纳法。最初，x 自身形成一棵树，它的秩为 0。设 x 和 y 为两个根节点，考虑运算 UNION(x,y)。假定引理在这项运算之前成立，如果 $rank(x) < rank(y)$，则以 y 为根节点形成的树比老的以 y 为根节点的树的节点多，并且它的秩未改变。如果 $rank(x) > rank(y)$，则以 x 为根节点形成的树比老的以 x 为根节点的树的节点多，并且它的秩未改变。这样，如果 $rank(x) \neq rank(y)$，那么引理在运算之后成立。但如果 $rank(x) = rank(y)$，则根据归纳法，在这种情况下，以 y 为根节点形成的树至少有 $2^{rank(x)} + 2^{rank(y)} = 2^{rank(y)+1}$ 个节点。由于 $rank(y)$ 每次加 1，所以运算之后引理成立。

显然，如果 x 是树 T 的根节点，那么 T 的高度就恰好是 x 的秩，由引理 3.1 可知，在以 x 为根节点的树中的节点数是 k，那么树的高度至多是 $\lfloor \log k \rfloor$，所以每次寻找运算的代价是 $O(\log n)$。如果两个参数 x 和 y 都是根节点，那么运算 UNION(x,y) 所需要的时间是 $O(1)$；如果 x 和 y 不都是根节点，那么运行时间减少到寻找运算的运行时间。因此，合并运算的时间复杂性和寻找运算的时间复杂性相同，都是 $O(\log n)$。可以得出，采用按秩合并措施，m 次合并和寻找指令的交替执行序列的时间复杂性是 $O(m \log n)$。

3.3.2　路径压缩

为了进一步增强寻找运算的性能，可以使用另一种称为路径压缩的措施。在 FIND(x) 运算中，找到根节点 y 之后，我们再一次遍历从 x 到 y 的路径，并沿着路径改变所有节点指向父节点的指针，使它们直接指向 y。路径压缩的执行过程如图 3.7 所示。在执行 FIND(4) 运算的过程中，找到的集合名称为 1。因此，从 4 到 1 的路径上每个节点的父节点的指针都指向 1。的确，路径压缩增加了执行寻找运算的工作量，但这种耗费在随后的子序列的寻找运

算中得以补偿，因为我们将遍历更短的路径。注意在使用路径压缩时，节点的秩可能会大于它的高度，所以节点的秩可以作为该节点高度的上界。

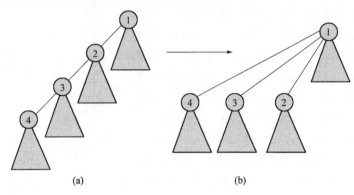

图 3.7　执行带有路径压缩的寻找运算 FIND(4)

3.3.3　合并与寻找算法

算法 FIND 和算法 UNION 描述了采用上述两种措施的合并与寻找运算的最终方案。

算法 3.6　FIND

输入：节点 x。

输出：$root(x)$，包含 x 的树的根节点。

  1. $y \leftarrow x$
  2. **while** $p(y) \neq null$ ｛寻找包含 x 的树的根节点｝
  3. $y \leftarrow p(y)$
  4. **end while**
  5. $root \leftarrow y$; $y \leftarrow x$
  6. **while** $p(y) \neq null$ ｛执行路径压缩｝
  7. $w \leftarrow p(y)$
  8. $p(y) \leftarrow root$
  9. $y \leftarrow w$
 10. **end while**
 11. **return** $root$

算法 3.7　UNION

输入：两个元素 x 和 y。

输出：包含 x 和 y 的两个树的合并，原来的树被破坏。

  1. $u \leftarrow \text{FIND}(x)$; $v \leftarrow \text{FIND}(y)$
  2. **if** $rank(u) \leqslant rank(v)$ **then**
  3. $p(u) \leftarrow v$
  4.   **if** $rank(u) = rank(v)$ **then** $rank(v) \leftarrow rank(v) + 1$
  5. **else** $p(v) \leftarrow u$
  6. **end if**

例3.4 设 $S=\{1,2,\cdots,9\}$，考虑采用下面的合并与寻找序列：UNION(1,2)，UNION(3, 4)，UNION(5,6)，UNION(7,8)，UNION(2,4)，UNION(8,9)，UNION(6,8)，FIND(5)，UNION(4,8)，FIND(1)。图3.8(a)所示的是初始配置，图3.8(b)所示的是执行了前4次合并运算之后的数据结构，接下来的 3 次合并运算执行之后的结果见图3.8(c)，图3.8(d)显示执行FIND(5)运算后的结果，UNION(4,8)运算和FIND(1)运算的执行结果分别由图3.8(e)和图3.8(f)显示。

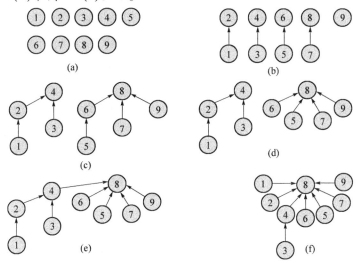

图3.8　合并与寻找算法的例子

3.3.4　合并与寻找算法的分析

前面已经说明，为了处理 m 个合并与寻找运算的交叉序列 σ，按秩合并在最坏情况下所需的运行时间是 $O(m\log n)$。现在我们来说明如果再使用路径压缩，采用平摊时间分析（见1.13节），就可以证明时间界限几乎是 $O(m)$。

引理3.2 对于任意的整数 $r\geqslant 0$，秩 r 的节点数至多是 $n/2^r$。

证明： 选择 r 的一个特定值，当给一个节点 x 指定秩为 r 时，对以 x 为根节点的树中包含的所有节点都用 x 标号。由引理3.1可知，标号的节点数至少是 2^r。如果树的根节点发生变化，那么新树的根节点的秩至少是 $r+1$，这说明那些用 x 标号过的节点将不再被标号了。由于标号过的节点数的最大值是 n，而且每个秩为 r 的根节点至少有 2^r 个节点，那么至多有 $n/2^r$ 个节点的秩为 r。

推论3.1 任何节点的秩最大是 $\lfloor\log n\rfloor$。

证明： 如果对于某个节点 x，有 $rank(x)=r\geqslant\lfloor\log n\rfloor+1$，那么由引理3.2可知，至多有 $n/2^{\lfloor\log n\rfloor+1}<1$ 个节点的秩为 r。

定义3.2 对于任意正整数 n，$\log^* n$ 定义为

$$\log^* n=\begin{cases}0 & \text{若 } n=0 \text{ 或 } 1\\ \min\{i\geqslant 0\,|\,\underbrace{\log\log\cdots\log}_{i\text{个}} n\leqslant 1\} & \text{若 } n\geqslant 2\end{cases}$$

例如，$\log^* 2 = 1, \log^* 4 = 2, \log^* 16 = 3, \log^* 65\,536 = 4$ 和 $\log^* 2^{65\,536} = 5$。为了进行平摊时间的复杂性分析，我们引入下面的函数：

$$F(j) = \begin{cases} 1 & \text{若 } j = 0 \\ 2^{F(j-1)} & \text{若 } j \geq 1 \end{cases}$$

$F(j)$ 最重要的性质是其爆炸性的增长，例如，$F(1) = 2, F(2) = 4, F(3) = 16, F(4) = 65\,536$，$F(5) = 2^{65\,536}$。

设 σ 为 m 个合并和寻找指令的序列，我们把秩分成组，把秩 r 放在组 $\log^* r$ 中。例如，秩 0 和 1 在组 0 中，秩 2 在组 1 中，秩 3 和 4 在组 2 中，秩 5 到 16 在组 3 中，秩 17 到 65 536 在组 4 中。由于最大可能的秩是 $\lfloor \log n \rfloor$，因此最大的组号至多是 $\log^* \log n = \log^* n - 1$。

我们考察一条寻找指令 FIND(u) 的开销如下：从节点 u 到包含节点 u 的树的根节点有一条路径，设 v 是该路径上的一个节点，x 是根节点。如果 v 是根节点，或者是根节点的一个子节点，或者如果 v 的父节点在和 v 不同的秩组中，那么为寻找指令耗费一个时间单元。如果 $v \neq x$，并且 v 和它的父节点在同一个秩组中，那么为节点 v 耗费一个时间单元。注意从 u 到 x 路径上各节点的秩是单调递增的，由于至多有 $\log^* n$ 个不同的秩组，因此不会有寻找指令耗费超过 $O(\log^* n)$ 个时间单元，那么序列 σ 中所有寻找指令耗费的总的时间单元数目是 $O(m \log^* n)$。

在发现 x 为包含 u 的树的根节点后，通过应用路径压缩，x 就将是 u 和 v 的父节点。如果 x 以后变成另一个节点的子节点，而且 v 和 x 在不同的秩组中，那么在寻找指令的子序列中不会有更多的节点代价开销在 v 上。一个重要的观察结论是，如果节点 v 在秩组 $g > 0$ 中，那么节点 v 在从更高的秩组中获得父节点之前可以移动，并且开销至多为 $F(g) - F(g-1)$ 的时间。如果节点 v 在秩组 0 中，那么它在从更高的秩组中得到父节点之前最多被移动一次。

现在引出在节点上所有耗费的一个上界。由引理 3.2 可知，秩为 r 的节点数至多是 $n/2^r$，如果定义 $F(-1) = 0$，那么秩组 g 中的节点数至多是

$$\sum_{r=F(g-1)+1}^{F(g)} \frac{n}{2^r}$$

$$\leq \frac{n}{2^{F(g-1)+1}} \sum_{r=0}^{\infty} \frac{1}{2^r}$$

$$= \frac{n}{2^{F(g-1)}}$$

$$= \frac{n}{F(g)}$$

由于给组 g 中一个点分配的节点开销至多为 $F(g) - F(g-1)$，因此节点数在秩组 g 中给所有节点分配的开销至多为

$$\frac{n}{F(g)}(F(g) - F(g-1)) \leq n$$

由于至多有 $\log^* n$ 个秩组 $(0, 1, \cdots, \log^* n - 1)$，因此分配给所有节点的节点开销数是 $O(n \log^* n)$。结合寻找指令耗费 $O(m \log^* n)$，产生出下面的定理。

定理 3.3 设 $T(m)$ 表示用按秩合并与路径压缩处理 $m \geq n$ 个合并与寻找运算的交替序列 σ 所需的运行时间，那么在最坏情况下 $T(m) = O(m \log^* n)$。

注意, 对于几乎所有的实际应用, $\log^* n \leqslant 5$。这说明事实上对于所有的实际应用, 运行时间是 $O(m)$。

3.4　练习

3.1　采用有序表实现一个优先队列的优缺点各是什么?

3.2　用常规队列实现一个优先队列, 其 INSERT 运算和 DELETEMAX 运算需要的时间是多少?

3.3　下列数组中哪一个是堆?

(a) | 8 | 6 | 4 | 3 | 2 |　　　　(b) | 7 |

(c) | 9 | 7 | 5 | 6 | 3 |　　　　(d) | 9 | 4 | 8 | 3 | 2 | 5 | 7 |

(e) | 9 | 4 | 7 | 2 | 1 | 6 | 5 | 3 |

3.4　有如下键值的元素在堆的什么地方?

(a) 第二大键值;

(b) 第三大键值;

(c) 最小键值。

3.5　编写一个有效算法来测试一个给定的数组 $A[1\cdots n]$ 是否是一个堆。该算法的时间复杂性是多少?

3.6　哪种堆运算的代价更大: INSERTION 还是 DELETION? 证明你的答案。注意两种运算有同样的时间复杂性 $O(\log n)$。

3.7　设 H 为图 3.1 所示的堆, 给出经下述运算后所得的堆。

(a) 删除键值为 17 的元素;

(b) 插入键值为 19 的元素。

3.8　利用树表示法和数组表示法, 给出从图 3.4(e) 所示的堆中删除最大键值后得到的堆。

3.9　从 n 个元素的最大堆中找到最小键值可能有多快?

3.10　证明下面的命题是真还是假。令 x 和 y 是堆中的两个元素, 堆中的键值是正整数。T 为这个堆的树表示, 令 h_x 和 h_y 是 x,y 在 T 中的高度。那么如果 x 大于 y, 则 h_x 不小于 h_y。(见 2.5 节关于节点高度的定义。)

3.11　用图说明算法 MAKEHEAP 对于数组

| 3 | 7 | 2 | 1 | 9 | 8 | 6 | 4 |

的运算。

3.12　说明将下列数组转化为堆的步骤。

| 1 | 4 | 3 | 2 | 5 | 7 | 6 | 8 |

3.13　设 $A[1\cdots 19]$ 是一个有 19 个整数的数组, 假设对这一数组使用算法 MAKEHEAP。

(a) 调用几次过程 SIFT-DOWN? 请解释。

(b) 这种情况下元素交换的最大次数是多少? 为什么?

（c）给出有 19 个元素的数组，需要如上所述的元素交换的最大次数。

3.14 说明如何应用算法 HEAPSORT 来将下列数组中的整数以升序排列。

$$\boxed{4}\ \boxed{5}\ \boxed{2}\ \boxed{9}\ \boxed{8}\ \boxed{7}\ \boxed{1}\ \boxed{3}$$

3.15 给出一个整数数组 $A[1\cdots n]$，可按照下面的方法建立一个 A 的堆 $B[1\cdots n]$。从空堆开始，反复将 A 中元素插入 B，每一次调整当时的堆，直到 B 包含 A 中所有的元素。证明在最坏情况下，算法的运行时间是 $\Theta(n \log n)$。

3.16 用图说明练习 3.15 的算法对于下列数组的运算。

$$\boxed{6}\ \boxed{9}\ \boxed{2}\ \boxed{7}\ \boxed{1}\ \boxed{8}\ \boxed{4}\ \boxed{3}$$

3.17 当输入数组已经以（a）升序或（b）降序排序的时候，解释算法 HEAPSORT 的执行情况。

3.18 给出一个带有堆特性的二分搜索树的例子。

3.19 编写一个算法，将两个同样大小的堆合并为一个。你的算法的时间复杂性是多少？

3.20 计算在执行算法 HEAPSORT 时，最少和最多的元素比较次数是多少？

3.21 d 堆是本章中讨论的二分堆的一般化，用一棵几乎完全 d 叉根树来表示，$d \geq 2$。对于 d 堆的情况，重写过程 SIFT-UP，它的时间复杂性是多少？

3.22 对于 d 堆的情况，重写过程 SIFT-DOWN（见练习 3.21），以 d 和 n 为测度，它的时间复杂性是多少？

3.23 给出一个有 n 个合并与寻找运算（仅用按秩合并）的序列，以得出高度为 $\Theta(\log n)$ 的树。假定元素集合是 $\{1,2,\cdots,n\}$。

3.24 给出一个有 n 个合并与寻找运算（仅用按秩合并）的序列，需要 $\Theta(n \log n)$ 时间。假设元素集合是 $\{1,2,\cdots,n\}$。

3.25 图 3.8(f) 中节点 3,4 和 8 的秩是多少？

3.26 令 $\{1\}$，$\{2\}$，$\{3\}$，$\cdots$，$\{8\}$ 是 n 个单元素的集合，每个集合由一棵仅有一个节点的树表示。用带有按秩合并和路径压缩措施的合并与寻找算法来找到每一步的树表示，它们从以下每一个合并与寻找运算导出：UNION(1,2)，UNION(3,4)，UNION(5,6)，UNION(7,8)，UNION(1,3)，UNION(5,7)，FIND(1)，UNION(1,5)，FIND(1)。

3.27 设 T 是用按秩合并和路径压缩处理合并与寻找运算序列得到的树，x 是 T 中一个节点，证明 $rank(x)$ 是 x 高度的上界。

3.28 设 σ 是合并与寻找指令的一个序列，这里所有的合并都出现在寻找之前。证明如果按秩合并和路径压缩两种措施都采用，则运行时间是线性的。

3.29 类似于按秩合并的另一种措施是权重平衡规则。按这种措施，UNION(x,y) 运算的作用是使节点数较少的树的根节点数指向节点数较多的树的根节点。如果两棵树有相同的节点数，则令 y 是 x 的父节点。将这种措施和按秩合并做比较。

3.30 用权重平衡规则（见练习 3.29）和路径压缩求解练习 3.26。

3.31 证明练习 3.29 描述的权重平衡规则，确保得到的树具有高度 $O(\log n)$。

3.32 设用按秩合并和路径压缩措施处理合并与寻找序列产生的一棵树为 T，x 是 T 的根节点，y 是 T 的叶节点，证明从 y 到 x 的路径上的节点的秩，形成一个严格递增序列。

3.33 证明观察结论：如果节点 v 在秩 $g>0$ 的组中，那么 v 在秩更高的组中获得父节点之前，可以被移动并且至多耗费 $F(g)-F(g-1)$ 个时间单位。

3.34 不相交集的另一种可能的表示法是使用链表。每个集合用一个链表表示，这里，集合的代表是表中的第一个元素，表中的每一个元素都有一个指针指向集合的代表。一开始，给每个元素创建一个表，两个集合的并由合并两个表得到。假设要合并的两个集合 S_1 用链表 L_1 表示，S_2 用 L_2 表示，如果 L_1 的第一个元素作为合并结果集合的名字，那么在 L_2 中指向集合名的每个元素的指针，都必须转而指向 L_1 中的第一个元素。

（a）说明如何改进表示法，使得每次查找运算用 $O(1)$ 时间；

（b）证明在最坏情况下，执行 $n-1$ 次合并运算共需要 $\Theta(n^2)$ 时间。

3.35 （见练习 3.34）证明如果执行两个集合的合并，元素数目较多的表中的第一个元素总是作为新集合的名字，那么执行 $n-1$ 次合并需要的总时间变为 $O(n\log n)$。

3.5 参考注释

堆和不相交集数据结构的内容出现在几本算法与数据结构的书中（见第 1 章和第 2 章的参考注释），更深入的内容见 Tarjan（1983）。堆一开始是作为堆排序的一部分内容由 Williams（1964）引入的，建立堆的线性时间算法归功于 Floyd（1964），大量不同类型的堆可以在 Cormen et al. (2009) 中找到，比如二项式堆、Fibonacci 堆等。对于优先级队列的许多数据结构的比较研究可在 Jones(1986) 中找到，不相交集的数据结构首先由 Galler and Fischer(1964) 和 Fischer(1972) 研究，更为详尽的分析由 Hopcroft and Ullman(1973) 完成，更精确的分析由 Tarjan(1975) 完成，当同时采用按秩合并和路径压缩时，该论文建立了一个非线性的下界。

第二部分 基于递归的技术

本部分着眼于讨论称为递归算法的一类特殊算法。这些算法几乎在计算机科学的每一个领域中都具有十分重要和不可或缺的作用。从算法角度来看，采用递归的方法，使得用简洁、容易理解和有效的算法来解决复杂问题成为可能。以最简单的形式，递归可表示成这样一种过程：先把问题分成一个或多个子问题，这些子问题在结构上和原有问题一模一样，然后求解这些子问题，把这些子问题的解组合起来，从而得到原有问题的解。

我们把这类一般设计技术分为三种不同的情况：(1)归纳法，或称为尾递归；(2)无重叠子问题；(3)重叠子问题，即含有冗长的调用，并允许用空间来换时间的重叠子问题。用较高数字标记的情况归结为用较低数字标记的情况。前两种方法不需要附加空间来保存那些以后反复使用的解，但第三种方法能使那些初看起来求解它会很耗时的许多问题得到有效的解。

第4章研究归纳法如何作为开发算法的一种技术。换句话说，就是迁移数学中归纳法的证明思想来设计有效算法。在这一章里，通过叙述几个例子来表明怎样用归纳法解决越来越复杂的问题。

第5章对于算法中最重要的技术之一——分治算法给出一个总的概述。首先，我们用搜索问题和合并排序引出分治算法，特别把合并排序算法和在第1章中讲过的自底向上排序算法（即前者的迭代版本）进行比较。这个比较揭示出了分治算法最有吸引力的优点：简单明了、容易理解和实现。最重要的是，我们简单地归纳证明了分治算法的正确性。接下来，详细讨论一些有用的算法，如算法 QUICKSORT 和寻找第 k 小的元素的算法 SELECT。

第6章提供了一些用动态规划求解问题的例子，例子中的递归导致了许多冗长的调用。利用这种设计技术，递归首先用来建立问题解的模型，然后把这个递归模型转换成有效的迭代算法。通过存储那些解出的子问题的结果，以便将来用一种查表的方法来引用，就可以实现用空间换时间。在这一章中，我们用动态规划来求解最长公共子序列的问题、矩阵链乘法问题、求所有偶对的最短路径问题和背包问题。

第4章 归 纳 法

4.1 引言

考虑一个带有参数 n 的问题，n 通常表示问题的实例中对象的数目。当我们寻找这类问题的解时，有时从求解一个带有小一点参数 n 的该问题开始，例如参数是 $n-1$，$n/2$ 等，然后再把解推广到包含所有的 n 个对象。这样，问题的解决会比较容易一些。这种方法基于众所周知的数学归纳法证明技术。从本质上说，给出一个带有参数 n 的问题，用归纳法设计一个算法是基于这样一个事实：如果我们知道如何求解带有参数小于 n 的同类问题（称为归纳假设），那么我们的任务就简化为如何把解法扩展到带有参数 n 的实例。

这种方法可一般化为包括所有递归算法设计技术，如分治算法和动态规划等。然而，由于这两种算法技术具有标志性的特点，我们在这一章将注意力集中在那些与数学归纳法十分相似的方法上，而在第 5 章和第 6 章分别研究分治算法和动态规划。我们在这一章讨论的算法一般只含一次递归调用，通常称为尾递归。这样，在大多数情况下，可以很方便地把它们转化为迭代算法。

这种设计技术的一个优点是（一般对于所有的递归算法来说都是如此），所设计出的算法的正确性证明已自然嵌入了算法的描述中。如果需要，可以很容易地给出一个简单的归纳证明。

4.2 寻找多数元素

令 $A[1\cdots n]$ 是一个整数序列，如果 A 中的整数 a 在 A 中出现的次数多于 $\lfloor n/2 \rfloor$，那么 a 称为多数元素。例如，在序列 1,3,2,3,3,4,3 中，3 是多数元素，因为在 7 个元素中它出现 4 次。有几种方法可以解决这个问题。蛮力方法将每个元素和其他元素逐个进行比较，并且对每个元素计数，如果某个元素的计数大于 $\lfloor n/2 \rfloor$，就可以断言它是多数元素；否则，在序列中就没有多数元素。但是这样的比较次数是 $n(n-1)/2 = \Theta(n^2)$，这种方法的代价太昂贵。比较有效的算法是对这些元素排序，并且计算每个元素在序列中出现多少次。这在最坏情况下的代价是 $\Theta(n \log n)$。因为在最坏情况下，排序这一步需要 $\Omega(n \log n)$ 次比较（见定理 11.2）。另一种方法是寻找中间元素，也就是第 $\lceil n/2 \rceil$ 个元素。因为多数元素在排序的序列中一定是中间元素，可以扫描这个序列来测试中间元素是否确实是多数元素。由于中间元素可以在 $\Theta(n)$ 时间内找到，因此这个方法要花费 $\Theta(n)$ 时间。在 5.5 节中将看到在中项寻找算法的时间复杂性中隐藏的常数太大，并且算法是相当复杂的。

有一个"漂亮"的求解法，它所用的比较次数要少得多。我们用归纳法导出这个算法，这个算法的实质基于下面的观察结论。

观察结论 4.1 在原序列中去除两个不同的元素后，那么在原序列中的多数元素在新序列中还是多数元素。

这个观察结论支持下述寻找多数元素候选者的过程。将计数器置 0，并令 $c = A[1]$，从 $A[2]$ 开始，逐个地扫描元素，如果被扫描的元素和 c 相等，则计数器加 1；如果元素不等于 c，则计数器减 1；如果所有的元素都已经扫描完毕并且计数器大于 0，那么返回 c 作为多数元素的候选者。如果在 c 和 $A[j]$ $(1 < j < n)$ 比较时计数器为 0，那么对于 $A[j+1\cdots n]$ 上的元素递归调用 candidate 过程。注意，减少计数器计数就是观察结论 4.1 中去除两个不同元素的思想的实现。这个方法在算法 MAJORITY 中有更详细的描述。把这种递归算法转换成迭代算法是不难的，我们将其留作练习。很明显，算法 MAJORITY 的运行时间是 $\Theta(n)$。

算法 4.1　MAJORITY

输入：n 个元素的数组 $A[1\cdots n]$。

输出：若存在多数元素，则输出它；否则输出 none。

1. $c \leftarrow candidate(1)$
2. $count \leftarrow 0$
3. **for** $j \leftarrow 1$ **to** n
4. 　　**if** $A[j] = c$ **then** $count \leftarrow count + 1$
5. **end for**
6. **if** $count > \lfloor n/2 \rfloor$ **then return** c
7. **else return** none

过程　$candidate(m)$

1. $j \leftarrow m$；$c \leftarrow A[m]$；$count \leftarrow 1$
2. **while** $j < n$ **and** $count > 0$
3. 　　$j \leftarrow j + 1$
4. 　　**if** $A[j] = c$ **then** $count \leftarrow count + 1$
5. 　　**else** $count \leftarrow count - 1$
6. **end while**
7. **if** $j = n$ **then return** c　　{见练习 4.12 和练习 4.13}
8. **else return** $candidate(j+1)$

4.3　整数幂

在这一节中，将对求实数 x 的 n 次幂设计一个有效的算法。一种直接的方法是对 x 用迭代方法自乘 n 次，这种方法是十分低效的，因为它需要 $\Theta(n)$ 次乘法，按输入的大小来说，这是指数型的（见 1.14 节）。一种高效的方法可以如下实现。令 $m = \lfloor n/2 \rfloor$，假设已经知道如何计算 x^m，这分为两种情况：如果 n 是偶数，那么 $x^n = (x^m)^2$；否则 $x^n = x(x^m)^2$。这种方法可立即产生如算法 EXPREC 所示的递归算法。

算法 4.2　EXPREC

输入：实数 x 和非负整数 n。

输出：x^n。

    1. $power(x, n)$

过程 $power(x, m)$ {计算 x^m}

    1. **if** $m = 0$ **then** $y \leftarrow 1$
    2. **else**
    3. $y \leftarrow power(x, \lfloor m/2 \rfloor)$
    4. $y \leftarrow y^2$
    5.   **if** m 为奇数 **then** $y \leftarrow xy$
    6. **end if**
    7. **return** y

利用如下重复平方的方法，可以从算法 EXPREC 导出迭代的方法。令 n 的二进制数字为 $d_k d_{k-1} \cdots d_0$。从 $y = 1$ 开始，从左到右扫描二进制数字，如果当前的二进制数字为 0，就对 y 求平方；如果它是 1，就对 y 求平方，再乘上 x。这样就产生了算法 EXP。

算法 4.3   EXP
输入：实数 x 和非负整数 n。
输出：x^n。

    1. $y \leftarrow 1$
    2. 将 n 用二进制数 $d_k d_{k-1} \cdots d_0$ 表示
    3. **for** $j \leftarrow k$ **downto** 0
    4. $y \leftarrow y^2$
    5.   **if** $d_j = 1$ **then** $y \leftarrow xy$
    6. **end for**
    7. **return** y

假定每次乘法的时间是常数，那么这两个版本的算法的运行时间是 $\Theta(\log n)$，它对于输入的大小来说是线性的。

4.4 多项式求值(Horner 规则)

假设有 $n + 2$ 个实数 $a_0, a_1, \cdots, a_n$ 和 x 的序列，要对多项式：

$$P_n(x) = a_n x^n + a_{n-1} x^{n-1} + \cdots + a_1 x + a_0$$

求值。直接的方法是对每一项分别求值。这种方法是十分低效的，因为它需要 $n + n - 1 + \cdots + 1 = n(n+1)/2$ 次乘法。通过如下的归纳法，可以导出一种快得多的方法，首先观察

$$
\begin{aligned}
P_n(x) &= a_n x^n + a_{n-1} x^{n-1} + \cdots + a_1 x + a_0 \\
&= ((\cdots (((a_n x + a_{n-1}) x + a_{n-2}) x + a_{n-3}) \cdots) x + a_1) x + a_0
\end{aligned}
$$

这种求值方式称为 Horner 规则。利用这种规则可导出以下更有效的方法。假设已经知道如何对

$$P_{n-1}(x) = a_n x^{n-1} + a_{n-1} x^{n-2} + \cdots + a_2 x + a_1$$

求值,那么再用一次乘法和一次加法,则有

$$P_n(x) = x P_{n-1}(x) + a_0$$

这样就得到算法 HORNER。

算法 4.4　HORNER

输入: $n+2$ 个实数 $a_0, a_1, \cdots, a_n$ 和 x 的序列。

输出: $P_n(x) = a_n x^n + a_{n-1} x^{n-1} + \cdots + a_1 x + a_0$。

1. $p \leftarrow a_n$
2. **for** $j \leftarrow 1$ **to** n
3. 　　$p \leftarrow xp + a_{n-j}$
4. **end for**
5. **return** p

很容易看出,算法 HORNER 的代价是 n 次乘法和 n 次加法,这是利用归纳假设的优点获得的令人瞩目的成就。

4.5　基数排序

在这一节中,我们研究一种排序算法,它在几乎所有的实际应用中都以线性时间运行。令 $L = \{a_1, a_2, \cdots, a_n\}$ 是一个有 n 个数的表,其中每个数恰好有 k 位数字,就是说每个数具有 $d_k d_{k-1} \cdots d_1$ 的形式,这里 d_i 是 0 到 9 中的一个数字。在这个问题中,我们对数字的位数 k 施行归纳法,而不是对 n 这个对象应用归纳法。对 L 中的数排序的一种方法是根据其最高位把它们分到 10 个表 $L_0, L_1, \cdots, L_9$ 中,因此 $d_k = 0$ 的那些数就分到表 L_0 中, $d_k = 1$ 的那些数就分到表 L_1 中,等等。这一步完成后,对于每个 i, $0 \leqslant i \leqslant 9$, L_i 包含最高位是 i 的那些数。现在我们有两种选择,第一种选择是用另一种排序算法对每一个表排序,然后把排序得到的这些表连接成一个排序表。显然,在最坏情况下,所有的数字可能有相同的最高位,这就意味着它们都在一个表中,而其余的 9 个表是空的。因此,如果表内用于排序的算法需要 $\Theta(n \log n)$ 时间,则这种方法的运行时间将是 $\Theta(n \log n)$。另一种选择是对 d_{k-1} 位上的每个表递归排序。但这种方法将导致越来越多的附加表,这是很不方便的。

令人惊讶的是,如果一开始根据数的最低位来将它们分到那些表中,那么就得到一个非常有效的算法。这个算法通常称为基数排序,它可以通过对 k 施行归纳法而直接导出。假定这些数关于它们的低 $k-1$ 位数(即 $d_{k-1}, d_{k-2}, \cdots, d_1$)已经按字典序排序,那么在按第 k 位数排序后,它们终于完成了排序。这个算法的实现不需要其他的排序算法,也不需要递归。算法工作如下,首先根据 d_1 位,把数分到 10 个表 $L_0, L_1, \cdots, L_9$ 中,这样,那些 $d_1 = 0$ 的数就分到表 L_0 中, $d_1 = 1$ 的那些数就分到表 L_1 中,等等。接下来,表按 $L_0, L_1, \cdots, L_9$ 的顺序连接起来。然后,把它们按照 d_2 分到 10 个表中,按顺序连接起来。在把它们按 d_k 分到表中并按顺序连接起来后,所有的数就排好了序。下面的例子阐明这个思想。

例 4.1　图 4.1 显示了基数排序的一个例子，图中最左边一栏显示的是输入数据，接下来的几栏显示的是按第 1 位、第 2 位、第 3 位和第 4 位数字排序后的结果。

7467	6792	9134	9134	1239
1247	9134	1239	9187	1247
3275	3275	1247	1239	3275
6792	4675	7467	1247	4675
9187	7467	3275	3275	6792
9134	1247	4675	7467	7467
4675	9187	9187	4675	9134
1239	1239	6792	6792	9187

图 4.1　基数排序的例子

算法 RADIXSORT 对该方法有更精确的描述。根据某一位数字把数分到表中的方法重复做了 k 遍，每一遍的代价是 $\Theta(n)$ 时间，这样算法的时间是 $\Theta(kn)$。如果 k 是常数，那么运行时间就是 $\Theta(n)$。算法占用了 $\Theta(n)$ 空间，因为需要 10 个表，所以全部这些表的空间大小是 $\Theta(n)$。

算法 4.5　RADIXSORT
输入：一个有 n 个数的表 $L = \{a_1, a_2, \cdots, a_n\}$ 和 k 位数字。
输出：按非降序排列的 L。

1.　**for** $j \leftarrow 1$ **to** k
2.　　　准备 10 个空表 $L_0, L_1, \cdots, L_9$
3.　　　**while** L 非空
4.　　　　　$a \leftarrow L$ 中的下一元素；删除 a
5.　　　　　$i \leftarrow a$ 中的第 j 位数字；将 a 加入表 L_i 中
6.　　　**end while**
7.　　　$L \leftarrow L_0$
8.　　　**for** $i \leftarrow 1$ **to** 9
9.　　　　　$L \leftarrow L, L_i$　　{将表 L_i 加入 L 中}
10.　　　**end for**
11.　**end for**
12.　**return** L

应该注意到，对于任意基数都可以归纳出算法，而不仅仅是以 10 作为基数。例如，可以把二进制数的每 4 位作为一个数字，也就是以 16 作为基数，表的数目将总和基数相等。更一般地，可以用算法 RADIXSORT 根据每个域来对整个记录排序。例如，如果有一个日期文件，其中的每个日期由年、月、日组成，则可以对整个文件首先按日，然后按月，最后按年进行排序。

4.6　生成排列

这一节研究对于数 $1, 2, \cdots, n$ 生成所有排列的问题。我们将用数组 $P[1 \cdots n]$ 来存放每一个排列。利用归纳法导出几个算法是相当容易的，这一节中将讨论其中的两种，它们基于这样一个假设：可以生成 $n-1$ 个数的所有排列。

4.6.1 第一种算法

假定可以生成 $n-1$ 个数的所有排列，那么就可以扩展该方法来生成 $1,2,\cdots,n$ 这 n 个数的排列，具体过程如下。生成数 $2,3,\cdots,n$ 的所有排列，并且在每个排列的前面加上数 1；接下来，生成数 $1,3,4,\cdots,n$ 的所有排列，并且在每个排列的前面加上数 2。重复这个过程，直到最后生成 $1,2,\cdots,n-1$ 的所有排列，并且在每个排列的前面加上数 n。这种方法在算法 PERMUTATIONS1 中描述。注意，若 $P[j]$ 和 $P[m]$ 在递归调用前进行了交换，则它们必须在递归调用后交换回来。

算法 4.6　PERMUTATIONS1
输入：正整数 n。
输出：数 $1,2,\cdots,n$ 的所有可能排列。

    1. **for** $j \leftarrow 1$ **to** n
    2. $P[j] \leftarrow j$
    3. **end for**
    4. $perm1(1)$

过程　$perm1(m)$

    1. **if** $m = n$ **then output** $P[1\cdots n]$
    2. **else**
    3.   **for** $j \leftarrow m$ **to** n
    4.   互换 $P[j]$ 和 $P[m]$
    5. $perm1(m+1)$
    6.   互换 $P[j]$ 和 $P[m]$
    7.   **comment**：这时 $P[m\cdots n] = m, m+1, \cdots, n$
    8.   **end for**
    9. **end if**

接下来分析算法的运行时间。由于存在 $n!$ 个排列，因此过程 $perm1$ 的第 1 步共执行了 $nn!$ 次来输出所有的排列。现在计算 for 循环的迭代次数。在第一次调用过程 $perm1$ 时，$m=1$，因此 for 循环执行 n 次加上递归调用 $perm1(2)$ 的执行次数。由于当 $n=1$ 时迭代次数是 0，因此迭代次数 $f(n)$ 能够用以下递推式表示：

$$f(n) = \begin{cases} 0 & \text{若 } n = 1 \\ nf(n-1) + n & \text{若 } n \geqslant 2 \end{cases}$$

按 A.8.2 节介绍的技术，求解这个递推式如下。令 $n!h(n) = f(n)$［注意 $h(1) = 0$］。那么

$$n!h(n) = n(n-1)!h(n-1) + n$$

或

$$h(n) = h(n-1) + \frac{n}{n!}$$

这个递推式的解是

$$h(n) = h(1) + \sum_{j=2}^{n} \frac{n}{j!} = n\sum_{j=2}^{n} \frac{1}{j!} < n\sum_{j=2}^{\infty} \frac{1}{j!} = n(e - 2)$$

这里 e = 2.718 281 8…[见式(A.1)]。因此

$$f(n) = n!h(n) < nn!(e - 2)$$

所以,算法的运行时间由输出语句决定,也就是 $\Theta(nn!)$。

4.6.2 第二种算法

这一节描述另一种列举数 $1,2,\cdots,n$ 的所有排列的算法。一开始,数组 $P[1\cdots n]$ 的所有 n 个项是自由的,每一个自由项记为 0。对于归纳假设,假定可以生成数 $1,2,\cdots,n-1$ 的所有排列,那么就可以扩展该方法生成 n 个数的所有排列,具体过程如下。首先把 n 放入 $P[1]$,并且在 $P[2\cdots n]$ 子数组中生成前 $n-1$ 个数的所有排列。接下来把 n 放入 $P[2]$,并且在子数组 $P[1]$ 和 $P[3\cdots n]$ 中生成前 $n-1$ 个数的所有排列。然后把 n 放入 $P[3]$,并且在子数组 $P[1\cdots 2]$ 和 $P[4\cdots n]$ 中生成前 $n-1$ 个数的所有排列。这样继续下去,直到最后把 n 放入 $P[n]$,并且在子数组 $P[1\cdots n-1]$ 中生成 $n-1$ 个数的所有排列。初始时,$P[1\cdots n]$ 的 n 个项为 0,在算法 PERMUTATIONS2 中,对这个方法有更精确的描述。

算法 4.7 PERMUTATIONS2

输入:正整数 n。

输出:数 $1,2,\cdots,n$ 的所有可能排列。

1. **for** $j \leftarrow 1$ **to** n
2. $P[j] \leftarrow 0$
3. **end for**
4. $perm2(n)$

过程 $perm2(m)$

1. **if** $m = 0$ **then output** $P[1\cdots n]$
2. **else**
3.   **for** $j \leftarrow 1$ **to** n
4.   **if** $P[j] = 0$ **then**
5. $P[j] \leftarrow m$
6. $perm2(m-1)$
7. $P[j] \leftarrow 0$
8.   **end if**
9.   **end for**
10. end if

算法 PERMUTATIONS2 的工作过程如下。如果 m 的值等于 0,那么这是一个信号,说明过程 $perm2$ 已被所有连续的值 $n,n-1,\cdots,1$ 调用。在这种情况下,数组 $P[1\cdots n]$ 没有自由项,

并且包含一个 $\{1,2,\cdots,n\}$ 的排列。另一方面，如果 $m > 0$，那么我们知道 $m+1, m+2, \cdots, n$ 已经被分配到数组 $P[1\cdots n]$ 的某些项中。这样在数组中搜索自由项 $P[j]$ 并且置 $P[j]$ 为 m，然后用参数 $m-1$ 递归调用过程 $perm2$。在递归调用后，必须置 $P[j]$ 为 0 以表示它现在是自由的，并且能在后继调用时被使用。

分析算法的运行时间如下。由于存在 $n!$ 个排列，因此过程 $perm2$ 的第 1 步总共有 $nn!$ 个排列输出。现在计算 for 循环的迭代次数，for 循环在每一次调用 $perm2(m)$ 时被执行了 n 次，再加上递归调用 $perm2(m-1)$ 时的执行次数。当过程 $perm2$ 以调用 $perm2(m)(m>0)$ 的形式被调用时，数组 P 恰好包含 m 个 0，并且由于递归调用，$perm2(m-1)$ 将被执行恰好 m 次。因为在 $m=0$ 时，迭代次数是 0，所以迭代次数可以用递推式表示如下：

$$f(m) = \begin{cases} 0 & \text{若 } m = 0 \\ mf(m-1) + n & \text{若 } m \geq 1 \end{cases}$$

必须强调，在上面的递推式中，n 是常数，并且与 m 的值无关。

根据 A.8.2 节介绍的技术，现在来求解递推式。令 $m!h(m) = f(m)$ [注意 $h(0) = 0$]，那么

$$m!h(m) = m(m-1)!h(m-1) + n$$

或

$$h(m) = h(m-1) + \frac{n}{m!}$$

这个递推式的解是

$$h(m) = h(0) + \sum_{j=1}^{m} \frac{n}{j!} = n \sum_{j=1}^{m} \frac{1}{j!} < \sum_{j=1}^{\infty} \frac{1}{j!} = n(e-1)$$

这里 $e = 2.718\ 281\ 8\cdots$ [见式 (A.1)]。

因此

$$f(m) = m!h(m) = nm! \sum_{j=1}^{m} \frac{1}{j!} < 2nm!$$

用 n 代入，迭代的次数就变成

$$f(n) = nn! \sum_{j=1}^{n} \frac{1}{j!} < 2nn!$$

因此，算法的运行时间是 $\Theta(nn!)$。

4.7 练习

4.1 给出一个计算第 n 个 Fibonacci 数 f_n 的递归算法，f_n 定义如下：

$$f_1 = f_2 = 1; f_n = f_{n-1} + f_{n-2}, \quad n \geq 3$$

4.2 给出一个计算第 n 个 Fibonacci 数 f_n 的迭代算法，f_n 定义如前。

4.3 用归纳法设计一个递归算法，它在有 n 个元素的序列 $A[1\cdots n]$ 中寻找最大元素。

4.4 用归纳法设计一个递归算法，求在 $A[1\cdots n]$ 中 n 个实数的平均值。

4.5 用归纳法设计一个递归算法，在有 n 个元素的序列 $A[1\cdots n]$ 中搜索元素 x。

4.6 给出算法 SELECTIONSORT 的递归形式。

4.7 给出算法 INSERTIONSORT 的递归形式。

4.8 给出练习 1.17 中冒泡排序算法的递归形式。

4.9 给出算法 MAJORITY 的迭代形式。

4.10 用图来说明算法 MAJORITY 对下列数组的运算。

(a) | 5 | 7 | 5 | 4 | 5 |

(b) | 5 | 7 | 5 | 4 | 8 |

(c) | 2 | 4 | 1 | 4 | 4 | 4 | 6 | 4 |

4.11 证明观察结论 4.1。

4.12 对于下面的说法，证明其为正确或错误：如果算法 MAJORITY 的过程 *candidate* 的第 7 步中 $j = n$ 但 $count = 0$，那么 c 是多数元素。

4.13 对于下面的说法，证明其为正确或错误：如果算法 MAJORITY 的过程 *candidate* 的第 7 步中 $j = n$ 并且 $count > 0$，那么 c 是多数元素。

4.14 用算法 EXPREC 计算

(a) 2^5　　(b) 2^7　　(c) 3^5　　(d) 5^7

4.15 用算法 EXP 代替算法 EXPREC 求解练习 4.14。

4.16 用 4.4 节中叙述的 Horner 规则求下列多项式的值。

(a) $3x^5 + 2x^4 + 4x^3 + x^2 + 2x + 5$

(b) $2x^7 + 3x^5 + 2x^3 + 5x^2 + 3x + 7$

4.17 对于下列给出的 8 个数的序列，用图来说明算法 RADIXSORT 的运算。

(a) 4567,2463,6523,7461,4251,3241,6492,7563

(b) 16 543,25 895,18 674,98 256,91 428,73 234,16 597,73 195

4.18 当输入由下列区间中的 n 个正整数组成时，以 n 为大小说明算法 RADIXSORT 的时间复杂性。

(a) $[1\cdots n]$

(b) $[1\cdots n^2]$

(c) $[1\cdots 2^n]$

4.19 设 $A[1\cdots n]$ 是在区间 $[1\cdots n!]$ 中由正整数组成的数组，对于算法 BOTTOMUPSORT 和算法 RADIXSORT，哪一种的运行速度更快(见 1.7 节)？

4.20 如果在算法 RADIXSORT 中，用数组代替链表，那么它的时间复杂性是什么？请解释。

4.21 一种称为桶(bucket)排序的方法按如下方式工作：令 $A[1\cdots n]$ 是一个在合理范围内的 n 个数的序列，例如 $1\cdots m$ 中所有的数，这里 m 是一个与 n 相比不太大的数，这些数被分到 k 个桶中，第 1 个桶放入 1 到 $\lfloor m/k \rfloor$ 之间的数，第 2 个桶放入 $\lfloor m/k \rfloor + 1$ 到 $\lfloor 2m/k \rfloor$ 之间的数，等等。现在将每个桶里的数用其他的排序算法排序，如算法 INSERTIONSORT，试分析算法的运行时间。

4.22 在练习 4.21 中，并没有用另一种排序算法来对每个桶里的数排序，而是设计一种递归地排序每一桶中诸数的桶排序的递归形式，这种递归形式的主要缺点是什么？

4.23 如果相等元素的顺序在排序后还保持着，那么称这种算法是稳定的，下面哪些算法是稳定的？

(a) SELECTIONSORT   (b) INSERTIONSORT   (c) BUBBLESORT
(d) BOTTOMUPSORT   (e) HEAPSORT   (f) RADIXSORT

4.24 请详细解释，为什么在算法 PERMUTATIONS1 中，若 $P[j]$ 和 $P[m]$ 在递归调用前交换，则必须在递归调用后交换回来？

4.25 请详细解释，为什么在算法 PERMUTATIONS2 中，递归调用后 $P[j]$ 必须置 0？

4.26 请详细解释，为什么在算法 PERMUTATIONS2 中，当过程 $perm2$ 以 $perm2(m)$ （$m>0$）形式调用时，数组 P 恰好包含 m 个 0，并且因此递归调用 $perm2(m-1)$ 将恰好执行 m 次？

4.27 修正算法 PERMUTATIONS2，使数 $1,2,\cdots,n$ 的排列按算法 PERMUTATIONS2 产生的倒序生成。

4.28 修正算法 PERMUTATIONS2，使它产生集合 $\{1,2,\cdots,n\}$ 的所有 k 子集合，且 $1\leqslant k\leqslant n$。

4.29 分析练习 4.28 中修正的算法的时间复杂性。

4.30 证明算法 PERMUTATIONS1 的正确性。

4.31 证明算法 PERMUTATIONS2 的正确性。

4.32 令 $A[1\cdots n]$ 是一个有 n 个整数的已排序的数组，x 是整数。请设计一个 $O(n)$ 时间的算法来确定在 A 中是否存在这样两个数，它们的和恰好是 x。

4.33 用归纳法求解练习 2.7。

4.34 用归纳法求解练习 2.8。

4.8 参考注释

作为一种数学技术，归纳法用来证明算法的正确性，首先是由 Floyd(1967) 开展的。递归在算法设计中已经被大量研究，例如 Burge(1975) 和 Paull(1988)。归纳法用作设计技术出现在 Manber(1988) 中。Manber(1989) 中的大部分内容是关于归纳设计技术的讨论。不同于本章，在那本书中讨论了各种各样关于归纳法的大量问题，并且在广义上涵盖了分治和动态规划等其他的设计技术。找出多数元素的问题由 Misra and Gries(1982) 进行了研究。Fischer and Salzberg(1982) 证明了采用更复杂的数据结构，在最坏情况下比较次数可以减少到 $3n/2+1$，这个界是最优的。多项式求值的 Horner 规则是以英国数学家 W. G. Horner 的名字命名的。算法 PERMUTATIONS2 出现在 Banachowski, Kreczmar and Rytter(1991) 中。

第5章 分　　治

5.1 引言

顾名思义，"分治"名字本身就已经给出了一种强有力的算法设计技术，它可以用来解决各类问题。在它最简单的形式中，一个分治算法把问题实例划分成若干子实例（多数情况是分成两个），并分别递归地求解每个子实例，然后把这些子实例的解组合起来，以得到原问题实例的解。为了阐明这个方法，考虑这样一个问题：在一个整数数组 $A[1\cdots n]$ 中，同时寻找最大值和最小值。为了简化问题，不妨假定 n 是 2 的整数幂。一种直接的算法如下面所示，它返回一个数对 (x,y)，其中 x 是最小值，y 是最大值。

1. $x \leftarrow A[1]$; $y \leftarrow A[1]$
2. **for** $i \leftarrow 2$ **to** n
3. **if** $A[i] < x$ **then** $x \leftarrow A[i]$
4. **if** $A[i] > y$ **then** $y \leftarrow A[i]$
5. **end for**
6. **return** (x,y)

显然，此方法执行的元素比较次数是 $2n-2$。然而运用分治策略，仅用 $3n/2-2$ 的元素比较次数就可以找到最大值和最小值。这种想法很简单：将数组分割成两半，即 $A[1\cdots n/2]$ 和 $A[(n/2)+1\cdots n]$，在每一半中找到最大值和最小值，并返回这两个最小值中的最小值及这两个最大值中的最大值。这个分治算法描述见算法 MINMAX。

算法 5.1 MINMAX
输入：n 个整数元素的数组 $A[1\cdots n]$，n 为 2 的幂。
输出：(x,y)，A 中的最大元素和最小元素。

 1. $minmax(1,n)$

过程 $minmax(low,high)$

1. **if** $high - low = 1$ **then**
2. **if** $A[low] < A[high]$ **then return** $(A[low],A[high])$
3. **else return** $(A[high],A[low])$
4. **end if**
5. **else**
6. $mid \leftarrow \lfloor (low + high)/2 \rfloor$
7. $(x_1,y_1) \leftarrow minmax(low,mid)$
8. $(x_2,y_2) \leftarrow minmax(mid+1,high)$

9.　　　$x \leftarrow min\{x_1, x_2\}$

10.　　　$y \leftarrow max\{y_1, y_2\}$

11.　　**return** (x, y)

12. **end if**

设 $C(n)$ 表示算法在由 n 个元素（n 是 2 的整数幂）组成的数组上执行的元素比较次数。注意元素的比较仅仅在第 2 步、第 9 步和第 10 步执行，而第 7 步和第 8 步由于递归调用的结果，执行的元素比较次数是 $C(n/2)$，这就为该算法所做的元素比较次数产生了以下的递推关系式：

$$C(n) = \begin{cases} 1 & \text{若 } n = 2 \\ 2C(n/2) + 2 & \text{若 } n > 2 \end{cases}$$

按以下方式通过展开来求解这个递推式（令 $k = \log n$）：

$$
\begin{aligned}
C(n) &= 2C(n/2) + 2 \\
&= 2(2C(n/4) + 2) + 2 \\
&= 4C(n/4) + 4 + 2 \\
&= 4(2C(n/8) + 2) + 4 + 2 \\
&= 8C(n/8) + 8 + 4 + 2 \\
&\vdots \\
&= 2^{k-1}C(n/2^{k-1}) + 2^{k-1} + 2^{k-2} + \cdots + 2^2 + 2 \\
&= 2^{k-1}C(2) + \sum_{j=1}^{k-1} 2^j \\
&= (n/2) + 2^k - 2 \quad [\text{式(A.10)}] \\
&= 3n/2 - 2
\end{aligned}
$$

这个结果可作为一个定理，如下所示。

定理 5.1 设数组 $A[1 \cdots n]$ 包含 n 个元素，其中 n 是 2 的幂，仅用 $3n/2 - 2$ 次元素比较在数组 A 中找出最大和最小元素是可能的[①]。

5.2 二分搜索

回忆一下二分搜索，将一个给定的元素 x 与一个已排序数组 $A[low \cdots high]$ 的中间元素做比较，如果 $x < A[mid]$，其中 $mid = \lfloor (low + high)/2 \rfloor$，则不考虑 $A[mid \cdots high]$，而对 $A[low \cdots mid-1]$ 重复实施相同的方法。类似地，如果 $x > A[mid]$，则放弃 $A[low \cdots mid]$，并对 $A[mid+1 \cdots high]$ 重复实施相同的方法。这样就启发我们用递归算法 BINARYSEARCHREC 作为实现这一搜索的另一个方法。

算法 5.2 BINARYSEARCHREC

输入：按非降序排列的 n 个元素的数组 $A[1 \cdots n]$ 和元素 x。

---

① 译者注：当 n 不是 2 的幂时，用等分的分治法恰恰不能得到最优结果。而分成一部分是偶数，就可以得到最优算法。例如 $C(n) = C(2p) + C(n - 2p) + 2$，对于任何 $2p \leqslant n$，其最后结果是最优的，$C(n) = \lceil 3n/2 \rceil - 2$。

输出：如果 $x = A[j]$，$1 \leqslant j \leqslant n$，则输出 j；否则输出 0。

　1. $binarysearch(1,n)$

过程 $binarysearch(low,high)$

　1. **if** $low > high$ **then return** 0
　2. **else**
　3. 　　$mid \leftarrow \lfloor(low+high)/2\rfloor$
　4. 　　**if** $x = A[mid]$ **then return** mid
　5. 　　**else if** $x < A[mid]$ **then return** $binarysearch(low,mid-1)$
　6. 　　**else return** $binarysearch(mid+1,high)$
　7. **end if**

递归二分搜索算法的分析

为了求出算法的运行时间，我们计算元素比较次数，因为这是一个基本运算，也就是说，算法的运行时间与元素比较次数是成比例的（见 1.11.2 节）。我们假定将每个三向比较当作一次比较来计算。首先，注意当 $n = 0$ 时，即数组是空的，算法不执行任何元素的比较。当 $n = 1$ 时，else 部分将被执行，并且若 $x \neq A[mid]$，则算法将对空数组进行递归。从而得到当 $n = 1$ 时，该算法刚好执行一次比较。如果 $n > 1$，则存在两种可能：当 $x = A[mid]$ 时，算法仅仅执行一次比较；否则算法所需的比较次数是 1 加上由递归调用数组的前或后一半所执行的比较次数。如果设 $C(n)$ 表示算法 BINARYSEARCHREC 对大小为 n 的数组在最坏情况下所执行的比较次数，则 $C(n)$ 可表示为如下的递推式：

$$C(n) \leqslant \begin{cases} 1 & \text{若 } n = 1 \\ 1 + C(\lfloor n/2 \rfloor) & \text{若 } n \geqslant 2 \end{cases}$$

设对于某个整数 $k \geqslant 2$，满足 $2^{k-1} \leqslant n < 2^k$。展开上述递推式，可以得到

$$\begin{aligned} C(n) &\leqslant 1 + C(\lfloor n/2 \rfloor) \\ &\leqslant 2 + C(\lfloor n/4 \rfloor) \\ &\ \ \vdots \\ &\leqslant (k-1) + C(\lfloor n/2^{k-1} \rfloor) \\ &= (k-1) + 1 \\ &= k \end{aligned}$$

因为 $\lfloor \lfloor n/2 \rfloor/2 \rfloor = \lfloor n/4 \rfloor$ [见式(A.3)]，并且 $\lfloor n/2^{k-1} \rfloor = 1$（因为 $2^{k-1} \leqslant n < 2^k$），将不等式

$$2^{k-1} \leqslant n < 2^k$$

取对数并两边加 1 得到

$$k \leqslant \log n + 1 < k + 1$$

或

$$k = \lfloor \log n \rfloor + 1$$

因为 k 是整数。由此得到

$$C(n) \leqslant \lfloor \log n \rfloor + 1$$

事实上我们已经证明了以下定理。

定理 5.2 算法 BINARYSEARCHREC 在 n 个元素组成的数组中搜索某个元素所执行的元素比较次数不超过 $\lfloor \log n \rfloor + 1$。算法 BINARYSEARCHREC 的时间复杂性是 $O(\log n)$。

在结束本节时,我们注意到递归深度为 $O(\log n)$,并且由于每个递归层次需要 $\Theta(1)$ 空间,因此本算法所需的空间总量是 $O(\log n)$。和递归算法相反,其迭代形式算法仅需要 $\Theta(1)$ 空间(见 1.3 节)。

5.3 合并排序

本节考虑一个简单的分治算法例子来揭示这一算法设计技术的本质。这里我们给出比较详细的描述,显示一般的分治算法在以自顶向下的方法求解一个问题实例时是如何工作的。考虑如图 1.3 所示的算法 BOTTOMUPSORT 的实例,我们已经知道元素是如何由关联排序树的逐层隐含遍历完成排序的。在每一层中,我们有已排序的序列对,同时它们被合并而得到较大的排序序列。沿着树一层一层向上继续这个过程,直至到达根时为止,最后的序列就是已经排序好的。

现在,让我们从反向来考虑,也就是用自顶向下取代自底向上。一开始有输入数组

$$A[1 \cdots 8] = \boxed{9\ \ 4\ \ 5\ \ 2\ \ 1\ \ 7\ \ 4\ \ 6}$$

将该数组分成两个 4 元素的数组

$$\boxed{9\ \ 4\ \ 5\ \ 2}\ \text{和}\ \boxed{1\ \ 7\ \ 4\ \ 6}$$

接着分别对这两个数组的元素排序,然后只是将它们合并来得到所希望的排序数组,这就是算法 SORT 的实现过程。至于每一半所用的排序方法,可使用任意排序算法来对这两个子数组排序,特别是可以使用算法 SORT 本身。如果是这样,我们实际上得出了著名的算法 MERGESORT,此算法的完整描述如下。

算法 5.3 MERGESORT
输入: n 个元素的数组 $A[1 \cdots n]$。
输出: 按非降序排列的数组 $A[1 \cdots n]$。

    1. $mergesort(A, 1, n)$

过程 $mergesort(A, low, high)$

    1. **if** $low < high$ **then**
    2. $mid \leftarrow \lfloor (low + high)/2 \rfloor$
    3. $mergesort(A, low, mid)$
    4. $mergesort(A, mid + 1, high)$
    5.   MERGE$(A, low, mid, high)$
    6. **end if**

由简单的归纳证明确立了此算法的正确性。

5.3.1　算法的操作过程

图 5.1 显示了算法 MERGESORT 对下列数组 A 排序的操作过程。

$$A[1\cdots 8] = \boxed{9\ \ 4\ \ 5\ \ 2\ \ 1\ \ 7\ \ 4\ \ 6}$$

如图所示，主调用 $mergesort(A,1,8)$ 引起由一个隐含二叉树所表示的一系列递归调用，树的每个节点由两个数组组成，顶端数组是那个节点所表示的调用的输入，而底端数组是它的输出，树的每条边用表示控制流的两条相向的边取代。主调用使得 $mergesort(A,1,4)$ 调用生效，依次产生 $mergesort(A,1,2)$ 调用，等等。边上的标号指明这些递归调用发生的次序。这个调用链对应于树的前序遍历：访问根、左子树和右子树（见 2.5.1 节）。而计算却对应于树的后序遍历：访问左子树、右子树，最后是根。为了实现这个遍历，用一个堆栈来存储每次调用过程的局部数据。

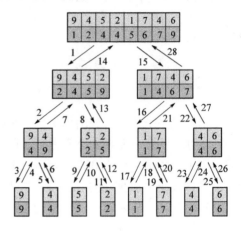

图 5.1　算法 MERGESORT 的操作过程

正如图中所示，当 n 是 2 的幂时，对原有数组排序的过程简化为使用算法 BOTTOMUPSORT。每一对数被合并产生 2 元素的排序序列，这些 2 元素的排序序列再被合并，得到 4 元素的排序序列，等等。比较图 5.1 和图 1.3 可知，两种算法的区别仅在于合并的次序：在算法 BOTTOMUPSORT 中，合并是一层接一层进行的；而在算法 MERGESORT 中，合并是以后序遍历的方式进行的。这就证明了后面观察结论 5.1 的正确性，当 n 是 2 的幂时，由算法 MERGESORT 执行的比较次数和算法 BOTTOMUPSORT 执行的比较次数相同。

5.3.2　合并算法的分析

如同二分搜索算法一样，这里的基本运算是元素比较，也就是运行时间与算法执行的元素比较次数是成正比的。现在我们希望计算 $C(n)$，它表示由算法 MERGESORT 对一个有 n 个元素的数组排序所需的元素比较次数。为了简单起见，假定 n 是 2 的幂，即 $n = 2^k$，k 是大于等于 0 的整数。如果 $n = 1$，则算法不执行任何元素的比较，如果 $n > 1$，则执行了第 2 步到第 5 步，根据函数 C 的定义，执行第 3 步和第 4 步需要的元素比较次数都为 $C(n/2)$。由观察结论 1.1 可知，合并两个子数组所需的元素比较次数在 $n/2$ 与 $n-1$ 之间，这样算法所需的最小比较次数由下面的递推式给定：

$$C(n) = \begin{cases} 0 & \text{若 } n = 1 \\ 2C(n/2) + n/2 & \text{若 } n \geq 2 \end{cases}$$

设 $d = 0, a = c = 2, b = 1/2$，由推论 1.2 可知

$$C(n) = \frac{n \log n}{2}$$

算法所需的最大比较次数由下列递推式给出：

$$C(n) = \begin{cases} 0 & \text{若 } n = 1 \\ 2C(n/2) + n - 1 & \text{若 } n \geqslant 2 \end{cases}$$

通过如下展开，继续求解递推式：

$$\begin{aligned}
C(n) &= 2C(n/2) + n - 1 \\
&= 2(2C(n/2^2) + n/2 - 1) + n - 1 \\
&= 2^2 C(n/2^2) + n - 2 + n - 1 \\
&= 2^2 C(n/2^2) + 2n - 2 - 1 \\
&\ \ \vdots \\
&= 2^k C(n/2^k) + kn - 2^{k-1} - 2^{k-2} - \cdots - 2 - 1 \\
&= 2^k C(1) + kn - \sum_{j=0}^{k-1} 2^j \\
&= 2^k \times 0 + kn - (2^k - 1) \quad [\text{见式}(A.10)] \\
&= kn - 2^k + 1 \\
&= n \log n - n + 1
\end{aligned}$$

因此，我们有以下观察结论。

观察结论 5.1　算法 MERGESORT 对大小为 n 的数组排序，所执行的元素比较的总次数在 $(n \log n)/2$ 和 $n \log n - n + 1$ 之间，这里 n 是 2 的幂。这恰好是在观察结论 1.5 中对于算法 BOTTOMUPSORT 所给出的数。

如前所述，这不是巧合。当 n 是 2 的幂时，算法 BOTTOMUPSORT 与算法 MERGESORT 所执行的元素比较次数是相同的。5.6.4 节将导出一个经验结果，即当 n 不是 2 的幂时，两种算法执行的元素比较次数是相互接近的。

如果 n 是任意的正整数（不必是 2 的幂），则算法 MERGESORT 执行的元素比较次数 $C(n)$ 的递推关系式为

$$C(n) = \begin{cases} 0 & \text{若 } n = 1 \\ C(\lfloor n/2 \rfloor) + C(\lceil n/2 \rceil) + bn & \text{若 } n \geqslant 2 \end{cases}$$

式中 b 是某个非负的常数。由定理 1.4，这个递推式的解是 $C(n) = \Theta(n \log n)$。

由于在算法中元素比较的运算是基本运算，因此得到算法 MERGESORT 的运行时间是 $T(n) = \Theta(n \log n)$。根据第 11 章的定理 11.2，通过比较而排序的任意算法的运行时间是 $\Omega(n \log n)$。由此得到算法 MERGESORT 是最优的。

显然，在算法 BOTTOMUPSORT 中，为了进行合并，它需要 $\Theta(n)$ 空间。不难看出，递归调用所需的空间也是 $\Theta(n)$（见练习 5.14），因此得出算法的空间复杂性是 $\Theta(n)$。以下定理概括了这一节的主要结果。

定理 5.3　算法 MERGESORT 对一个有 n 个元素的数组排序所需的时间是 $\Theta(n \log n)$，空间是 $\Theta(n)$。

5.4　分治范式

既然能够利用算法 BOTTOMUPSORT，为什么还要借助于像算法 MERGESORT 那样的递

归算法呢？尤其是考虑到因使用堆栈而需要的额外空间数，以及由处理递归调用内在开销所带来的额外时间。从实践的观点来看，似乎没有理由赞成用递归算法替代其等价的迭代算法。然而从理论观点来看，递归算法具有对问题易于叙述、理解和分析等优点。为了理解这一点，对算法 MERGESORT 和算法 BOTTOMUPSORT 的伪代码进行比较，可以看出后者需耗费更多的时间来调试和理解代码的含义。这就启示算法的设计者从递归描述的框架着手是更好的选择，如果可能，以后再将算法改进并转化为一个迭代算法。注意，每个递归算法总是可以转换为迭代算法的，而且两者在解决问题的每个实例时，它们的功能是完全相同的。一般来说，分治范式由以下的步骤组成。

(a) 划分步骤。在算法的这个步骤中，输入被分成 $p \geqslant 1$ 个部分，每个子实例的规模严格小于 n，n 是原始实例的规模。尽管比 2 大的其他小的常数很普遍，但 p 的最常用的值是 2。我们已见过 $p = 2$ 的例子，即算法 MERGESORT。如果像在算法 BINARYSEARCHREC 中那样 $p = 1$，则输入的一部分被丢弃，并且算法对其余部分做递归，这种情况等价于输入数据被分割成两部分，而一部分被丢弃了；注意，为了丢弃一些元素，必须做某些工作。p 也可以具有与 $\log n$，甚至 n^ϵ 一样高的数量级，其中 ϵ 是某个常数，满足 $0 < \epsilon < 1$。

(b) 治理步骤。如果问题的规模大于某个预定的阈值 n_0，则这个步骤由 p 个递归调用组成。阈值是由算法的数学分析导出的，一旦找到了它，可以在不影响算法时间复杂性的前提下，对其增加任意常数。在算法 MERGESORT 中，尽管 $n_0 = 1$，但它可以被设置为任意的正常数，也会不影响 $\Theta(n \log n)$ 的时间复杂性。这是因为根据定义，时间复杂性是当 n 趋向于无穷时算法的表现。例如，可以修改算法 MERGESORT，以便当 $n \leqslant 16$ 时，使用直接(迭代)排序算法，即算法 INSERTIONSORT。我们可以增加 n 使其成为一个更大的值，比如 1000。然而在某个值以后，算法的性能开始降低。我们能够用实验的方法找到一种(近似的)最优的阈值，只要仔细改变其阈值，直到找到期望值。需要强调的是，在一些算法中，阈值不可以低至 1，也就是它必须大于某个常数，这个常数是通过仔细分析算法而得出的。关于这一点的例子是搜索中项算法，它将在 5.5 节介绍。在这个例子中，为了确保线性运行时间，关于特定算法的阈值必须是较高的。

(c) 组合步骤[①]。这个步骤是组合 p 个递归调用的解来得到期望的输出值。在算法 MERGESORT 中，这一步包含合并两个排序序列，这两个序列是用算法 MERGE 进行两次递归调用而得到的。在分治算法中，组合步骤可以由合并、排序、搜索、找最大值或最小值、矩阵加法等组成步骤。

组合步骤对于执行一个实际的分治算法是非常关键的，因为算法的效率在很大程度上取决于如何有效地实现这一步。为了说明这一点，假设算法 MERGESORT 使用合并两个大小为 $n/2$ 的排序数组的算法，其每次的运行时间为 $\Theta(n \log n)$，那么描述这个修正排序算法行为的递推式变为

$$T(n) = \begin{cases} 0 & \text{若 } n = 1 \\ 2C(n/2) + bn \log n & \text{若 } n \geqslant 2 \end{cases}$$

---

① 有时，这一步称为合并步骤。

其中 b 是某个非负整数。由定理 1.2，这个递推式的解为 $T(n) = \Theta(n \log^2 n)$，它渐近地大于算法 MERGESORT 的时间复杂性一个 $\log n$ 因子。

另一方面，划分步骤在几乎所有的分治算法中是不变的：把输入数据分成 p 部分，并且转到治理步骤，在许多分治算法中，它需要的时间为 $O(n)$，甚至仅仅是 $O(1)$。例如，算法 MERGESORT 把输入数据分割成两部分所需的时间是一个常数，也就是计算 mid 需要的时间。5.6 节将要介绍的算法 QUICKSORT 还提供了其他的方法：分割步骤需要 $\Theta(n)$ 时间，而组合步骤不存在。

一般而言，一个分治算法具有以下形式。

（1）如果实例 I 的规模是"小"的，则使用直接的方法求解问题并返回其解答，否则继续下一步。

（2）把实例 I 分割成 p 个大小几乎相同的子实例 $I_1, I_2, \cdots, I_p$。

（3）对于每个子实例 I_j，$1 \leqslant j \leqslant p$，递归调用算法，并得到 p 个部分解。

（4）组合 p 个部分解的结果得到原实例 I 的解，返回实例 I 的解。

分治算法总体上对于这些步骤中的变化是十分敏感的。在第 1 步，必须仔细选择阈值，如同前面讨论的那样，需要不断地改进阈值，直至找到了一个合理的值，且不需要其他调整。在第 2 步，应该适当地选定划分的数目，以便使算法达到接近于最少的运行时间。最后，组合步骤应尽可能地高效。

5.5　选择：寻找中项和第 k 小的元素

n 个已排序的 $A[1 \cdots n]$ 序列的中项是其"中间"元素。如果 n 是奇数，则中间元素是序列中第 $(n+1)/2$ 个元素；如果 n 是偶数，则存在两个中间元素，所处的位置分别是 $n/2$ 和 $n/2 + 1$，在这种情况下，我们将选择第 $n/2$ 小的元素。这样，综合两种情况，中项是第 $\lceil n/2 \rceil$ 小的元素。

寻找中项的一种直接的方法是对所有元素排序并取出中间一个元素，这个方法需要 $\Omega(n \log n)$ 时间，因为任何基于比较的排序过程在最坏情况下必须至少要花费这么多的时间（见定理 11.2）。

在一个具有 n 个元素的集合中，中项或通常意义上第 k 小的元素，能够在最优线性时间内找到。这个问题也称为选择问题。其基本思想如下：假设递归算法中，在每个递归调用的划分步骤后，我们丢弃元素的一个固定部分并且对剩余的元素进行递归，则问题的规模以几何级数递减，也就是在每个调用过程中，问题的规模以一个常数因子被减小。为了具体分析，我们假设不管处理什么样的对象，算法丢弃 1/3 部分并对剩余的 2/3 部分进行递归，那么在第二次调用中，元素数目变为 $2n/3$，第三次调用中变为 $4n/9$，第四次调用中变为 $8n/27$，等等。现在，假定在每次调用中，算法对每个元素耗费的时间不超过一个常数，则耗费在处理所有元素上的全部时间产生一个几何级数：

$$cn + (2/3)cn + (2/3)^2 cn + \cdots + (2/3)^j cn + \cdots$$

这里 c 是选择的某个常数，由式（A.12），这个总数小于

$$\sum_{j=0}^{\infty} cn(2/3)^j = 3cn = \Theta(n)$$

这正好是选择算法的工作。下面给出的寻找第 k 小的元素的算法 SELECT 以同样的方式操作。首先，如果元素数目小于预定义的阈值 44，则算法使用直接的方法计算第 k 小的元素，至于如何选择阈值在以后的算法分析中将会解释。下一步把 n 个元素划分成 $\lfloor n/5 \rfloor$ 组，每组由 5 个元素组成，如果 n 不是 5 的倍数，则排除剩余的元素，这应该不影响算法的执行。每组进行排序并取出它的中项，即第 3 个元素。接着将这些中项序列中的中项元素记为 mm，它是通过递归计算得到的。算法的第 6 步将数组 A 中的元素划分成三个数组 A_1，A_2 和 A_3，其中分别包含小于、等于和大于 mm 的元素。最后，在第 7 步，确定第 k 小的元素出现在三个数组中的哪一个，并根据测试结果，算法或者返回第 k 小的元素，或者在 A_1 或 A_3 上进行递归。

算法 5.4 SELECT

输入：n 个元素的数组 $A[1 \cdots n]$ 和整数 k，$1 \leqslant k \leqslant n$。

输出：A 中第 k 小的元素。

    1. $select(A, k)$

过程 $select(A, k)$

    1. $n \leftarrow |A|$

    2. **if** $p < 44$ **then** 将 A 排序 **return** $(A[k])$

    3. 令 $q = \lfloor n/5 \rfloor$。将 A 分成 q 组，每组有 5 个元素。如果 5 不整除 p，则排除剩余的元素。

    4. 将 q 组中的每一组单独排序，找出中项。所有中项的集合为 M。

    5. $mm \leftarrow select(M, \lceil q/2 \rceil)$ {mm 为中项集合的中项}

    6. 将 A 分成三组：
$$A_1 = \{a \mid a < mm\}$$
$$A_2 = \{a \mid a = mm\}$$
$$A_3 = \{a \mid a > mm\}$$

    7. **case**
        $|A_1| \geqslant k$：**return** $select(A_1, k)$
        $|A_1| + |A_2| \geqslant k$：**return** mm
        $|A_1| + |A_2| < k$：**return** $select(A_3, k - |A_1| - |A_2|)$

    8. **end case**

例 5.1 为方便起见，让我们暂时将算法中的阈值 44 改为一个较小的数 6。假定要寻找以下 25 个元素的中项：8, 33, 17, 51, 57, 49, 35, 11, 25, 37, 14, 3, 2, 13, 52, 12, 6, 29, 32, 54, 5, 16, 22, 23, 7。设数组 $A[1 \cdots 25]$ 存储这个序列，$k = \lceil 25/2 \rceil = 13$，我们要在数组 A 中找到第 13 小的元素，如下所述。

    首先把数的集合划分成 5 组，每组有 5 个元素：$(8, 33, 17, 51, 57)$，$(49, 35, 11, 25, 37)$，$(14, 3, 2, 13, 52)$，$(12, 6, 29, 32, 54)$，$(5, 16, 22, 23, 7)$。接着以升序对每组数进行排序：$(8, 17, 33, 51, 57)$，$(11, 25, 35, 37, 49)$，$(2, 3, 13, 14, 52)$，$(6, 12, 29, 32, 54)$，$(5, 7, 16, 22, 23)$。现在我们取每组的中项并形成中项集合：$M = \{33, 35, 13, 29, 16\}$。下一步利用算法递归找出 M 中的中项元素 mm 为 29。现在将 A 划分成三个子序列：$A_1 = \{8, 17, 11, 25, 14, 3, 2, 13,$

$12,6,5,16,22,23,7\}$，$A_2 = \{29\}$，$A_3 = \{33,51,57,49,35,37,52,32,54\}$。因为 $13 \leqslant 15 = |A_1|$，A_2 和 A_3 中的元素可以被丢弃，第 13 小的元素一定在 A_1 中。重复上述过程，因此设 $A = A_1$，把元素划分成三组：$(8,17,11,25,14)$，$(3,2,13,12,6)$，$(5,16,22,23,7)$。每组排序后，找到新的中项集合：$M = \{14,6,16\}$，这样 M 中的中项元素 mm 为 14。接着将 A 划分为三个子序列：$A_1 = \{8,11,3,2,13,12,6,5,7\}$，$A_2 = \{14\}$，$A_3 = \{17,25,16,22,23\}$。因为 $13 > 10 = |A_1| + |A_2|$，设 $A = A_3$，在 A 中找出第 3 小的元素（$3 = 13 - 10$），算法将返回 $A[3] = 22$，这样给定序列的中项是 22。

5.5.1 选择算法的分析

不难理解算法 SELECT 能正确地计算第 k 小的元素。现在分析算法的运行时间。考虑图 5.2，其中的元素已被划分成具有 5 个元素的各组，每组元素从底到顶按升序排列。

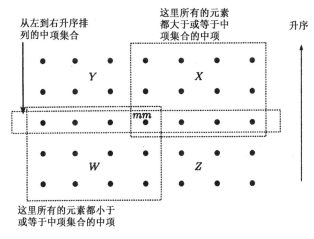

图 5.2　算法 SELECT 的分析

这些组以一定的方式整齐排列：它们的中项是从左到右以升序排列的。显然，从图中可知，所有围在矩形 W 中的元素是小于或等于 mm 的，所有围在矩形 X 中的元素是大于或等于 mm 的。设 A_1' 表示小于或等于 mm 的元素集合，A_3' 是大于或等于 mm 的元素集合，在这个算法中，A_1 是严格小于 mm 的元素集合，A_3 是严格大于 mm 的元素集合，由于 A_1' 至少与 W 同样大（见图 5.2），我们有

$$|A_1'| \geqslant 3\lceil \lfloor n/5 \rfloor /2 \rceil \geqslant \frac{3}{2}\lfloor n/5 \rfloor$$

因此

$$|A_3| \leqslant n - \frac{3}{2}\lfloor n/5 \rfloor \leqslant n - \frac{3}{2}\left(\frac{n-4}{5}\right) = n - 0.3n + 1.2 = 0.7n + 1.2$$

由参数的对称性得到

$$|A_3'| \geqslant \frac{3}{2}\lfloor n/5 \rfloor \text{ 和 } |A_1| \leqslant 0.7n + 1.2$$

这样就为在 A_1 和 A_3 中的元素数目建立了上界，即小于 mm 的元素数目和大于 mm 的元素数目不能超过约 $0.7n$（n 的常分数倍）。

现在可以估计算法的运行时间 $T(n)$ 了,在算法中过程 *select* 的第 1 步和第 2 步耗费的时间都是 $\Theta(1)$,第 3 步为 $\Theta(n)$ 时间。由于对每组排序需要的时间为常数,因此第 4 步耗费 $\Theta(n)$ 时间,事实上,对每组排序所需的时间不会大于 7 次比较的时间。第 5 步所需的时间为 $T(\lfloor n/5 \rfloor)$,第 6 步所需的时间为 $\Theta(n)$。根据以上分析,第 7 步耗费的时间至多是 $T(0.7n + 1.2)$。现在我们希望用底函数和去掉常数 1.2 来表示这个比率。为此假设 $0.7n + 1.2 \leqslant \lfloor 0.75n \rfloor$。这样,如果 $0.7n + 1.2 \leqslant 0.75n - 1$,即当 $n \geqslant 44$ 时,这个不等式成立,这就是为什么要在算法中设置阈值为 44 的原因。对于 $n \geqslant 44$,得出的结论为,第 7 步所耗费的时间至多是 $T(\lfloor 0.75n \rfloor)$,这个分析蕴含着算法 SELECT 的运行时间有以下的递推式:

$$T(n) \leqslant \begin{cases} c & \text{若 } n < 44 \\ T(\lfloor n/5 \rfloor) + T(\lfloor 3n/4 \rfloor) + cn & \text{若 } n \geqslant 44 \end{cases}$$

式中 c 是某个足够大的常数。因为 $1/5 + 3/4 < 1$,根据定理 1.5,递推式的解是 $T(n) = \Theta(n)$。实际上,由例 1.39 可知

$$T(n) \leqslant \frac{cn}{1 - 1/5 - 3/4} = 20cn$$

注意,每个大于 $0.7n$ 的比率因子产生不同的阈值,例如,选择 $0.7n + 1.2 \leqslant \lfloor 0.71n \rfloor$,产生的阈值大约为 220。以下的定理概括了这一节的主要结果。

定理 5.4　　在一个由 n 个元素组成的线序集合中提取第 k 小的元素,所需的时间是 $\Theta(n)$。特别地,n 个元素的中项可以在 $\Theta(n)$ 时间找出。

然而,需要强调的是,算法时间复杂性的倍数常数太大了。在 13.5 节中,我们将给出一个具有 $\Theta(n)$ 期望运行时间和较小倍数常数的简单的随机选择算法。算法 SELECT 也可以改写成不需要辅助数组 A_1,A_2 和 A_3 的形式(见练习 5.28)。

5.6　快速排序

这一节描述一个非常流行且高效的排序算法:QUICKSORT。该排序算法具有 $\Theta(n \log n)$ 的平均运行时间,这个算法优于 MERGESORT 的一点是它在原位上排序,即对于被排序的元素,不需要辅助的存储空间。在描述这个排序算法之前,需要讲解以下的划分算法,它是算法 QUICKSORT 的基础。

5.6.1　划分算法

设 $A[low \cdots high]$ 是一个包含 n 个数的数组,并且 $x = A[low]$。我们考虑重新安排数组 A 中的元素的问题,使得小于或等于 x 的元素在 x 的前面,随后 x 又在所有大于它的元素的前面。在数组中的元素改变排列方式后,对于某个 $w,low \leqslant w \leqslant high$,$x$ 在 $A[w]$ 中。例如,假设 $A = \boxed{5\ 3\ 9\ 2\ 7\ 1\ 8}$,$low = 1$,$high = 7$,那么重新排列其中的元素后,得到 $A = \boxed{1\ 3\ 2\ 5\ 7\ 9\ 8}$。这样在元素重新排列后,$w = 4$。这种重新排列的操作也称为围绕 x 的拆分或划分,x 称为主元或拆分元素。

定义 5.1　　如果元素 $A[j]$ 既不小于 $A[low \cdots j-1]$ 中的元素,也不大于 $A[j+1 \cdots high]$ 中的元素,则称其处在一个适当位置或正确位置。

一个重要的观察结论随之而生。

观察结论 5.2 用 $x(x \in A)$ 作为主元划分数组 A 后, x 将处在一个正确位置。

换句话说,如果以非降序对数组 A 中的元素排序,那么经过重新排列后,仍然有 $A[w] = x$。注意,如果允许使用另一个数组 $B[low \cdots high]$ 作为辅助存储器,那么划分一个给定的数组 $A[low \cdots high]$ 是相当简单的。我们感兴趣的是在没有辅助数组的情况下进行划分。换句话说,我们对在原空间重新排列 A 的元素感兴趣。有几种方法可以达到这个目的,这里选择一种方法在算法 SPLIT 中进行形式化的描述。

算法 5.5 SPLIT
输入: 数组 $A[low \cdots high]$。
输出: (1) 如有必要,输出按以上描述的重新排列的数组 A;
   (2) 划分元素 $A[low]$ 的新位置 w。

1. $i \leftarrow low$
2. $x \leftarrow A[low]$
3. **for** $j \leftarrow low + 1$ **to** $high$
4.   **if** $A[j] \leqslant x$ **then**
5. $i \leftarrow i + 1$
6.   **if** $i \neq j$ **then** 互换 $A[i]$ 和 $A[j]$
7.   **end if**
8. **end for**
9. 互换 $A[low]$ 和 $A[i]$
10. $w \leftarrow i$
11. **return** A 和 w

在整个算法的执行过程中,始终保持两个指针 i 和 j,并在初始时分别设置为 low 和 $low + 1$,这两个指针从左向右移动,使得经过每个 for 循环迭代后,有 [见图 5.3(a)]

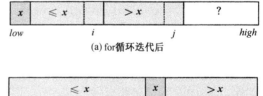
(a) for 循环迭代后

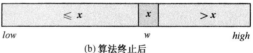
(b) 算法终止后

图 5.3 算法 SPLIT 的行为

(1) $A[low] = x$。
(2) $A[k] \leqslant x$, 对于所有的 $k, low \leqslant k \leqslant i$。
(3) $A[k] > x$, 对于所有的 $k, i < k \leqslant j$。

算法扫描所有元素后,用 $A[i]$ 与主元交换,这样所有小于或等于主元的元素处在它的左边,并且所有大于主元的元素处在它的右边 [见图 5.3(b)],最后算法将 i 赋给主元的位置 w。

例 5.2 为了有助于理解算法,我们将算法应用于输入数组 $\boxed{5\ 7\ 1\ 6\ 4\ 8\ 3\ 2}$,算法对此输入数组的工作过程在图 5.4 中显示,图 5.4(a) 显示输入数组,其中 $low = 1$, $high = 8$,并且主元是 $x = 5 = A[1]$。初始化时, i 和 j 分别指向元素 $A[1]$ 和 $A[2]$ [见图 5.4(a)]。开始划分时, j 向右移动,并且由于 $A[3] = 1 \leqslant 5 = x$, i 增 1,然后如图 5.4(b) 所示, $A[i]$ 与 $A[j]$ 互相交换。类似地, j 增 2,然后如图 5.4(c) 所示, $A[3]$ 与 $A[5]$ 互相交换。接着, j 移到了右边小于 x 的元素处,发现元素 $A[7] = 3$, i 再次增 1,并且如图 5.4(d) 所示, $A[4]$ 与 $A[7]$ 互相交换。 j 再次增 1,并且由于 $A[8] = 2$ 小于主元,

i 增 1，$A[5]$ 与 $A[8]$ 互相交换[见图 5.4(e)]。最后，在过程结束之前，通过如图 5.4(f)所示的步骤，交换 $A[i]$ 与 $A[1]$，主元被移到了适当位置。

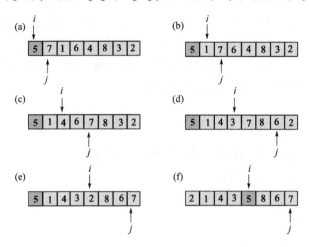

图 5.4 用 SPLIT 算法划分的序列

以下观察结论很容易验证。

观察结论 5.3 由算法 SPLIT 执行的元素比较次数恰好是 $n-1$，这样它的时间复杂性为 $\Theta(n)$。

最后注意到，算法仅用了一个额外空间来存储它的局部变量，因此算法的空间复杂性为 $\Theta(1)$。

5.6.2 排序算法

算法 QUICKSORT 的最简单形式可以概括如下：要排序的元素 $A[low\cdots high]$ 通过算法 SPLIT 重新排列，使得原先在 $A[low]$ 中的主元占据其正确位置 $A[w]$，并且所有小于或等于 $A[w]$ 的元素所处的位置为 $A[low\cdots w-1]$，而所有大于 $A[w]$ 的元素所处的位置为 $A[w+1\cdots high]$。子数组 $A[low\cdots w-1]$ 和 $A[w+1\cdots high]$ 递归地排序，产生整个排序数组，算法 QUICKSORT 的形式化描述如下。

算法 5.6 QUICKSORT
输入： n 个元素的数组 $A[1\cdots n]$。
输出： 按非降序排列的数组 A 中的元素。

    1. $quicksort(A,1,n)$

过程 $quicksort(A,low,high)$

    1. **if** $low < high$ **then**
    2.   SPLIT$(A[low\cdots high],w)$ {w 为 $A[low]$的新位置}
    3. $quicksort(A,low,w-1)$
    4. $quicksort(A,w+1,high)$
    5. **end if**

算法SPLIT和算法QUICKSORT的关系类似于算法MERGE和算法MERGESORT的关系,两个排序算法都由对名为 SPLIT 和 MERGE 的算法之一的一系列调用组成。然而,从算法观点来看,两者之间存在着细微的差别:在算法 MERGESORT 中,合并排序序列属于组合步骤,而在算法 QUICKSORT 中的划分过程则属于划分步骤。事实上,在算法 QUICKSORT 中,组合步骤是不存在的。

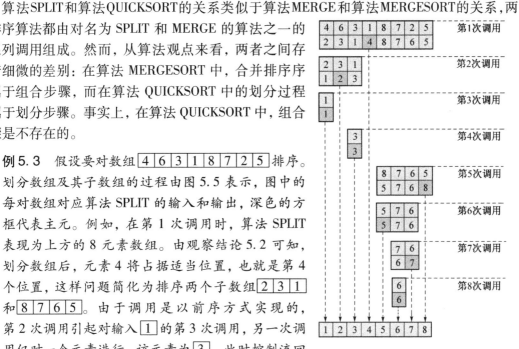

图 5.5 QUICKSORT 算法的运行过程

例 5.3 假设要对数组 $\boxed{4\,6\,3\,1\,8\,7\,2\,5}$ 排序。划分数组及其子数组的过程由图 5.5 表示,图中的每对数组对应算法 SPLIT 的输入和输出,深色的方框代表主元。例如,在第 1 次调用时,算法 SPLIT 表现为上方的 8 元素数组。由观察结论 5.2 可知,划分数组后,元素 4 将占据适当位置,也就是第 4 个位置,这样问题简化为排序两个子数组 $\boxed{2\,3\,1}$ 和 $\boxed{8\,7\,6\,5}$。由于调用是以前序方式实现的,第 2 次调用引起对输入 $\boxed{1}$ 的第 3 次调用,另一次调用仅对一个元素进行,该元素为 $\boxed{3}$,此时控制流回到了第 1 次调用,并且开始进行对子数组 $\boxed{8\,7\,6\,5}$ 的另一次调用。这种方式继续下去,经过对 quicksort 过程的 8 次调用,最后完成了数组的排序。

5.6.3 快速排序算法的分析

这一节分析算法 QUICKSORT 的运行时间。尽管在最坏情况下,它表现出的运行时间为 $\Theta(n^2)$,但它的平均时间复杂性其实是 $\Theta(n \log n)$。由于算法在排序时为原地排序,使得算法 QUICKSORT 在实际应用中非常流行,并能和算法 HEAPSORT 相媲美。虽然该算法不需要辅助空间存储数组元素,但还是需要 $O(n)$ 空间,这是因为在每次递归调用中,表示下一次要排序的数组右边部分的左右界 $w+1$ 和 $high$ 必须保存。我们将其留作练习,以证明算法所需的工作空间在 $\Theta(\log n)$ 和 $\Theta(n)$ 之间变化(见练习 5.38)。

5.6.3.1 最坏情况的行为

为了找到算法 QUICKSORT 在最坏情况下的运行时间,我们仅需要找到一种情况能够展示对于 n 的每个值,算法的最长运行时间。假设对于算法 QUICKSORT 的每次调用,都发生主元 $A[low]$ 是数组中的最小元素的情况,这意味着将得到 $w=low$,因此仅存在一个有效的递归调用,而另一个调用成为对一个空数组的调用。这样,如果算法是从调用QUICKSORT$(A,1,n)$ 开始,则下一步的两个递归调用分别是 QUICKSORT$(A,1,0)$ 和 QUICKSORT$(A,2,n)$,第一个是无效的调用。如果输入数组已经是非降序排列的,则最坏情况出现了。在这种情形下,总是选择最小的元素作为主元。结果,将会发生下面对于 quicksort 过程的 n 次调用:

$$quicksort(A,1,n), quicksort(A,2,n), \cdots, quicksort(A,n,n)$$

随后,对于算法 SPLIT,开始实施以下有效的调用:

$$\text{SPLIT}(A[1\cdots n],w),\text{SPLIT}(A[2\cdots n],w),\cdots,\text{SPLIT}(A[n\cdots n],w)$$

因为对于输入大小为 j 的元素, 拆分算法执行的元素比较次数是 $j-1$ (见观察结论 5.3), 这样在最坏情况下, 算法 QUICKSORT 执行的总的元素比较次数是

$$(n-1)+(n-2)+\cdots+1+0 = \frac{n(n-1)}{2} = \Theta(n^2)$$

然而要强调的是, 不是只在这个极端情况下才导致一个二次方的运行时间。例如, 对于任意的常数 k, k 相对于 n 是很小的, 如果算法总是在最小的 (或最大的) k 个元素中选择其中一个, 则算法的运行时间也是二次方的。

通过总是在线性时间内选择中项作为主元的办法, 最坏情况下的运行时间可以改进为 $\Theta(n\log n)$, 如 5.5 节中所示。这是因为元素的划分是高度平衡的。在这种情况下, 两个递归调用具有几乎相同数目的元素。这就产生出以下计算比较次数的递推式:

$$C(n) = \begin{cases} 0 & \text{若 } n=1 \\ 2C(n/2) + \Theta(n) & \text{若 } n>1 \end{cases}$$

递推式的解是 $C(n) = \Theta(n\log n)$。然而, 找出中项算法的时间复杂性中的隐藏常数太大, 因此不能用来与算法 QUICKSORT 配合调用。这样有以下定理。

定理 5.5 在最坏情况下, 算法 QUICKSORT 的运行时间是 $\Theta(n^2)$, 然而, 如果总是选择中项作为主元, 则它的时间复杂性是 $\Theta(n\log n)$。

不管怎样, 算法 QUICKSORT 像原来叙述的那样, 在实际过程中是一个快速的排序算法 (排序的元素是以随机次序出现的), 这是由下面讨论的算法平均运行时间分析所支持的。如果被排序的元素不是随机序列, 则用随机地选择主元取代总是用 $A[low]$ 作为主元, 这样就能产生非常有效的算法。算法 QUICKSORT 的这一版本将在 13.4 节中给出。

5.6.3.2 平均情况的行为

注意上述极端情况实际是很少见的。在实际过程中, 算法 QUICKSORT 的运行是快速的, 这一点很重要。这样就推动了对算法平均运行时间的研究。在平均情况下, 得出的结果是, 算法的时间复杂性为 $\Theta(n\log n)$。不仅如此, 而且乘法常数也是相当小的。为了简单起见, 我们假定输入数据是互不相同的, 注意算法的性能与输入数据值无关, 有关系的是它们之间的相对次序。由于这个原因, 我们可以不失一般性地假定进行排序的元素是前 n 个正整数 1, 2, $\cdots, n$。在分析算法的平均性能过程中, 对输入数据设定某个概率分布是很重要的, 为了进一步简化分析, 我们假定元素的每个排列的出现是等可能性的, 即假定对于数 1, 2, $\cdots, n$ 的 $n!$ 个排列, 每一个排列的出现是等可能性的, 这一点确保了数组中的每个数以同样的可能性作为第一个元素, 并被选为主元, 也就是说, 数组 A 中的任意元素被选为主元的概率是 $1/n$。设 $C(n)$ 表示对于大小为 n 的输入数据, 算法所做的平均比较次数, 从假设说明中可知, 所有的元素是互不相同的, 并且成为主元的概率是相同的, 这样算法的平均耗费可由如下方法计算得到。根据观察结论 5.3, 第 2 步恰好耗费 $n-1$ 次比较, 第 3 步和第 4 步分别耗费了 $C(w-1)$ 次和 $C(n-w)$ 次比较, 因此总的比较次数为

$$C(n) = (n-1) + \frac{1}{n}\sum_{w=1}^{n}(C(w-1) + C(n-w)) \tag{5.1}$$

由于

$$\sum_{w=1}^{n} C(n-w) = C(n-1) + C(n-2) + \cdots + C(0) = \sum_{w=1}^{n} C(w-1)$$

式(5.1)可简化为

$$C(n) = (n-1) + \frac{2}{n}\sum_{w=1}^{n} C(w-1) \tag{5.2}$$

这个递推式看起来比以前所用的递推式要复杂,因为 $C(n)$ 的值依赖于它的全部历史值: $C(n-1)$,
$C(n-2)$,$\cdots$,$C(0)$。但是可以按以下方法去除这个依赖关系,首先将式(5.2)乘以 n:

$$nC(n) = n(n-1) + 2\sum_{w=1}^{n} C(w-1) \tag{5.3}$$

如果在式(5.3)中用 $n-1$ 取代 n,则得到

$$(n-1)C(n-1) = (n-1)(n-2) + 2\sum_{w=1}^{n-1} C(w-1) \tag{5.4}$$

式(5.3)减去式(5.4),再重新排列各项得到

$$\frac{C(n)}{n+1} = \frac{C(n-1)}{n} + \frac{2(n-1)}{n(n+1)} \tag{5.5}$$

现在把变量更换为一个新的变量 D,并设

$$D(n) = \frac{C(n)}{n+1}$$

根据新变量 D,式(5.5)可重写为

$$D(n) = D(n-1) + \frac{2(n-1)}{n(n+1)},\ D(1) = 0 \tag{5.6}$$

很清楚,式(5.6)的解是

$$D(n) = 2\sum_{j=1}^{n} \frac{j-1}{j(j+1)}$$

按以下方式化简此表达式:

$$2\sum_{j=1}^{n} \frac{j-1}{j(j+1)} = 2\sum_{j=1}^{n} \frac{2}{(j+1)} - 2\sum_{j=1}^{n} \frac{1}{j}$$

$$= 4\sum_{j=2}^{n+1} \frac{1}{j} - 2\sum_{j=1}^{n} \frac{1}{j}$$

$$= 2\sum_{j=1}^{n} \frac{1}{j} - \frac{4n}{n+1}$$

$$= 2\ln n - \Theta(1) \quad [见式(A.16)]$$

$$= \frac{2}{\log e}\log n - \Theta(1)$$

$$\approx 1.44\log n$$

结果有

$$C(n) = (n+1)D(n) \approx 1.44\,n\log n$$

实际上,我们已证明了以下定理。

定理5.6　算法 QUICKSORT 对具有 n 个元素的数组进行排序执行的平均比较次数是 $\Theta(n \log n)$。

5.6.4 排序算法的比较

表5.1 给出了当 n 的值在 500 到 5000 之间时,5 种排序算法的平均比较次数的实验结果。

表5.1　排序算法的比较

n	SELECTIONSORT	INSERTIONSORT	BOTTOMUPSORT	MERGESORT	QUICKSORT
500	124 750	62 747	3852	3852	6291
1000	499 500	261 260	8682	8704	15 693
1500	1 124 250	566 627	14 085	13 984	28 172
2000	1 999 000	1 000 488	19 393	19 426	34 020
2500	3 123 750	1 564 522	25 951	25 111	52 513
3000	4 498 500	2 251 112	31 241	30 930	55 397
3500	6 123 250	3 088 971	37 102	36 762	67 131
4000	7 998 000	4 042 842	42 882	42 859	79 432
4500	10 122 750	5 103 513	51 615	49 071	98 635
5000	12 497 500	6 180 358	56 888	55 280	106 178

每种排序算法下的数据是各个算法执行的比较次数。从表中可知,算法 QUICKSORT 所执行的平均比较次数几乎是算法 MERGESORT 和算法 BOTTOMUPSORT 的两倍。

5.7 多选

设 n 个元素的数组 $A[1 \cdots n]$ 是从线性序集合得到的,并且设 $K[1 \cdots r](1 \leqslant r \leqslant n)$ 是一个由 1 到 n 之间的 r 个正整数构成的有序数组,即一个排位数组。多选问题就是对于所有的 i,$1 \leqslant i \leqslant r$,选择 A 中的第 $K[i]$ 小的元素。为简单起见,我们假设 A 中的元素都不相同。为了使表达更简单,我们设元素由序列 $A = \langle a_1, a_2, \cdots, a_n \rangle$ 表示,并且排位由有序序列 $K = \langle k_1, k_2, \cdots, k_r \rangle$ 表示。如果 $r = 1$,那么我们得到的就是选择问题。另一方面,如果 $r = n$,那么该问题等同于排列问题。

多选算法可称为 MULTISELECT,它是简单直接的。设中间排位为 $k = k_{\lceil r/2 \rceil}$。可以使用算法 SELECT 来发现第 k 小的元素 a。接着,将 A 划分为两个子序列 A_1 和 A_2,其中的元素分别对应小于 a 和大于 a。令 $K_1 = \langle k_1, k_2, \cdots, k_{\lceil r/2 \rceil - 1} \rangle$ 和 $K_2 = \langle k_{\lceil r/2 \rceil + 1} - k, k_{\lceil r/2 \rceil + 2} - k, \cdots, k_r - k \rangle$。最后,进行两个递归调用:一个调用关于 A_1 和 K_1,另一个调用关于 A_2 和 K_2。一个非正式的算法描述如下所示。

算法 5.7　MULTISELECT
输入: n 元序列 $A = \langle a_1, a_2, \cdots, a_n \rangle$,具有 r 个排位的有序序列 $K = \langle k_1, k_2, \cdots, k_r \rangle$。
输出: A 中第 k_i 小的元素,$1 \leqslant i \leqslant r$。
　　1. $multiselect(A, K)$

过程: $multiselect(A, K)$
　　1. $r \leftarrow |K|$

2. **if** $r > 0$ **then**

3. 　　　　设置 $k = k_{\lceil r/2 \rceil}$

4. 　　　　用算法 SELECT 发现 a，即 A 中第 k 小的元素。

5. 　　　　输出 a。

6. 　　　　令 $A_1 = \langle a_i \mid a_i < a \rangle$ 并且 $A_2 = \langle a_i \mid a_i > a \rangle$

7. 　　　　令 $K_1 = \langle k_1, k_2, \cdots, k_{\lceil r/2 \rceil -1} \rangle$ 并且 $K_2 = \langle k_{\lceil r/2 \rceil +1} - k, k_{\lceil r/2 \rceil +2} - k, \cdots, k_r - k \rangle$。

8. 　　　　MULTISELECT(A_1, K_1)

9. 　　　　MULTISELECT(A_2, K_2)

10. **end if**

在第 4 步，为了选择而执行 5.5 节的算法 SELECT 所用的时间是 $\Theta(n)$。显然，算法 MULTISELECT 可以求解多选问题，我们着手分析它的时间复杂性。考虑图 5.6 描述的递归树。树根对应主调用，根节点的两个子节点对应最早的两个递归调用。其余的节点对应剩余的递归调用。特别地，叶节点表示只有一个排位输入的调用。根节点的整体工作是对输入大小为 n 的数组执行算法 SELECT，将元素划分到 A_1 和 A_2 中，并把 K 分成 K_1 和 K_2。显然，时间耗费为 $O(n)$，这是因为算法 SELECT 的运行时间是 $O(n)$。类似地，接下来的两个递归调用的输入大小 n_1 和 n_2 满足 $n_1 + n_2 = n - 1$。这两个递归调用加上划分 A 及 K 需要 $O(n_1) + O(n_2) = O(n)$ 时间。在每一棵树后续的层中，算法 SELECT 被调用若干次，所用的总时间少于 n 个元素的情况，即总时间表示为 $O(n)$。因此，树中每一层需 $O(n)$ 时间。而递归树的层数等于 $\lceil \log r \rceil$，假设 $r > 1$。由此得出算法 MULTISELECT 的总运行时间为 $O(n \log r)$。

至于多选的下界，假设其为 $O(n \log r)$。那么，通过令 $r = n$，我们应能对 n 个元素在 $O(n \log n)$ 时间排好序，与基于比较的排序的下界 $\Omega(n \log n)$ 相矛盾（见 11.3.2 节的定理 11.2）。因此得出多选问题具有 $\Omega(n \log r)$ 下界，上述算法的运行时间是 $\Theta(n \log r)$，并且是最优的。

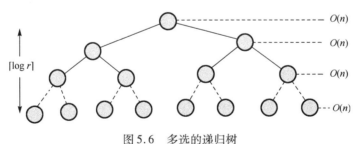

图 5.6　多选的递归树

5.8　大整数乘法

开始时，我们曾经假定大小一定的整数相乘需要耗费定量的时间，而当两个任意长的整数相乘时，这个假定就不再有效了。如同在 1.14 节中解释的那样，对于处理不定长数的算法的数据输入，通常是按二进制的位数来计算的（或按二进制数字来计算）。设 u 和 v 是两个 n 位的整数，传统的乘法算法需要 $\Theta(n^2)$ 的数字相乘来计算 u 和 v 的乘积。使用分治技术，并按以下方法，这个上界将显著减小。为简单起见，假定 n 是 2 的幂。

把每个整数分为两部分, 每部分为 $n/2$ 位, 则 u 和 v 可重写为 $u = w2^{n/2} + x$ 和 $v = y2^{n/2} + z$ (见图 5.7)。

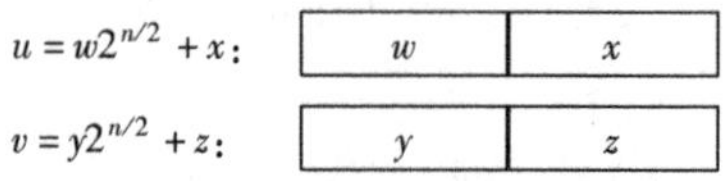

$$u = w2^{n/2} + x: \quad \boxed{\quad w \quad | \quad x \quad}$$
$$v = y2^{n/2} + z: \quad \boxed{\quad y \quad | \quad z \quad}$$

图 5.7   两个大整数的乘法

u 和 v 的乘积可以计算为

$$uv = (w2^{n/2} + x)(y2^{n/2} + z) = wy2^n + (wz + xy)2^{n/2} + xz \tag{5.7}$$

注意, 用 2^n 进行乘法运算相当于简单地左移 n 位, 它需要 $\Theta(n)$ 时间。这样, 在这个公式中, 有 4 次乘法运算和 3 次加法运算, 这蕴含着以下递推式成立:

$$T(n) = \begin{cases} d & \text{若 } n = 1 \\ 4T(n/2) + bn & \text{若 } n > 1 \end{cases}$$

式中的 b 和 d 都是大于 0 的常数。由定理 1.3, 递推式的解是 $T(n) = \Theta(n^2)$。

现在考虑用以下恒等式计算 $wz + xy$:

$$wz + xy = (w + x)(y + z) - wy - xz \tag{5.8}$$

由于 wy 和 xz 不需要做二次计算[在式 (5.7) 中已计算], 结合式 (5.7) 和式 (5.8), 仅需 3 次乘法运算, 即

$$uv = wy2^n + ((w + x)(y + z) - wy - xz)2^{n/2} + xz$$

这样 u 和 v 的乘法运算简化为 3 次 $n/2$ 规模的整数乘法运算和 6 次加减运算, 这些加减运算所花时间是 $\Theta(n)$。此方法产生以下递推式:

$$T(n) = \begin{cases} d & \text{若 } n = 1 \\ 3T(n/2) + bn & \text{若 } n > 1 \end{cases}$$

式中的 b 和 d 是适当选择的某个大于 0 的常数。再次由定理 1.3 得出

$$T(n) = \Theta(n^{\log 3}) = O(n^{1.59})$$

这是对传统方法的一个显著改进。

5.9   矩阵乘法

令 A 和 B 是两个 $n \times n$ 的矩阵, 我们希望计算它们的乘积 $C = AB$。在这一节中, 将阐述如何把分治策略运用到这个问题上, 从而获得一个有效的算法。

5.9.1   传统算法

在传统算法中, C 是由以下公式计算的:

$$C(i, j) = \sum_{k=1}^{n} A(i, k) B(k, j)$$

很容易看出算法需要 n^3 次乘法运算和 $n^3 - n^2$ 次加法运算 (见练习 5.47), 这导致其时间复杂性为 $\Theta(n^3)$。

5.9.2 Strassen 算法

这个算法的时间复杂性为 $o(n^3)$，即它的运行时间渐近地少于 n^3，这是对传统算法的显著改进。算法的基本思想在于以增加加减运算的次数来减少乘法运算的次数。简而言之，这个算法使用了 7 次 $n/2 \times n/2$ 矩阵的乘法运算和 18 次 $n/2 \times n/2$ 矩阵的加法运算。

设

$$A = \begin{pmatrix} a_{11} & a_{12} \\ a_{21} & a_{22} \end{pmatrix} \text{和} B = \begin{pmatrix} b_{11} & b_{12} \\ b_{21} & b_{22} \end{pmatrix}$$

是两个 2×2 矩阵，为了计算矩阵的乘积：

$$C = \begin{pmatrix} c_{11} & c_{12} \\ c_{21} & c_{22} \end{pmatrix} = \begin{pmatrix} a_{11} & a_{12} \\ a_{21} & a_{22} \end{pmatrix} \begin{pmatrix} b_{11} & b_{12} \\ b_{21} & b_{22} \end{pmatrix}$$

我们首先计算以下的乘积：

$$d_1 = (a_{11} + a_{22})(b_{11} + b_{22})$$
$$d_2 = (a_{21} + a_{22})b_{11}$$
$$d_3 = a_{11}(b_{12} - b_{22})$$
$$d_4 = a_{22}(b_{21} - b_{11})$$
$$d_5 = (a_{11} + a_{12})b_{22}$$
$$d_6 = (a_{21} - a_{11})(b_{11} + b_{12})$$
$$d_7 = (a_{12} - a_{22})(b_{21} + b_{22})$$

接着从下面的式子计算出 C：

$$C = \begin{pmatrix} d_1 + d_4 - d_5 + d_7 & d_3 + d_5 \\ d_2 + d_4 & d_1 + d_3 - d_2 + d_6 \end{pmatrix}$$

由于在这里没有用到数量乘积的交换律，因此上述的公式也适用于 $n/2 \times n/2$ 矩阵。

时间复杂性

算法用到了 18 次加法运算和 7 次乘法运算，设 a 和 m 表示加法和乘法的耗费次数，如果 $n = 1$，则总的耗费次数为 m，因为只有一次乘法运算。对于其运行时间，产生以下递推式：

$$T(n) = \begin{cases} m & \text{若 } n = 1 \\ 7T(n/2) + 18(n/2)^2 a & \text{若 } n \geqslant 2 \end{cases}$$

或

$$T(n) = \begin{cases} m & \text{若 } n = 1 \\ 7T(n/2) + (9a/2)n^2 & \text{若 } n \geqslant 2 \end{cases}$$

和前面一样，设 n 是 2 的幂，则由引理 1.1 得到

$$T(n) = \left(m + \frac{(9a/2)2^2}{7 - 2^2} \right) n^{\log 7} - \left(\frac{(9a/2)2^2}{7 - 2^2} \right) n^2 = mn^{\log 7} + 6an^{\log 7} - 6an^2$$

即运行时间为 $\Theta(n^{\log 7}) = O(n^{2.81})$。

5.9.3 两种算法的比较

在上述的推导过程中,系数 a 是加法运算的次数,系数 m 是乘法运算的次数,Strassen 算法明显减少了乘法运算的总次数,而乘法运算比加法运算需要更多的耗费。表 5.2 对两种算法执行的算术运算次数进行了比较。

表 5.2　两种算法执行的算术运算的次数

	乘　法	加　法	复　杂　性
传统算法	n^3	$n^3 - n^2$	$\Theta(n^3)$
Strassen 算法	$n^{\log 7}$	$6n^{\log 7} - 6n^2$	$\Theta(n^{\log 7})$

表 5.3 根据 n 的一些值,将 Strassen 算法和传统算法进行了比较。

表 5.3　Strassen 算法和传统算法的比较

	n	乘　法	加　法
传统算法	100	1 000 000	990 000
Strassen 算法	100	411 822	2 470 334
传统算法	1000	1 000 000 000	999 000 000
Strassen 算法	1000	264 280 285	1 579 681 709
传统算法	10 000	10^{12}	9.99×10^{12}
Strassen 算法	10 000	0.169×10^{12}	10^{12}

5.10　最近点对问题

设 S 是平面上 n 个点的集合,在这一节中,我们考虑在 S 中找到一个点对 p 和 q 的问题,使其相互距离最短。换句话说,希望在 S 中找到具有这样性质的两点 $p_1 = (x_1, y_1)$ 和 $p_2 = (x_2, y_2)$,使它们之间的距离

$$d(p_1, p_2) = \sqrt{(x_1 - x_2)^2 + (y_1 - y_2)^2}$$

在所有 S 中的点对之间为最小。这里 $d(p_1, p_2)$ 称为 p_1 和 p_2 之间的欧几里得距离。蛮力算法就是简单地检验所有可能的 $n(n-1)/2$ 个距离并返回具有最短距离的点对。本节将运用分治设计技术描述一个时间复杂性为 $\Theta(n \log n)$ 的算法来解决最近点对问题,所开发的算法仅仅返回点对之间的距离,而不是找到具有最短距离的点对。修改这个算法以返回这个点对是比较容易的。

该算法可以综述如下。算法的第一步是以 x 坐标增序对 S 中的点排序,接着 S 点集被垂直线 L 大约划分成两个子集 S_l 和 S_r,使 $|S_l| = \lfloor |S|/2 \rfloor$, $|S_r| = \lceil |S|/2 \rceil$,设 L 是经过 x 坐标 $S[\lfloor n/2 \rfloor]$ 的垂直线,这样在 S_l 中的所有点都落在或靠近 L 的左边,而所有 S_r 中的点落在或靠近 L 的右边。现在按上述方式递归地进行,两个子集 S_l 和 S_r 的最短距离 δ_l 和 δ_r 可分别计算出来。组合步骤是把在 S_l 中的点与 S_r 中的点之间的最短距离 δ' 计算出来。最后,所要求的解是 δ_l, δ_r 和 δ' 中的最小值。

像多数分治算法一样,算法的大多数工作来自组合步骤,到目前为止怎样实现这一步骤

还不清楚。这一步的关键在于计算 δ'，计算 S_l 中每个点与 S_r 中每个点之间的距离的朴素方法需要 $\Omega(n^2)$ 时间，因此必须找到一个有效的方法来实现这一步。

设 $\delta = \min\{\delta_l, \delta_r\}$，如果最近点对由 S_l 中的某个点 p_l 与 S_r 中的某个点 p_r 组成，则 p_l 和 p_r 一定在划分线 L 的距离 δ 内，这样，如果令 S_l' 和 S_r' 分别表示距离线 L 为 δ 内的 S_l 和 S_r 中的点，则 p_l 一定在 S_l' 中，p_r 一定在 S_r' 中（见图 5.8）。

在最坏情况下，比较 S_l' 中的每一点和 S_r' 中的每一点的距离需要 $\Omega(n^2)$ 时间，因为可以有 $S_l' = S_l$ 和 $S_r' = S_r$。关键的观察结论是：不是所有这些 $O(n^2)$ 的比较都真正需要，只需要比较 S_l 中的每个点 p 和距 p 在 δ 内的那些点，观察图 5.8 可以看出，位于 L 周围两条宽为 δ 的带区中的点具有特殊的结构。假设 $\delta' \leqslant \delta$，则存在两点 $p_l \in S_l'$ 和 $p_r \in S_r'$，有 $d(p_l, p_r) = \delta'$，从而 p_l 和 p_r 之间的垂直距离不超过 δ。再者，因为 $p_l \in S_l'$ 和 $p_r \in S_r'$，这两点都位于以垂直线 L 为中心的 $\delta \times 2\delta$ 矩形区内或在其边界上（见图 5.9）。

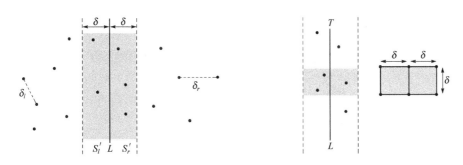

图 5.8　组合步骤的说明　　　　　　　图 5.9　组合步骤的进一步说明

设 T 是两条垂直带内的点的集合，再次参考图 5.9，如果在 $\delta \times 2\delta$ 矩形区内，任意两点之间的距离一定不超过 δ，则这个矩形最多能容纳 8 个点：其中至多有 4 个点属于 S_l，有 4 个点属于 S_r。当 S_l 中的一个点与 S_r 中的一个点在矩形的顶与 L 的交点处重合，并且 S_l 中的一个点与 S_r 中的一个点在矩形的底与 L 的交点处重合时，就得到最大数。这蕴含着下面的观察结论。

观察结论 5.4　T 中的每个点最多需要和 T 中的 7 个点进行比较[①]。

上述的观察结论仅给出与 T 中每个点 p 的比较点数的上界，而没有给出哪些点与 p 做比较的任何信息。稍想一下，即可知道 p 一定是与 T 中邻近的点做比较。为了找到这样的相邻点，我们借助于以 y 坐标增序对 T 中的点重新排序。然后，不难看出只需对 T 中的每个点 p 与它们的 y 坐标增序下的 7 个点做比较。

5.10.1　时间复杂性

现在分析算法的运行时间。排序 S 中的点需要 $O(n \log n)$ 时间，把点划分成 S_l 和 S_r 子集需要 $\Theta(1)$ 时间，因为此时点已经排序了。至于组合步骤，我们可以看到它包含对 T 中点

---

① 译者注：实际上只需要与 4 个点进行比较。详见：周玉林，熊鹏荣，朱洪. 求平面点集最近点对的一个改进算法. 计算机研究和发展，35(10) 1998，957-960。

的排序和每点与其他至多7个点进行比较，排序耗费$|T|\log|T| = O(n\log n)$时间，并存在至多$7|T|$次比较，这样组合步骤在最坏情况下需要$\Theta(n\log n)$时间。算法性能的递推关系变为

$$T(n) = \begin{cases} c & 若\ n\leqslant 3 \\ 2T(n/2) + O(n\log n) & 若\ n > 3 \end{cases}$$

算法代价为某个常数c，如果点的数目为2或3，最少分割可直接计算出。由定理1.2，上述递推式的解是$T(n) = O(n\log^2 n)$，这不是我们想要的界。

注意，如果组合步骤所需的时间减少到$\Theta(n)$，则算法的时间复杂性将为$\Theta(n\log n)$。调用算法 MERGESORT 可达到此目标，也就是把S中的元素以其y坐标进行一次排序。在将点分为S_l和S_r两部分后，这两个子集被递归地排序到Y_l和Y_r，合并存储在Y数组中。在组合步骤中，现在只需在$\Theta(n)$时间里实现合并步骤，因为排序现在被合并替换了，在每个递归调用中都是如此，其时间代价为$\Theta(|Y|)$。因此，对于某个非负常数c，递归关系简化为

$$T(n) = \begin{cases} c & 若\ n\leqslant 3 \\ 2T(n/2) + \Theta(n) & 若\ n > 3 \end{cases}$$

这个递推式的解是所希望的$\Theta(n\log n)$界。上述讨论蕴含了算法 CLOSESTPAIR。在这个算法中，对于点$p,x(p)$表示点p的x坐标。另外，$S_l = S[low\cdots mid]$和$S_r = S[mid+1\cdots high]$。

算法5.8　CLOSESTPAIR
输入：平面上n个点的集合S。
输出：S中两点之间的最短距离。

1. 以x坐标增序对S中的点排序
2. $(\delta, Y) \leftarrow cp(1, n)$
3. **return** δ

过程　$cp(low, high)$

1. **if** $high - low + 1 \leqslant 3$ **then**
2. 　用直接方法计算δ
3. 　设Y中含有以y坐标增序的有序的点
4. **else**
5. 　$mid \leftarrow \lfloor (low + high)/2 \rfloor$
6. 　$x_0 \leftarrow x(S[mid])$
7. 　$(\delta_l, Y_l) \leftarrow cp(low, mid)$
8. 　$(\delta_r, Y_r) \leftarrow cp(mid+1, high)$
9. 　$\delta \leftarrow \min\{\delta_l, \delta_r\}$
10. 　$Y \leftarrow$ 以y坐标增序合并Y_l和Y_r
11. 　$k \leftarrow 0$
12. 　**for** $i \leftarrow 1$ **to** $|Y|$　{从Y中抽取T}
13. 　　**if** $|x(Y[i]) - x_0| \leqslant \delta$ **then**
14. 　　　$k \leftarrow k + 1$
15. 　　　$T[k] \leftarrow Y[i]$

16.   **end if**

17.   **end for** $\{k$ 是 T 的大小$\}$

18. $\delta' \leftarrow 2\delta$ $\{$将 δ' 初始化为大于 δ 的值$\}$

19.   **for** $i \leftarrow 1$ **to** $k-1$ $\{$计算 $\delta'\}$

20.   **for** $j \leftarrow i+1$ **to** $\min\{i+7,k\}$

21.   **if** $d(T[i],T[j]) < \delta'$ **then** $\delta' \leftarrow d(T[i],T[j])$

22.   **end for**

23.   **end for**

24. $\delta \leftarrow \min\{\delta,\delta'\}$

25. **end if**

26. **return** (δ,Y)

以下的定理概括了本节的主要结果,它的证明体现在算法的描述和其运行时间的分析中。

定理 5.7   假定有平面上 n 个点的集合 S,算法 CLOSESTPAIR 在 $\Theta(n \log n)$ 时间内找到 S 中具有最小间距的一个点对。

5.11 练习

5.1   给出 1.3 节中算法 LINEARSEARCH 的分治算法,此算法应从把输入元素近似地 划分成两半开始。算法所需的工作空间是多少?

5.2   给出在一个整数数组 $A[1\cdots n]$ 中求出所有元素和的分治算法,此算法应从把输入 元素近似地划分为两半开始。算法所需的工作空间是多少?

5.3   给出求整数数组 $A[1\cdots n]$ 所有数的总和的分治算法。算法应从把输入元素分成近 似两半开始。算法需要多少工作空间?

5.4   设 $A[1\cdots n]$ 是一个由 n 个整数组成的数组,x 是一个整数,给出一个分治算法,要 求找出 x 在数组 A 中的频度,即 x 在 A 中出现的次数。你的算法的时间复杂性是 什么?

5.5   给出一个返回 (x,y) 的分治算法,其中 x 是 n 元数组中的最大数并且 y 是第二大的 数。推导出你的算法的时间复杂性。

5.6   修改算法 MINMAX,使得当 n 不是 2 的幂的情况下可以运行。如果 n 不是 2 的 幂,新算法执行的比较次数还是 $\lfloor 3n/2 - 2 \rfloor$ 吗?证明你的答案。

5.7   考虑算法 SLOWMINMAX,它是将算法 MINMAX 的检验条件 **if** $high - low = 1$ 修改为 **if** $high = low$,并对此算法做一些相应改变而得出的。这样,在算法 SLOWMINMAX 中,当输入数组的大小为 1 时,递归停止。计算由此算法找出数组 $A[1\cdots n]$ 中的最 大值和最小值所需的比较次数,这里 n 是 2 的幂。解释此算法的比较次数为什么大 于算法 MINMAX 的比较次数[提示:在这种情形下,初始条件是 $C(1) = 0$]。

5.8   推导出一个求最小值和最大值迭代的算法,要求仅用 $3n/2 - 2$ 的比较次数在一个 n 元素的集合中找出最大值和最小值,这里 n 是 2 的幂。

5.9   修改算法 BINARYSEARCHREC,使得它搜索两个关键字,换句话说,给出一个由

n 个元素组成的数组 $A[1\cdots n]$ 及两个元素 x_1 和 x_2,算法将返回两个整数 k_1 和 k_2,它们分别表示 x_1 和 x_2 在 A 中所处的位置。

5.10 设计一个搜索算法,要求将一个已排序的数组划分为大小为 1/3 和 2/3 的两部分,取代在算法 BINARYSEARCHREC 中划分的两部分,分析算法的时间复杂性。

5.11 修改算法 BINARYSEARCHREC,使得它将已排序的数组划分成三等分,以取代原先算法 BINARYSEARCHREC 的两部分。在每次迭代过程中,算法把要搜索的 x 和数组中的两项对照检验。分析算法的时间复杂性。

5.12 用算法 MERGESORT 对以下数组排序。

(a)

| 32 | 15 | 14 | 15 | 11 | 17 | 25 | 51 |

(b)

| 12 | 25 | 17 | 19 | 51 | 32 | 45 | 18 | 22 | 37 | 15 |

5.13 假定算法 MERGE 正确地运行,用数学归纳法证明算法 MERGESORT 的正确性。

5.14 证明算法 MERGESORT 的空间复杂性是 $\Theta(n)$。

5.15 5.3 节表明了算法 BOTTOMUPSORT 和 MERGESORT 非常相似,列出一组数据,使它满足

(a) 算法 BOTTOMUPSORT 和 MERGESORT 执行相同的元素比较次数;

(b) 算法 BOTTOMUPSORT 执行的元素比较次数大于算法 MERGESORT 的;

(c) 算法 BOTTOMUPSORT 执行的元素比较次数小于算法 MERGESORT 的。

5.16 考虑以下 MERGESORT 的修改算法。算法首先把输入数组 $A[low\cdots high]$ 划分成 4 个部分 A_1, A_2, A_3 和 A_4,以取代原来的两部分,然后分别对每部分递归排序,最后将 4 个已排序部分合并得到已排序的原数组。为简单起见,假定 n 是 4 的幂,要求

(a) 写出修改算法;

(b) 分析其运行时间。

5.17 如果把输入数组划分成 k 个部分而不是 4 个部分,这里 k 是一个大于 1 的固定的正整数,那么练习 5.16 中的修改算法的运行时间将是多少?

5.18 考虑以下 MERGESORT 的修改算法。我们将算法应用到输入数组 $A[1\cdots n]$ 上并不断地递归调用,直到子实例的规模变得相对很小,即为 m 或小于 m。此时转向算法 INSERTIONSORT,并将其应用于小的那部分,因此修改算法的第一个检验条件将变为

if $high - low + 1 \leq m$ **then** INSERTIONSORT$(A[low\cdots high])$

在修改算法的运行时间仍为 $\Theta(n \log n)$ 的前提下,用 n 来表示的 m 的最大值应是多少?为简单起见,可以假定 n 是 2 的幂。

5.19 用算法 SELECT 在例 5.1 给出的数据表中找出第 k 小的元素,这里

(a) $k = 1$ (b) $k = 9$ (c) $k = 17$ (d) $k = 22$ (e) $k = 25$

5.20 如果在算法 SELECT 中,元素的真正中项被选为主元,而不是用各个分组中项的中项作为主元,那么将会发生什么情况?请解释。

5.21 设 $A[1\cdots 105]$ 是一个已排序的有 105 个整数的数组,假定我们运行算法 SELECT 来找出 A 中的第 17 个元素。对于过程 *select*,将有多少次递归调用?请解释。

5.22 如果输入数组已按非降序排列,请解释算法 SELECT 的行为,并将其与算法

BINARYSEARCHREC 进行比较。

5.23 在算法 SELECT 中，规模为 5 的各组数据是在算法的每次调用中排序的，这就意味着找到用最少的比较次数对一个规模为 5 的一组数据排序的过程是重要的，说明仅使用 7 次比较对 5 个元素排序是可能的。

5.24 算法 SELECT 的效率较低的原因之一是，它不能充分利用所进行的比较：在它丢弃一部分元素后，又从头开始处理子问题。给出一个针对 n 个元素的算法执行比较次数的精确计算。注意仅用 7 次比较分类 5 个元素是可能的（见练习 5.23）。

5.25 基于练习 5.24 计算的比较次数，确定 n 为多少时使用直接的排序方法且可立即选取第 k 个元素。

5.26 对于某个整数 $g \geqslant 3$，用 g 表示算法 SELECT 中每组的规模，导出用 g 表示的算法的运行时间。当 g 与算法中使用的值（即 5）相比较太大时，会发生什么情况？

5.27 规模分别为 3，4，5，7，9，11 中的哪一组能确保算法 SELECT 在最坏情形下执行的次数为 $\Theta(n)$？证明你的答案（见练习 5.26）。

5.28 用算法 SPLIT 划分输入数组来重写算法 SELECT。为了简单起见，假定所有的输入元素是互不相同的，修改后算法的优点是什么？

5.29 设 $A[1 \cdots n]$ 和 $B[1 \cdots n]$ 是两个已按升序排列的互不相同的整数所组成的数组，给出一个有效的算法找出在 A 和 B 中 $2n$ 个元素的中项。你的算法的运行时间是多少？

5.30 利用练习 5.29 得到的算法设计一个分治算法，找出数组 $A[1 \cdots n]$ 的中项。你的算法的时间复杂性是什么？（提示：利用算法 MERGESORT。）

5.31 考虑在一个具有 n 个互不相同元素的数组 $A[1 \cdots n]$ 中找出所有前 k 个最小元素的问题，这里 k 不是常数，即它是输入数据的一部分。我们可以很容易用排序算法解决此问题并返回 $A[1 \cdots k]$，然而耗费的时间为 $O(n \log n)$，对于这一问题给出一个具有 $\Theta(n)$ 时间的算法。注意运行算法 SELECT k 次的耗费 $\Theta(kn) = O(n^2)$，因为 k 不是常数。

5.32 对于数组 $\boxed{27}\ \boxed{13}\ \boxed{31}\ \boxed{18}\ \boxed{45}\ \boxed{16}\ \boxed{17}\ \boxed{53}$，应用算法 SPLIT 进行处理。

5.33 对于算法 SPLIT，当算法以输入数组 $A[1 \cdots n]$ 表示且不包括 $A[low]$ 与 $A[i]$ 的交换时，执行的元素交换次数设为 $f(n)$。

(a) 对于什么样的输入数组 $A[1 \cdots n]$，$f(n)$ 为 0？

(b) $f(n)$ 的最大值是什么？解释何时达到最大值。

5.34 修改算法 SPLIT，使得它按 x 划分 $A[low \cdots high]$ 中的元素，这里 x 是 $\{A[low]$，$A[\lfloor (low + high)/2 \rfloor]$，$A[high]\}$ 的中项，这能改善算法 QUICKSORT 的运行时间吗？请解释。

5.35 算法 SPLIT 用于按 $A[low]$ 划分数组 $A[low \cdots high]$。以下的另一算法可以获得同样的运行结果。算法有两个指针 i 和 j，初始时，$i = low$，$j = high$，设主元素是 $x = A[low]$，指针 i 和 j 分别从左到右，从右到左移动，直到找到 $A[i] > x$ 和 $A[j] \leqslant x$，这时交换 $A[i]$ 与 $A[j]$，继续这一过程直到 $i \geqslant j$。写出完整的算法，算法执行的比较次数是多少？

5.36 设 $A[1\cdots n]$ 是一整数集合,给出一算法重排数组 A 中的元素,使得将所有的负整数放到所有非负整数的左边,你的算法的运行时间应为 $\Theta(n)$。

5.37 使用算法 QUICKSORT 对以下数组排序。

(a) | 24 | 33 | 24 | 45 | 12 | 12 | 24 | 12 |

(b) | 3 | 4 | 5 | 6 | 7 |

(c) | 23 | 32 | 27 | 18 | 45 | 11 | 63 | 12 | 19 | 16 | 25 | 52 | 14 |

5.38 证明算法 QUICKSORT 所需的工作空间在 $\Theta(\log n)$ 与 $\Theta(n)$ 之间变动,它的平均空间复杂性是什么?

5.39 解释当输入已按降序排列时算法 QUICKSORT 的行为,可以假定输入元素是互不相同的。

5.40 解释当输入数组 $A[1\cdots n]$ 由 n 个等同的元素组成时,算法 QUICKSORT 的行为。

5.41 略微修改算法 QUICKSORT,使得它能够求解选择问题,新的算法在最坏情况下及平均情况下的时间复杂性是什么?

5.42 给出算法 QUICKSORT 的迭代形式。

5.43 下面哪些排序算法是稳定的(见练习4.23)?

(a) HEAPSORT   (b) MERGESORT   (c) QUICKSORT

5.44 有一种排序算法,如果它的运行时间不但依赖于元素数目 n,而且依赖于它们的次序,那么称该算法为适应的。以下哪些排序算法是适应的?

(a) SELECTIONSORT   (b) INSERTIONSORT   (c) BUBBLESORT

(d) HEAPSORT   (e) BOTTOMUPSORT   (f) MERGESORT

(g) QUICKSORT   (h) RADIXSORT

5.45 设 $x = a + bi$ 和 $y = c + di$ 是两个复数。只要做 4 次乘法就很容易计算乘积 xy,也就是 $xy = (ac - bd) + (ad + bc)i$。设计一个方法,只用 3 次乘法计算乘积 xy。

5.46 写出在5.9节描述的矩阵乘法的传统算法。

5.47 证明5.9节描述矩阵乘法的传统算法需要 n^3 次乘法运算和 $n^3 - n^2$ 次加法运算(见练习5.46)。

5.48 解释怎样修改矩阵乘法的 Strassen 算法,使得它也可用于大小不必为 2 的幂的矩阵。

5.49 修改最近点对问题的算法,使得不是 T 中的每一点与 T 中7个点进行比较,取而代之的是垂直线 L 左边的每一点同其右边的一定数目的点进行比较。

(a) 算法必须修改的部分是什么?

(b) L 右边有多少个点必须同它左边的每一点做比较?请解释。

5.50 在没有预排序步骤的前提下,重写最近点对问题的算法。不使用算法 MERGESORT,而使用一个预排序步骤,对 y 坐标排序一次,算法开始时总是如此。你的算法的时间复杂性应是 $\Theta(n \log n)$。

5.51 设计一个分治算法,判定两棵二叉树 T_1 和 T_2 是否等同。

5.52 设计一个分治算法,计算一棵二叉树的高度。

5.12 参考注释

Knuth(1973)对算法 MERGESORT 和 QUICKSORT 做了详细讨论,算法 QUICKSORT 是由 Hoare(1962)提出的,线性时间的选择算法是由 Blum,Floyd,Pratt,Rivest and Tarjan(1973)提出的,整数乘法的算法是由 Karatsuba and Ofman(1962)提出的,矩阵乘法的 Strassen 算法是由 Strassen(1969)提出的。在 Strassen 算法中,使用一个快速的方法计算 2×2 矩阵乘法作为一个基本情况。与此同时,使用更复杂基本情况的相似算法被研究出,例如 Pan(1978)提出了基于 70×70 矩阵乘法的有效方案,时间复杂性中的指数稳定地降低,但这仅仅是理论上有意义的,因为 Strassen 算法是由于人们感兴趣而保留的一个算法。最近点对问题的算法是由 Shamos 提出的,并且可以在计算几何学的相关书籍中找到。

第6章 动态规划

6.1 引言

在这一章中，我们研究一种强有力的算法设计技术，它被广泛用于求解组合最优化问题。使用这种技术的算法，不是递归调用自身，但问题的基础解通常是用递归函数的形式来说明的。与分治算法的情况不一样，直接实现递推的结果，导致了不止一次递归调用，因此这种技术采取自底向上的方式递推求值，并把中间结果存储起来，以便将来用于计算所要求的解。利用这种技术可以设计出特别有效的算法来解决许多组合最优化问题。它也可以用来改善蛮力搜索算法的时间复杂性，从而解决一些 NP 困难问题（见第 9 章）。例如，用列举所有可能的旅行路线来求解旅行商问题的算法的复杂性很明显是 $\Theta(n!)$，而用动态规划方法的优势是在 $O(n^2 2^n)$ 时间内就可以解决。下面的两个简单例子说明了这种设计技术的实质。

例 6.1　用来引出递归和归纳的最普通例子之一是 Fibonacci 序列问题：

$$f_1 = 1, f_2 = 1, f_3 = 2, f_4 = 3, f_5 = 5, f_6 = 8, f_7 = 13, \cdots$$

序列中的每一个数是它前面两个数的和。我们来看这个序列的递归定义：

$$f(n) = \begin{cases} 1 & \text{若 } n = 1 \text{ 或 } n = 2 \\ f(n-1) + f(n-2) & \text{若 } n \geqslant 3 \end{cases}$$

这个定义暗示一个如下所示的过程（假定输入总是正的）：

1. **procedure** $f(n)$
2. **if** $(n = 1)$ **or** $(n = 2)$ **then return** 1
3. **else return** $f(n-1) + f(n-2)$

这种递归形式具有简明、容易书写和容易查错等优点，最主要的优点是它的抽象性。这种递归形式产生了许多种递归算法，并且在许多实例中，复杂的算法能够用递归形式简洁地写出来。在前面的章节中已经遇到了一定数量的有效算法，它们具有递归的优点。但是不能认为上面给出的计算 Fibonacci 序列的递归过程是有效的；相反，由于有许多对过程的重复调用，它远不是有效的算法。为了弄清这一点，只需对递推式做几次展开：

$$\begin{aligned} f(n) &= f(n-1) + f(n-2) \\ &= 2f(n-2) + f(n-3) \\ &= 3f(n-3) + 2f(n-4) \\ &= 5f(n-4) + 3f(n-5) \end{aligned}$$

这导致了巨大数量的重复调用。假设计算 $f(1)$ 和 $f(2)$ 需要一个单位时间，那么这个过程的时间复杂性可以表示为

$$T(n) = \begin{cases} 1 & \text{若 } n = 1 \text{ 或 } n = 2 \\ T(n-1) + T(n-2) & \text{若 } n \geqslant 3 \end{cases}$$

可以清楚看出, 递推式的解是 $T(n) = f(n)$, 也就是计算 $f(n)$ 的时间是 $f(n)$。众所周知, 当 n 很大时, $f(n) = O(\phi^n)$, 其中 $\phi = (1 + \sqrt{5})/2 \approx 1.618\ 03$ 是黄金比例 (见例 A.20)。换句话说, 计算 $f(n)$ 所需的运行时间关于 n 的值是以指数形式增长的。很明显, 如果从 f_1 开始自底向上地计算直至 f_n, 则只需 $\Theta(n)$ 时间和 $\Theta(1)$ 空间。和上面的方法相比, 可以很大程度地降低时间复杂性。

例 6.2　下面是一个类似的例子。我们来看二项式系数 $\binom{n}{k}$ 的计算, 定义如下:

$$\binom{n}{k} = \begin{cases} 1 & \text{若 } k = 0 \text{ 或 } k = n \\ \binom{n-1}{k-1} + \binom{n-1}{k} & \text{若 } 0 < k < n \end{cases}$$

根据上面的公式和例 6.1 中的推导方法, 计算 $\binom{n}{k}$ 的时间复杂性可以表示成正比于 $\binom{n}{k}$ 自身, 函数

$$\binom{n}{k} = \frac{n!}{k!(n-k)!}$$

增长迅速。例如由 Stirling 等式 [见式(A.4)], 我们有 (假定 n 是偶数)

$$\binom{n}{n/2} = \frac{n!}{((n/2)!)^2} \approx \frac{\sqrt{2\pi n}\, n^n/\mathrm{e}^n}{\pi n (n/2)^n/\mathrm{e}^n} \geqslant \frac{2^n}{\sqrt{\pi n}}$$

有效计算 $\binom{n}{k}$ 的方法可以通过按行构造帕斯卡三角形 (见图 A.1) 来进行, 一旦计算出 $\binom{n}{k}$ 的值, 就立即停止计算, 详细内容留作练习 (见练习 6.2)。

6.2　最长公共子序列问题

下面的简单问题说明了动态规划的基本原理。在字母表 Σ 上, 分别给出两个长度为 n 和 m 的字符串 A 和 B, 确定在 A 和 B 中最长公共子序列的长度。这里, $A = a_1 a_2 \cdots a_n$ 的子序列是一个形式为 $a_{i_1} a_{i_2} \cdots a_{i_k}$ 的字符串, 其中每个 i_j 都在 1 和 n 之间, 并且 $1 \leqslant i_1 < i_2 < \cdots < i_k \leqslant n$。例如, 如果 $\Sigma = \{\mathrm{x, y, z}\}$, $A = \mathrm{zxyxyz}$ 和 $B = \mathrm{xyyzx}$, 那么 xyy 同时是 A 和 B 的长度为 3 的子序列。然而, 它不是 A 和 B 的最长公共子序列, 因为字符串 xyyz 也是 A 和 B 的公共子序列, 由于这两个字符串没有比 4 更长的公共子序列, 因此 A 和 B 的最长公共子序列的长度是 4。

为了使用动态规划技术, 我们首先寻找一个求最长公共子序列长度的递推公式, 令 $A = a_1 a_2 \cdots a_n$ 和 $B = b_1 b_2 \cdots b_m$, 令 $L[i, j]$ 表示 $a_1 a_2 \cdots a_i$ 和 $b_1 b_2 \cdots b_j$ 的最长公共子序列的长度。注

解决这个问题的一种途径是使用蛮力搜索的方法: 列举 A 中所有的 2^n 个子序列, 对于每一个子序列在 $\Theta(m)$ 时间内来确定它是否也是 B 的子序列。很明显, 此算法的时间复杂性是 $\Theta(m 2^n)$, 复杂性是以指数形式增长的。

意, i 和 j 可能是 0, 此时, $a_1 a_2 \cdots a_i$ 和 $b_1 b_2 \cdots b_j$ 中的一个或两个同时可能为空字符串。即如果 $i = 0$ 或 $j = 0$, 那么 $L[i,j] = 0$。很容易证明下面的观察结论。

观察结论 6.1 　如果 i 和 j 都大于 0, 那么

- 若 $a_i = b_j$, $L[i,j] = L[i-1, j-1] + 1$;
- 若 $a_i \neq b_j$, $L[i,j] = \max\{L[i, j-1], L[i-1, j]\}$。

下面计算 A 和 B 的最长公共子序列长度的递推式。可以从观察结论 6.1 立即得出

$$L[i,j] = \begin{cases} 0 & \text{若 } i = 0 \text{ 或 } j = 0 \\ L[i-1, j-1] + 1 & \text{若 } i > 0, j > 0 \text{ 和 } a_i = b_j \\ \max\{L[i, j-1], L[i-1, j]\} & \text{若 } i > 0, j > 0 \text{ 和 } a_i \neq b_j \end{cases}$$

算法

现在可以直接用动态规划技术来求解最长公共子序列问题。对于每一对 i 和 j 的值, $0 \leqslant i \leqslant n$ 和 $0 \leqslant j \leqslant m$, 我们用一个 $(n+1) \times (m+1)$ 表来计算 $L[i,j]$ 的值, 只需用上面的公式逐行地填充表 $L[0 \cdots n, 0 \cdots m]$。在算法 LCS 中形式化地描述了这种方法。

算法 6.1　LCS

输入: 字母表 Σ 上的两个字符串 A 和 B, 长度分别为 n 和 m。

输出: A 和 B 最长公共子序列的长度。

1. **for** $i \leftarrow 0$ **to** n
2. 　　$L[i,0] \leftarrow 0$
3. **end for**
4. **for** $j \leftarrow 0$ **to** m
5. 　　$L[0,j] \leftarrow 0$
6. **end for**
7. **for** $i \leftarrow 1$ **to** n
8. 　　**for** $j \leftarrow 1$ **to** m
9. 　　　　**if** $a_i = b_j$ **then** $L[i,j] \leftarrow L[i-1, j-1] + 1$
10. 　　　　**else** $L[i,j] \leftarrow \max\{L[i, j-1], L[i-1, j]\}$
11. 　　　　**end if**
12. 　　**end for**
13. **end for**
14. **return** $L[n,m]$

算法 LCS 可以方便地修改成让它输出最长公共子序列。显然, 由于计算表的每项输入需要 $\Theta(1)$ 时间, 因此算法复杂性正好是表的大小 $\Theta(nm)$。算法可以很容易地修改成只需 $\Theta(\min\{m, n\})$ 空间(见练习 6.6), 这蕴含着下面的定理。

定理 6.1　最长公共子序列问题的最优解能够在 $\Theta(nm)$ 时间和 $\Theta(\min\{m, n\})$ 空间内得到。

例 6.3 图 6.1 显示了把算法 LCS 应用到实例 $A =$ "xyxxzxyzxy" 和 $B =$ "zxzyyzxxyxxz" 上的结果。

	0	1	2	3	4	5	6	7	8	9	10	11	12
0	0	0	0	0	0	0	0	0	0	0	0	0	0
1	0	0	**1**	1	1	1	1	1	1	1	1	1	1
2	0	0	1	1	2	**2**	2	2	2	2	2	2	2
3	0	0	1	1	2	2	2	**3**	3	3	3	3	3
4	0	0	1	1	2	2	2	3	**4**	4	4	4	4
5	0	1	1	2	2	2	3	3	4	4	4	4	5
6	0	1	1	2	2	2	3	4	4	**5**	5	5	5
7	0	1	2	2	3	3	3	4	4	5	5	5	5
8	0	1	2	2	3	3	4	4	4	5	5	5	**6**
9	0	1	2	3	3	3	4	4	5	5	6	6	6
10	0	1	2	3	4	4	4	5	5	6	6	6	6

图 6.1 最长公共子序列问题的一个例子

首先，第 0 行和第 0 列被初始化为 0，接下来，表内的条目通过执行第 9 步和第 10 步 mn 次而一行行填满，这样产生了表中剩余的部分。正像表中显示的那样，最长公共子序列是 6，一个长度为 6 的公共子序列是字符串 "xyxxxz"，它可以根据表中的粗体字条目而得到。

6.3 矩阵链相乘

在本节中，我们详细研究另一类简单问题，它体现动态规划的实质。假设我们要用标准的矩阵乘法来计算 M_1, M_2, M_3 三个矩阵的乘积 $M_1 M_2 M_3$，这三个矩阵的维数分别是 2×10，10×2 和 2×10。如果我们先把 M_1 和 M_2 相乘，然后把结果和 M_3 相乘，那么要进行 $2 \times 10 \times 2 + 2 \times 2 \times 10 = 80$ 次乘法，如果我们代之以用 M_2 和 M_3 相乘的结果去乘 M_1，那么数量乘法的次数就变成了 $10 \times 2 \times 10 + 2 \times 10 \times 10 = 400$。执行乘法 $M_1(M_2 M_3)$ 耗费的时间是执行乘法 $(M_1 M_2) M_3$ 的 5 倍。

一般来说，n 个矩阵 $M_1 M_2 \cdots M_n$ 链相乘的耗费，取决于 $n-1$ 个乘法执行的顺序。这个使数量乘法的次数达到最小的顺序可以用许多方法找到。例如我们考虑用蛮力方法计算每一种可能顺序的数量乘法的次数。如果有 4 个矩阵 M_1, M_2, M_3 和 M_4，算法将试算下面所有的 5 种顺序的情况：

$$(M_1(M_2(M_3 M_4)))$$
$$(M_1((M_2 M_3) M_4))$$
$$((M_1 M_2)(M_3 M_4))$$
$$((M_1 M_2) M_3) M_4))$$
$$((M_1(M_2 M_3)) M_4)$$

一般来说，顺序数等于这 n 个矩阵相乘时用每一种可能的途径放置括号的方法数。设 $f(n)$ 是求 n 个矩阵乘积的所有放置括号的方法数，假定要进行以下乘法：

$$(M_1 M_2 \cdots M_k) \times (M_{k+1} M_{k+2} \cdots M_n)$$

那么，对于前 k 个矩阵有 $f(k)$ 种方法放置括号。对于 $f(k)$ 中的每一种方法，可对余下的 $f(n-k)$ 个矩阵放置括号，总共有 $f(k)f(n-k)$ 种方法。由于可以假设 k 是 1 到 $n-1$ 中的任意值，因此对于 n 个矩阵放置括号的所有方法数由下面的和式给出：

$$f(n) = \sum_{k=1}^{n-1} f(k)f(n-k)$$

显然，两个矩阵相乘只有一种方法，三个矩阵相乘有两种方法。因此 $f(2)=1$，$f(3)=2$。为了使递推式有意义，令 $f(1)=1$，我们可以证明

$$f(n) = \frac{1}{n}\binom{2n-2}{n-1}$$

这个递推式产生了所谓的 Catalan 数。由下式定义：

$$C_n = f(n+1)$$

它的前 10 项是

$$1,1,2,5,14,42,132,429,1430,4862,16\,796,\cdots$$

因此，举例来说，10 个矩阵相乘存在 4862 种方法，从 Stirling 公式可得［见式(A.4)］

$$n! \approx \sqrt{2\pi n}\,(n/e)^n,\text{其中 } e = 2.718\,28\cdots$$

我们有

$$f(n) = \frac{1}{n}\binom{2n-2}{n-1} = \frac{(2n-2)!}{n((n-1)!)^2} \approx \frac{4^n}{4\sqrt{\pi}\,n^{1.5}}$$

因此

$$f(n) = \Omega\left(\frac{4^n}{n^{1.5}}\right)$$

由于对每个括号化表达式，找到数量乘法次数的时间耗费是 $\Theta(n)$，这样用蛮力方法可以求得找到 n 个矩阵相乘的最优方法所需的运行时间是 $\Omega(4^n/\sqrt{n})$，这甚至对于一个中等规模的 n 值也是不切实际的。

在这一节的余下部分，我们导出一个递推式来求数量乘法的最少次数，然后应用动态规划技术找出一个有效算法来计算这个递推式，扩展这种算法从而找到矩阵乘法的顺序是很方便的(见练习 6.12)。因为对于每个 i，$1 \le i < n$，矩阵 M_i 的列数一定等于矩阵 M_{i+1} 的行数，所以指定每个矩阵的行数和最右面矩阵 M_n 的列数就足够了。这样就假设我们有 $n+1$ 维数 $r_1, r_2, \cdots, r_{n+1}$，这里 r_i 和 r_{i+1} 分别是矩阵 M_i 中的行数和列数，$1 \le i \le n$。之后，我们将用 $M_{i,j}$ 来表示 $M_i M_{i+1} \cdots M_j$ 的乘积，我们还将假设 $M_{i,j}$ 链相乘的耗费用数量乘法的次数来测度，记为 $C[i,j]$。对于给定的一对索引 i 和 j，$1 \le i < j \le n$，$M_{i,j}$ 可用如下方法计算。设 k 是 $i+1$ 和 j 之间的一个索引，计算两个矩阵 $M_{i,k-1} = M_i M_{i+1} \cdots M_{k-1}$ 和 $M_{k,j} = M_k M_{k+1} \cdots M_j$，那么 $M_{i,j} = M_{i,k-1} M_{k,j}$。显然，用这种方法计算 $M_{i,j}$ 的总耗费，是计算 $M_{i,k-1}$ 的耗费加上计算 $M_{k,j}$ 的耗费再加上 $M_{i,k-1}$ 乘上 $M_{k,j}$ 的耗费(即 $r_i r_k r_{j+1}$)。这就生成了以下找出 k 值的公式，其中的 k 使执行矩阵乘法 $M_i M_{i+1} \cdots M_j$ 所需要的数量乘法的次数最小。

$$C[i,j] = \min_{i < k \leqslant j} \left\{ C[i,k-1] + C[k,j] + r_i r_k r_{j+1} \right\} \qquad (6.1)$$

这样可以得出,为了找出执行矩阵乘法 $M_1 M_2 \cdots M_n$ 所需要数量乘法的最少次数,我们只需要求解递推式:

$$C[1,n] = \min_{1 < k \leqslant n} \left\{ C[1,k-1] + C[k,n] + r_1 r_k r_{n+1} \right\}$$

但是,注意像例6.1和例6.2那样,这将导致巨大数量的重复递归调用,因此用自顶向下直接求解递推的方法将不能得到有效算法。

动态规划算法

下面描述利用动态规划技术,如何能在时间 $\Theta(n^3)$ 内有效地计算上面所说的递推式。

考虑图6.2,它显示了此算法用于 $n=6$ 个矩阵组成的实例的情况。在这个图中,对角线 d 用乘出各种 $d+1$ 个相继矩阵链的最小耗费填满,特别是对角线5恰好由一项组成,它表示6个矩阵相乘的最小耗费,这就是我们所要求的结果。在对角线0中,每个链仅由一个矩阵组成,因此这个对角线填满0。我们从对角线0开始,到对角线5为止,以对角线方式用乘法耗费来填这张三角形表。首先,由于不包含数量乘法,对角线0用0来填充;接下来,对角线1由两个连续的矩阵相乘的耗费来填充,那些余下的对角线根据上面所说的公式和先前存储在表中的值来填充。明确地说,为了填充对角线 d,我们要利用存储在对角线 $0,1,2,\cdots,d-1$ 中的值。

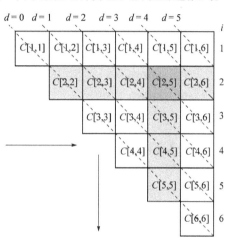

图 6.2 矩阵链乘法的图示

举例来说,$C[2,5]$ 的值为以下三个耗费的最小值(见图6.2)。

(1) 计算 $M_{2,2}$ 的耗费(这里是0)加上计算 $M_{3,5}$ 的耗费,再加上 $M_{2,2}$ 乘以 $M_{3,5}$ 的耗费。

(2) 计算 $M_{2,3}$ 的耗费加上计算 $M_{4,5}$ 的耗费,再加上 $M_{2,3}$ 乘以 $M_{4,5}$ 的耗费。

(3) 计算 $M_{2,4}$ 的耗费加上计算 $M_{5,5}$ 的耗费(这里是0),再加上 $M_{2,4}$ 乘以 $M_{5,5}$ 的耗费。

为了计算表中不在主对角线上的其他项 $C[i,j]$,我们按下面的方式进行。首先画两个向量:一个从 $C[i,i]$ 到 $C[i,j-1]$,另一个从 $C[i+1,j]$ 到 $C[j,j]$(见图6.2)。接着计算沿着从 $C[i,i]$ 和 $C[i+1,j]$ 开始到 $C[i,j-1]$ 和 $C[j,j]$ 为止,这两个箭头上的每一对矩阵乘法的耗费,最后我们选最小耗费并把它存到 $C[i,j]$ 中。

一般而言,n 个矩阵链相乘产生了一个 n 行和 n 列的三角形表,它和图6.2所示的相类似,产生这样一种表的形式化算法如算法 MATCHAIN 所示。

算法 6.2 MATCHAIN

输入:n 个矩阵链的维数对应于正整数数组 $r[1 \cdots n+1]$,其中 $r[1 \cdots n]$ 是 n 个矩阵的行数,$r[n+1]$ 是 M_n 的列数。

输出:n 个矩阵链相乘的数量乘法的最少次数。

```
1.  for i ← 1 to n    {填充对角线 d₀}
2.      C[i,i] ← 0
3.  end for
4.  for d ← 1 to n-1   {填充对角线 d₁ 到 dₙ₋₁}
5.      for i ← 1 to n-d   {填充对角线 dᵢ 的项}
6.          j ← i+d
7.          comment: 下列三行计算 C[i,j]
8.          C[i,j] ← ∞
9.          for k ← i+1 to j
10.             C[i,j] ← min{C[i,j], C[i,k-1] + C[k,j] + r[i]r[k]r[j+1]}
11.         end for
12.     end for
13. end for
14. return C[1,n]
```

第1步把对角线0填上0，第4步的for循环的每一次迭代都进到下一条对角线，第5步的for循环的每一次迭代都进到对角线中的一个新项（每一条对角线包含 $n-d$ 项），第8步到第11步用式(6.1)计算 $C[i,j]$ 项。首先，将其初始化为一个非常大的值。接着，它的值选为对应于 d 个子链乘法的 d 个量中的最小值，如图6.2中解释计算实例 $C[2,5]$ 所描述的那样。

例6.4 图6.3显示了用算法 MATCHAIN 找出计算5个矩阵相乘所需的数量乘法的最少次数。这5个矩阵如下：

$$M_1: 5 \times 10, M_2: 10 \times 4, M_3: 4 \times 6, M_4: 6 \times 10, M_5: 10 \times 2$$

三角形表中的每一项 $C[i,j]$ 用矩阵 $M_i \times M_{i+1} \times \cdots \times M_j$ 相乘所需的数量乘法次数的最小值标出，其中 $1 \le i \le j \le 5$，最终解是 $C[1,5] = 348$。

$C[1,1]=0$	$C[1,2]=200$	$C[1,3]=320$	$C[1,4]=620$	$C[1,5]=348$
	$C[2,2]=0$	$C[2,3]=240$	$C[2,4]=640$	$C[2,5]=248$
		$C[3,3]=0$	$C[3,4]=240$	$C[3,5]=168$
			$C[4,4]=0$	$C[4,5]=120$
				$C[5,5]=0$

图6.3　矩阵链相乘算法的一个例子

可以直接得到算法 MATCHAIN 的时间复杂性和空间复杂性。对于某个常数 $c > 0$，算法的运行时间正比于

$$\sum_{d=1}^{n-1} \sum_{i=1}^{n-d} \sum_{k=1}^{d} c = \frac{cn^3 - cn}{6}$$

因此，算法的时间复杂性是 $\Theta(n^3)$。显然，算法所需要的工作空间取决于所需要的三角形数组的大小，也就是 $\Theta(n^2)$。

至此，我们已经论证并示范了这样一种算法，它可以计算矩阵链相乘的最小耗费。下面的

定理概括了主要的结果。

定理 6.2 一个由 n 个矩阵组成的链相乘，它所需的数量乘法的最少次数可以在 $\Theta(n^3)$ 时间和 $\Theta(n^2)$ 空间找出。

最后，我们以一个令人惊讶的结论来结束本节：这个问题可以在 $O(n \log n)$ 时间内解出（见参考注释）。

6.4 动态规划范式

例 6.1、例 6.2 和 6.2 节、6.3 节提供了动态规划算法设计技术的概述和它的基本原理。把子问题的解存储起来以避免重复计算是这种有效方法的基础。在许多组合优化问题中，经常有这样的情况，问题的解可以表示成递推式，它的直接求解导致许多子实例被不止一次地计算。

一个关于动态规划工作的重要发现是，对于算法考虑的原问题的每一个子问题，算法都计算了一个最优解。换句话说，所有算法生成的表项表示算法考虑的子问题的最优解。例如在图 6.1 中，每一项 $L[i,j]$ 都是取第一个字符串的前 i 个字符和取第二个字符串的前 j 个字符得到的子实例的最大公共子序列的长度。还有在图 6.2 中，每一项 $C[i,j]$ 都是执行 $M_i M_{i+1} \cdots M_j$ 相乘所需的数量乘法的最少次数，因此，产生图 6.2 的算法不仅计算得到了 n 个矩阵相乘所需的数量乘法的最少次数，而且也得到了在相继矩阵 $M_1 M_2 \cdots M_n$ 中求任意序列的乘积所需的数量乘法的最少次数。

上面的观点说明了一个在算法设计中十分重要的原理，称为最优化原理：给出一个最优的决策序列，每个子序列自身必须是最优的决策序列。我们已经看到，找出最长公共子序列问题和矩阵链相乘问题，可以用最优化原理来阐明。作为另一个例子，设 $G = (V, E)$ 是一个有向图，π 是从顶点 s 到顶点 t 的最短路径，这里 s 和 t 是图 V 中的两个顶点。假设有另外一个顶点 $x \in V$ 在这条路径上，那么就可以得出从 s 到 x 的 π 的那部分一定是最短路径；同样道理，从 x 到 t 的 π 的那部分也一定是最短路径。这可以用反证法方便地证明。但是，如果 π' 是从 s 到 t 的最长简单路径，若顶点 $y \in V$ 在 π' 上，那么这并不意味着 π' 中从 s 到 y 的部分是从 s 到 y 的最长简单路径。这说明动态规划可以用来找出最短路径，但是如果用它来找出最长简单路径，那么就不是显而易见的了。在有向无回路图的情况中，动态规划可以用来找出两个给定顶点间的最长路径（见练习 6.33）。注意在这种情况下，所有的路径都是简单的。

6.5 所有点对的最短路径问题

设 $G = (V, E)$ 是一个有向图，其中的每条边 (i, j) 有一个非负的长度 $l[i, j]$，如果从顶点 i 到顶点 j 没有边，则 $l[i, j] = \infty$。问题是要找出从每个顶点到其他所有顶点的距离，这里，从顶点 x 到顶点 y 的距离是指从 x 到 y 的最短路径长度。为了简单起见，我们假设 $V = \{1, 2, \cdots, n\}$，设 i 和 j 是 V 中两个不同的顶点，定义 $d_{i,j}^k$ 是从 i 到 j，并且不经过 $\{k+1, k+2, \cdots, n\}$ 中任何顶点的最短路径长度。例如 $d_{i,j}^0 = l[i, j]$，$d_{i,j}^1$ 是从 i 到 j，除了可能经过顶点 1，而不经过任何其他顶点的最短路径，$d_{i,j}^2$ 是从 i 到 j，除了可能经过顶点 1、顶点 2 或同时经过它们，而不经过任何其他顶点的最短路径，等等。这样由定义可知，$d_{i,j}^n$ 是从 i 到 j 的最短路径长度，也就是从 i 到 j 的距离。给出这个定义，可以递归地计算 $d_{i,j}^k$ 如下：

$$d_{i,j}^k = \begin{cases} l[i,j] & \text{若 } k=0 \\ \min\{d_{i,j}^{k-1}, d_{i,k}^{k-1}+d_{k,j}^{k-1}\} & \text{若 } 1 \leqslant k \leqslant n \end{cases}$$

算法

下面是由 Floyd 设计的算法，采用自底向上地求解上面的递推式的方法来处理。它用 $n+1$ 个 $n \times n$ 维矩阵 $D_0, D_1, \cdots, D_n$ 来计算最短约束路径的长度。

开始时，如果 $i \neq j$ 并且 (i,j) 是 G 中的边，则置 $D_0[i,i]=0$，$D_0[i,j]=l[i,j]$；否则置 $D_0[i,j]=\infty$。然后进行 n 次迭代，使得在第 k 次迭代后，$D_k[i,j]$ 含有从顶点 i 到顶点 j 且不经过编号大于 k 的任何顶点的最短路径长度。这样在第 k 次迭代中，可以用公式

$$D_k[i,j] = \min\{D_{k-1}[i,j], D_{k-1}[i,k]+D_{k-1}[k,j]\}$$

计算 $D_k[i,j]$。

例6.5 考虑图 6.4 所示的有向图。

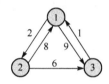

图6.4　所有点对的最短路径问题的实例

矩阵 D_0, D_1, D_2 和 D_3 是

$$D_0 = \begin{bmatrix} 0 & 2 & 9 \\ 8 & 0 & 6 \\ 1 & \infty & 0 \end{bmatrix} \qquad D_1 = \begin{bmatrix} 0 & 2 & 9 \\ 8 & 0 & 6 \\ 1 & 3 & 0 \end{bmatrix}$$

$$D_2 = \begin{bmatrix} 0 & 2 & 8 \\ 8 & 0 & 6 \\ 1 & 3 & 0 \end{bmatrix} \qquad D_3 = \begin{bmatrix} 0 & 2 & 8 \\ 7 & 0 & 6 \\ 1 & 3 & 0 \end{bmatrix}$$

最后计算的矩阵 D_3 存有所要求的距离。

一个重要的发现是，在第 k 次迭代中，第 k 行和第 k 列都是不变的，因此可以仅用 D 矩阵的一个副本进行计算。仅用一个 $n \times n$ 矩阵执行这个计算的算法由算法 FLOYD 给出。

算法6.3 FLOYD

输入：$n \times n$ 维矩阵 $l[1 \cdots n, 1 \cdots n]$，这样有向图 $G = (\{1,2,\cdots,n\}, E)$ 中的边 (i,j) 的长度为 $l[i,j]$。

输出：矩阵 D，使得 $D[i,j]$ 等于 i 到 j 的距离。

1. $D \leftarrow l$　{将输入矩阵 l 复制到 D}
2. **for** $k \leftarrow 1$ *to* n

3.　　　**for** $i \leftarrow 1$ *to* n
4.　　　　**for** $j \leftarrow 1$ *to* n
5.　　　　　$D[i,j] = \min\{D[i,j], D[i,k] + D[k,j]\}$
6.　　　　**end for**
7.　　　**end for**
8.　**end for**

显然，算法的运行时间是 $\Theta(n^3)$，它的空间复杂性是 $\Theta(n^2)$。

6.6　背包问题

背包问题可以定义如下，设 $U = \{u_1, u_2, \cdots, u_n\}$ 是一个准备放入容量为 C 的背包中的 n 项物品的集合。对于 $1 \le j \le n$，令 s_j 和 v_j 分别为第 j 项物品的体积和价值，这里，$C, s_j, v_j (1 \le j \le n)$ 都是正整数。我们要解决的问题是用 U 中的一些物品来装满背包，这些物品的总体积不超过 C，但要使它们的总价值最大。不失一般性，假设每项物品的体积不大于 C。更形式化的说明如下，给出有 n 项物品的 U，我们要找出一个子集合 $S \subseteq U$，使得

$$\sum_{u_i \in S} v_i$$

在约束条件

$$\sum_{u_i \in S} s_i \le C$$

下最大。

这个背包问题的版本有时在文献中称为 0/1 背包问题。这是因为背包不可包含一个以上的同类物品，这个问题的另一个版本在练习 6.26 中讨论，在那个版本中，背包可以包含一个以上的同类物品。

为了装满背包，我们导出一个递归公式如下，设 $V[i,j]$ 表示从前 i 项 $\{u_1, u_2, \cdots, u_i\}$ 中取出的装入体积为 j 的背包的物品的最大价值。这里，i 的范围是从 0 到 n，j 的范围是从 0 到 C。这样，要寻求的是值 $V[n, C]$。很清楚，$V[0,j]$ 对于所有 j 的值为 0，这是由于背包中什么也没有；另一方面，$V[i,0]$ 对于所有 i 的值为 0，因为没有东西可装入体积为 0 的背包中。一般情况下，当 i 和 j 都大于 0 时，有下面的结论，这是很容易证明的。

观察结论 6.2　$V[i,j]$ 是下面两个量的最大值。

- $V[i-1, j]$：仅用最优的方法从 $\{u_1, u_2, \cdots, u_{i-1}\}$ 中取出物品去装入体积为 j 的背包所得到的最大价值。
- $V[i-1, j-s_i] + v_i$：使用最优的方法从 $\{u_1, u_2, \cdots, u_{i-1}\}$ 中取出物品去装入体积为 $j - s_i$ 的背包所得到的最大价值加上物品 u_i 的价值。这仅应用于 $j \ge s_i$ 及等于把物品 u_i 加到背包上的情况。

观察结论 6.2 对于找出最优的装入背包时的价值，蕴含下面的递推式：

$$V[i,j] = \begin{cases} 0 & \text{若 } i=0 \text{ 或 } j=0 \\ V[i-1,j] & \text{若 } j<s_i \\ \max\{V[i-1,j],V[i-1,j-s_i]+v_i\} & \text{若 } i>0 \text{ 和 } j \geqslant s_i \end{cases}$$

算法

现在可以很简单地用动态规划来求解这个整数规划问题。用一个 $(n+1) \times (C+1)$ 的表来计算 $V[i,j]$ 的值，只需利用上面的公式逐行地填充这个表 $V[0\cdots n,0\cdots C]$ 即可，算法 KNAPSACK 形式化地描述了这种方法。

算法 6.4 KNAPSACK

输入：物品集合 $U=\{u_1,u_2,\cdots,u_n\}$，容量为 C 的背包，体积分别为 $s_1,s_2,\cdots,s_n$，价值分别为 $v_1,v_2,\cdots,v_n$。

输出：$\sum_{u_i \in S} v_i$ 的最大价值，且满足 $\sum_{u_i \in S} s_i \leqslant C$，其中 $S \subseteq U$。

1. **for** $i \leftarrow 0$ **to** n
2. $V[i,0] \leftarrow 0$
3. **end for**
4. **for** $j \leftarrow 0$ **to** C
5. $V[0,j] \leftarrow 0$
6. **end for**
7. **for** $i \leftarrow 1$ **to** n
8.   **for** $j \leftarrow 1$ **to** C
9. $V[i,j] \leftarrow V[i-1,j]$
10.   **if** $s_i \leqslant j$ **then** $V[i,j] \leftarrow \max\{V[i,j],V[i-1,j-s_i]+v_i\}$
11.   **end for**
12. **end for**
13. **return** $V[n,C]$

很明显，由于计算表的每一项需要 $\Theta(1)$ 时间，因此算法的时间复杂性恰好是表的大小 $\Theta(nC)$。对算法 KNAPSACK 进行简单的修改，即可使它的输出是装到背包里的物品项。由于计算当前行时只需要上一次计算的行，因此对算法稍做修改，即可使其只需要 $\Theta(C)$ 空间。这蕴含了下面的定理。

定理 6.3 背包问题的最优解能够在 $\Theta(nC)$ 时间和 $\Theta(C)$ 空间内得到。

注意，如同上面定理中说明的那样，其时间复杂性对于输入不是多项式的。因此，认为该算法对于输入是指数的。同时，考虑到它的运行时间关于输入值是多项式的，因此认为它是伪多项式时间算法。

例 6.6 假如有容量为 9 的背包，要装入 4 种体积为 2，3，4 和 5 的物品，它们的价值分别为 3，4，5 和 7。我们的目的是在不超出背包容量的前提下，用某种方法尽可能多地在背包内装入物品，使总价值最大。对这个问题做如下处理，首先，准备一个标号为 0~4 共 5 行和标号为 0~9 共 10 列的空的矩形表，接着用值 0 初始化 0 列和 0 行的项。按如下办法直接填入行 1 的值：$V[1,j] = 3$（第一种物品的价值），当且仅当 $j \geqslant 2$（第一种物品的体积）。第二列中的每项 $V[2,j]$ 有两种可能性，第一种可能性是置 $V[2,j] = V[1,j]$，这相当于把第一种物品放入背包；第二种可能性是置 $V[2,j] = V[1,j-3] + 4$，它相当于加上第二种物品，使它或者仅包含第二种物品，或者同时包含第一种和第二种物品。当然，仅当 $j \geqslant 3$ 时，才有可能加上第二种物品。继续这种方法，填入第 3 行和第 4 行，得到如图 6.5 所示的表。

	0	1	2	3	4	5	6	7	8	9
0	0	0	0	0	0	0	0	0	0	0
1	0	0	3	3	3	3	3	3	3	3
2	0	0	3	4	4	7	7	7	7	7
3	0	0	3	4	5	7	8	9	9	12
4	0	0	3	4	5	7	8	10	11	12

图 6.5　背包问题算法的一个例子

第 9 列的第 i 项，也就是 $V[i,9]$，包含通过将前 i 个物品装入背包可以得到的最大价值。这样，在最后一列的最后一项找到最优解，通过装入物品 3 和 4 而达到。还存在着装入物品 1,2 和 3 的另一个最优解，这个解对应于表中的 $V[3,9]$，它是在考虑第 4 种物品前的最优解。

6.7　练习

6.1　请设计一个有效算法，计算 Fibonacci 序列中的第 n 个数 $f(n)$（见例 6.1），你的算法的时间复杂性是什么？它是否为多项式时间算法？请解释。

6.2　请设计一个有效算法，计算二项式系数 $\binom{n}{k}$（见例 6.2）。你的算法的时间复杂性是什么？它是否为多项式时间算法？请解释。

6.3　证明观察结论 6.1。

6.4　用算法 LCS 来找出两个字符串 A = "xzyzzyx" 和 B = "zxyyzxz" 的最长公共子序列的长度。给出一个最长公共子序列。

6.5　请说明如何修改算法 LCS，使得它输出最长公共子序列。

6.6　请说明如何修改算法 LCS，使得它仅需要 $\Theta(\min\{m,n\})$ 空间。

6.7　在 6.3 节已经证明，对于 n 个矩阵完全括号化的方法总数由以下和式给出：

$$f(n) = \sum_{k=1}^{n-1} f(k)f(n-k)$$

证明这个递推式的解是

$$f(n) = \frac{1}{n}\binom{2n-2}{n-1}$$

6.8　考虑用算法 MATCHAIN 将下面 5 个矩阵相乘：

$$M_1: 4 \times 5, \ M_2: 5 \times 3, \ M_3: 3 \times 6, \ M_4: 6 \times 4, \ M_5: 4 \times 5$$

假设为了得到乘法 $M_1 \times M_2 \times M_3 \times M_4 \times M_5$，中间结果如图6.6所示，这里的 $C[i,j]$ 是执行乘法运算 $M_i \times \cdots \times M_j (1 \leqslant i \leqslant j \leqslant 5)$ 所需要的数量乘法的最少次数。图中还显示了括号表达式所显示的乘法运算 $M_i \times \cdots \times M_j$ 执行的最优顺序。找出 $C[1,5]$ 和执行乘法运算 $M_1 \times \cdots \times M_5$ 的最优括号化表达式。

$C[1,1]=0$ M_1	$C[1,2]=60$ M_1M_2	$C[1,3]=132$ $(M_1M_2)M_3$	$C[1,4]=180$ $(M_1M_2)(M_3M_4)$	
	$C[2,2]=0$ M_2	$C[2,3]=90$ M_2M_3	$C[2,4]=132$ $M_2(M_3M_4)$	$C[2,5]=207$ $M_2((M_3M_4)M_5)$
		$C[3,3]=0$ M_3	$C[3,4]=72$ M_3M_4	$C[3,5]=132$ $(M_3M_4)M_5$
			$C[4,4]=0$ M_4	$C[4,5]=120$ M_4M_5
				$C[5,5]=0$ M_5

图6.6　矩阵链相乘的一个不完全表

6.9　对于例6.4中的5个矩阵相乘的最优顺序，给出一个括号化表达式。

6.10　对于以下5个矩阵应用算法 MATCHAIN。

$$M_1: 2 \times 3, \ M_2: 3 \times 6, \ M_3: 6 \times 4, \ M_4: 4 \times 2, \ M_5: 2 \times 7$$

（a）找出这5个矩阵相乘需要的数量乘法的最少次数（即 $C[1,5]$）。

（b）请给出一个括号化表达式，使得在这种顺序下所用的乘法次数最少。

6.11　请给出三个矩阵的例子，它们的一种乘法顺序所需要的数量乘法的次数至少是另一种顺序的 100 倍。

6.12　请说明如何修改矩阵链相乘的算法，使它也可以产生最优的乘法顺序。

6.13　设 $G=(V,E)$ 是一个加权有向图，同时设 $s,t \in V$，假定从 s 到 t 至少有一条路径。

（a）设 π 是从 s 到 t 的经过另一个顶点 x 的长度最短的路径，证明该路径从 s 到 x 的部分是所有从 s 到 x 的路径中最短的。

（b）设 π' 是从 s 到 t 的经过另一个顶点 y 的最长简单路径，证明该路径从 s 到 y 的部分不一定是从 s 到 y 的所有路径中最长的。

6.14　在如图6.7所示的加权有向图上执行所有点对的最短路径算法。

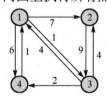

图6.7　所有点对的最短路径问题的一个实例

6.15　用所有点对的最短路径算法计算有向图的距离矩阵，所有顶点对之间的边长由以下矩阵给出。

$$
\text{(a)} \begin{bmatrix} 0 & 1 & \infty & 2 \\ 2 & 0 & \infty & 2 \\ \infty & 9 & 0 & 4 \\ 8 & 2 & 3 & 0 \end{bmatrix} \quad \text{(b)} \begin{bmatrix} 0 & 2 & 4 & 6 \\ 2 & 0 & 1 & 2 \\ 5 & 9 & 0 & 1 \\ 9 & \infty & 2 & 0 \end{bmatrix}
$$

6.16 请给出一个有向图的例子,使它包含一些负耗费的边,而所有点对的最短路径算法仍然正确。

6.17 请给出一个有向图的例子,使它包含一些负耗费的边,而所有点对的最短路径算法不能给出正确的距离。

6.18 说明如何修改所有点对的最短路径算法,使它可以检测到负权圈(一个负权圈是它的总长为负的圈)。

6.19 证明观察结论 6.2。

6.20 求解下面的背包问题。有 4 个体积是 2,3,5 和 6,价值为 3,4,5 和 7 的物品,背包的容量是 11。

6.21 求解下面的背包问题。有 5 个体积是 3,5,7,8 和 9,价值为 4,6,7,9 和 10 的物品,背包的容量是 22。

6.22 请解释当输入中有一个物品的体积为负时,运行背包算法的结果会怎样?

6.23 说明如何修改算法 KNAPSACK,使它只需要 $\Theta(C)$ 空间,其中 C 是背包容量。

6.24 说明如何修改算法 KNAPSACK,使它输出装在背包中的物品。

6.25 为了降低背包问题运行时间的界限 $\Theta(nC)$,可以用一个大数 K 除 C 和 s_i 并将结果向下取整。就是说,可以把所给出的实例转化为一个新实例,使它的背包容量为 $\lfloor C/K \rfloor$,物品的体积为 $\lfloor s_i/K \rfloor$,$1 \le i \le n$。现在应用 6.6 节讨论的背包算法,这种技术称为缩放和舍入(见 14.6 节)。当应用这个新实例时,算法的运行时间将会是什么?请找出一个反例来证明缩放和舍入不是总能得到原实例的最优解。

6.26 另一种类型的背包问题是,设集合 U 是包含各类物品的集合,目的是用每类物品的任意数量的物品装满背包,使得在不超过背包容量的前提下物品的总价值最大。假设每类物品的个数都是无限的,更形式化地说,设 $T = \{t_1, t_2, \cdots, t_n\}$ 是一个有 n 种类型物品的集合,C 是背包的容量。对于 $1 \le j \le n$,令 s_j 和 v_j 分别是第 j 种物品的体积和价值。找出一个非负整数 $x_1, x_2, \cdots, x_n$ 的集合,使

$$\sum_{i=1}^{n} x_i v_i$$

在约束条件

$$\sum_{i=1}^{n} x_i s_i \le C$$

下最大。其中 $x_1, x_2, \cdots, x_n$ 是非负整数。

注意,$x_j = 0$ 是指没有第 j 种物品装入背包中。请就这种类型的背包问题重写动态规划算法。

6.27 求解练习 6.26 中描述的背包问题实例,有 4 种类型的物品,它们的体积是 2,3,5 和 6,价值是 4,7,9 和 11,背包容量是 8。

6.28 说明如何修改练习 6.26 中讨论的背包算法，使它可以计算装入背包的每种类型的物品数。

6.29 考虑货币兑换问题。有一个货币系统，它有 n 种硬币，它们的面值为 $v_1, v_2, \cdots, v_n$，其中 $v_1 = 1$。我们想这样兑换价值为 y 的钱，要让硬币的数目最少。更形式化地说，我们要让下面的量：

$$\sum_{i=1}^{n} x_i$$

在约束条件

$$\sum_{i=1}^{n} x_i v_i = y$$

下极小。其中，$x_1, x_2, \cdots, x_n$ 是非负整数（x_i 可能是 0）。
(a) 设计求解这个问题的动态规划算法；
(b) 你的算法的时间和空间复杂性是什么；
(c) 你知道这个问题和练习 6.26 中讨论的背包问题的相似之处吗？请解释。

6.30 用练习 6.29 中的算法来求解实例 $v_1 = 1, v_2 = 5, v_3 = 7, v_4 = 11$ 和 $y = 20$。

6.31 设 $G = (V, E)$ 是一个有 n 个顶点的有向图，G 在顶点集合 V 上导出一个关系 R，它是这样定义的：$u \, R \, v$ 当且仅当从 u 到 v 存在一条有向边，即当且仅当 $(u, v) \in E$。设 M_R 是 G 的邻接矩阵，即 M_R 是一个 $n \times n$ 矩阵，如果 $(u, v) \in E$，则 $M_R[u, v] = 1$，否则为 0。M_R 的自反和传递闭包记为 M_R^*，定义如下，对于 $u, v \in V$，如果 $u = v$ 或 G 中存在一条从 u 到 v 的路径，那么 $M_R^*[u, v] = 1$，否则为 0。对于给定的有向图，请设计一个动态规划算法来计算 M_R^*（提示：仅需对 Floyd 的计算所有点对的最短路径算法稍做修改）。

6.32 设 $G = (V, E)$ 是一个有 n 个顶点的有向图，定义 $n \times n$ 距离矩阵 D 如下，对于 $u, v \in V, D[u, v] = d$ 当且仅当从 u 到 v 的最短路径长度用边数来测度恰好为 d。例如，对于任意的 $v \in V, D[v, v] = 0$；对于任意的 $u, v \in V, D[u, v] = 1$，当且仅当 $(u, v) \in E$。请设计一个动态规划算法，对给定的有向图计算距离矩阵 D（提示：同样仅需对 Floyd 计算所有点对的最短路径算法稍做修改）。

6.33 设 $G = (V, E)$ 是一个有 n 个顶点的有向无回路图（dag）。设 s 和 t 是 V 中的这样两个顶点：s 的入度为 0，t 的出度为 0。请设计一个动态规划算法，计算 G 中从 s 到 t 的最长路径，并给出该算法的时间复杂性。

6.34 请对于旅行商问题设计一个动态规划算法。给出一个 n 个城市及它们之间距离的集合，要找出最短长度的旅行路线。这里的旅行路线是一条回路，即访问每个城市恰好一次。你的算法的时间复杂性怎样？这个问题用动态规划可在 $O(n^2 2^n)$ 时间内解决（见参考注释）。

6.35 设 P 是一个有 n 个顶点的凸多边形（见 17.3 节）。P 中的弦是 P 中连接两个非相邻顶点的线段。凸多边形三角剖分问题是，在 P 内用 $n-3$ 条弦把多边形分成 $n-2$ 个三角形。图 6.8 显示了同一个凸多边形的两种可能的三角剖分。

图 6.8 同一个凸多边形的两种三角剖分

（a）证明有 n 个顶点的凸多边形三角剖分的方法数和 $n-1$ 个矩阵相乘的方法数相同。

（b）最优三角剖分是这样一种剖分：使 $n-3$ 条弦的长度和最小。对于找出 n 个顶点的凸多边形的最优三角剖分，请设计一个动态规划算法（提示：这个问题和 6.3 节讨论的矩阵链相乘问题非常相似）。

6.8 参考注释

动态规划首先由 Bellman（1957）推广，这个领域中的其他专著包括 Bellman and Dreyfus（1962），Dreyfus（1977）和 Nemhauser（1966）。极力推荐 Brown（1979）和 Held and Karp（1967）的两篇概述论文。所有点对的最短路径算法是 Floyd（1962）最先设计的，矩阵链相乘由 Godbole（1973）描述。解决这个问题的 $O(n\log n)$ 的算法可以在 Hu and Shing（1980,1982,1984）中找到。一维和二维的背包问题已被广泛研究，可参见 Gilmore（1977），Gilmore and Gomory（1966）和 Hu（1969）。对于旅行商问题，Held and Karp（1962）给出了一个 $O(n^2 2^n)$ 的动态规划算法，这个算法也可以在 Horowitz and Sahni（1978）中找到。

第三部分　最先割技术

　　当寻找一个问题的解时，也许最先出现在你的脑海中的策略是贪心算法。如果问题涉及图，那么可能考虑遍历这张图，访问它的顶点，然后根据在那个顶点做出的决策来执行某些动作。用以解决问题的技术通常是针对该问题本身的，贪心算法和图遍历的一个共同特征是速度快，因为它们含有局部决策。

　　可以将一个图遍历算法看成一个贪心算法，反之亦然。在图遍历的技术中，要检查的下一个顶点的选择被限制在当前节点的一个邻点集中。和检查较大范围的邻域相比，这显然是一个简单的贪心策略。另一方面，贪心算法可以被看成一个特定图的图遍历问题。对于任意的贪心算法，有一个隐含的有向无回路图（dag），它的每一个顶点表示贪心计算中的一个状态。而一个中间状态表示贪心算法已经采取的某些决策，而其他尚待确定。在有向无回路图中，仅当在贪心算法中由顶点 u 表示的状态根据贪心算法的一个决策结果到达由顶点 v 表示的算法的状态时，存在从顶点 u 到顶点 v 的边。

　　然而，这些技术倾向于用来求初始解，它们很少能提供最优解。因此，它们的贡献是提供了求解初始解的一种方法，即为仔细考察问题特性设置一个阶段。

　　第 7 章将详细研究这些算法，它们对那些在计算机科学和工程中非常有名的问题给出最优解。在一个无向图中确定单源最短路径和找出一棵最小耗费生成树，这两个著名问题是利用贪心策略能够得到最优解的问题的代表。另外本章还将讨论 Huffman 编码等其他问题。

　　第 8 章讨论图遍历（深度优先搜索和广度优先搜索），相关内容在求解许多问题时是非常有用的，尤其是在求解图和几何问题时。

第7章 贪心算法

7.1 引言

和在动态规划算法的情形中一样，贪心算法通常用来于求解最优化问题，即量的最大化或最小化。然而，贪心算法不像动态规划算法，它通常包含一个用以寻找局部最优解的迭代过程。在某些实例中，这些局部最优解转变成全局最优解，而在其他一些情况下，则无法找到最优解。贪心算法在少量计算的基础上做出正确猜想而不急于考虑以后的情况，这样，它一步步地来构筑解，每一步均是建立在局部最优解的基础之上，而每一步又都扩大了部分解的规模，做出的选择产生最大的直接收益而又保持可行性。因为每一步的工作很少且基于少量信息，所得算法特别有效。设计贪心算法的困难部分就是要证明该算法确实是求解了它所要解决的问题。相比之下，递归算法通常拥有十分简单的归纳证明。在本章中，我们将研究某些最引人注目的问题，即给出最优解的一些有效的贪心策略。例如单源最短路径问题、最小耗费生成树（Prim 算法和 Kruskal 算法）及 Huffman 编码。对于那些得到次优解的贪心算法将在第 14 章讨论。本章练习给出有关贪心策略执行的某些问题（如练习 7.1、练习 7.8 和练习 7.32），以及其他一些贪心算法在某些实例上难以得出最优解的问题（如练习 7.5 ~ 7.7 和练习 7.10）。下面是利用贪心策略有效解决问题的一个简单例子。

例 7.1 考虑分数背包问题，定义如下：给出 n 个大小为 $s_1, s_2, \cdots, s_n$，值为 $v_1, v_2, \cdots, v_n$ 的项，并设背包容量为 C，要找到非负实数 $x_1, x_2, \cdots, x_n$，$0 \leqslant x_i \leqslant 1$，使和

$$\sum_{i=1}^{n} x_i v_i$$

在约束

$$\sum_{i=1}^{n} x_i s_i \leqslant C$$

下最大。

此题可用下面的贪心策略方便地解出。对于每项计算 $y_i = v_i/s_i$，即该项的值和大小的比，再按比值的降序来排序，从第一项开始装入背包，然后是第二项，依次类推，尽可能地多放，直至装满背包。这个问题表现出前面所讨论的贪心算法的诸多特性：算法由一个简单的迭代过程构成，在维持可行性的前提下，它选择能产生最大直接利益的项。

7.2 最短路径问题

设 $G = (V, E)$ 是一个每条边有非负长度的有向图，有一个特异顶点 s 称为源点。单源最短路径问题，或者简称为最短路径问题，是要确定从 s 到 V 中每一个其他顶点的距离，其中从顶点 s 到顶点 x 的距离定义为从 s 到 x 的最短路径的长度。为简便起见，我们假设 $V = \{1, 2, \cdots, n\}$ 并且 $s = 1$。这个问题可以用一种贪心技术来解决，即 Dijkstra 算法。初始时，将顶点

分为两个集合 $X = \{1\}$ 和 $Y = \{2,3,\cdots,n\}$。这样做的目的是让 X 包含这样的顶点集合：从源点到这些顶点的距离已经确定。在每一步中，我们选定源点到它的距离已经获得的一个顶点 $y \in Y$，并将这个顶点移到 X 中。与 Y 中的每个顶点 y 关联的是标记 $\lambda[y]$，它是只经过 X 中顶点的最短路径的长度，一旦顶点 $y \in Y$ 移到 X 中，与 y 相邻的每个顶点 $w \in Y$ 的标记就被更新，这表示找到了经过 y 到 w 的更短路径。在这一节中，对于任何一个顶点 $v \in V$，$\delta[v]$ 表示从源点到 v 的距离。就像后面所示，在算法结束时，对于每个顶点 $v \in V$，均有 $\delta[v] = \lambda[v]$。此算法的概要如下。

1. $X \leftarrow \{1\}$；$Y \leftarrow V - \{1\}$。

2. 对于每个 $v \in Y$，如果存在从 1 到 v 的边，则令 $\lambda[v]$（v 的标记）为边的长度；否则令 $\lambda[v] = \infty$，并设 $\lambda[1] = 0$。

3. **while** $Y \neq \{\}$

4.   令 $y \in Y$，使得 $\lambda[y]$ 为最小。

5.   将 y 从 Y 移到 X。

6.   更新那些在 Y 中与 y 相邻的顶点的标记。

7. **end while**

例 7.2 为了理解该算法是如何工作的，我们考虑如图 7.1(a) 所示的有向图，第一步是用 $\lambda[v] = length[1,v]$ 来对每个顶点 v 进行标记。如图所示，顶点 1 标为 0，顶点 2 和 3 标为 1 和 12，因为 $length[1,2] = 1$ 并且 $length[1,3] = 12$。所有其他顶点标为 ∞，因为并没有边从源点连接到这些顶点。初始时，$X = \{1\}$，$Y = \{2,3,4,5,6\}$。图中虚线左边的顶点属于 X，其余的属于 Y。在图 7.1(a) 中，我们注意到 $\lambda[2]$ 是 Y 中所有顶点的标记中最小的一个，因此把它移到 X 以表示找到了到顶点 2 的距离。为完成顶点 2 的处理，检查它的邻点 3 和 4 的标记，看看是否有通过 2 并且比原来找到的路径更短的路径。这种情况下，我们说更新顶点 2 的邻点的标记。如图所示，从顶点 1 到 2 再到 3 的路径比从顶点 1 到 3 的路径更短，因此 $\lambda[3]$ 就改成 10，它是通过顶点 2 的路径的长度。同样，由于现在从顶点 1 经过 2 到 4 的有限路径的长度为 4，所以 $\lambda[4]$ 改为 4。这些更新如图 7.1(b) 所示。下一步是将具有最小标记的顶点 4 移动到 X，并更新它在 Y 中的邻点的标记，如图 7.1(c) 所示，在这个图中，我们注意到顶点 5 和 6 的标记变成有限的，并且 $\lambda[3]$ 降为 8。现在，顶点 3 具有最小标记，因此把它移到 X 中并且相应地更新 $\lambda[5]$，如图 7.1(d) 所示。如此继续，找到顶点 5 的距离，并将它移到 X 中，如图 7.1(e) 所示。顶点 6 是留在 Y 中的仅有的顶点，因此它的标记与从顶点 1 到它的距离的长度一致。在图 7.1(f) 中，每个顶点的标记表示从源点到它的距离。

最短路径算法的实现

一个对上述算法更详细的描述在算法 DIJKSTRA 中给出。

算法 7.1 DIJKSTRA

输入：含权有向图 $G = (V,E)$，$V = \{1,2,\cdots,n\}$。

输出：G 中顶点 1 到其他顶点的距离。

1. $X = \{1\}$；$Y \leftarrow V - \{1\}$；$\lambda[1] \leftarrow 0$

2. **for** $y \leftarrow 2$ **to** n

3.   **if** y 邻接于 1 **then** $\lambda[y] \leftarrow length[1,y]$

4.   **else** $\lambda[y] \leftarrow \infty$

5.   **end if**

6. **end for**

7. **for** $j \leftarrow 1$ **to** $n-1$

8.   令 $y \in Y$, 使得 $\lambda[y]$ 为最小

9. $X \leftarrow X \cup \{y\}$ {将顶点 y 加入 X}

10. $Y \leftarrow Y - \{y\}$ {将顶点 y 从 Y 中删除}

11.   **for** 每条边 (y,w)

12.   **if** $w \in Y$ **and** $\lambda[y] + length[y,w] < \lambda[w]$ **then**

13. $\lambda[w] \leftarrow \lambda[y] + length[y,w]$

14.   **end for**

15. **end for**

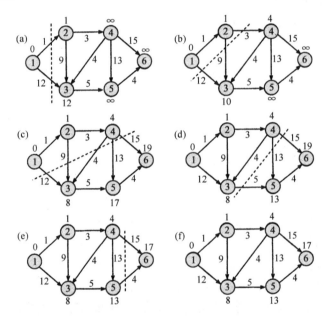

图 7.1 Dijkstra 算法的一个例子

我们假设输入图由邻接表表示,边(x,y)的长度存放在x的邻接表的y顶点中。例如,
图 7.1 所示的有向图可以用图 7.2 所示的有向图来表示。
我们还假定 E 中每条边的长度是非负的。两个集合 X 和 Y
用布尔向量 $X[1\cdots n]$ 和 $Y[1\cdots n]$ 表示,初始时,$X[1]=1$,
$Y[1]=0$,并且对于所有的 $i,2 \leq i \leq n, X[i]=0, Y[i]=1$。
这样,运算 $X \leftarrow X \cup \{y\}$ 通过将 $X[y]$ 置为 1 来实现,而运
算 $Y \leftarrow Y - \{y\}$ 通过将 $Y[y]$ 置为 0 来实现。

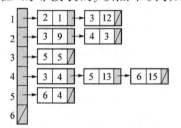

图 7.2 最短路径算法
的有向图表示

正确性

引理 7.1 在算法 DIJKSTRA 中，当顶点 y 在第 8 步中被选中时，如果标记 $\lambda[y]$ 是有限的，那么 $\lambda[y] = \delta[y]$。

证明：对顶点离开集合 Y 并进入 X 的次序进行归纳。第 1 个离开的顶点是 1，我们有 $\lambda[1] = \delta[1] = 0$。假设引理中的结论对于所有在 y 前离开 Y 的顶点都成立，因为 $\lambda[y]$ 是有限的，所以必存在从 1 到 y 的路径，它的长度是 $\lambda[y]$。现在我们来证明 $\lambda[y] \leq \delta[y]$。设 $\pi = 1, \cdots, x, w, \cdots, y$ 是从 1 到 y 的最短路径，其中 x 是在 y 前最迟离开 Y 的顶点（见图 7.3）。我们有

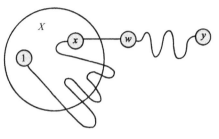

图 7.3　算法 DIJKSTRA 的正确性证明

$$
\begin{aligned}
\lambda[y] &\leq \lambda[w] && \text{因为 } y \text{ 在 } w \text{ 前离开 } Y \\
&\leq \lambda[x] + length(x, w) && \text{由算法得} \\
&= \delta[x] + length(x, w) && \text{由归纳假设得} \\
&= \delta[w] && \text{因为 } \pi \text{ 是最短路径} \\
&\leq \delta[y] && \text{因为 } \pi \text{ 是最短路径}
\end{aligned}
$$

上述的证明基于这样一个假设，即所有的边长都是非负的。关于上述假设的证明留作练习（见练习 7.18）。

时间复杂性

此算法的时间复杂性计算如下：第 1 步耗费 $\Theta(n)$ 时间，第 2 步的 for 循环耗费 $\Theta(n)$ 时间，第 8 步搜索带有最小标记的顶点耗费 $\Theta(n)$ 时间，这是因为算法必须检查表示集合 Y 的向量的每一项，由于它执行了 $n-1$ 次，第 8 步所需的全部时间为 $\Theta(n^2)$。第 9 步和第 10 步的每次迭代耗费 $\Theta(1)$ 时间，共用了 $\Theta(n)$ 时间。在整个算法中，第 11 步的 for 循环执行 m 次，其中 $m = |E|$，这是因为算法对每条边 (y, w) 都恰好检查了一次。根据以上分析，得出算法的时间复杂性是 $\Theta(m + n^2) = \Theta(n^2)$。

定理 7.1 给出一个边具有非负权的有向图 G 和源点 s，算法 DIJKSTRA 在 $\Theta(n^2)$ 时间内找出从 s 到其他每一顶点距离的长度。

证明：引理 7.1 确定了此算法的正确性，而时间复杂性根据上述讨论得到。

7.2.1　改善时间界限

现在我们准备就 $m = o(n^2)$ 的图对算法 DIJKSTRA 进行一些大的改进，从而把它的时间复杂性从 $\Theta(n^2)$ 减到 $O(m \log n)$。我们还将进一步改进它，使得在稠图（dense graph）情况下，它的运行时间是边数的线性函数。

基本的思路是用最小堆数据结构（见 3.2 节）来保持集合 Y 中的顶点，使 Y 组中离 $V-Y$ 最近的顶点 y 可以在 $O(\log n)$ 时间内被选出。与每个顶点 v 相关的键就是它的标记 $\lambda[v]$，最后的算法如算法 SHORTESTPATH 所示。

算法7.2 SHORTESTPATH

输入: 含权有向图 $G = (V, E)$, $V = \{1, 2, \cdots, n\}$。

输出: G 中顶点 1 到其他顶点的距离。假设已有一个空堆 H。

```
 1. Y ← V - {1}; λ[1] ← 0; key(1) ← λ[1]
 2. for y ← 2 to n
 3.     if y 邻接于 1 then
 4.         λ[y] ← length[1, y]
 5.         key(y) ← λ[y]
 6.         INSERT(H, y)
 7.     else
 8.         λ[y] ← ∞
 9.         key(y) ← λ[y]
10.     end if
11. end for
12. for j ← 1 to n - 1
13.     y ← DELETEMIN(H)
14.     Y ← Y - {y}     {将顶点 y 从 Y 中删除}
15.     for 每个邻接于 y 的顶点 w ∈ Y
16.         if λ[y] + length[y, w] < λ[w] then
17.             λ[w] ← λ[y] + length[y, w]
18.             key(w) ← λ[w]
19.         end if
20.         if w ∉ H then INSERT(H, w)
21.         else SIFTUP(H, H⁻¹(w))
22.         end if
23.     end for
24. end for
```

分配给每个顶点 $y \in Y$ 一个键, 它是连接 1 到 y 的边的耗费 (如果存在边), 否则键就被置成 ∞。H 堆一开始包含了与顶点 1 相邻的所有顶点, 第 12 步中 for 循环的每一次迭代从选出带有最小键的顶点 y 开始, 然后更新 Y 中与 y 相邻的每一个顶点 w 的键。接着, 如果 w 不在堆中, 则插入; 否则, 如果有必要就上渗(sift up)。函数 $H^{-1}(w)$ 返回 w 在 H 中的位置, 这仅仅用一个数组就可以直接实现, 数组的第 j 项是顶点 j 在堆中的位置 (注意堆由一个数组 $H[1\cdots n]$ 实现)。运行时间主要取决于堆运算, 这里共有 $n - 1$ 次 DELETEMIN 运算, $n - 1$ 次 INSERT 运算, 最多 $m - n + 1$ 次 SIFTUP 运算, 每个堆运算需要 $O(\log n)$ 时间, 结果总共需要 $O(m \log n)$ 时间。需要强调的是, 输入算法的是图的邻接表。

可以回想一下, d 堆本质上是二分堆的推广, 它的树中的每一个内部节点最多有 d 个而不是两个子节点, 其中 d 是一个任意大的数 (见练习 3.21)。如果我们使用 d 堆, 则运行时间可以改善如下: 每个 DELETEMIN 运算需要 $O(d \log_d n)$ 时间, 而每个 INSERT 或 SIFTUP 运

算需要 $O(\log_d n)$ 时间, 于是总的运行时间是 $O(nd \log_d n + m \log_d n)$。如果我们选择 $d = \lceil 2 + m/n \rceil$, 则时间界限是 $O(m \log_{\lceil 2+m/n \rceil} n)$。如果对于某个不太小的 $\epsilon > 0$, $m \geq n^{1+\epsilon}$, 即图是稠密的, 则运行时间是

$$
\begin{aligned}
O(m \log_{\lceil 2+m/n \rceil} n) &= O(m \log_{\lceil 2+n^{\epsilon} \rceil} n) \\
&= O\left(m \frac{\log n}{\log n^{\epsilon}} \right) \\
&= O\left(m \frac{\log n}{\epsilon \log n} \right) \\
&= O\left(\frac{m}{\epsilon} \right)
\end{aligned}
$$

这蕴含以下定理。

定理 7.2 给出具有非负权重的边和源点 s 的图 G, 算法 SHORTESTPATH 可在 $O(m \log n)$ 时间内找出从 s 到其他每一个顶点的距离。如果图是稠密的, 即对于某个 $\epsilon > 0, m \geq n^{1+\epsilon}$, 那么可以将其改善为在 $O(m/\epsilon)$ 时间内运行。

7.3 最小耗费生成树 (Kruskal 算法)

定义 7.1 设 $G = (V, E)$ 是一个具有含权边的连通无向图。G 的一棵生成树 (V, T) 是 G 的作为树的子图。如给 G 加权并且 T 各边的权重的和为最小值, 那么 (V, T) 就称为最小耗费生成树或简称为最小生成树。

假设在本节中 G 均为连通的, 如果 G 是不连通的, 那么此算法可以适用于 G 的每个连通的分图。Kruskal 算法的工作原理是维护由许多生成树组成的一个森林, 这些生成树逐步合并, 直到最终森林合并为一棵树, 这棵树就是最小耗费生成树。此算法先从对权重以非降序排列着手。接着从由图的顶点组成而不包含边的森林 (V, T) 开始, 重复下面这一步, 直到 (V, T) 被变换成一棵树: 设 (V, T) 是到现在为止构建的森林, $e \in E - T$ 为当前考虑的边, 如果把 e 加到 T 中不生成一条回路, 那么将 e 加入 T; 否则丢弃 e。这个处理在恰好加完 $n-1$ 条边后结束。此算法概括如下:

1. 对 G 的边以非降序的权重排列;
2. 对于排序表中的每条边, 如果现在把它加入 T 不会形成回路, 则把它加入生成树 T 中; 否则将它丢弃。

例 7.3 考虑图 7.4(a) 所示的含权图, 正如图 7.4(b) 所示, 加入的第一条边是 $(1,2)$, 因为它的耗费最小。接下来, 如图 7.4(c) 至图 7.4(e) 所示, 边 $(1,3)$, $(4,6)$ 和 $(5,6)$ 依次加入 T。再接下来, 如图 7.4(f) 所示, 边 $(2,3)$ 构成了一条回路, 因此将它丢弃。同理, 如图 7.4(g) 所示, 边 $(4,5)$ 也被丢弃。最后, 加入边 $(3,4)$, 这样就产生了最小生成树 (V, T), 如图 7.4(h) 所示。

Kruskal 算法的实现

为了有效地实现此算法, 我们需要某种机制来检测加入边后是否构成回路。为此需要确定一种数据结构, 让它在算法的每个时刻表示森林, 并且在向 T 中添加边时动态检测是否有回路生成。实现这种数据结构的一个合适选择是利用 3.3 节讨论过的不相交集表示法。开始

时，图的每个顶点由一棵包含一个顶点的树表示，在算法的执行过程中，森林中的每个连通分量由一棵树表示。下面的算法 KRUSKAL 给出对这个方法的更形式化的描述。首先，边集以关于权重的非降序存储，接下来构建 n 个单元素集合，每个顶点一个，与此同时，生成树的边集初始时为空，while 循环一直执行，直到形成最小耗费生成树。

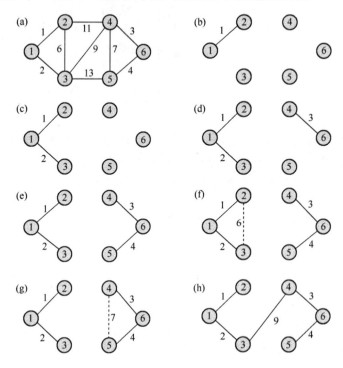

图 7.4　Kruskal 算法的一个例子

算法 7.3　KRUSKAL

输入：包含 n 个顶点的含权连通无向图 $G = (V, E)$。

输出：由 G 生成的最小耗费生成树 T 所组成的边集。

1. 按非降序的权重将 E 中的边排序
2. **for** 每条边 $v \in V$
3.   MAKESET($\{v\}$)
4. **end for**
5. $T = \{\}$
6. **while** $|T| < n - 1$
7.   令 (x, y) 为 E 中的下一条边
8.   **if** FIND(x) $\neq$ FIND(y) **then**
9.   将 (x, y) 加入 T
10.   UNION(x, y)
11.   **end if**
12. **end while**

正确性

引理 7.2 在含权连通无向图中，算法 KRUSKAL 正确地找出最小耗费生成树。

证明： 我们通过对 T 的大小施行归纳法来证明，T 是最小生成树边集的子集。初始时，$T = \{\}$ 并且命题平凡地为真。对于归纳步：假设在此算法第 9 步中加入边 $e = (x, y)$ 之前有 $T \subset T^*$，这里 T^* 是最小耗费生成树 $G^* = (V, T^*)$ 的边集。设 X 是包含 x 的子树的顶点集，设 $T' = T \cup \{e\}$，我们将证明 T' 也是最小耗费生成树中边集的子集。根据假设归纳，$T \subset T^*$，如果 T^* 包含 e，那么就不需要进一步证明，否则根据定理 2.1(c)，$T^* \cup \{e\}$ 恰好包含以 e 为一条边的一条回路，因为 $e = (x, y)$ 连接了 X 中的一个顶点和 $V - X$ 中的另一个顶点，T^* 必定也包含另一条边 $e' = (w, z)$，使得 $w \in X$，并且 $z \in V - X$。我们得知 $cost(e') \geqslant cost(e)$；否则 e' 应该在前边添加，因为它不与 T^*（它含有 T 的边）的边构成回路。如果现在构造 $T^{**} = T^* - \{e'\} \cup \{e\}$，则有 $T' \subset T^{**}$。进一步，T^{**} 是最小耗费生成树的边集，因为在所有连接 $V - X$ 的顶点与 X 的顶点的边中，e 的值最小。

时间复杂性

下面分析算法的时间复杂性。第 1 步耗费 $O(m \log m)$ 时间，其中 $m = |E|$。第 2 步的 for 循环耗费 $\Theta(n)$ 时间。第 7 步耗费 $\Theta(1)$ 时间，再加上第 7 步最多执行 m 次，总共耗费 $O(m)$ 时间。第 9 步恰好执行 $n - 1$ 次，总共需要 $\Theta(n)$ 时间。合并运算执行 $n - 1$ 次，查找运算最多执行 $2m$ 次。由定理 3.3，这两个运算总共耗费 $O(m \log^* n)$ 时间。这样算法总的运行时间取决于排序步，也就是 $O(m \log m) = O(m \log n)$。

定理 7.3 在一个有 m 条边的含权无向图中，算法 KRUSKAL 可在 $O(m \log n)$ 时间内找出最小耗费生成树。

证明： 引理 7.2 保证了算法的正确性，时间复杂性来自上面的讨论结果。

因为 m 可以像 $n(n-1)/2 = \Theta(n^2)$ 一样大，时间复杂性以 n 来表达就是 $O(n^2 \log n)$。如果图是平面的，那么 $m = O(n)$（见 2.3.2 节），因此算法的运行时间就变成 $O(n \log n)$。

7.4 最小耗费生成树(Prim 算法)

如同前一节，我们假设这一节中的 G 都是连通的。如果 G 是不连通的，那么 Prim 算法适用于 G 的每个连通的子图。

这是一种与算法 KRUSKAL 截然不同的寻找含权无向图中最小耗费生成树的算法。寻找含权无向图中最小耗费生成树的 Prim 算法与求解最短路径问题的 Dijkstra 算法十分相似。该算法从一个任意顶点开始生长生成树。设 $G = (V, E)$，为了简便起见，V 取整数集合 $\{1, 2, \cdots, n\}$。算法从建立两个顶点集开始，即 $X = \{1\}$ 和 $Y = \{2, 3, \cdots, n\}$。接着生长一棵生成树，每次一条边。在每一步，它找出一条权重最小的边 (x, y)，其中 $x \in X, y \in Y$，并且把 y 从 Y 移到 X。这条边将被添加到当前最小生成树 T 的边中。重复这一步直到 Y 为空。Prim 算法概括如下，它找出了最小耗费生成树 T 的边集。

1. $T \leftarrow \{\}$；$X \leftarrow \{1\}$；$Y \leftarrow V - \{1\}$
2. **while** $Y \neq \{\}$
3.   设 (x, y) 是权重最小的边，其中 $x \in X, y \in Y$

4. $X \leftarrow X \cup \{y\}$

5. $Y \leftarrow Y - \{y\}$

6. $T \leftarrow T \cup \{(x,y)\}$

7. end while

例7.4 考虑图7.5(a)，虚线左边的顶点属于 X，虚线右边的顶点属于 Y。首先，如图7.5(a)所示，$X = \{1\}$，$Y = \{2,3,\cdots,6\}$。在图7.5(b)中，顶点2从 Y 移动到 X，因为在所有与顶点1关联的边中，边 $(1,2)$ 的值最小，这由移动的虚线显示出来，现在顶点1和2在它的左边。如图7.5(b)所示，从 Y 移动到 X 的候选顶点为3和4。因为在所有的一端在 X、一端在 Y 的边中，边 $(1,3)$ 的值最小，顶点3从 Y 移向 X。接下来，在图7.5(c)的两个候选顶点4和5中，因为边 $(3,4)$ 的值最小，所以移动顶点4。最后，如图7.5(e)所示，顶点6和顶点5先后从 Y 移向 X。每次从 Y 向 X 移动一个顶点 y 时，它对应的边就添加到 T 中，而 T 是最小生成树的边集，最终生成的最小生成树如图7.5(f)所示。

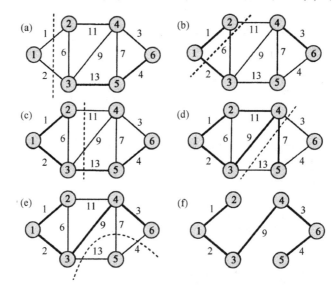

图7.5   Prim 算法的一个例子

Prim 算法的实现

假设输入用邻接表来表示。边 (x,y) 的耗费（即权重）记为 $c[x,y]$，存储在对应于 x 的邻接表中 y 的节点里。这恰好是图7.2所示的 Dijkstra 算法的输入表示法（但这里我们处理的是无向图），X 和 Y 两个集合用布尔向量 $X[1\cdots n]$ 和 $Y[1\cdots n]$ 来实现。初始时，$X[1] = 1$，$Y[1] = 0$，并且对于所有 $i, 2 \le i \le n, X[i] = 0, Y[i] = 1$。这样，通过置 $X[y]$ 为1来实现运算 $X \leftarrow X \cup \{y\}$，并且用置 $Y[y]$ 为0来实现运算 $Y \leftarrow Y - \{y\}$。树的边集 T 用链表来实现，这样为了实现运算 $T \leftarrow T \cup \{(x,y)\}$，就简单地把边 (x,y) 添加到 T 中即可。于是，从这个链表构建最小生成树的邻接表就很容易了。

如果 (x,y) 是一条这样的边，即 $x \in X, y \in Y$，则称 y 为边界顶点，它是从 Y 移向 X 的候选顶点。设 y 为边界顶点，那么至少存在一个顶点 $x \in X$ 与之相邻。定义 y 的邻居（记为 $N[y]$）是 X 中具有以下性质的那个顶点 x：在所有 X 的邻接于 y 的顶点中，$c[x,y]$ 最小。我们又定

义 $C[y] = c[y, N[y]]$，因此 $N[y]$ 是 X 中离 y 最近的邻居，并且 $C[y]$ 是连接 y 和 $N[y]$ 的边的耗费。此算法的详细描述在算法 PRIM 中给出。

算法 7.4　PRIM

输入：含权连通无向图 $G = (V, E)$，$V = \{1, 2, \cdots, n\}$。

输出：由 G 生成的最小耗费生成树 T 组成的边集。

1. $T \leftarrow \{\}$；$X \leftarrow \{1\}$；$Y \leftarrow V - \{1\}$
2. **for** $y \leftarrow 2$ **to** n
3. 　　**if** y 邻接于 1 **then**
4. 　　　　$N[y] \leftarrow 1$
5. 　　　　$C[y] \leftarrow c[1, y]$
6. 　　**else** $C[y] \leftarrow \infty$
7. 　　**end if**
8. **end for**
9. **for** $j \leftarrow 1$ **to** $n - 1$　 {寻找 $n-1$ 条边}
10. 　　令 $y \in Y$，使得 $C[y]$ 最小
11. 　　$T \leftarrow T \cup \{(y, N[y])\}$　 {将边 $(y, N[y])$ 加入 T}
12. 　　$X \leftarrow X \cup \{y\}$　 {将顶点 y 加入 X}
13. 　　$Y \leftarrow Y - \{y\}$　 {从 Y 删除顶点 y}
14. 　　**for** 每个邻接于 y 的顶点 $w \in Y$
15. 　　　　**if** $c[y, w] < C[w]$ **then**
16. 　　　　　　$N[w] \leftarrow y$
17. 　　　　　　$C[w] \leftarrow c[y, w]$
18. 　　　　**end if**
19. 　　**end for**
20. **end for**

在初始化时，置 $N[y]$ 为 1，并且对于每个与 1 相邻的顶点 y，令 $C[y] = c[1, y]$。对于每个与 1 不相邻的顶点 y，置 $C[y]$ 为 ∞。在每次迭代中，具有最小 $C[y]$ 的顶点 y 从 Y 移到 X。移动之后，Y 中每个与 y 相邻的顶点 w 的 $N[w]$ 和 $C[w]$ 均予以更新。

正确性

引理 7.3　在含权连通无向图中，算法 PRIM 正确地找出最小耗费生成树。

证明：我们用对 T 的大小实施归纳法来证明，(X, T) 是最小耗费生成树的子树。初始时，$T = \{\}$ 并且命题平凡地为真。假设在算法的第 11 步添加边 $e = (x, y)$ 之前命题为真，其中 $x \in X, y \in Y$。设 $X' = X \cup \{y\}$ 和 $T' = T \cup \{e\}$，我们将证明 $G' = (X', T')$ 也是某最小耗费生成树的子树。首先，我们证明 G' 为一棵树，因为 e 恰好与 X 中的一个称为 x 的顶点连接，同时根据归纳假设，(X, T) 是一棵树，G' 是连通且无回路的，即为一棵树。我们现在证明 G' 是一棵最小耗费生成树的子树。根据归纳假设，$T \subset T^*$，这里 T^* 是最小生成树 $G^* = (V, T^*)$ 的边集。如果 T^* 包含 e，那么就不需要再进一步证明了。否则，根据定理 2.1(c)，$T^* \cup \{e\}$ 恰好包

含以 e 为一条边的一条回路。因为 $e=(x,y)$ 连接了 X 中的一个顶点和 Y 中的另一个顶点，T^* 必定也包含另一条边 $e'=(w,z)$，并且有 $w\in X$ 和 $z\in Y$。现在构建 $T^{**}=T^*-\{e'\}\cup\{e\}$，注意 $T'\subseteq T^{**}$。进一步，T^{**} 是最小耗费生成树的边集，因为在所有连接 X 的顶点和 Y 的顶点的边中，e 的值最小。

时间复杂性

此算法的时间复杂性计算如下。第 1 步耗费 $\Theta(n)$ 时间，第 2 步的 for 循环需要 $\Theta(n)$ 时间。第 10 步搜索离 X 最近的顶点 y，每迭代一次需要耗费 $\Theta(n)$ 时间，因为算法对表示集合 Y 的向量的每一项都要检查，而这一步执行了 $n-1$ 次，所以第 10 步一共耗费 $\Theta(n^2)$ 时间。在第 11 步、第 12 步和第 13 步，每迭代一次耗费 $\Theta(1)$ 时间，总共耗费 $\Theta(n)$ 时间。第 14 步的 for 循环执行了 $2m$ 次，其中 $m=|E|$，这是因为每条边 (y,w) 都被检查了两次：一次是当 y 移向 X 时，另一次是当 w 移向 X 时。因此，for 循环总共耗费 $\Theta(m)$ 时间。这样就得到了算法的时间复杂性是 $\Theta(m+n^2)=\Theta(n^2)$。

定理 7.4 算法 PRIM 在一个有 n 个顶点的含权无向图中找出最小耗费生成树需要 $\Theta(n^2)$ 时间。

证明：引理 7.3 确定了算法的正确性，余下的内容是根据上面的讨论得出的。

7.4.1 稠图的线性时间算法

现在要改进算法 PRIM，就像曾经对算法 DIJKSTRA 所做的改进，目标是把 $m=o(n^2)$ 的那类图的时间复杂性从 $\Theta(n^2)$ 减少到 $O(m\log n)$。以后还要进一步改进它，使得在稠图情况下，可以在关于边数的线性时间内运行。

如同在算法 SHORTESTPATH 中，基本思想是用最小堆数据结构（见 3.2 节）来保持边界顶点集，使得可以在 $O(\log n)$ 时间内取得 Y 中的顶点 y，这个 y 和 $V-Y$ 中的一个顶点连接的边的耗费是最小的。修改后的算法在算法 MST 中给出。

算法 7.5 MST

输入：含权连通无向图 $G=(V,E)$，$V=\{1,2,\cdots,n\}$。

输出：由 G 生成的最小耗费生成树 T 组成的边集。假设我们已有一个空堆 H。

```
1.  T ← { }；Y ← V - {1}
2.  for y ← 2 to n
3.      if y 邻接于 1 then
4.          N[y] ← 1
5.          key(y) ← c[1,y]
6.          INSERT(H,y)
7.      else key(y) ← ∞
8.      end if
9.  end for
10. for j ← 1 to n - 1      {查找 n - 1 条边}
11.     y ← DELETEMIN(H)
```

12. $T \leftarrow T \cup \{(y, N[y])\}$ {将边$(y, N[y])$加入T}

13. $Y \leftarrow Y - \{y\}$ {从Y删除顶点y}

14.   **for** 每个邻接于y的顶点$w \in Y$

15.   **if** $c[y, w] < key(w)$ **then**

16. $N[w] \leftarrow y$

17. $key(w) \leftarrow c[y, w]$

18.   **end if**

19.   **if** $w \notin H$ **then** INSERT(H, w)

20.   **else** SIFTUP$(H, H^{-1}(w))$

21.   **end for**

22. **end for**

初始化堆H，使它包含所有顶点 1 的邻点，为每一个顶点$y \in Y$分配一个键值，如果y和 1 之间存在边，则它表示边的耗费，否则键值被置为∞。for 循环的每次迭代从取出具有最小键值的顶点y开始，然后更新Y中与y相邻的每个w的键值。接着，如果w不在堆中，则插入它；否则如果需要，就将其上渗。函数$H^{-1}(w)$返回w在H中的位置，这可以简单地用一个数组的第j项表示堆中顶点j的位置来实现。与算法 SHORTESTPATH 中一样，运行时间由堆运算支配，在算法中存在$n - 1$次 DELETEMIN 运算，$n - 1$次 INSERT 运算，最多$m - n + 1$次 SIFTUP 运算，这些运算的每一个在采用二分堆时都需要$O(\log n)$时间，因此总共需要$O(m \log n)$时间。

一个d堆基本上是二叉堆的一般化。树的中间节点最多有d个而不是两个子节点。这里，d可以是任意大的一个数（见练习 3.21）。如果使用d堆，则运行时间可以改进如下，每次 DELETEMIN 运算需要$O(d \log_d n)$时间，并且每次 INSERT 或 SIFTUP 运算需要$O(\log_d n)$时间。这样，总的运行时间是$O(nd \log_d n + m \log_d n)$。如果选择$d = \lceil 2 + m/n \rceil$，则时间界限变成$O(m \log_{\lceil 2 + m/n \rceil} n)$。如果对于某个不太小的$\epsilon > 0$，$m \geq n^{1+\epsilon}$，即图是稠密的，那么运行时间是

$$O(m \log_{\lceil 2 + m/n \rceil} n) = O(m \log_{\lceil 2 + n^\epsilon \rceil} n)$$

$$= O\left(m \frac{\log n}{\log(2 + n^\epsilon)}\right)$$

$$= O\left(m \frac{\log n}{\log n^\epsilon}\right)$$

$$= O\left(\frac{m}{\epsilon}\right)$$

这蕴含着下面的定理。

定理 7.5 给出一个含权无向图G，算法 MST 在$O(m \log n)$时间内找出最小耗费生成树。如果图是稠密的，即如果对于某个$\epsilon > 0$，$m \geq n^{1+\epsilon}$，那么它可以被进一步改进为在$O(m/\epsilon)$时间内运行。

7.5 文件压缩

假设有一个字符型文件，我们希望用这样一种方法尽可能多地压缩文件，但可以很容易地重建源文件。设文件中的字符集是$C = \{c_1, c_2, \cdots, c_n\}$，又设$f(c_i)$（$1 \leq i \leq n$）

是文件中字符 c_i 的频度,即文件中 c_i 出现的次数。用定长比特数表示每个字符,这种方式称为字符编码,文件的大小取决于文件中的字符数。然而,由于有些字符的频度可能远大于另外一些字符的频度,因此使用变长编码是有道理的。直观上来说,那些频度大的字符将被赋予短的编码,而长的编码可以赋给那些频度小的字符。当编码在长度上变化时,我们规定一个字符的编码不能是另一个字符编码的前缀(即词头),这种码称为前缀码。例如,如果我们把编码 10 和 101 赋予字符"a"和"b"就会存在二义性,因为并不清楚 10 究竟是"a"的编码还是"b"的编码的前缀。

一旦满足前缀约束,编码就没有二义性了,然后就可以扫描比特序列,直至找到某个字符的编码。分析给定比特序列的一种方法是使用一棵满二叉树,它的每一个内部节点都恰好有两个分支,标记为 0 和 1,这棵树中的叶节点对应于字符,从根节点到叶节点的每一条路径上的 0 和 1 序列对应于一个字符的编码。下面,我们描述如何构造一棵满二叉树以最小化压缩文件的大小。

我们展示的这个算法由 Huffman 提出。由算法构造的编码满足前缀约束,并且最小化压缩文件的大小。算法将重复下面的过程,直至 C 仅由一个字符组成:设 c_i 和 c_j 是两个有最小频度的字符,建立一个新节点 c,它的频度是 c_i 和 c_j 的频度的和,使 c_i 和 c_j 成为 c 的子节点,令 $C = C - \{c_i, c_j\} \cup \{c\}$。

例7.5 考虑找出一个文件的前缀码,文件由字母 a, b, c, d 和 e 组成,参见图7.6,假如这些字母在文件中按以下频度出现。

$$f(a) = 20, f(b) = 7, f(c) = 10, f(d) = 4 \text{ 和 } f(e) = 18$$

每个叶节点用它相应的字符和该字符在文件中出现的频度标记,每个内部节点用它子树中的叶权之和及其建立的序标记。例如,第一个建立的内部节点有和 11,并且被标为 1。从这棵二叉树可得,a, b, c, d 和 e 的编码分别是 01,110,10,111 和 00,假如在压缩前,每一个字符由 3 位二进制数表示,那么原来文件的大小是 $3(20 + 7 + 10 + 4 + 18) = 177$ 比特,而采用上面编码压缩的文件大小

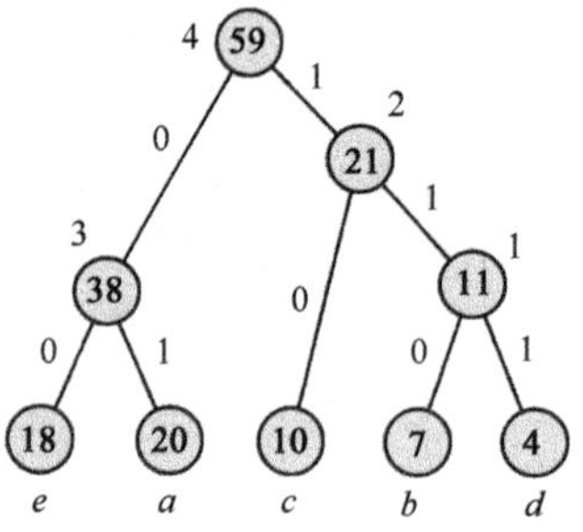

图 7.6 一个 Huffman 树的例子

变成 $2 \times 20 + 3 \times 7 + 2 \times 10 + 3 \times 4 + 2 \times 18 = 129$ 比特,节省了大约 27% 的空间。

算法

因为建立 Huffman 树的主要运算是插入和删除具有最小频度的字符,所以最小堆是支持这些运算的最佳候选数据结构。算法构建一棵树要增加 $n - 1$ 个内部节点,每次一个;叶节点对应于输入的字符。在初始化时和运行期间,算法维持树的森林,加上 $n - 1$ 个内部节点后,森林转换成一棵树,即 Huffman 树。下面对上述算法给出一个更精确的描述,对于输入的字符串和字符的频度,它构建一棵对应于 Huffman 编码的完全二叉树。

算法7.6 HUFFMAN

输入: n 个字符的集合 $C = \{c_1, c_2, \cdots, c_n\}$ 和它们的频度 $\{f(c_1), f(c_2), \cdots, f(c_n)\}$。

输出: C 的 Huffman 树 (V, T)。

1. 根据频度将所有字符插入最小堆 H。

2. $V \leftarrow C; T = \{\}$

3. **for** $j \leftarrow 1$ **to** $n - 1$

4. $c \leftarrow \text{DELETEMIN}(H)$

5. $c' \leftarrow \text{DELETEMIN}(H)$

6. $f(v) \leftarrow f(c) + f(c')$ {v 是一个新节点}

7. $\text{INSERT}(H, v)$

8. $V = V \cup \{v\}$ {将 v 添加到 V}

9. $T = T \cup \{(v, c), (v, c')\}$ {使 c 和 c' 成为 T 中 v 的子节点}

10. **end while**

时间复杂性

算法的时间复杂性计算如下：把所有字符插入堆中需要 $\Theta(n)$ 时间（见定理 3.1）。从堆中删除两个元素和增加一个新元素需要 $O(\log n)$ 时间。因为这些操作重复了 $n - 1$ 次，所以 for 循环需要的总时间是 $O(n \log n)$。这样就得到了算法的时间复杂性是 $O(n \log n)$。

7.6 练习

7.1 本练习是关于货币兑换的问题，这个问题已经在练习 6.29 中进行了说明。考虑一个现行的货币系统，它有以下面值的硬币：1 元（100 分）、2 角 5 分（25 分）、1 角（10 分）、5 分和 1 分（单位值的硬币是永远需要的）。假如要进行币值为 y 分的兑换，并让硬币的总数 n 最小，请给出求解这个问题的贪心算法。

7.2 请给出一个反例证明，如果把硬币的面值换成 1 分、5 分、7 分和 11 分，那么练习 7.1 中得到的贪心算法并不总是起作用。注意在这种情况下，动态规划可以用来找出最少硬币数（见练习 6.29 和练习 6.30）。

7.3 假定在练习 7.1 的货币兑换问题中，硬币的面值是：$1, 2, 4, 8, 16, \cdots, 2^k$，其中 k 是某个正整数。如果要兑换的值 $y < 2^{k+1}$，请给出一个 $O(\log n)$ 算法来求解这个问题。

7.4 对于什么样的面值 $\{v_1, v_2, \cdots, v_k\}$，$k \geq 2$，练习 6.29 中所述的货币兑换问题的贪心算法总能给出最少硬币数？请证明你的答案。

7.5 设 $G = (V, E)$ 是一个无向图，一个图 G 的顶点覆盖是一个子集 $S \subseteq V$，使 E 中的每一条边至少与 S 中的一个顶点关联。考虑以下找出 G 的顶点覆盖的算法。首先，根据度的递减序对 V 中的顶点排序，接着进行以下步骤，直到所有边被覆盖：取一个度数最高并且在剩下的图中至少与一条边关联的顶点，把它加到覆盖中，删除所有和该顶点关联的边。证明这个贪心算法并不是总能得到最小尺寸的顶点覆盖。

7.6 设 $G = (V, E)$ 是一个无向图。G 中的一个团集（clique）C 是 G 的一个子图，子图自身是完全图。如果在 G 中没有其他的团集 C' 使 C' 的尺寸大于 C 的尺寸，那么团集 C 是最大的。考虑用以下方法试图找出 G 中的最大团集。初始化时，设 $C = G$，重复下面的步骤，直到 C 是一个团集。删除 C 中的一个顶点，它没有连接到 C 中其他任何一个顶点。请证明，这种贪心算法并不是总能得到最大团集。

7.7 设 $G = (V, E)$ 是一个无向图。图 G 的着色是一个关于 V 中顶点的颜色指派问题，使没有两个相邻顶点具有相同的颜色。着色问题决定对图 G 着色所需要的最少颜色数。考虑下面的贪心方法，它试图解决着色问题。设颜色是 $1,2,3,\cdots$，首先尽可能多地用颜色 1 对顶点着色，然后用颜色 2 对尽可能多的顶点着色，等等。请证明，使用这种贪心方法并不是总能对图用最少的颜色数着色。

7.8　设 $A_1, A_2, \cdots, A_m$ 是 m 个已按非降序排列的整数数组，每个数组 A_j 的大小是 n_j。假设我们想用与 1.4 节中描述的算法 MERGE 类似的算法把所有的数组合并成一个数组。用贪心方法给出一个合并数组的序，使所有合并中比较的总次数最少。例如，如果 $m=3$，我们可以合并 A_1 和 A_2 得到 A_4，然后合并 A_3 和 A_4 得到 A。另一种方法是合并 A_2 和 A_3 得到 A_4，然后合并 A_1 和 A_4 得到 A。还有一种方法是合并 A_1 和 A_3 得到 A_4，然后合并 A_2 和 A_4 得到 A（提示：给出一个类似于算法 HUFFMAN 的算法）。

7.9　分析练习 7.8 中算法的时间复杂性。

7.10　考虑如下的贪心算法，它试图找出在具有正边长的有向图 G 中顶点 s 到顶点 t 的距离。从顶点 s 开始，到最近的顶点，称为 x；从 x 出发，到最近的顶点，称为 y，继续这种做法直至到达顶点 t。给出一个具有最少顶点的图，证明这种探索并不总是产生从 s 到 t 的距离（回忆从顶点 u 到顶点 v 的距离是从 u 到 v 的最短路径的长度）。

7.11　在图 7.7 所示的有向图上应用算法 DIJKSTRA，假设顶点 1 是起始点。

7.12　算法 DIJKSTRA 是最优的吗？请解释。

7.13　在算法 DIJKSTRA 的输入中，用邻接矩阵表示法替代邻接表有什么优缺点？

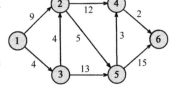

图 7.7　有向图

7.14　修改算法 DIJKSTRA，使它找出最短路径和其长度。

7.15　证明由练习 7.14 中修改过的最短路径算法得到的路径所定义的子图是一棵树。这棵树称为最短路径树。

7.16　一个有向图会有两棵不同的最短路径树吗（见练习 7.15）？请证明你的结论。

7.17　给出一个有向图的例子，证明如果一些边有负值，那么算法 DIJKSTRA 并不总是有效的。

7.18　证明如果输入图中的一些边有负值，那么算法 DIJKSTRA 的正确性证明（见引理 7.1）并不总是有效的。

7.19　设 $G=(V,E)$ 是这样一个有向图，从它的边中移去方向产生一平面图。当把算法 SHORTESTPATH 用在 G 上时，运行时间是什么？与算法 DIJKSTRA 的运行时间进行比较。

7.20　设 $G=(V,E)$ 是一个有向图，有 $m=O(n^{1.2})$，其中 $n=|V|, m=|E|$。如何修改算法 SHORTESTPATH，可使它在 $O(m)$ 时间内运行？

7.21　对图 7.8 中所示的无向图应用算法 KRUSKAL 来找出最小耗费生成树，请给出所得结果。

7.22　对图 7.8 中所示的无向图应用算法 PRIM 来找出最小耗费生成树，请给出所得结果。

7.23 设 $G = (V, E)$ 是一个无向图且 $m = O(n^{1.99})$，其中 $n = |V|, m = |E|$。假设要找出 G 的最小耗费生成树，那么可以选择哪一种算法：算法 PRIM 还是算法 KRUSKAL？请解释。

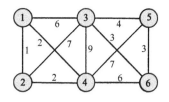

图 7.8　无向图

7.24 设 e 是无向图 G 中一条有最小权重的边，证明 e 属于 G 的某个最小耗费生成树。

7.25 如果图有负的权重，那么算法 PRIM 能正常运行吗？请证明你的结论。

7.26 设 G 是一个含权无向图，并且没有两条边有相同的权重。试证明 G 有唯一的最小耗费生成树。

7.27 试问具有 n 个顶点的完全无向图 G 的生成树的数量是多少？例如，有三个顶点的完全图 K_3 的生成树的数量是 3。

7.28 设 G 是一个含权有向图，并且没有两条边有相同的权重。设 T 是 G 的一棵最短路径树（见练习 7.15）。设 G' 是图 G 中的边移去方向后得到的无向图，T' 是 G' 的最小耗费生成树。那么 $T = T'$ 是否成立？请证明。

7.29 用算法 HUFFMAN 找出字符 a, b, c, d, e 和 f 的最优编码，它们在所给的文本中出现的频度分别是 $7, 5, 3, 2, 12, 9$。

7.30 试证明利用算法 HUFFMAN 得到的图是一棵树。

7.31 算法 HUFFMAN 采用自底向上的方式构建编码树，请问这是动态规划算法吗？

7.32 设 $B = \{b_1, b_2, \cdots, b_n\}$ 和 $W = \{w_1, w_2, \cdots, w_n\}$ 是平面上白点和黑点的两个集合。每一点用 x 和 y 坐标对 (x, y) 表示。一个黑点 $b_i = (x_i, y_i)$ 支配一个白点 $w_j = (x_j, y_j)$ 当且仅当 $x_i \geq x_j$ 和 $y_i \geq y_j$。如果 b_i 支配 w_j，那么一个黑点 b_i 和一个白点 w_j 可能匹配。如果 M 中的匹配对的数目 k 最大，那么在黑点和白点之间的匹配 $M = \{(b_{i_1}, w_{j_1}), (b_{i_2}, w_{j_2}), \cdots, (b_{i_k}, w_{j_k})\}$ 最大。设计一个贪心算法，在 $O(n \log n)$ 时间内找出一个最大匹配（提示：以 x 坐标的升序对黑点排序，并且为白点使用一个堆）。

7.7　参考注释

在大多数的算法专著中都会讨论图的贪心算法（见第 1 章的参考注释）。

单源最短路径问题的算法 DIJKSTRA 出自 Dijkstra（1959），用堆来实现出自 Johnson（1977），也可参见 Tarjan（1983）。这个问题已知的最好渐近运行时间是 $O(m + n \log n)$，出自 Fredman and Tarjan（1987）。

Graham and Hell（1985）讨论了已经得到广泛研究的最小耗费生成树问题的历史背景。算法 KRUSKAL 出自 Kruskal（1956），算法 PRIM 出自 Prim（1957）。用堆来改进的工作可以从 Johnson（1975）找到。更精细的算法可以从 Yao（1975），Cheriton and Tarjan（1976）和 Tarjan（1983）找到。实现文件压缩的算法 HUFFMAN 出自 Huffman（1952），又见 Knuth（1968）。

第8章 图的遍历

8.1 引言

在一些诸如找出最短路径或最小生成树的有关图的算法中，按照由它们相应的算法强加的顺序来访问顶点和边。然而，在一些其他算法中，访问顶点的顺序是不重要的。重要的是，不管输入的图如何，采用一种系统化的顺序来访问顶点。在本章中，我们讨论遍历图的两种方法：深度优先搜索和广度优先搜索。

8.2 深度优先搜索

深度优先搜索是一种强有力的遍历方法，它能帮助解决许多包含图的问题，这种遍历本质上是根树前序遍历的扩展（见2.5.1节）。设 $G=(V,E)$ 是一个有向或无向图，G 的深度优先搜索运行如下：首先将所有的顶点标为未访问，接着选择一个起始点，如 $v \in V$，并标为已访问。设 w 是邻接于 v 的任意一个顶点，我们把 w 标为已访问并且前进到另一个顶点，如 x，它是邻接于 w 的并且被标为未访问。我们再把 x 标为已访问并且前进到另一个邻接于 x 且标为未访问的顶点，这个选择邻接于当前顶点的一个未访问的顶点的过程尽可能深地继续，直到我们找出一个顶点 y，邻接于它的所有顶点都已被标上已访问。在这一点，我们返回到最后访问的顶点，如 z，如果还有邻接于它的任何未访问的顶点，就访问它。继续这种方法，我们最终返回到起始点 v。这种遍历方法已经体现了深度优先搜索的名称含义，因为它在朝前（深）的方向延伸搜索。这样一个遍历算法能用递归来编写，如算法 DFS 所示，或用一个堆栈（见练习8.5）来实现。

算法8.1 DFS

输入：有向图或无向图 $G=(V,E)$。

输出：在相应的深度优先搜索树中关于顶点的前序和后序。

1. $predfn \leftarrow 0; postdfn \leftarrow 0$
2. **for** 每个顶点 $v \in V$
3.   将 v 标为未访问
4. **end for**
5. **for** 每个顶点 $v \in V$
6.   **if** v 标为未访问 **then** $dfs(v)$
7. **end for**

过程 $dfs(v)$

1. 将 v 标为已访问
2. $predfn \leftarrow predfn + 1$
3. **for** 每条边 $(v,w) \in E$

4.   **if** w 标为未访问 **then** $dfs(w)$

5. **end for**

6. $postdfn \leftarrow postdfn + 1$

算法从将所有顶点标为未访问开始，同时还将两个计数器 $predfn$ 和 $postdfn$ 初始化为 0。这两个计数器不属于遍历的部分，但在之后采用深度优先搜索求解一些问题时，它们的重要性会显露出来。然后，算法对 V 中的每一个未访问顶点调用过程 dfs，这是因为从起始点出发，不是所有的顶点都可到达。从某个顶点 $v \in V$ 开始，过程 dfs 通过访问 v，把 v 标为已访问，然后递归地访问它的邻接顶点来执行对 G 的搜索。当搜索完成时，如果从起始点开始所有的顶点都可到达，那么就构建了一棵生成树，称为深度优先搜索生成树，它的边是在前进方向上即在探索未访问的顶点时被检查的那些边。换句话说，设 (v, w) 是这样一条边，w 标为未访问，而整个过程假设是通过调用 $dfs(v)$ 进行的。在这种情况下，这条边将成为深度优先搜索生成树的一部分。如果从起始点出发不是所有顶点都可到达，那么搜索的结果产生一个生成树森林。

在搜索完成后，每一个顶点都标上了 $predfn$ 数和 $postdfn$ 数。在深度优先搜索遍历产生的生成树（或森林）的顶点上加上前序和后序编号，就给出了访问一个顶点的开始和结束的次序。下面我们说边 (v, w) 已被"探索"是指在调用 $dfs(v)$ 的过程中，检查边 (v, w) 以测试 w 在这之前是否被访问过，根据图是有向图或无向图，将对边进行分类。

无向图的情况

设 $G = (V, E)$ 是无向图，作为遍历的结果，G 的边分为以下两种类型。

- **树边**：深度优先搜索树中的边，如果在探索边 (v, w) 时，w 是首次被访问的，则边 (v, w) 是树边。

- **回边**：所有其他的边。

例 8.1 图 8.1(b) 说明了在图 8.1(a) 所示的无向图上进行深度优先搜索遍历的运行情况。顶点 a 被选为起始点，深度优先搜索树如图 8.1(b) 所示用实线表示，虚线表示回边，深度优先搜索树中的每一个顶点都标上了两个数：$predfn$ 和 $postdfn$。注意，由于顶点 e 有 $postdfn = 1$，因此它是完成深度优先搜索的第一个顶点；我们又注意到，由于图是连通的，因此起始点用 $predfn = 1$ 和 $postdfn = 10$ 标号，10 是图中的顶点数。

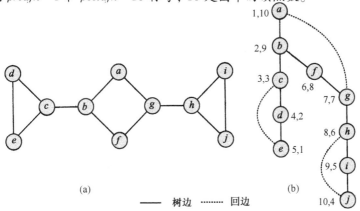

图 8.1 一个无向图深度优先搜索遍历的例子

有向图的情况

有向图中的深度优先搜索导致产生了一棵或多棵（有向）生成树，树的数目取决于起始点。如果 v 是起始点，则深度优先搜索生成一棵树，它由从 v 出发所有都可到达的顶点组成。如果那棵树没有包括所有的顶点，则搜索从另一个未访问的称为 w 的顶点再继续进行，构建了一棵从 w 可到达的所有未访问的顶点组成的树。这个过程继续下去，直到所有的顶点都被访问过。在有向图的深度优先搜索遍历中，G 的边分成 4 种类型。

- **树边**：深度优先搜索树中的边。如果在探索边 (v,w) 时，w 是首次被访问的，则 (v,w) 是树边。
- **回边**：在迄今为止构建的深度优先搜索树中，w 是 v 的祖先，并且当探索 (v,w) 时，顶点 w 被标为已访问，这种形式的边 (v,w) 是回边。
- **前向边**：在迄今为止构建的深度优先搜索树中，w 是 v 的后裔，并且当探索 (v,w) 时，顶点 w 被标为已访问，这种形式的边 (v,w) 是前向边。
- **横跨边**：所有其他的边。

例 8.2 图 8.2(b) 说明了在图 8.2(a) 所示的有向图上进行深度优先搜索遍历的运行情况。从顶点 a 开始，依次访问 a,b,e 和 f。当过程 dfs 再次从顶点 c 开始，然后访问 d，再访问 b 后，就完成了遍历。注意边 (e,a) 是一条回边，因为在深度优先搜索树中，e 是 a 的后裔，并且 (e,a) 不是树边。另一方面，边 (a,f) 是一条前向边，因为在深度优先搜索树中，a 是 f 的祖先，并且 (a,f) 不是树边。由于在深度优先搜索树中 e 和 f 都不互为祖先，因此边 (f,e) 是横跨边。显然，两条边 (c,b) 和 (d,e) 连接着两棵不同的树，它们是横跨边。注意，我们可以在访问 a 后马上访问 f 而不是 b，这样 (a,b) 和 (a,f) 都将是树边。在这种情况下，深度优先搜索遍历的结果如图 8.2(c) 所示。因此边的类型取决于顶点被访问的次序。

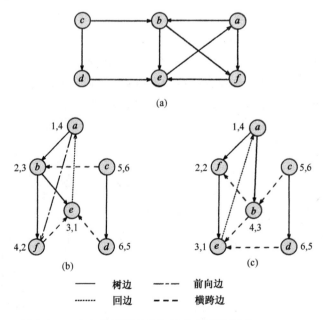

图 8.2 一个有向图深度优先搜索遍历的例子

8.2.1 深度优先搜索的时间复杂性

我们来分析 DFS 用于有 n 个顶点和 m 条边的图 G 时算法的时间复杂性。算法中第 2~4 步的 for 循环耗费 $\Theta(n)$ 时间。算法中第 5~7 步的 for 循环耗费 $\Theta(n)$ 时间。过程调用的次数恰好是 n，因为一旦顶点 v 涉及调用过程，就会将其标为已访问，这样就不会有更多的调用发生。如果我们排除过程 *dfs* 中的 for 循环，那么一个过程耗费 $\Theta(1)$ 时间。如果排除 for 循环，那么总的过程调用耗费 $\Theta(n)$ 时间。现在就剩下找出过程 *dfs* 中 for 循环的耗费。测试顶点 w 是否被标为未访问，这一步的执行次数等于顶点 v 的邻点数。因此这一步执行的总次数，在有向图的情况下等于它的边数，在无向图的情况下是边数的两倍。于是，无论是有向图还是无向图，这一步的耗费是 $\Theta(m)$，这样算法的运行时间是 $\Theta(m+n)$。如果图是连通的或有 $m \geq n$，则运行时间简单地为 $\Theta(m)$。但必须强调的是，假设图是用邻接表表示的。对于用邻接矩阵表示图的情况，算法 DFS 的时间复杂性分析将留作练习（见练习 8.6）。

8.3 深度优先搜索的应用

深度优先搜索经常用于图和几何算法中。这是一个强有力的工具，它有无数的应用，本节我们列举它的一些重要应用。

8.3.1 图的无回路性

设 $G=(V,E)$ 是一个有 n 个顶点和 m 条边的有向图或无向图。为了测试 G 是否至少有一条回路，我们对 G 使用深度优先搜索，如果在搜索过程中探测到一条回边，那么 G 是有回路的；否则 G 是无回路的。

8.3.2 拓扑排序

给出一个有向无回路图（dag）$G=(V,E)$，拓扑排序问题是找出图顶点的一个线性序，使其满足：如果 $(v,w) \in E$，那么在这个序中 v 在 w 之前出现。例如，在图 8.3(a) 所示的有向无回路图中，顶点的一个可能的拓扑排序是 a,b,d,c,e,f,g。我们假设在这种有向无回路图中有唯一一个入度是 0 的顶点 s。如果没有，则可以简单地添一个新的顶点 s，然后将 s 到所有入度为 0 的顶点之间加上边，见图 8.3(b)。

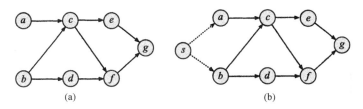

图 8.3 拓扑排序的例子

接下来，我们从顶点 s 开始，简单地对图 G 执行深度优先搜索。当遍历完成时，计数器 *postdfn* 定义了一个在有向无回路图中顶点的反拓扑序。于是，为了得到这个拓扑序，可以在算法 DFS 中刚好增加计数器 *postdfn* 之后,加上一个输出步,把输出结果反转过来就是我们想要的拓扑序。

8.3.3 寻找图的关节点

在多于两个顶点的无向图 G 中,存在一个顶点 v,如果有不同于 v 的两个顶点 u 和 w,在 u 和 w 之间的任何路径都必定经过顶点 v,则 v 称为关节点。这样,如果 G 是连通的,移去 v 和与它关联的边,则将产生 G 的不连通子图。一个图如果是连通的并且没有关节点,则称为双连通的。为了找出关节点的集合,在图 G 上执行一个深度优先搜索遍历。在遍历的过程中,对每个顶点 $v \in V$ 保留两个标号:$\alpha[v]$ 和 $\beta[v]$。$\alpha[v]$ 只是深度优先搜索算法中的 *predfn*,每次调用深度优先搜索过程时就加 1;$\beta[v]$ 初始化为 $\alpha[v]$,但在后来的遍历过程中可以改变,对于每一个访问的顶点,令 $\beta[v]$ 是下面几个值中最小的。

- $\alpha[v]$。
- $\alpha[u]$,对于每个顶点 u,(v,u) 是回边。
- $\beta[w]$,对于深度优先搜索树中的每条边 (v,w)。

关节点的确定条件如下:

- 根是一个关节点当且仅当在深度优先搜索树中,它有两个或更多的孩子(子顶点)。
- 根以外的顶点 v 是一个关节点当且仅当 v 有一个孩子 w,使得 $\beta[w] \geq \alpha[v]$。

寻找关节点的正式算法在算法 ARTICPOINTS 中给出。

算法 8.2 ARTICPOINTS
输入:连通无向图 $G = (V,E)$。
输出:包含 G 的所有可能关节点的数组 $A[1\cdots count]$。

    1. 设 s 为起始点
    2. **for** 每个顶点 $v \in V$
    3.   将 v 标为未访问
    4. **end for**
    5. *predfn* $\leftarrow 0$;*count* $\leftarrow 0$;*rootdegree* $\leftarrow 0$
    6. *dfs*(s)

过程 *dfs*(v)

    1. 将 v 标为已访问;*artpoint* $\leftarrow$ **false**;*predfn* $\leftarrow$ *predfn* $+ 1$
    2. $\alpha[v] \leftarrow$ *predfn*;$\beta[v] \leftarrow$ *predfn*   {初始化 $\alpha[v]$ 和 $\beta[v]$}
    3. **for** 每条边 $(v,w) \in E$
    4.   **if** (v,w) 为树边 **then**
    5.   *dfs*(w)
    6.   **if** $v = s$ **then**
    7.   *rootdegree* $\leftarrow$ *rootdegree* $+ 1$
    8.   **if** *rootdegree* $= 2$ **then** *artpoint* $\leftarrow$ **true**

9.　　　　**else**

10.　　　　　$\beta[v] \leftarrow \min\{\beta[v],\beta[w]\}$

11.　　　　　**if** $\beta[w] \geqslant \alpha[v]$ **then** *artpoint* $\leftarrow$ **true**

12.　　　　**end if**

13.　　　**else if** (v,w) 是回边 **then** $\beta[v] \leftarrow \min\{\beta[v],\alpha[w]\}$

14.　　　**else** do nothing　$\{w$ 是 v 的父顶点$\}$

15.　　　**end if**

16. **end for**

17. **if** *artpoint* **then**

18.　　*count* $\leftarrow$ *count* $+1$

19.　　$A[\,count\,] \leftarrow v$

20. **end if**

首先，算法执行必要的初始化，其中 *count* 是关节点的个数，*rootdegree* 是深度优先搜索树的根的度，这在后来确定根是否为关节点时是必要的。接着深度优先搜索从根开始着手，对于每一个已访问的顶点 v，$\alpha[v]$ 和 $\beta[v]$ 用 *predfn* 来初始化。在搜索从某顶点 w 退回到 v 时，要做两件事，首先，如果发现 $\beta[w]$ 比 $\beta[v]$ 小，那么 $\beta[v]$ 被设置为 $\beta[w]$，其次；如果 $\beta[w] \geqslant \alpha[v]$，那么这就指出 v 是一个关节点，因为从 w 到 v 的祖先顶点必须经过 v。这说明在图 8.4 中，可以看出从以 w 为根的子树到 u 的任何路径必定包括 v，因此 v 是一个关节点。以 w 为根的子树包含一个或多个连通分支。在这个图中，根 u 是关节点，因为它的度大于 1。

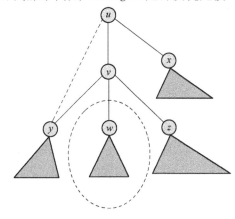

图 8.4　寻找关节点的算法

例 8.3　我们通过寻找如图 8.1(a) 所示的关节点来说明算法 ARTICPOINTS 的运行情况。如图 8.5 所示，在深度优先搜索树中，将每个顶点 v 标上 $\alpha[v]$ 和 $\beta[v]$。深度优先搜索从顶点 a 开始进行到顶点 e，并发现一条回边 (e,c)，于是 $\beta[e]$ 被赋为 $\alpha[c] = 3$。现在当搜索返回到顶点 d 时，把 $\beta[e] = 3$ 赋给 $\beta[d]$。同样，当搜索返回到顶点 c 时，把 $\beta[d] = 3$ 赋给标号 $\beta[c]$。现在，由于 $\beta[d] \geqslant \alpha[c]$，因此把 c 标为关节点。当搜索返回到 b 时，又发现 $\beta[c] \geqslant \alpha[b]$，因此把 b 也标为关节点。在顶点 b，搜索分叉到新的顶点 f 并继续进行，就像图中所示那样，直至到达顶点 j。这时探测到回边 (j,h)，因此把 $\beta[j]$ 置为 $\alpha[h] = 8$。现在，就如同前面描述的那样，搜索返回到 i，然后到 h，把 $\beta[i]$ 和 $\beta[h]$ 置为 $\beta[j] = 8$。同样，由于 $\beta[i] \geqslant \alpha[h]$，因此把顶点 h 标为关节点。同理，把顶点 g 也标为关节点。在顶点 g，检测到回边 (g,a)，因此 $\beta[g]$ 被置为 $\alpha[a] = 1$。最后，$\beta[f]$ 和 $\beta[b]$ 置为 1，于是搜索在起始点结束。根 a 不是关节点，因为在深度优先搜索树中，它只有一个孩子。

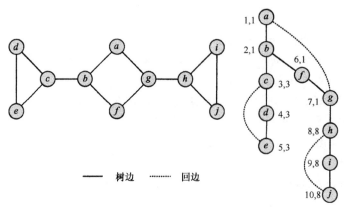

—— 树边　　⋯⋯ 回边

图 8.5　在图中查找关节点

8.3.4　强连通分支

给出一个有向图 $G = (V, E)$，G 中的强连通分支是其顶点的极大集。在该集合中，每一对顶点之间都存在一条路径。下面的算法 STRONGCONNECTCOMP 用深度优先搜索来确定在有向图中所有的强连通分支。

算法 8.3 STRONGCONNECTCOMP

输入：有向图 $G = (V, E)$。

输出：G 中的强连通分支。

1. 在图 G 上执行深度优先搜索，对每一个顶点赋予相应的 $postdfn$ 值。

2. 颠倒图 G 中边的方向，构成一个新的图 G'。

3. 从具有最大 $postdfn$ 值的顶点开始，在 G' 上执行深度优先搜索，如果深度优先搜索不能到达所有的顶点，则在余下的顶点中找一个 $postdfn$ 值最大的顶点，开始下一次深度优先搜索。

4. 在最终得到的森林中的每一棵树对应一个强连通分支。

例 8.4　考虑图 8.2(a)所示的有向图 G，在这个有向图上应用深度优先搜索生成如图 8.2(b)所示的森林。在图中还给出顶点的后序，它们是 e, f, b, a, d, c。如果把图 G 中边的方向反转过来，则得到 G'，它如图 8.6(a)所示。从图 G' 中的顶点 c 开始，深度优先搜索遍历产生的树仅由 c 组成。同样，对剩下的顶点从 d 开始采用深度优先搜索，产生的树仅由 d 组成。最后，对剩下的顶点从 a 开始采用深度优先搜索，产生的树具有顶点 a, b, e 和 f。最终得到的森林如图 8.6(b)所示。森林中的每一棵树对应一个强连通分支。这样，G 包含三个强连通分支。

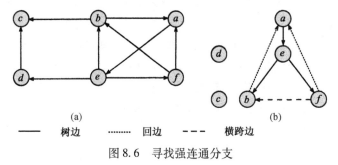

(a)　　　　　　　　　　　　　　　　　(b)

—— 树边　　　⋯⋯ 回边　　　--- 横跨边

图 8.6　寻找强连通分支

8.4 广度优先搜索

与深度优先搜索不同,在广度优先搜索中,当访问了一个顶点 v 后,接下来访问邻接于 v 的所有顶点,这样产生的树称为广度优先搜索树。这种遍历的方法可以用一个队列存储没有检查过的顶点来实现。广度优先搜索的算法 BFS 可以用于有向和无向图。初始时,所有的顶点都标为未访问,计数器 bfn 初始化为 0,它表示顶点从队列中移出的次序。在无向图的情况下,一条边或者是树边,或者是横跨边;如果图是有向的,那么边可以是树边、回边或横跨边,不存在前向边。

算法 8.4 BFS

输入:有向图或无向图 $G = (V, E)$。

输出:广度优先搜索次序中顶点的编号。

1. $bfn \leftarrow 0$
2. **for** 每个顶点 $v \in V$
3.   将 v 标为未访问
4. **end for**
5. **for** 每个顶点 $v \in V$
6.   **if** v 标为未访问 **then** $bfs(v)$
7. **end for**

过程 $bfs(v)$

1. $Q \leftarrow \{v\}$
2. 将 v 标为已访问
3. **while** $Q \neq \{\}$
4. $v \leftarrow Pop(Q)$
5. $bfn \leftarrow bfn + 1$
6.   **for** 每条边 $(v, w) \in E$
7.   **if** w 标为未访问 **then**
8. $Push(w, Q)$
9.   将 w 标为已访问
10.   **end if**
11.   **end for**
12. **end while**

例 8.5 图 8.7 说明了当把广度优先搜索遍历应用到图 8.1(a) 中,并以顶点 a 为起始点时的运行情况。在弹出顶点 a 后,就把顶点 b 和 g 压入队列并且标为已访问,接着把顶点 b 从队列中移出,并将其还没被访问过的邻点 c 和 f 压入队列,标为已访问。这个把顶点压入队列之后又将其从队列中移出的过程一直继续,直到顶点 j 最终从队列中移出。这时,队列为空,广度优先搜索遍历也完成了。在图中,每一个顶点标上了它的 bfn 数,这就是该顶点从队列中移出的次序。注意图中的边或者是树边，或者是横跨边。

时间复杂性

广度优先搜索应用在有 n 个顶点、m 条边的图（包括有向图和无向图）上时，它的时间复杂性和深度优先搜索的一样，即为 $\Theta(n+m)$。如果图是连通的或者 $m \geq n$，那么时间复杂性可以简化为 $\Theta(m)$。

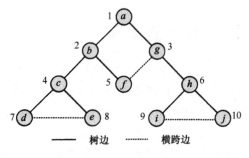

图 8.7　一个无向图广度优先搜索遍历的例子

8.5　广度优先搜索的应用

我们用一个广度优先搜索的应用来结束这一章的讨论，它在图和网络算法中是很重要的。设 $G=(V,E)$ 是连通无向图，s 是 V 中的一个顶点，当把算法 BFS 应用到 G 上并以 s 作为起始点时，产生的广度优先搜索树中从 s 点到其他任意顶点的路径有最少的边数。这样，假如我们要找出从 s 到其他每一顶点的距离，这里从 s 到一个顶点 v 的距离定义为：从 s 到 v 的任意路径的最少边数。于是上面的问题可以很容易解决，我们只要在将每个顶点压入队列之前，标上它的距离就可以了。这样，起始点将标上 0，它的邻点是 1，依次类推。很明显，每个顶点的标号是它到起始点的最短距离。例如，在图 8.7 中，顶点 a 标上 0，顶点 b 和 g 标上 1，顶点 c，f 和 h 标上 2，最后，顶点 d,e,i 和 j 标上 3。注意，这里的顶点编号方式不同于算法中广度优先搜索的编号方式。对于广度优先搜索的些许修改将留作练习（见练习 8.25）。此处，作为结果的搜索树是最短路径树。

8.6　练习

8.1　给出在图 8.8(a) 所示的无向图上从顶点 a 开始运行深度优先搜索的结果，给出树边和回边的分类。

8.2　给出在图 8.8(b) 所示的有向图上从顶点 a 开始运行深度优先搜索的结果，给出树边、回边、前向边和横跨边的分类。

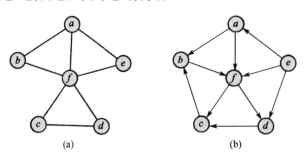

(a)　　　　　　　　　　(b)

图 8.8　无向图和有向图

8.3　给出在图 8.9 所示的无向图上从顶点 f 开始运行深度优先搜索的结果，给出边的分类。

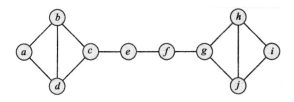

图 8.9 一个无向图

8.4 给出在图 8.10 所示的有向图上从顶点 e 开始运行深度优先搜索的结果，给出边的分类。

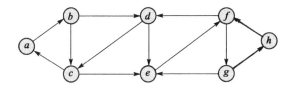

图 8.10 一个有向图

8.5 给出一种迭代形式的算法 DFS，它用一个堆栈来存储未访问的顶点。

8.6 如果输入图用邻接矩阵（见 2.3.1 节）来表示，那么深度优先搜索算法的时间复杂性是什么？

8.7 证明当把深度优先搜索应用到无向图 G 上时，G 的边将分为树边或者回边，即不存在前向边或横跨边。

8.8 假定在无向图 G 上应用算法 DFS，给出一个算法，把 G 的边分为树边或回边。

8.9 假定在有向图 G 上应用算法 DFS，给出一个算法，把 G 的边分为树边、回边、前向边或者横跨边。

8.10 给出一种算法，计算应用深度优先搜索或广度优先搜索时，在无向图中连通分支的个数。

8.11 给出一个无向图 G，请设计一种算法，逐一列出 G 中每个连通分支中的顶点。

8.12 请给出一个 $O(n)$ 时间的算法，确定在有 n 个顶点的连通无向图中是否包含回路。

8.13 请用关节点算法来得到图 8.9 所示的无向图中的关节点。

8.14 设 T 是在一个连通无向图上用深度优先搜索遍历得到的深度优先搜索树，证明当且仅当 T 的根有两个或两个以上的孩子时，它是关节点（见 8.3.3 节）。

8.15 设 T 是在一个连通无向图上用深度优先搜索遍历得到的深度优先搜索树，证明一个不是根的顶点 v，当且仅当 v 有一个孩子 w，使 $\beta[w] \geqslant \alpha[v]$ 时，它是关节点（见 8.3.3 节）。

8.16 请在图 8.10 所示的有向图上应用强连通分支的算法。

8.17 证明在强连通分支的算法中，选择任意顶点作为起始点来执行深度优先搜索遍历，得到的解是相同的。

8.18 给定连通无向图 G 中的一条边，如果删除它 G 就不连通，那么称这条边为桥。修改寻找关节点的算法，使它能探测桥。

8.19 给出在图 8.8(a) 所示的无向图上从顶点 a 开始运行广度优先搜索的结果。

8.20　给出在图 8.8(b) 所示的有向图上从顶点 a 开始运行广度优先搜索的结果。

8.21　给出在图 8.9 所示的无向图上从顶点 f 开始运行广度优先搜索的结果。

8.22　给出在图 8.10 所示的有向图上从顶点 e 开始运行广度优先搜索的结果。

8.23　证明当把广度优先搜索应用到一个无向图 G 上时，G 的边将被分为树边或者是横跨边，即不存在回边或者前向边。

8.24　证明当把广度优先搜索应用到一个有向图 G 上时，G 的边将被分为树边、回边或者横跨边，即与深度优先搜索的情况不同，这种搜索不产生前向边。

8.25　设 G 是一个图（有向的或无向的），并且设 s 是 G 中的一个顶点。修改算法 BFS，使它输出 s 到其他每个顶点的以边数作为测度的最短路径。

8.26　采用深度优先搜索算法找出完全二分图 $K_{3,3}$（见 2.3 节 $K_{3,3}$ 的定义）的生成树。

8.27　采用广度优先搜索算法找出完全二分图 $K_{3,3}$ 的生成树，将得到的树和练习 8.26 得到的树进行比较。

8.28　假设将算法 BFS 应用到一个无向图 G 上，给出一种算法，它把 G 的边分成树边或者横跨边。

8.29　假设将算法 BFS 应用到一个有向图 G 上，给出一种算法，它把 G 的边分成树边、回边或者横跨边。

8.30　证明当对一个有 n 个顶点、m 条边的图应用广度优先搜索时，它的时间复杂性是 $\Theta(n+m)$。

8.31　设计一种有效算法来确定一个给出的图是否是二分图（见 2.3 节关于二分图的定义）。

8.32　设计一种算法，在有向图中找出具有最短长度的回路。这里回路的长度用它的边数来测度。

8.33　设 G 是一个连通无向图，生成树 T 是在 G 上以顶点 r 为起始点用广度优先搜索所得，那么在带有根 r 的所有生成树中 T 的高度最小。请证明这个结论是否正确。

8.7　参考注释

　　图的遍历在很多算法专著中都有涉及，有的是专门讨论的，有的是和其他图的算法一起讨论的（见第 1 章的参考注释）。Hopcroft and Tarjan（1973a）首先认识到深度优先搜索的重要性，关于深度优先搜索的一些应用可以在这篇论文和 Tarjan（1972）的论文中找到。关于强连通分支的算法 STRONGCONNECTCOMP 与 Sharir（1981）的算法相似。Tarjan（1972）包含了一个寻找强连通分支的算法，它仅需要一次深度优先搜索遍历。广度优先搜索是由 Moore（1959）和 Lee（1961）各自独立提出的。

第四部分　问题的复杂性

在本部分，我们把注意力从解决某个问题的特定算法的耗费上转向对问题的计算复杂性进行研究。我们定义一个问题的计算复杂性是解决该问题的最有效算法的计算复杂性。

在第 9 章，我们研究一类称为 NP 完全问题的问题。这类问题包含了从许多问题域中提取出来的大量问题。它们具有这样的特性：如果这类问题中的任何一个在多项式时间内可解，那么这类问题中的所有其他问题也在多项式时间内可解。我们已经选择了在没有假设特定计算模型的意义上，非形式化地陈述这个主题，仅用了算法的抽象概念。这使得那些初学者很容易理解隐藏在 NP 完全问题背后的思想，同时也不放弃形式模型（如图灵机）的细节。这一章最重要的是，研究证明一个问题是 NP 完全问题的标准技术，我们用几个 NP 完全问题的例子来说明。

对于 NP 完全性的更形式化的论述，我们把它作为一般意义上完全性的特殊情况放在第 10 章叙述。本章的内容是比较高深的，而且与图灵机的多种变形紧密相关。本章关注问题的分类，它基于求解一个特定问题所需要的时间和空间的量。首先，讲述图灵机的两个变形，一个用来测量时间而另一个用来测量空间。接着，定义最主要的时间和空间类，并研究它们之间的关系。然后，用图灵机的语境定义变换或归约技术。紧接着在一些例子的帮助下，提出一般意义上的完全性概念。最后以预览多项式时间层次结束本章的讨论。

第 11 章讲述如何确定各种问题的下界。在这一章里，使用了两个计算模型来帮助实现这个目的。首先，利用决策树模型来确定基于比较的问题的下界，如搜索和排序问题。接着，使用更强大的代数决策树模型来确定另外一些问题的下界，其中的一些问题属于计算几何领域，如凸包问题、最近点对问题和欧几里得最小生成树问题。

第 9 章　NP 完全问题

9.1　引言

在前面的各章中，我们多数情形是进行着运行时间为低阶次的（如 3 次多项式表示的）那些算法设计与分析的讨论。在这一章，我们将把注意力集中在这样一类问题上，这些问题至今没有找到有效算法，而且在将来也不大可能发现它们的有效算法。设 Π 是任意问题，如果对问题 Π 存在一个算法，它的时间复杂性是 $O(n^k)$，其中 n 是输入大小，k 是非负整数，我们说存在着求解问题 Π 的多项式时间算法。这样就会发现，现实世界中的许多有趣问题并不属于这个范畴，因为求解这些问题所需要的时间量要用指数和超指数函数（如 2^n 和 $n!$）来测度。在计算机科学界已达成这样的共识，认为存在多项式时间算法的问题是易求解的，而那些不大可能存在多项式时间算法的问题是难解的。

本章将研究难解问题的一个子类，通常称为 NP 完全问题类。这一类含有许多的问题，其中还包含了数百个著名的问题，它们有一个共同的特性，即如果它们中的一个是多项式可解的，那么所有其他的问题也是多项式可解的。有趣的是，它们中的许多是普通的自然问题，也就是它们来自现实世界的实际应用。此外，现存的求解这些问题的算法的运行时间，对于中等大小的输入（见表 1.1）也要用几百或几千年来测度。

在研究 NP 完全性理论时，我们很容易重述一个问题，使它的解只有两个结论：*yes* 或 *no*。在这种情况下，称该问题为判定问题。与此相对照，最优化问题是关心某个量的最大化或最小化的问题。在前面的章节中，已经遇到过大量的最优化问题，像找出一张表中的最大或最小元素的问题，在有向图中寻找最短路径问题和计算一个无向图的最小生成树的问题。下面给出三个例子，说明如何把一个问题阐述为判定问题和最优化问题。

例 9.1　设 S 是一个实数序列，ELEMENT UNIQUENESS 问题为，是否 S 中所有的数都是不同的。作为判定问题的重新表述，我们有

判定问题：ELEMENT UNIQUENESS
输入：一个整数序列 S。
问题：在 S 中存在两个相等的元素吗？

在作为最优问题陈述时，我们着眼于找出 S 中出现频度最高的元素。例如，如果 $S = 1$，5，4，5，6，5，4，那么 5 具有最高的频度，因为它在序列中出现了 3 次，是最多的。我们称这种最优形式为 ELEMENT COUNT，这种形式可以叙述如下。

最优问题：ELEMENT COUNT
输入：一个整数序列 S。
输出：一个在 S 中频度最高的元素。

这个问题可以用显而易见的方法在最优的时间 $O(n \log n)$ 内解决，这意味着它是易解的。

例 9.2　给出一个无向图 $G=(V,E)$，用 k 种颜色对 G 着色是这样的问题：对于 V 中的每一个顶点用 k 种颜色中的一种对它着色，使图中没有两个邻接顶点有相同的颜色。着色问题是判断用预定数目的颜色对一个无向图着色是否可行。把它阐述成判定问题，我们有

判定问题：COLORING

输入：一个无向图 $G=(V,E)$ 和一个正整数 $k\geqslant 1$。

问题：G 可以 k 着色吗？即 G 最多可以用 k 种颜色着色吗？

这个问题是难解的，如果 k 被限于 3，问题就是非常著名的 3 着色问题，甚至在图是平面图的情况下也是难解的。

这个问题的一个最优形式是，对一个图着色，使图中没有两个邻接顶点有相同的颜色，所需要的最少颜色数是多少？这个数记为 $\chi(G)$，称为 G 的色数。

最优化问题：CHROMATIC NUMBER

输入：一个无向图 $G=(V,E)$。

输出：G 的色数。

例 9.3　给出一个无向图 $G=(V,E)$，对于某个正整数 k，G 中大小为 k 的团集是指 G 中有 k 个顶点的一个完全子图。团集问题是确定一个无向图是否包含一个预定大小的团集。把它重述为判定问题，我们有

判定问题：CLIQUE

输入：一个无向图 $G=(V,E)$ 和一个正整数 k。

问题：G 有大小为 k 的团集吗？

这个问题的最优化形式是求 k 的最大值，使 G 包含大小为 k 的团集，但不包含大小为 $k+1$ 的团集，我们称这个问题为 MAX-CLIQUE。

最优化问题：MAX-CLIQUE

输入：一个无向图 $G=(V,E)$。

输出：一个正整数 k，它是 G 中最大团集的大小。

如果我们有一个求解判定问题的有效算法，那么很容易把它变成求解与它相对应的最优化问题的算法。例如，我们有一个求解图着色判定问题的算法 A，则可以用二分搜索并且把算法 A 作为子程序来找出图 G 的颜色数。很清楚，$1\leqslant\chi(G)\leqslant n$，这里 n 是 G 中的顶点数，因此仅需 $O(\log n)$ 次调用算法 A 就可以找到 G 的颜色数。因为这个理由，在 NP 完全问题的研究中，甚至在一般意义上的计算复杂性或可计算性的研究中，把注意力限制在判定问题上会比较容易一些。

在 NP 完全问题的研究中，或者更一般的在计算复杂性的研究中，习惯上采用一个像图灵机计算模型那样的形式计算模型，这使我们的研究主题更加形式化，证明也更加严格。然而在这一章中，我们将用抽象的"算法"概念来做说明，试图不结合任何计算模型来进行形式化的讨论。使用图灵机作为计算模型的更形式化的论述可在第 10 章找到。

9.2 P 类

定义 9.1 设 A 是求解问题 Π 的一个算法,如果在用问题 Π 的一个实例展示时,在整个执行过程中每一步都只有一种选择,则称 A 是确定性算法。因此,如果对于同样的输入实例,一遍又一遍地执行 A,则它的输出从不改变。

在前面章节讨论到的所有算法都是确定性的,如果根据上下文意思很明确,则修饰词"确定性"在大多数情况下被省略。

定义 9.2 判定问题的 P 类由这样的判定问题组成,它们的 yes/no 解可以用确定性算法在多项式步数内,例如在 $O(n^k)$ 步内得到,其中 k 是某个非负整数,n 是输入大小。

在前面的章节中,已经遇到过大量这样的问题。由于这一章正在处理判定问题,因此我们在这里列出一些属于 P 类的判定问题。这些问题的解应是十分容易找出的。

- **排序问题**:给出一个 n 个整数的表,它们是否按非降序排列?
- **不相交集问题**:给出两个整数集合,它们的交集是否为空?
- **最短路径问题**:给出一个边上有正权的有向图 $G=(V,E)$,两个特异顶点 $s,t\in V$,以及一个正整数 k,在 s 到 t 之间是否存在一条路径,它的长度最多是 k?
- **2 着色问题**:给出一个无向图 G,它是否是 2 可着色的?即它的顶点是否仅用两种颜色即可着色,使两个邻接顶点不会被分配相同的颜色?注意,当且仅当 G 是二分图,即当且仅当它不包含奇数长的回路时,它是 2 可着色的(见 2.3 节)。
- **2 可满足问题**:给出一个合取范式(CNF)形式的布尔表达式 f,其中每个子句恰好由两个文字组成,问 f 是可满足的吗(见 9.4.1 节)?

如果对于任意问题 $\mathcal{C},\Pi$ 的补也在 $\mathcal{C}$ 中,则我们说问题类 $\Pi\in\mathcal{C}$ 在补运算下是封闭的。例如,2 着色问题的补可以陈述如下:给出一个图 G,它不是 2 可着色的吗?我们称这个问题为 NOT-2-COLOR 问题。下面证明它是属于 P 的。由于 2 着色问题在 P 中,因此存在一个确定性算法 A,当展示一个 2 可着色图时,算法停下并回答 yes,在展示一个不是 2 可着色图时,算法停下并回答 no。通过在算法 A 中简单地回答 yes 或 no,能够得出问题 NOT-2-COLOR 的一个确定性算法。这样就非形式化地证明了下面的基本定理。

定理 9.1 P 类问题在补运算下是封闭的。

9.3 NP 类

NP 类问题由这样的问题 Π 组成,对于这些问题存在一个确定性算法 A,该算法在对 Π 的一个实例展示一个宣称的解时,它能在多项式时间内验证解的正确性。即如果断言解导致答案是 yes,就存在一种方法可以在多项式时间内验证这个解。

为了更形式化地定义这个类,必须首先定义不确定性算法的概念。对于输入 x,一个不确定性算法由下列两个阶段组成。

(a) **猜测阶段**。在这个阶段,产生一个任意字符串 y。它可能对应于输入实例的一个解,也

可以不对应解。事实上，它甚至可能不是所求解的合适形式。它可能在不确定性算法的不同次运行中不同。它仅仅要求在多项式步数内产生这个串，即在 $O(n^i)$ 时间内，这里 $n = |x|$，i 是非负整数。对于许多问题，这一阶段可以在线性时间内完成。

（b）**验证阶段**。在这个阶段，一个确定性算法验证两件事。首先，它检查产生的解串 y 是否具有合适的形式。如果不是，则算法停下并回答 *no*；另一方面，如果 y 具有合适的形式，那么算法继续检查它是否是问题实例 x 的解。如果它确实是实例 x 的解，那么它停下并且回答 *yes*；否则它停下并回答 *no*。仍然要求这个阶段在多项式步数内完成，即在 $O(n^j)$ 时间内，这里 j 是一个非负整数。

设 A 是问题 Π 的一个不确定性算法，我们说 A 接受问题 Π 的实例 I，当且仅当对于输入 I 存在一个导致回答 *yes* 的猜测。换句话说，A 接受 I 当且仅当可能在算法的某次执行上它的验证阶段将回答 *yes*。要强调的是，如果算法回答 *no*，那么这并不意味着 A 不接受它的输入，因为算法可能猜测了一个不正确的解。

至于一个（不确定性）算法的运行时间，它仅仅是两个运行时间的和：一个是猜测阶段的时间，另一个是验证阶段的时间。因此它是 $O(n^i) + O(n^j) = O(n^k)$ 的，k 是某个非负整数。

定义 9.3　判定问题 NP 类由这样的判定问题组成：对于它们存在着多项式时间内运行的不确定性算法。

例 9.4　考虑问题 COLORING，我们用两种方法证明这个问题属于 NP 类。

（1）第一种方法如下。设 I 是 COLORING 问题的一个实例，s 被宣称为 I 的解。很容易建立一个确定性算法来验证 s 是否确实是 I 的解，从 NP 类的非形式化定义可得 COLORING 问题属于 NP 类。

（2）第二种方法对于这个问题建立不确定性算法。当图 G 用编码表示后，一个算法 A 可以很容易地构建并运行如下。首先通过对顶点集合产生一个任意的颜色指派以"猜测"一个解。接着，A 验证这个指派是否是有效的指派，如果它是一个有效的指派，那么 A 停下并且回答 *yes*，否则它停下并回答 *no*。请注意，根据不确定性算法的定义，仅当对问题的实例回答 *yes* 时，A 回答 *yes*。其次是关于需要的运行时间，A 在猜测和验证两个阶段总共花费的时间不多于多项式时间。

至止，在两个重要的类 P 和 NP 之间，有下面的不同点：

- P 是一个判定问题类，这些问题可以用一个确定性算法在多项式时间内判定或解出。
- NP 是一个判定问题类，这些问题可以用一个确定性算法在多项式时间内检查或验证它们的解。等价地，NP 类是由不确定多项式时间算法求解的决策问题。

9.4　NP 完全问题的分析

术语"NP 完全"表示 NP 中判定问题的一个子类，它们在下述意义上是最难的，即如果它们中的一个被证明用多项式时间确定性算法可解，那么 NP 中的所有问题用多项式时间确定性算法都可解，即 NP = P。为了证明一个问题是 NP 完全的，我们需要下面的定义。

定义 9.4　设 Π 和 Π' 是两个判定问题。如果存在一个确定性算法 A，那么它的行为如下。当给 A 展示问题 Π 的一个实例 I 时,算法 A 可以把它变换为问题 Π' 的实例 I',使得当且仅当对 I' 回答 yes 时,对 I 回答 yes,而且这个变换必须在多项式时间内完成。那么我们说 Π 在多项式时间归约到 Π',用符号 $\Pi \propto_{poly} \Pi'$ 表示。

定义 9.5 如果对于 NP 中的每一个问题 Π',$\Pi' \propto_{poly} \Pi$,那么称一个判定问题 Π 是 NP 困难的。

定义 9.6 如果下列两个条件同时成立,那么称一个判定问题 Π 是 NP 完全的。

(1) Π 在 NP 中;
(2) 对于 NP 中的每一个问题 Π',$\Pi' \propto_{poly} \Pi$。

这样,在 NP 完全问题 Π 和 NP 困难问题 Π' 之间的差别是:Π 必须是 NP 类的,而 Π' 可能不在 NP 中。

9.4.1 可满足性问题

给出一个布尔公式 f,如果它是子句的合取,则我们说它是合取范式(CNF)。一个子句是文字的析取,这里文字是一个布尔变元或它的否定。这类公式的一个例子是

$$f = (x_1 \vee x_2) \wedge (\overline{x_1} \vee x_3 \vee x_4 \vee \overline{x_5}) \wedge (x_1 \vee \overline{x_3} \vee x_4)$$

如果对一个公式的变元存在一个真值的指派使其为真,那么称该公式是可满足的。例如,上面的公式是可满足的。因为在 x_1 和 x_3 都置为真的任意指派下,它为真。

判定问题:SATISFIABILITY
输入:一个合取范式的布尔公式 f。
问题:f 是可满足的吗?

可满足性问题被证明是第一个 NP 完全问题。作为第一个 NP 完全问题,还不存在可归约到其他的 NP 完全问题。因此要证明 NP 类中的所有问题都可以在多项式时间内归约到它。换句话说,证明的本质是要说明,NP 中的任何问题都可以用一个多项式时间算法来解,这个算法把可满足性问题作为子程序恰好调用一次。证明的组成是对问题 Π 的实例 I 构建一个合取范式形式的布尔公式 f,使得存在一个真值指派满足 f,当且仅当问题 Π 的不确定性算法 A 接受实例 I。f 的构建是使它"模拟" A 在实例 I 上的计算,这样就非形式化地导出了下面的基本定理。

定理 9.2 SATISFIABILITY 问题是 NP 完全的。

9.4.2 证明 NP 完全性

下面的定理说明可归约性关系 $\propto_P$ 是传递的,这在证明其他问题为 NP 完全问题时是必要的。我们说明这一点如下,假设对于 NP 中某个问题 Π,我们可以证明在多项式时间内 SATISFIABILITY 可归约到 Π。根据上面的定理,NP 中的所有问题在多项式时间内可归约到 SATISFIABILITY。因此,如果可归约关系 $\propto_P$ 是传递的,那么这就蕴含着 NP 中的所有问题在多项式时间内可归约到 Π。

定理 9.3 设 Π,Π' 和 Π'' 是三个判定问题,有 $\Pi \propto_{poly} \Pi'$ 和 $\Pi' \propto_{poly} \Pi''$,那么 $\Pi \propto_{poly} \Pi''$。

证明：设 A 是一个对于某个多项式 p，在 $p(n)$ 步内实现归约 $\Pi \propto_{poly} \Pi'$ 的算法，设 B 是一个对于某个多项式 q，在 $q(n)$ 步内实现归约 $\Pi' \propto_{poly} \Pi''$ 的算法，设 x 是大小为 n 的 A 的一个输入。很明显，算法 A 以输入 x 展示时，它输出的大小不能超过 $cp(n)$，因为算法对于某个正整数 $c > 0$，在它执行的每一步中最多只能输出 c 个符号。如果算法 B 接收到规模为 $p(n)$ 的输入，那么根据定义，存在某个多项式 r，它的运行时间是 $O(q(cp(n))) = O(r(n))$，由此得出从 Π 到 Π' 的归约，随之从 Π' 到 Π'' 的归约，是一个从 Π 到 Π'' 的多项式时间归约。

推论 9.1　如果 Π 和 Π' 是 NP 中的两个问题，若有 $\Pi' \propto_{poly} \Pi$，并且 Π' 是 NP 完全的，则 Π 是 NP 完全的。

证明：因为 Π' 是 NP 完全的，NP 中的每一个问题在多项式时间可归约到 Π'。因为 $\Pi' \propto_{poly} \Pi$，那么由定理 9.3，NP 中的每一个问题在多项式时间可归约到 Π，这样就得到 Π 是 NP 完全的。

根据上面的推论，为了证明一个问题 Π 是 NP 完全的，仅需要证明以下两个条件同时成立。

（1）$\Pi \in NP$；

（2）存在着一个 NP 完全问题 Π'，使 $\Pi' \propto_{poly} \Pi$。

例 9.5　考虑下面的两个问题。

（1）哈密顿回路问题：给出一个无向图 $G = (V, E)$，它有哈密顿回路吗？即一条恰好访问每个顶点一次的回路。

（2）旅行商问题：给出一个 n 个城市集合，且给出城市间的距离。对于一个整数 k，是否存在最长为 k 的游程？这里，一个游程是一条回路，它恰好访问每个城市一次。

众所周知，哈密顿回路问题是 NP 完全问题。我们将用这个事实来证明旅行商问题也是 NP 完全的。

证明的第一步是说明旅行商问题是 NP 的，这非常简单，因为一个不确定性算法可以从猜测一个城市序列开始，然后验证这个序列是一个游程。如果是，那么就继续确认游程的长度是否超过给出的界限 k。

第二步是证明哈密顿回路问题可以在多项式时间归约到旅行商问题，即

$$哈密顿回路问题 \propto_{poly} 旅行商问题$$

设 G 是哈密顿回路的任意实例，我们构建一个含权图 G' 和一个界限 k，使得当且仅当 G' 有一个总长不超过 k 的游程时，G 有一条哈密顿回路。设 $G = (V, E)$，使得 $G' = (V, E')$ 是顶点 V 集合上的完全图，即

$$E' = \{(u, v) \mid u, v \in V\}$$

接着，我们给 E' 中的每条边指派一个长度如下：

$$l(e) = \begin{cases} 1 & 若 e \in E \\ n & 若 e \notin E \end{cases}$$

其中 $n = |V|$。最后，我们指派 $k = n$。从构建中很容易看出，当且仅当 G' 有一个长度恰好为 n 的游程时，G 有一条哈密顿回路。这里要强调的是，指派 $k = n$ 属于归约的一部分。

9.4.3　顶点覆盖、独立集和团集问题

在本节中, 我们证明图论中三个著名问题的 NP 完全性。

- **团集**: 给出一个无向图 $G = (V, E)$ 和一个正整数 k, G 包含一个大小为 k 的团集吗? (注意一个 G 中大小为 k 的团集是 G 中 k 个顶点的一个完全子图。)
- **顶点覆盖**: 给出一个无向图 $G = (V, E)$ 和一个正整数 k, 是否存在大小为 k 的子集 $C \subseteq V$, 使 E 中的每条边至少和 C 中的一个顶点关联?
- **独立集**: 给出一个无向图 $G = (V, E)$ 和一个正整数 k, 是否存在 k 个顶点的子集 $S \subseteq V$, 使得对于每一对顶点 $u, w \in S, (u, w) \notin E$?

很容易证明所有这三个问题确实是 NP 的。下面给出建立它们的 NP 完全性的归约。

可满足性 $\propto_{poly}$ 团集

给出一个有 m 个子句和 n 个布尔变元 $x_1, x_2, \cdots, x_n$ 的可满足性实例 $f = C_1 \wedge C_2 \wedge \cdots \wedge C_m$, 我们构造一个图 $G = (V, E)$, 其中 V 是 $2n$ 个文字的所有出现的集合 (注意一个文字是一个布尔变元或它的否定), 并且

$$E = \{(x_i, x_j) \mid x_i \text{ 和 } x_j \text{ 位于两个不同的子句, 且 } x_i \neq \overline{x_j}\}$$

很容易看出上面的构造可以在多项式时间内完成。

例 9.6　图 9.1 提供了一个归约的例子。这里可满足性(SATISFIABILITY)的实例是

$$f = (x \vee \overline{y} \vee z) \wedge (\overline{x} \vee y) \wedge (\overline{x} \vee \overline{y} \vee z)$$

引理 9.1　f 是可满足的当且仅当 G 有一个大小为 m 的团集。

证明: 一个大小为 m 的团集对应于 m 个不同子句中对 m 个文字的一个真值指派。在两个文字 a 和 b 之间的边意味着当 a 和 b 同时指派真值时没有矛盾。这样就得到 f 是可满足的当且仅当存在着 m 个不同子句中对 m 个文字的一个真值指派, 当且仅当 G 有一个大小为 m 的团集。

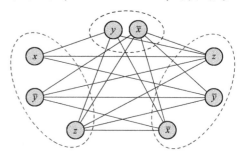

图 9.1　可满足性到团集的归约

可满足性 $\propto_{poly}$ 顶点覆盖

给出一个可满足性实例 I, 我们把它变换为顶点覆盖的一个实例 I'。设 I 是一个有 m 个子句和 n 个布尔变元 $x_1, x_2, \cdots, x_n$ 的可满足性实例 $f = C_1 \wedge C_2 \wedge \cdots \wedge C_m$, 构造 I' 如下。

(1) 对于 f 中的每一个布尔变元 x_i, G 包含一对顶点 x_i 和 $\overline{x_i}$, 它们有一条边相连。

(2) 对于每个子句 C_j 包含的 n_j 个文字, G 包含一个大小为 n_j 的团集 C_j。

(3) 对于在 C_j 中的每个顶点 w, 有一条边连接 w 到(1)构造的顶点对 $(x_i, \overline{x_i})$ 中对应的文字。这些边称为连通边。

(4) 令 $k = n + \sum_{j=1}^{m} (n_j - 1)$。

很容易看出上面的构造可以在多项式时间内完成。

例 9.7　图 9.2 中提供了一个归约的例子。这里实例 I 是公式：

$$f = (x \vee \overline{y} \vee \overline{z}) \wedge (\overline{x} \vee y)$$

要强调的是，实例 I' 不仅如图中所示的那样，它还包括整数 $k = 3 + 2 + 1 = 6$。一个布尔指派 $x = ture, y = true, z = false$ 满足 f。这个指派对应于图中所示带阴影的 6 个覆盖顶点。

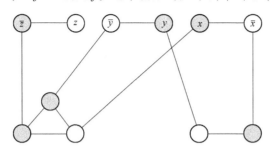

图 9.2　可满足性到顶点覆盖的归约

引理 9.2　f 是可满足的当且仅当构造的图有一个大小为 k 的顶点覆盖。

证明：如果 x_i 指派为 $true$，就把顶点 x_i 加到顶点覆盖中；否则把 $\overline{x_i}$ 加到顶点覆盖中。由于 f 是可满足的，在每一个团集 C_j 中存在一个顶点 u，它的对应的文字 v 已经指派为 $true$，于是连通边 (u, v) 被覆盖，因此把每个团集 C_j 中的另外 $n_j - 1$ 个顶点加到顶点覆盖中。可以很清楚地看出，顶点覆盖的大小是 $k = n + \sum_{j=1}^{m}(n_j - 1)$。

另一方面，假定图能够用 k 个顶点覆盖，每条边 $(x_i, \overline{x_i})$ 至少有一个顶点在覆盖中。我们留下了 $k - n = \sum_{j=1}^{m}(n_j - 1)$ 个顶点。不难看出大小为 n_j 的任意团集的覆盖一定恰好有 $n_j - 1$ 个顶点。这样在每个团集中，覆盖一定包括它的所有顶点，除了关联于连通边的那个顶点，该连通边由某个顶点对 $(x_i, \overline{x_i})$ 中的一个顶点覆盖所覆盖。为了看出 f 是可满足的，对于每个顶点 x_i，如果它是在覆盖中的，那么令 $x_i = true$，否则（如果 $\overline{x_i}$ 在覆盖中）令 $x_i = false$。这样在每个团集中，一定存在一个顶点连接到顶点 x_i 或 $\overline{x_i}$，指派它的值为 $true$，因为它在覆盖中。由此得出每个子句有至少一个文字，它的值是 $true$，也就是说，f 是可满足的。

顶点覆盖 $\propto_{poly}$ 独立集

从顶点覆盖到独立集的变换是直接的，下面的引理提供了归约。

引理 9.3　设 $G = (V, E)$ 是连通无向图，那么 $S \subseteq V$ 是一个独立集当且仅当 $V - S$ 是 G 的一个顶点覆盖。

证明：设 $e = (u, v)$ 是 G 中的任意边，S 是一个独立集当且仅当 u 或 v 至少有一个在 $V - S$ 中，即 $V - S$ 是 G 中的顶点覆盖。

从顶点覆盖到团集的一个简单归约留作练习（见练习 9.14）。从独立集到团集的归约是简单明了的，因为图 G 中的一个团集是 $\overline{G}$ 中的一个独立集，$\overline{G}$ 是 G 的补，这样我们有以下的定理。

定理 9.4　顶点覆盖、独立集和团集问题是 NP 完全的。

证明：证明这些问题属于 NP 类是相当容易的。上述归约的证明在引理 9.1、引理 9.2 和引理 9.3 中给出。

9.4.4　更多 NP 完全问题

以下是其他的 NP 完全问题的列表。

(1) **3 可满足问题**。用合取范式的形式给出一个公式 f，使每个子句恰由三个文字组成，f 是可满足的吗？

(2) **3 着色问题**。给出一个无向图 $G = (V, E)$，G 能用三种颜色着色吗？这个问题是前面所述的一般着色问题（已经知道它是 NP 完全问题）的特殊情况。

(3) **三维匹配问题**。设 X, Y 和 Z 是每个大小为 k 的两两不相交的集合。设 W 是三元组集合 $\{(x, y, z) \mid x \in X, y \in Y, z \in Z\}$。是否存在 W 的完全匹配 M？即是否存在大小为 k 的子集 $M \subseteq W$，使得没有 M 中的两个三元组的任何坐标相同？相应的二维匹配问题是正则的、完全的二分图匹配问题（见第 16 章）。

(4) **哈密顿路径问题**。给出一个无向图 $G = (V, E)$，它是否包含一条恰好访问每个顶点一次的简单开路径？

(5) **划分问题**。给出一个 n 个整数的集 S，是否能将 S 划分成两个子集 S_1 和 S_2，使 S_1 中的整数和等于 S_2 中的整数和？

(6) **背包问题**。给出具有大小 $s_1, s_2, \cdots, s_n$ 和值 $v_1, v_2, \cdots, v_n$ 的 n 项，背包的容量 C 和整常数 k，是否能用这些项的一部分来装背包，使它们的总大小不超过 C，同时总价值不小于 k？这个问题用动态规划法可在 $\Theta(nC)$ 时间内求解（见定理 6.3）。

(7) **装箱问题**。给出具有大小 $s_1, s_2, \cdots, s_n$ 的 n 项，箱子的容量 C 和正整数 k，是否能用最多 k 个箱子装这 n 项？

(8) **集合覆盖**。给出集合 X，一个 X 的子集族 $\mathcal{F}$ 和一个在 1 和 $|\mathcal{F}|$ 之间的整数 k，是否存在 $\mathcal{F}$ 中的 k 个子集，它们的并是 X？

(9) **多处理机调度**。给出 n 个作业 $J_1, J_2, \cdots, J_n$，每个作业有运行时间 t_i，一个正数 m（处理机的个数）和结束时间 T，是否能在这 m 个相同的处理机上调度这些作业，使它们的结束时间不超过 T？结束时间定义为所有 m 个处理机中的最长运行时间。

(10) **最长路径问题**。给出一个含权图 $G = (V, E)$，两个特异顶点 $s, t \in V$ 和一个正整数 c，在 G 中是否存在一条从 s 到 t 的长度为 c 或更长的简单路径？

9.5　co-NP 类

co-NP 类由它们的补属于 NP 类的那些问题组成。人们可能猜想 co-NP 类在难度上是可以和 NP 类相比拟的，然而事实上几乎不可能，这样可以支持推测 co-NP $\neq$ NP。例如，考虑旅行商问题的补：给出 n 个城市和它们之间的距离，不存在长度为 k 或更少的任何游程。情况是这样的吗？看来不存在不确定性算法，它能不穷尽所有 $(n-1)!$ 的可能性而解决问题。作为另一个例子，考虑可满足性问题的补：给出一个公式 f，不存在对它的布尔变元的一个真值指派满足 f，情况是这样吗？换句话说，f 是不可满足的吗？看来没有一个不确定性算法可以不检查所有 2^n 种指派而求解这个问题，这里 n 是 f 中布尔变元的个数。

定义 9.7　问题 Π 对于 co-NP 类是完全的，如果

（1）Π 在 co-NP 中；

（2）对于 co-NP 中的每一个问题 Π'，$\Pi' \propto_{\text{poly}} \Pi$。

设某个确定性算法 A 实现从一个问题 Π' 到另一个问题 Π 的归约，Π' 和 Π 都在 NP 中。我们回忆归约的定义，A 是确定性的并且在多项式时间内运行，因此根据定理 9.1，A 也是从 $\overline{\Pi'}$ 到 $\overline{\Pi}$ 的归约，这里 $\overline{\Pi}$ 和 $\overline{\Pi'}$ 分别是 Π 和 Π' 的补。这蕴含着下面的定理。

定理 9.5　问题 Π 是 NP 完全的，当且仅当它的补 $\overline{\Pi}$ 对于 co-NP 类是完全的。

特别地，由于可满足性问题是 NP 完全的，因此可满足性问题的补对于 co-NP 类是完全的。我们不清楚 co-NP 类在补运算下是否封闭，不过，可以得出可满足性问题的补在 NP 中当且仅当 NP 在补运算下是封闭的。

一个 CNF 公式 f 是不可满足的当且仅当它的否定是一个重言式。如果对它的布尔变元的所有真值指派 f 都为真，则这个公式称为重言式。一个 CNF 公式 $C_1 \wedge C_2 \wedge \cdots \wedge C_k$ 的否定，其中 $C_i = (x_1 \vee x_2 \vee \cdots \vee x_{m_i})$，对于所有的 i，$1 \leqslant i \leqslant k$，用恒等式

$$\overline{C_1 \wedge C_2 \wedge \cdots \wedge C_k} = (\overline{C_1} \vee \overline{C_2} \vee \cdots \vee \overline{C_k})$$

和

$$\overline{(x_1 \vee x_2 \vee \cdots \vee x_{m_i})} = (\overline{x_1} \wedge \overline{x_2} \wedge \cdots \wedge \overline{x_{m_i}})$$

可以转换成析取范式（DNF）形式的公式 $C_1' \vee C_2' \vee \cdots \vee C_k'$，这里 $C_i' = (y_1 \wedge y_2 \wedge \cdots \wedge y_{m_i})$，对于所有的 i，$1 \leqslant i \leqslant k$。所得的 DNF 公式是重言式当且仅当 CNF 公式的否定是重言式。因此，我们有以下的定理。

定理 9.6　重言式问题：给出一个 DNF 公式 f，它是重言式吗？这个问题对于 co-NP 类是完全的。

由此得出下列结论：

- 重言式问题属于 P 当且仅当 co-NP = P；
- 重言式问题属于 NP 当且仅当 co-NP = NP。

下面的定理是基本的，它的简单证明留作练习（见练习 9.29）。

定理 9.7　如果问题 Π 和它的补 $\overline{\Pi}$ 是 NP 完全的，那么 co-NP = NP。

换句话说，如果问题 Π 和它的补都是 NP 完全的，那么 NP 类在补运算下是封闭的。正如前面讨论的那样，这是高度不可能的，它是一个悬而未决的问题。事实上，这个问题比 NP $\neq$ P 问题要强一些，理由是如果能够证明 co-NP $\neq$ NP，那么立即可以得到 NP $\neq$ P。假设已经证明了 co-NP $\neq$ NP，为了得出假设矛盾，我们假设 NP = P，那么把 P 代入已证明结论中的 NP，就得到 co-P $\neq$ P。但这和 P 在补运算下是封闭的事实矛盾（见定理 9.1），这个矛盾蕴含了 NP $\neq$ P。

9.6　三种复杂性类之间的关系

图 9.3 显示了在这一章中讨论的三种复杂性类之间的关系。从图中可清楚地看出，若假定 NP $\neq$ co-NP，则 P 居于 NP 与 co-NP 的交之中。

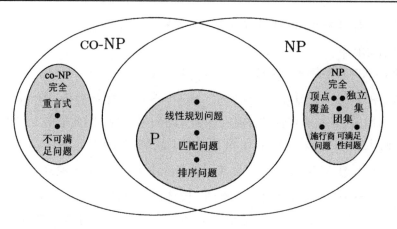

图9.3　三种复杂性类之间的关系

9.7　练习

9.1　给出一个有效算法，求解9.2节中叙述的判定形式的排序问题，算法的复杂性是什么?

9.2　给出一个有效算法，求解9.2节中叙述的不相交集问题，算法的复杂性是什么?

9.3　对9.2节中定义的2着色问题设计一个多项式时间算法（提示：第一个顶点着白色，所有邻接的顶点着黑色，等等）。

9.4　设 I 是着色问题的一个实例，并设 s 被宣称是 I 的一个着色解。描述一个确定性算法来实验 s 是否是 I 的一个解。

9.5　设计一个不确定性算法来求解可满足性问题。

9.6　设计一个不确定性算法来求解旅行商问题。

9.7　设 Π_1 和 Π_2 是两个问题，且 $\Pi_1 \propto_{poly} \Pi_2$。假设问题 Π_2 能在 $O(n^k)$ 时间内解出，并且归约可以在 $O(n^j)$ 时间内完成。证明问题 Π_1 可以在 $O(n^{jk})$ 内解出。

9.8　已知哈密顿回路问题对于无向图是 NP 完全的，证明哈密顿回路问题对于有向图也是 NP 完全的。

9.9　假设划分问题是 NP 完全的，证明装箱问题是 NP 完全的。

9.10　设 Π_1 和 Π_2 是两个 NP 完全问题，证明或否定 $\Pi_1 \propto_{poly} \Pi_2$。

9.11　设计一个多项式时间算法，在给定的有 n 个顶点的无向图 $G = (V, E)$ 中，找出大小为 k 的团集，这里 k 是一个固定的正整数。这与团集问题是 NP 完全的事实矛盾吗? 请解释。

9.12　考虑下面的可满足性实例

$$(x_1 \vee x_2 \vee \overline{x_3}) \wedge (\overline{x_1} \vee x_3) \wedge (\overline{x_2} \vee x_3) \wedge (\overline{x_1} \vee \overline{x_2})$$

(a) 遵循从可满足性到团集的归约方法，把上面的公式转换成团集问题的实例，此实例的答案是 yes 当且仅当上面的公式是可满足的。

(b) 在你的图中找出大小为 4 的团集，并把它转换成上面所给公式的一个可满足指派。

9.13　考虑练习 9.12 中所给出的公式 f。

(a) 遵循从可满足性到顶点覆盖的归约方法，把上面的公式转换成顶点覆盖的实例，它的回答是 yes 当且仅当 f 是可满足的。

（b）在你的图中找出顶点覆盖，并把它转换成 f 的一个可满足指派。

9.14　团集问题的 NP 完全性是由可满足性问题归约到它所证明的，给出一个从顶点覆盖到团集的较简单的归约。

9.15　证明任意的大小为 n 的团集的覆盖必须恰好有 $n-1$ 个顶点。

9.16　证明如果有人能想办法为可满足性问题设计出一个多项式时间算法，那么 NP = P（见练习 9.7）。

9.17　在第 6 章中已证明背包问题能在 $\Theta(nC)$ 时间内解决，这里 n 是项数，C 是背包容量。但是在这一章中提到，它是 NP 完全的。是否存在矛盾呢？请解释。

9.18　当证明一个最优化问题不比它的判定形式的问题难时，它是应用二分搜索和一个解判定问题的算法以求得最优化问题的解，如果用线性搜索替代二分搜索，证明是否还继续有效？请解释（提示：考虑旅行商问题）。

9.19　证明如果一个 NP 完全问题 Π 被证明在多项式时间内可解，则 NP = P（见练习 9.7 和练习 9.16）。

9.20　证明 NP = P 当且仅当对于某个 NP 完全问题 Π，$\Pi \in P$。

9.21　当不限制路径是简单的时，最长路径问题是 NP 完全的吗？证明你的回答。

9.22　当限制为有向无回路图时，最长路径问题是 NP 完全的吗？证明你的回答（见练习 6.33 和练习 9.21）。

9.23　证明如果允许权重是负的，则在一个有向图或无向图中的两个顶点 s 和 t 之间找出一条最短简单路径的问题是 NP 完全问题。

9.24　通过顶点覆盖问题归约到集合覆盖问题，证明集合覆盖问题是 NP 完全问题。

9.25　证明 3 可满足问题是一个 NP 完全问题。

9.26　用 3 可满足性代替可满足性，简化从满足性到顶点覆盖的归约。

9.27　证明 3 着色问题是一个 NP 完全问题。

9.28　比较重言式问题和可满足问题的困难，为什么其中蕴含着关于 co-NP 类的困难？

9.29　证明定理 9.7。

9.30　对 9.2 节中定义的 2 可满足问题设计一个多项式时间算法。

9.8　参考注释

NP 完全性的研究起始于两篇论文，第一篇是 Cook（1971）的奠基性论文，在文中可满足性问题第一次被证明是 NP 完全的。第二篇是 Karp（1972）的论文，在文中列出了 24 个问题被证明是 NP 完全的。Stephen Cook 和 Richard Karp 都赢得了 ACM 图灵奖，他们的图灵奖演讲发表在 Cook（1983）和 Karp（1986）中。Garey and Johnson（1979）提供了 NP 完全性理论的全面论述，涵盖了本章介绍的三种基本的复杂性类，包含了可满足性是 NP 完全的证明并列出了几百个 NP 完全问题。一个最著名的当时未解决而后来被解出的问题是线性规划。这个问题已证明用椭球方法在多项式时间内可解，见 Khachiyan（1979）。尽管它的实质意义现在已经确定，不过它曾受到极大关注。NP 完全性理论的介绍还可以在 Aho, Hopcroft and Ullman（1974）与 Hopcroft and Ullman（1979）中找到。

第10章　计算复杂性引论

10.1　引言

计算复杂性与问题的分类有关，它基于求解问题所需要的时间、空间或任何其他资源，如处理器个数和通信费用等。在本章中，我们回顾这个领域中的一些基本概念，并把注意力放在两种最传统的资源测度——时间和空间上。

10.2　计算模型：图灵机

在研究计算复杂性时，为了实现计算问题的分类，需要一个通用的计算装置。其实，大多数的结论在不同的计算模型下是健壮的和不变的。本章中，我们将选择图灵机作为计算模型。为了测量解决问题所需要的时间和空间的量，考虑那些输出解是 *yes* 或 *no* 的问题会容易得多，这种类型的问题称为判定问题（见9.1节）。一个判定问题的实例集合分成两个子集：回答是 *yes* 的那些实例和回答是 *no* 的那些实例。我们可以把这些问题编码成语言。字母表 Σ 是一个有穷字符集，语言 L 只是由 Σ 的符号组成的所有有限长字符串集合（记作 Σ^*）的一个子集。例如，有一个图 $G=(V,E)$，其中 $V=\{1,2,\cdots,n\}$，G 可以用字符串 $w(G)=(x_{11},x_{12},\cdots,x_{1n})(x_{21},x_{22},\cdots,x_{2n})\cdots(x_{n1},x_{n2},\cdots,x_{nn})$ 编码，如果 $(i,j)\in E$，则 $x_{ij}=1$；否则为0。于是经过编码的图 $w(G)$ 是一个有限字母表 $\{0,1,(,)\}$ 上的字符串。

标准的图灵机只有一条工作带，它分成许多单元。工作带的每个单元包含某字母表 Σ 的一个字符。图灵机具有一定的功能，它的工作带头可以读写当前扫描到的工作带单元中包含的字符。每一步，工作带头或者向左移动一个单元，或者向右移动一个单元，或者留在当前的单元上。图灵机的动作由它的有限状态控制器决定，图灵机在任何时刻都处于某个状态。对于当前状态和当前扫描到的工作带上的符号，有限状态控制器确定哪个动作是可能的：它确定下一步进入哪个状态，打印哪个符号到所扫描的工作带单元上，以及工作带头如何移动。

10.3　*k* 带图灵机和时间复杂性

由于如前描述的标准图灵机可以在每一步将它的工作带头移动一个单元，因此要将工作带头移动 n 个单元，显然需要 n 步。为了制造一个适当的图灵机模型，可以胜任测定某算法所用的时间量，我们需要多于一条的工作带。对于某个 $k\geq 1$，一个 k 带图灵机是单带图灵机的自然扩充，它有 k 条工作带而不是一条，并且它有 k 个工作带头。每个工作带头和一条工作带相关联，并且这些工作带头可以彼此独立地从一个单元移动到另一个单元。

定义 10.1　一个不确定性的 k 带图灵机是一个 6 元组 $M=(S,\Sigma,\Gamma,\delta,p_0,p_f)$，这里

（1）S 是一个有限状态集；

（2）Γ 是一个有限带字符集，它包含了特殊字符 B（空格符）；

（3）$\Sigma \subseteq \Gamma - \{B\}$ 是输入字符集；

（4）δ 为转移函数，它是将 $S \times \Gamma^k$ 的元素映射到 $S \times ((\Gamma - \{B\}) \times \{L, P, R\})^k$ 的有限子集的一个函数；

（5）$p_0 \in S$ 为初始状态；

（6）$p_f \in S$ 为终止或接受状态。

注意，为了不失一般性，我们假定仅存在一个终止状态。如果对于每个 $p \in S$ 和对于每个 $a_1, a_2, \cdots, a_k \in \Gamma$，集合 $\delta(p, a_1, a_2, \cdots, a_k)$ 包含最多一个元素，那么一个 k 带图灵机 $M = (S, \Sigma, \Gamma, \delta, p_0, p_f)$ 是确定性的。

定义 10.2　设 $M = (S, \Sigma, \Gamma, \delta, p_0, p_f)$ 是一个 k 带图灵机，M 的一个格局是一个 $(k+1)$ 元组

$$K = (p, w_{11} \uparrow w_{12}, w_{21} \uparrow w_{22}, \cdots, w_{k1} \uparrow w_{k2})$$

其中 $p \in S$ 并且 $w_{j1} \uparrow w_{j2}$ 是 M 的第 j 条带的内容，$1 \leqslant j \leqslant k$。

这里，第 j 条带的带头指向字符串 w_{j2} 的第一个字符。如果 w_{j1} 为空，那么带头指向工作带上第一个非空的字符，如果 w_{j2} 为空，那么带头指向字符串 w_{j1} 后的第一个空字符。w_{j1} 和 w_{j2} 有可能都为空，这表明工作带是空的。在计算开始时就是这种情况，这时可能除了输入带，所有的工作带都是空的。于是初始格局可记为

$$(p_0, \uparrow x, \uparrow B, \cdots, \uparrow B)$$

其中 x 是初始输入。终止或接受格局集合是所有格局

$$(p_f, w_{11} \uparrow w_{12}, w_{21} \uparrow w_{22}, \cdots, w_{k1} \uparrow w_{k2})$$

的集合。

定义 10.3　图灵机 M 对输入 x 的计算是一个格局的序列 $K_1, K_2, \cdots, K_t$，对于某个 $t \geqslant 1$，其中 K_1 是初始格局，并且对于所有的 i，$2 \leqslant i \leqslant t$，$K_i$ 是从 K_{i-1} 经过 M 的一次移动得到的。这里 t 称为计算长度。如果 K_t 是终止格局，那么这个计算称为一个接受计算。

定义 10.4　图灵机 M 对输入 x 所用的时间记为 $T_M(x)$，定义如下：

（1）如果 M 在输入 x 上存在一个接受计算，那么 $T_M(x)$ 是最短接受计算的长度；

（2）如果 M 在输入 x 上不存在接受计算，那么 $T_M(x) = \infty$。

设 L 是一种语言，f 是一个从非负整数集合到非负整数集合的函数，称 L 在 DTIME(f) 或 NTIME(f) 中，如果存在一个确定性（或不确定性）图灵机 M，那么它的性能如下：对于输入 x，如果 $x \in L$，那么 $T_M(x) \leqslant f(|x|)$；否则 $T_M(x) = \infty$。类似地，对于任意的 $k \geqslant 1$，我们可以定义 DTIME(n^k)，NTIME(n^k)。在第 9 章讨论的两个类 P 和 NP 现在可以形式化地定义如下：

$$P = \text{DTIME}(n) \cup \text{DTIME}(n^2) \cup \text{DTIME}(n^3) \cup \cdots \cup \text{DTIME}(n^k) \cup \cdots$$

和

$$NP = \text{NTIME}(n) \cup \text{NTIME}(n^2) \cup \text{NTIME}(n^3) \cup \cdots \cup \text{NTIME}(n^k) \cup \cdots$$

换句话说，P 是用确定性图灵机在多项式时间内可识别的所有语言的集合，而 NP 是用不确定性图灵机在多项式时间内可识别的所有语言的集合。在本书开始的几章中，我们已经看到了许多 P 类问题的例子，在第 9 章中，我们也已经遇到过属于 NP 类的几个问题。还有其他重要的时间复杂性类，其中的两类是

$$\text{DEXT} = \bigcup_{c \geq 0} \text{DTIME}(2^{cn}) \quad \text{NEXT} = \bigcup_{c \geq 0} \text{NTIME}(2^{cn})$$

$$\text{EXPTIME} = \bigcup_{c \geq 0} \text{DTIME}(2^{n^c}) \quad \text{NEXPTIME} = \bigcup_{c \geq 0} \text{NTIME}(2^{n^c})$$

例 10.1　考虑下面的 1 带图灵机 M，它识别语言 $L = \{a^n b^n \mid n \geq 1\}$。初始时，它的工作带包含字符串 $a^n b^n$。M 重复下面的步骤直到工作带上所有的字符都被做上标记，或者 M 不能移动它的带头。如果字符是 a，M 对最左边还没有做标记的字符做标记；然后一路右移，如果字符是 b，那么对最右边的还没有做标记的字符做标记。假如 a 的个数等于 b 的个数，那么工作带上所有的字符最后都将被做上标记，因此 M 将进入接受状态。否则，a 的个数小于或者大于 b 的个数。如果 a 的个数小于 b 的个数，那么在所有的 a 被做上标记后，在标记了最后一个 b 后，最左边的字符是 b，因此 M 将不能移动它的带头。如果 a 的个数大于 b 的个数，也将出现这种情况。很容易看出，如果输入字符串是被接受的，那么带头移动的次数小于或等于 cn^2（c 是某个大于 0 的常数），于是可知 L 在 $\text{DTIME}(n^2)$ 中。

10.4　离线图灵机和空间复杂性

为了合适的空间测度，我们需要分离用来存储计算信息的空间。例如，为了说明"图灵机仅使用了它的 $\lfloor \log n \rfloor$ 个工作带单元"，必须分离输入字符串，并且不能将用来存储长度为 n 的输入字符串的单元计算在内。这样，用来测度空间复杂性的图灵机模型有一个分离的只读输入带，不允许图灵机在输入带上重写扫描到的字符，这种形式的图灵机通常称为离线图灵机。k 带图灵机和离线图灵机之间的差别是：离线图灵机恰好有两条工作带，一条只读输入带和一条读写工作带。

定义 10.5　一个（不确定性）离线图灵机是一个 6 元组 $M = (S, \Sigma, \Gamma, \delta, p_0, p_f)$，其中

(1) S 是一个有限状态集；

(2) Γ 是一个有限带字符集，它包含了特殊字符 B（空格符）；

(3) $\Sigma \subseteq \Gamma - \{B\}$ 是输入字符集，它包含了两个特殊符号 # 和 $（分别为左端标记和右端标记）；

(4) δ 为转移函数，它是将 $S \times \Sigma \times \Gamma$ 的元素映射到 $S \times \{L, P, R\} \times (\Gamma - \{B\}) \times \{L, P, R\}$ 的有限子集的一个函数；

(5) $p_0 \in S$ 为初始状态；

(6) $p_f \in S$ 为终止或接受状态。

注意，为了不失一般性，我们假定只存在一个终止状态。在离线图灵机中，输入由它的只读带上用端标记 $ 和 # 括起来的部分表示，它是从不改变的。在离线图灵机的情况下，一个格局由 3 元组

$$K = (p, i, w_1 \uparrow w_2)$$

定义。其中 p 是当前状态，i 是由输入头指向的输入带上的单元号码，并且 $w_1 \uparrow w_2$ 是工作带上的内容。这里工作带头正指向 w_2 的第一个字符。

定义 10.6　一个离线图灵机 M 在输入 x 上所用的空间记为 $S_M(x)$，定义如下：

(1) 如果 M 在输入 x 上存在一个接受计算，那么 $S_M(x)$ 是应用最少工作带单元数的一个接受计算所用的工作带单元；

(2) 如果 M 在输入 x 上不存在接受计算，那么 $S_M(x) = \infty$。

例 10.2　考虑以下图灵机 M，它识别语言 $L = \{a^n b^n \mid n \geqslant 1\}$。$M$ 从左到右扫描它的输入带，并且计算 a 的个数，用二进制形式在它的工作带上表示这个值。这是通过在工作带上增加计数器的值来实现的。然后对于每一个扫描到的 b，M 将计数器的值减 1，以此来验证字符 b 出现的次数与 a 的个数相同。如果 n 是输入字符串 x 的长度，那么 M 为了接受 x，使用了 $\lceil \log(n/2) + 1 \rceil$ 个工作带单元。

设 L 是一种语言，f 是一个从非负整数集合到非负整数集合的函数。如果存在一个确定性（或不确定性）离线图灵机 M，那么 L 就在 DSPACE(f)［或 NSPACE(f)］中，M 的性能如下：对于输入 x，如果 $x \in L$，那么 $S_M(x) \leqslant f(|x|)$；否则 $S_M(x) = \infty$。例如，在例 10.2 中，$L(M) = \{a^n b^n \mid n \geqslant 1\}$ 在 DSPACE($\log n$) 中，因为 M 是确定性的，并且对于任意字符串 x，如果 $x \in L$，那么 M 为了接受 x，最多使用了 $\lceil \log(n/2) + 1 \rceil$ 个工作带单元，其中 $n = |x|$。类似地，对于任意的 $k \geqslant 1$，可以定义 DSPACE(n^k)，NSPACE(n^k)。现在，可以定义两个重要的空间复杂性类 PSPACE 和 NSPACE 如下：

$$\text{PSPACE} = \text{DSPACE}(n) \cup \text{DSPACE}(n^2) \cup \text{DSPACE}(n^3) \cup \cdots \cup \text{DSPACE}(n^k) \cup \cdots$$
$$\text{NSPACE} = \text{NSPACE}(n) \cup \text{NSPACE}(n^2) \cup \text{NSPACE}(n^3) \cup \cdots \cup \text{NSPACE}(n^k) \cup \cdots$$

换句话说，PSPACE 是用确定性离线图灵机在多项式空间中可识别的所有语言的集合，而 NSPACE 是用不确定性离线图灵机在多项式空间中可识别的所有语言的集合。还有两种基本的复杂性类如下：

$$\text{LOGSPACE} = \text{DSPACE}(\log n) \text{ 和 NLOGSPACE} = \text{NSPACE}(\log n)$$

它们分别是用确定性和不确定性离线图灵机在对数空间中可识别的两种语言。在下面的例子中，我们描述一个问题，它属于 NLOGSPACE 类。

例 10.3　GRAPH ACCESSIBILITY PROBLEM(GAP)：给出一个有限有向图 $G = (V, E)$，其中 $V = \{1, 2, \cdots, n\}$，存在一条从顶点 1 到顶点 n 的路径吗？这里 1 是起始顶点而 n 是目标顶点。我们构造一个不确定性图灵机 M，它确定是否存在一条从顶点 1 到顶点 n 的路径。M 实现这个任务是从顶点 1 到它自己长度为 0 的路径开始，在以后的每一步中扩展该路径，这是通过不确定地选择下一个顶点来实现的，它是当前路径中最后一个顶点的后继顶点。由于最后一个顶点可以通过将它的号码以二进制形式写在工作带上来表示，因此 M 最多使用 $\lceil \log(n+1) \rceil$ 个工作带单元。因为 M 不确定地选择路径，如果存在从顶点 1 到顶点 n 的路径，那么 M 将能做出正确的序列选择并且构造这样一条路径，当它探测到路径上所选的最后一个顶点是 n 时，回答 yes。另一方面，M 并不一定做出正确的序列选择,即使存在一条合适的路径。例如,M 可以循环,它从图 G 的一条回路中选择一个顶点的无穷序列,或者由于 M 对路径中最后一个顶点的后继顶点做出不正确的选择而没能指出存在合适的路径。因为 M 仅需在工作带上存储当前顶点的二进制表示,它的长度是 $\lceil \log(n+1) \rceil$,所以得到 GAP 在 NLOGSPACE 中。

10.5 带压缩和线性加速

因为工作带的字母表可以任意大,所以几个带字符可以编码成一个字符,这就产生了利用一个常因子的带压缩,也就是所用的空间量可以通过某常数 $c(c>1)$ 减约。类似地,也可以利用一个常因子加速计算。于是,在计算复杂性中可以忽略常因子,在分类问题中只有增长率是重要的。下面我们给出(不带证明)关于带压缩和线性加速的两个定理。

定理 10.1 如果语言 L 被一个以 $S(n)$ 为空间界限的离线图灵机 M 接受,那么对于任意常数 c,$0 < c < 1$,L 被一个以 $cS(n)$ 为空间界限的离线图灵机 M' 接受。

定理 10.2 如果语言 L 被一个以 $T(n)$ 为时间界限[有 $k>1$ 的带使 $n=o(T(n))$]的图灵机 M 接受,那么对于任意常数 c,$0 < c < 1$,L 被一个以 $cT(n)$ 为时间界限的图灵机 M' 接受。

例 10.4 设 $L = \{ww^R \mid w \in \{a,b\}^+\}$,即 L 由字母表 $\{a,b\}$ 上的回文组成。可以构造一个 2 带图灵机 M 来接受 L,如下所示。初始时输入字符串在第一条带上,第二条带以下面的方法标记输入字符。扫描第一个字符并标记它,移动到最右边的字符扫描它并标记它。继续这个过程直到输入字符串耗尽,在这种情况下它被接受;或者直到发现不匹配,这时输入字符串被拒绝。另一种识别语言 L 的 2 带图灵机 M' 工作如下,同时扫描两个最左边的字符,标记它们并且移动到最右边来扫描和标记两个最右边的字符,等等。显然,M' 需要的时间几乎是 M 需要的时间的一半。

10.6 复杂性类之间的关系

定义 10.7 一个从非负整数集合到非负整数集合的全函数 T 称为是时间可构造的,当且仅当存在一台图灵机,对每一个长度为 n 的输入,恰在 $T(n)$ 步时停机。一个从非负整数集合到非负整数集合的全函数 S 称为是空间可构造的,当且仅当存在一台图灵机,对于每一个长度为 n 的输入,在一个格局里它的工作空间恰有 $S(n)$ 个带单元是非空时停机,并且在计算过程中没有用过其他的工作空间。几乎所有大家熟悉的函数都是时间和空间可构造的,例如 $n^k, c^n, n!$。

定理 10.3

(a) DTIME$(f(n)) \subseteq$ NTIME$(f(n))$,DSPACE$(f(n)) \subseteq$ NSPACE$(f(n))$。

(b) DTIME$(f(n)) \subseteq$ DSPACE$(f(n))$,NTIME$(f(n)) \subseteq$ NSPACE$(f(n))$。

(c) 如果 S 是空间可构造的且 $S(n) \geq \log n$,那么 NSPACE$(S(n)) \subseteq$ DTIME$(c^{S(n)})$,$c \geq 2$。

(d) 如果 S 是空间可构造的且 $S(n) \geq \log n$,那么 DSPACE$(S(n)) \subseteq$ DTIME$(c^{S(n)})$,$c \geq 2$。

(e) 如果 S 是时间可构造的,那么 NTIME$(T(n)) \subseteq$ DTIME$(c^{T(n)})$,$c \geq 2$。

证明：

（a）由定义，每一个确定性图灵机是不确定的。

（b）在 n 步内，工作带头最多可以扫描 $n+1$ 个工作带单元。

（c）设 M 是一个不确定性离线图灵机，使对于所有长度为 n 的输入，M 使用一个以 $S(n) \geqslant \log n$ 为上界的工作空间。设 s 和 t 分别是 M 的状态和工作带字符数，因为 M 是以 $S(n)$ 为空间界限的，并且 $S(n)$ 是空间可构造的，M 在长度为 n 的输入 x 上可能进入的不同格局的最大数是 $s(n+2)S(n)t^{S(n)}$。这个表达式是状态数、输入带头的位置数、工作带头的位置数、可能工作带内容数的乘积。因为 $S(n) \geqslant \log n$，这个表达式以 $d^{S(n)}$ 为上界，其中 $d \geqslant 2$ 是某个常数。因此，M 不能进行多于 $d^{S(n)}$ 次的移动，否则一个格局将不断重复，机器将永不停机。不失一般性，我们可以假定，如果 M 接受，那么在进入接受状态前它将擦除工作带并把带头移到第一个单元。考虑一个确定性图灵机 M'，在长度为 n 的输入 x 上，生成一个以 M 所有格局为顶点的图，并在两个格局间设置有向边当且仅当从第一个格局遵照 M 的转移函数一步可到第二个格局。应用 S 的空间可构造性计算出格局数，然后 M' 检查在图中是否存在一条从初始格局到唯一接受格局的有向路径，并且当且仅当在这种情况下接受。对于某个常数 $c \geqslant 2$，上述操作能够在 $O(d^{2S(n)}) = O(c^{S(n)})$ 时间内完成［有 n 个顶点的有向图的最短路径能在时间 $O(n^2)$ 找到］。显然，M' 接受和 M 同样的语言，因此对于某个常数 $c \geqslant 2$，这种语言在 $\text{DTIME}(c^{S(n)})$ 中。

（d）根据（a）和（c）可立即得到证明。

（e）根据（b）和（c）可立即得到证明。

推论 10.1　$\text{LOGSPACE} \subseteq \text{NLOGSPACE} \subseteq \text{P}$。

定理 10.4　如果 S 是一个空间可构造函数且 $S(n) \geqslant \log n$，那么 $\text{NSPACE}(S(n)) \subseteq \text{DSPACE}(S^2(n))$。

证明：设 M 是对所有的输入都停机的不确定性离线图灵机。我们将构造一个 $S^2(n)$ 确定性离线图灵机 M'，使 $L(M') = L(M)$，策略是 M' 能够用分治法模拟 M。设 s 和 t 分别是 M 的状态数和工作带字符数，因为 M 是 $S(n)$ 空间界且 $S(n)$ 是空间可构造的，所以 M 在长度为 n 的输入 x 上可能进入的不同格局的最大数是 $s(n+2)S(n)t^{S(n)}$。这个表达式是状态数、输入带头的位置数、工作带头的位置数和可能工作带内容数的乘积。因为 $S(n) \geqslant \log n$，这个表达式以 $2^{cS(n)}$ 为上界，其中 $c \geqslant 1$ 是某个常数。因此，M 不能进行多于 $2^{cS(n)}$ 次的移动，否则一个格局将不断重复，机器将永不停机。设对于输入 x，初始格局是 C_i，终止格局是 C_f，M 接受 x 当且仅当 x 使机器从 C_i 走到 C_f。假设这使 M 移动 j 次，那么一定存在一个格局 C 使 x 引起 M 在 $j/2$ 步内到达大小为 $O(S(n))$ 的格局 C，然后在 $j/2$ 步内从 C 走到 C_f。M' 将用下面所示的分治法函数 REACHABLE 检查所有可能的格局 C。第一次调用该函数是 REACHABLE$(C_i, C_f, 2^{cS(n)})$。

1. **Function** REACHABLE(C_1, C_2, j)
2. 　　**if** $j = 1$ **then**
3. 　　　　**if** $C_1 = C_2$ 或 C_2 从 C_1 在一步内就能到达
4. 　　　　　　**then return true**
5. 　　　　　　**else return false**

6.　　　　　**end if**
7.　　**else for** 每一个小于等于 $S(n)$ 的可能格局 C
8.　　　**if** REACHABLE$(C_1,C,j/2)$ 和 REACHABLE$(C,C_2,j/2)$
9.　　　　**then return true**
10.　　　　**else return false**
11.　　　**end if**
12.　　**end if**
13. **end** REACHABLE

　　函数 REACHABLE 判定在两个格局之间是否存在一个长度最大是 j 的局部计算,它通过寻找中间格局 C 和递归地核对它确实是中间格局来做出判定。这个核对相当于证实两个长度最大是 $j/2$ 的局部格局的存在。

　　显然,M' 接受它的输入当且仅当 M 接受。我们来证明 M' 的空间界限。为了模拟递归调用,M' 将它的工作带用作堆栈,函数相继调用的对应信息存储在堆栈中,每次调用以因子2减少 j 的值。这样,递归深度是 $cS(n)$,因此没有多于 $cS(n)$ 的调用同时进行。对于每个调用,M' 存储 C_1,C_2 和 C 的当前值,它们每一个的大小是 $O(S(n))$。因此 $O(S^2(n))$ 空间对于整个堆栈来说是足够的。这样就得到 M' 是一个 $S^2(n)$ 确定性离线图灵机,有 $L(M')=L(M)$。

　　推论 10.2　对于任意 $k \geqslant 1$,
$$\text{NSPACE}(n^k) \subseteq \text{DSPACE}(n^{2k}) \text{ 和 NSPACE}(\log^k n) \subseteq \text{DSPACE}(\log^{2k} n)$$
而且 NSPACE = PSPACE。

　　推论 10.3　存在一个确定性算法可以求解 GAP 问题,它使用 $O(\log^2 n)$ 空间。

　　证明:根据定理 10.4 和 GAP 有一个不确定性算法,它使用 $O(\log n)$ 空间的事实(见例 10.3)可立即得出。

10.6.1　空间和时间的层次定理

　　现在我们提出两个层次定理,它们涉及在同样的模型上用同样的资源由不同的函数界定时类之间的关系。特别地,我们将介绍某些在确定性时间类之间和确定性空间类之间真包含的充分条件,这些定理通常命名为空间层次定理和时间层次定理。设 M 是一个 1 带图灵机,我们把 M 编码为一个 0 和 1 的字符串,对应于如下的二进制数。不失一般性,假定 M 的输入字母表是 $\{0,1\}$,并且空白是唯一附加带符号,为了方便,分别称 $0,1$ 和空白为 X_1,X_2 和 X_3,并且用 D_1,D_2 和 D_3 标记方向 L,R 和 P。那么一次移动 $\delta(q_i,X_j)=(q_k,X_l,D_m)$ 由二进制字符串 $0^i10^j10^k10^l10^m$ 编码,这样 M 的二进制码是 $111C_111C_211\cdots11C_r111$,其中每个 C_i 都是如上所示一次移动的码。每台图灵机可以有许多编码,因为移动的编码能用任何序列出。另一方面,存在二进制数,它们并不对应图灵机的任何编码,这些二进制数可以共同作为空图灵机的编码,空图灵机就是没有移动的图灵机,由此得到我们所说的第 n 台图灵机,依次类推。利用类似的方法,我们可以对 k 带图灵机(对于所有的 $k \geqslant 1$)和离线图灵机进行编码。

　　定理 10.5　设 $S(n)$ 和 $S'(n)$ 是两个空间可构造的空间界限,假定 $S'(n)$ 是 $o(S(n))$,那么 DSPACE$(S(n))$ 包含一种语言,它不在 DSPACE$(S'(n))$ 中。

证明: 利用对角化方法证明。不失一般性,我们可以只考虑具有输入字母表$\{0,1\}$的离线图灵机情况,还可以假设图灵机的任意编码允许任意个 1 作为前缀,这样每台图灵机有无限多的编码。我们构造一个有空间界限$S(n)$的图灵机M,它至少对于一个输入与具有空间界限$S'(n)$的任何图灵机不同。M把它的输入x作为一台离线图灵机的一个编码。设x是M的长度为n的输入。首先,为了确保M使用的空间不多于$S(n)$,在它的工作带上标记恰好$S(n)$个单元。由于$S(n)$是空间可构造的,因此它可以通过模拟一台对于每个长度为n的输入恰好用$S(n)$空间的图灵机来实现。从现在开始,不论何时,如果计算过程试图用一个标记单元以外的单元,那么M将终止它的运算,这样,M确实是一台以$S(n)$为界的图灵机,即$L(M)$在DSPACE($S(n)$)中。接着,对于输入x,M模拟M_x,这里M_x是一台图灵机,它的编码是输入x。M接受x当且仅当它用$S(n)$空间完成模拟,以及M_x停机且拒绝x。如果M_x具有$S'(n)$空间界限并使用t个带字符,那么模拟需要$\lceil\log t\rceil S'(n)$空间。

需要注意的是,$L(M)$可以被不同于M的图灵机接受。现在我们证明,如果图灵机M'接受$L(M)$,那么M'不能是囿于$S'(n)$空间的。假定存在一个空间囿于$S'(n)$的图灵机M'接受$L(M)$,并且不失一般性假设M'在所有的输入上停机。因为$S'(n)$是$o(S(n))$的,并且因为任意的离线图灵机能有一个具有任意多的 1 的编码,因此存在一个M'的编码x',使$\lceil\log t\rceil S'(n') < S(n')$,其中$n' = |x'|$。显然对于输入$x'$,$M$具有足够的空间来模拟$M'$,但是对于输入$x'$,$M$将接受当且仅当$M'$停机并拒绝。于是有$L(M') \neq L(M)$,因此$L(M)$在DSPACE($S(n)$)中而不在 DSPACE($S'(n)$)中[①]。

为了得到时间层次定理,我们需要以下引理,它的证明省略。

引理 10.1 如果L被一台k带图灵机在时间$T(n)$中接受,那么L被一个 2 带图灵机在时间$T(n)\log T(n)$中接受。

定理 10.6 设$T(n)$和$T'(n)$是两个时间界限,使$T(n)$是时间可构造的且$T'(n)\log T'(n)$是$o(T(n))$的,那么 DTIME($T(n)$)包含一种不在 DTIME($T'(n)$)中的语言。

证明: 这个证明类似于定理 10.5 的证明,因此只在这里说明必要的修改。对于长度为n的输入x,在恰好执行$T(n)$步后M停机,这可以通过模拟一台囿于$T(n)$时间的图灵机在额外的工作带上运行而实现[注意这是有可能的,因为$T(n)$是时间可构造的]。需要注意的是,M只有固定数目的工作带,假定用来模拟任意多带的图灵机。由引理 10.1,这将导致以因子$\log T'(n)$减慢。如同在定理 10.5 的证明中,M'可能有许多工作带字符,使得模拟以因子$c = \lceil\log t\rceil$减慢,其中t是M'所用的工作带字符数。这样,长度为n'的M'的编码x'必定满足不等式$cT'(n')\log T'(n') \leqslant T(n')$。由于$M$接受$x'$仅当$M'$停机且拒绝$x'$,即可得出$L(M') \neq L(M)$,因此$L(M)$在 DTIME($T(n)$)中而不在 DTIME($T'(n)$)中。

10.6.2 填塞论证

假定有任意特定问题Π,通过将长的额外字符的序列填塞每个Π的实例,可以创造一个具有较低复杂性的Π的版本。这个技术称为填塞,下面通过例子来说明在这个概念背后的思想。设$L \subseteq \Sigma^*$是一种语言,其中Σ是不包含符号 0 的字母表,假定L在 DTIME(n^2)中。定

---

① 译者注: 这一证明过于简单,若读者认为不清晰,可参考第 9 章参考注释中 Aho,Hopcroft and Ullman(1974)的 10.2 节。

义语言

$$L' = \{x0^k | x \in L \text{ 和 } k = |x|^2 - |x|\}$$

L' 称为 L 的填塞形式。现在我们证明 L' 在 DTIME(n) 中。设 M 是接受 L 的图灵机，我们构造另一台图灵机 M'，它识别 L' 如下，M' 首先检验具有 $x0^k$ 形式的字符串 x'，其中 $x \in \Sigma^*$ 且 $k = |x|^2 - |x|$。这样可以在以 $|x'|$ 为界的时间量内运行。接着，如果 x' 具有 $x0^k$ 形式，那么 M' 在输入 $x' = x0^k$ 上模拟 M 在输入 x 上的计算，如果 M 接受 x，则 M' 也接受，否则 M' 拒绝。由于 M 需要最多 $|x|^2$ 步来判定 x 是否在语言 L 中，M' 需要最多 $|x'| = |x|^2$ 步来判定 x' 是否在语言 L' 中，因此 L' 在 DTIME(n) 中。更笼统地说，如果 L 在 DTIME$(f(n^2))$ 中，则 L' 在 DTIME$(f(n))$ 中。例如，如果 L 在 DTIME(n^4) 中，则 L' 在 DTIME(n^2) 中；如果 L 在 DTIME(2^{n^2}) 中，则 L' 在 DTIME(2^n) 中。

下面介绍两个基于填塞论证的定理。

定理 10.7　如果 DSPACE$(n) \subseteq$ P，那么 PSPACE = P。

证明：假定 DSPACE$(n) \subseteq$ P，设 $L \subseteq \Sigma^*$ 是 PSPACE 中的一个集合，其中 Σ 是一个不包含符号 0 的字母表。设 M 是一台对于某个多项式 p，在空间 $p(n)$ 中接受语言 L 的图灵机。考虑集合

$$L' = \{x0^k | x \in L \text{ 和 } k = p(|x|) - |x|\}$$

那么，正如上面讨论的那样，存在图灵机 M'，它在线性空间识别 L'，即 L' 在 DSPACE(n) 中。根据假设，L' 在 P 中，因此存在图灵机 M'' 在多项式时间接受 L'。显然，另一台图灵机在它的输入 x 上附加 0^k，其中 $k = p(|x|) - |x|$，然后就可以很容易地模拟 M''。显然，这台图灵机在多项式时间接受 L，这样就得到 PSPACE $\subseteq$ P，因为 P $\subseteq$ PSPACE，所以有 PSPACE = P。

推论 10.4　P $\neq$ DSPACE(n)。

证明：如果 P = DSPACE(n)，则由上面的定理，PSPACE = P，因此 PSPACE = DSPACE(n)。但这违反了空间层次定理（见定理 10.5）。于是就有 P $\neq$ DSPACE(n)。

定理 10.8　如果 NTIME$(n) \subseteq$ P，那么 NEXT = DEXT。

证明：假定 NTIME$(n) \subseteq$ P。设 $L \subseteq \Sigma^*$ 是 NTIME(2^{cn}) 中的一个集合，其中 Σ 是一个不包含符号 0 的字母表。设 M 是一台不确定性图灵机，对于某个常数 $c > 0$，它在时间 2^{cn} 内接受语言 L。考虑集合

$$L' = \{x0^k | x \in L \text{ 和 } k = 2^{cn} - |x|\}$$

则存在一台不确定性图灵机 M'，它在线性时间内识别语言 L'，即 L' 在 NTIME(n) 中。由假设，L' 在 P 中，因此存在一台确定性图灵机 M'' 在多项式时间接受 L'。显然，另一台确定性图灵机在它的输入 x 上附加 0^k，其中 $k = 2^{cn} - |x|$，然后就可以很容易地模拟 M''。显然，这台图灵机在时间 2^{cn} 中接受 L。这样就得到 NTIME$(2^{cn}) \subseteq$ DTIME(2^{cn})，因为 DTIME$(2^{cn}) \subseteq$ NTIME(2^{cn})，所以有一个结果 NTIME$(2^{cn}) =$ DTIME(2^{cn})。因为 c 是任意的，所以有 NEXT = DEXT。

换句话说，上面的定理说明，如果 NEXT $\neq$ DEXT，那么存在一种语言 L，它可在线性时间内由一台不确定性图灵机识别，但是不能由任意的确定性图灵机在多项式时间内识别。

推论 10.5　如果 NP = P，则 NEXT = DEXT。

10.7　归约

在这一节中，我们逐步展开比较可计算问题复杂性类的方法。这样的比较将通过描述从一个问题到另一个问题的变换来实现。变换只是一个函数，它把一个问题的实例映射成另一个问题的实例。设 $A \in \Sigma^*$ 和 $B \in \Delta^*$ 是两个任意问题，它们分别在字母表 Σ 和 Δ 上编码成字符串集合。一个函数 f 将字母表 Σ 上的字符串集合映射到字母表 Δ 上的字符串集合，它是 A 到 B 的一个变换，如果满足下面的性质：

$$\forall x \in \Sigma^* \quad x \in A \text{ 当且仅当 } f(x) \in B$$

从 A 到 B 的变换 f 是有用的，因为它也蕴含了从求解问题 B 的任何算法变换到求解问题 A 的一个算法。也就是说，人们可以建立以下算法来求解问题 A。给出一个任意的字符串 x $\in \Sigma^*$ 作为输入：

（1）将 x 变换成 $f(x)$；
（2）判定 $f(x) \in B$ 是否成立；
（3）如果 $f(x) \in B$，则回答 yes，否则回答 no。

求解问题 A 的这个算法的复杂性依赖于两个因素：x 变换到 $f(x)$ 的复杂性和判定一个给定的字符串是否属于 B 的复杂性。显然，如果变换不是太复杂，则求解 B 的一个有效算法将用上面的过程变换成一个求解 A 的有效算法。

定义 10.8　如果有一个 A 到 B 的变换 f，则称 A 可归约到 B，记为 $A \propto B$。

定义 10.9　设 $A \subseteq \Sigma^*$ 和 $B \subseteq \Delta^*$ 是字符串集合，假定有一个变换 $f : \Sigma^* \to \Delta^*$。则

- 如果 $f(x)$ 能够在多项式时间内计算，则 A 是多项式时间可归约到 B 的，记为 $A \propto_{\text{poly}} B$；
- 如果 $f(x)$ 能够用 $O(\log|x|)$ 空间计算，则 A 是对数空间可归约到 B 的，记为 $A \propto_{\text{log}} B$。

定义 10.10　设 $\propto$ 是一个可归约关系，$\mathcal{L}$ 是一个语言族，由

$$closure \propto (\mathcal{L}) = \{ L \mid \exists L' \in \mathcal{L}(L \propto L') \}$$

定义在可归约关系 $\propto$ 下 $\mathcal{L}$ 的闭包。那么在可归约关系 $\propto$ 下，$\mathcal{L}$ 是闭的当且仅当

$$closure \propto (\mathcal{L}) \subseteq \mathcal{L}$$

如果 $\mathcal{L}$ 由一种语言 L 组成，则将用 $closure \propto (L)$ 来代替 $closure \propto (\{L\})$。

例如，$closure \propto_{\text{poly}} (\text{P})$ 是在多项式时间内可归约到 P 的所有语言的集合，$closure \propto_{\text{log}} (\text{P})$ 是在对数空间内可归约到 P 的所有语言的集合。我们将在后面通过说明 $closure \propto_{\text{poly}} (\text{P}) \subseteq \text{P}$ 和 $closure \propto_{\text{log}} (\text{P}) \subseteq \text{P}$，证明在可归约关系 $\propto_{\text{poly}}$ 和 $\propto_{\text{log}}$ 下，P 是闭的。

现在，我们在两个重要的可归约形式——多项式时间可归约性和对数空间可归约性之间建立联系。

引理 10.2　以对数空间为界限的离线图灵机 M，对长度为 n 的一个输入，能够进入的不同格局数以 n 的多项式为上界。

证明：设 s 和 t 分别是 M 的状态数和工作带字符数，M 在长为 n 的输入上，可能进入的不同格局数由下面各个量的乘积给出：s（M 的状态数），$n + 2$（在一个长度为 n、加上左右标

记的输入上 M 的不同输入头的位置数),$\log n$(不同的工作带头的位置数)和 $t^{\log n}$(能够写在 $\log n$ 个工作带单元中的不同字符串的数目)。这样,对于所有但有限的 n,M 在一个长度为 n 的输入上的不同格局数是

$$s(n+2)(\log n)t^{\log n} = s(n+2)(\log n)n^{\log t} \leq n^c, c > 1$$

这就得出格局数以 n 的多项式为上界。

定理 10.9 对于任意两种语言 A 和 B,

$$\text{如果 } A \propto_{\log} B, \text{ 则 } A \propto_{\text{poly}} B$$

证明:从引理 10.2(以及推论 10.1)可立即得出。

因此,任意的对数空间归约是一个多项式时间归约。这样对于任何语言族 $\mathcal{L}$,如果 $\mathcal{L}$ 在多项式时间归约下是闭的,则它在对数空间归约下也是闭的。

引理 10.3 P 在多项式时间归约下是闭的。

证明:设 $L \subseteq \Sigma^*$,对于某个有限字母表 Σ 和某种语言 $L' \in P$,L 是任意语言使 $L \propto_{\text{poly}} L'$。由定义 P,存在一个在多项式时间内可计算的函数 f,使

$$\forall x \in \Sigma^* \, x \in L \text{ 当且仅当 } f(x) \in L'$$

因为 $L' \in P$,对于某个 $k \geq 1$,存在一个确定性图灵机 M' 接受 L' 并且在时间 n^k 内运行。因为 f 是在多项式时间内可计算的,所以存在一个确定性图灵机 M'',对于某个 $l \geq 1$,它计算 f 并且在时间 n^l 内运行。我们构造一个接受集合 L 的图灵机 M,M 对于在字母表 Σ 上的输入 x 执行以下步骤:

(1)使用图灵机 M'' 把 x 变换成 $f(x)$;

(2)使用图灵机 M' 判定 $f(x) \in L'$ 是否成立;

(3)如果 M' 确定 $f(x) \in L'$,则接受;否则不接受。

对于图灵机 M,这个算法的时间复杂性仅仅是完成前面三步所花费的时间量的总和。设 x 是一个长度为 n 的字符串,并设 $f(x)$ 是一个长度为 m 的字符串。那么,这个算法对于输入 x 所用的时间量是以 $n^l + m^k + 1$ 为界的,因为步骤(1)最多耗费 n^l 步,步骤(2)最多耗费 m^k 步,而步骤(3)只有一步。我们观察到 $f(x)$ 不可能比 n^l 长,因为 M'' 运行 n^l 步,并且每一步中 M'' 在输出带上最多打印一个字符,也就是 $m \leq n^l$。因此 $n^l + m^k + 1 \leq n^l + n^{kl} + 1$,对于所有但有限多的 n 成立。这样,我们已经证明了一个确定性图灵机在多项式时间内识别集合 L 成立。于是,如果 $L \propto_{\text{poly}} L'$,则 $L \in P$。

以下引理的证明类似于引理 10.3 的证明。

引理 10.4 NP 和 PSPACE 在多项式时间归约下是闭的。

推论 10.6 P,NP 和 PSPACE 在对数空间归约下是闭的。

引理 10.5 LOGSPACE 在对数空间归约下是闭的。

证明:对于某个有限字母表 Σ,设 $L \subseteq \Sigma^*$ 是任意语言,使得对于某种语言 $L' \in$ LOGSPACE,有 $L \propto_{\log} L'$。由定义,存在一个对数空间可计算函数 f,使

$$\forall x \in \Sigma^* \, x \in L \text{ 当且仅当 } f(x) \in L'$$

因为 $L' \in$ LOGSPACE，存在一个确定性图灵机 M' 在空间 $\log n$ 内接受 L'。因为 f 是对数空间可计算的，存在一个确定性图灵机 M''，它计算 f 时，在大小为 n 的输入上最多使用 $\log n$ 个工作带单元。我们构造一个接受 L 的确定性图灵机 M，M 在字母表 Σ 的输入串 x 上执行以下步骤：

(1) 置 i 为 1；

(2) 如果 $1 \leqslant i \leqslant |f(x)|$，则用图灵机 M'' 计算 $f(x)$ 的第 i 个字符，称此字符为 σ。如果 $i = 0$，则设 σ 是左端字符 #；如果 $i = |f(x)| + 1$，则设 σ 是右端字符 \$。

(3) 模拟图灵机 M' 在字符 σ 上的动作，直到 M' 的输入头左移或右移。如果输入头右移，则 i 加 1 且转到步骤 (2)；如果输入头左移，则 i 减 1 且转到步骤 (2)。如果 M' 在左右移动它的输入头之前进入终止状态，从而接受 $f(x)$，那么 M 接受输入字符串 x。

请注意 M 确实识别集合 L，它接受字符串 x 当且仅当 M' 接受字符串 $f(x)$。步骤 (2) 需要最多 $\log n$ 个工作带空间，因为 M'' 在 $\log n$ 空间工作。模拟图灵机 M' 的工作带内容存储在 M 的工作带空间中，这需要最多 $\log|f(x)|$ 空间，因为 M' 是一个对数空间图灵机，并且它在输入 $f(x)$ 上模拟。就像我们已经在引理 10.2 中所看到的那样，M'' 是以多项式空间为界的，因为 M'' 在空间 $\log n$ 中运行，并且最终在函数 f 的值上结束，因此对于某个 $c > 0$，$|f(x)| \leqslant |x|^c$。这样，需要用来表示 M' 工作带内容的工作带空间以下式为界：

$$\log|f(x)| \leqslant \log|x|^c = c\log|x|, c > 0$$

值 $i[0 \leqslant i \leqslant |f(x)| + 1]$ 用以记录 M' 的输入头的位置，它可以用二进制字符存储在 M 的 $\log|f(x)| \leqslant \log|x|^c = c\log|x|$ 个工作带单元中。因此，为了识别集合 L，对于某个 $d > 0$，图灵机 M 描述的算法需要至多 $d \log n$ 个工作带单元。于是得到 L 在 LOGSPACE 中。因此 $closure \propto_{\log}(\text{LOGSPACE}) \subseteq \text{LOGSPACE}$。

以下引理的证明类似于引理 10.5 的证明。

引理 10.6　NLOGSPACE 在对数空间归约下是闭的。

10.8　完全性

定义 10.11　设 $\propto$ 是可归约关系，$\mathcal{L}$ 是语言族。如果一种语言 L 在 $\mathcal{L}$ 类中，并且 $\mathcal{L}$ 中的每种语言通过关系 $\propto$ 可归约到 L，即 $\mathcal{L} \subseteq closure \propto (L)$，则 L 对于 $\mathcal{L}$ 就可归约关系 $\propto$ 而言是完全的。

我们已经在第 9 章中介绍了一些问题，它们就多项式时间归约而言对于类 NP 是完全的。事实上，在文献中找到的 NP 完全性证明中的大多数归约是对数空间归约。

注意，每个集合 $S \in$ LOGSPACE 都是对数空间归约到一个只有一个元素的集合，即给出一个 LOGSPACE 中的集合 $S \subseteq \Sigma^*$，我们用下式定义 f_S：

$$f_S(x) = \begin{cases} 1 & \text{如果 } x \in S \\ 0 & \text{其他} \end{cases}$$

可以明显看出，集合 $\{1\}$ 就对数空间归约而言是 LOGSPACE 完全的。事实上，LOGSPACE 中的每一个问题就对数空间归约而言是 LOGSPACE 完全的，这是因为对数空间归约太强大了，以至于不能区分 LOGSPACE 中的集合。

10.8.1　NLOGSPACE 完全问题

在下面的定理中, 我们证明问题 GAP 对于类 NLOGSPACE 是完全的。

定理 10.10　GAP 对于类 NLOGSPACE 是对数空间完全的。

证明: 在例 10.3 中已经证明, GAP 在类 NLOGSPACE 中, 余下的问题是要证明类中的任意问题用对数空间归约可归约到 GAP。设 L 在 NLOGSPACE 中, 我们证明 $L \propto_{\log}$ GAP。因为 L 在 NLOGSPACE 中, 存在一个接受 L 的不确定性离线图灵机 M, 并且对于每一个 L 中的 x, 存在一个 M 的接受计算, 它至多访问 $\log n$ 个工作带单元, 其中 $n = |x|$。我们构造一个对数空间归约, 它将每一个输入字符串 x 变换成由一个有向图 $G = (V, E)$ 组成的问题 GAP 的一个实例。顶点集合 V 由 M 在输入 x 上的所有格局 $K = (p, i, w_1 \uparrow w_2)$ 的集合组成, 这里 $|w_1 w_2| \leq \log n$。边集合由对集合 (K_1, K_2) 组成, 使 M 能够在一步内, 在输入 x 上从格局 K_1 移动到 K_2。此外, 初始顶点 s 选为 M 在输入 x 上的初始格局 K_i。如果假设在 M 进入最终状态 q_f 时, 它擦除了工作带上所有的符号, 并且把它的输入头放到了第一个单元, 则目标顶点 t 选为终止格局 $K_f = (p_f, 1, \uparrow B)$。不难看出, M 在 $\log n$ 工作带空间中接受 x 当且仅当 G 有一条从它的起始顶点 s 到它的目标顶点 t 的路径。为了结束这一证明, 请注意仅用 $O(\log n)$ 空间就可以构造 G。

推论 10.7　GAP 在 LOGSPACE 中当且仅当

$$\text{NLOGSPACE} = \text{LOGSPACE}$$

证明: 如果 NLOGSPACE = LOGSPACE, 则很清楚 GAP 在 LOGSPACE 中。另一方面, 假设 GAP 在 LOGSPACE 中, 则

$$closure \propto_{\log} (\text{GAP}) \subseteq closure \propto_{\log} (\text{LOGSPACE}) \subseteq \text{LOGSPACE}$$

因为 LOGSPACE 在 $\propto_{\log}$ 下是闭的。由于 GAP 对于类 NLOGSPACE 是完全的, 因此有

$$\text{NLOGSPACE} \subseteq closure \propto_{log} (\text{GAP})$$

这样 NLOGSPACE $\subseteq$ LOGSPACE, 又因为 LOGSPACE $\subseteq$ NLOGSPACE, 就得到 NLOGSPACE = LOGSPACE。

以下定理的证明留作练习 (见练习 10.25)。

定理 10.11　2 可满足问题对于类 NLOGSPACE 是对数空间完全的。

10.8.2　PSPACE 完全问题

定义 10.12　如果一个问题 Π 在 PSPACE 中, 并且 PSPACE 中的所有问题都能用多项式时间归约到 Π, 则问题 Π 是 PSPACE 完全的。

下面的问题与 PSPACE 的关系类似于问题 SATISFIABILITY 与 NP 的关系。

QUANTIFIED BOOLEAN FORMULA (QBF): 给出在 n 个变量 $x_1, x_2, \cdots, x_n$ 上的一个布尔表达式 E, 布尔公式

$$F = (Q_1 x_1)(Q_2 x_2) \cdots (Q_n x_n) E$$

是否为真? 这里每个 Q_i 为 $\exists$ 或者 $\forall$。

定理 10.12　QUANTIFIED BOOLEAN FORMULA 是 PSPACE 完全的。

可以从以下事实得出 QUANTIFIED BOOLEAN FORMULA 在 PSPACE 中：可以对变量 $x_1, x_2, \cdots, x_n$ 尝试所有真值指派并对每个指派计算 E 来确认 F 的真假。不难看出，即使需要指数时间来检查所有 2^n 个真值指派，也不需要多于多项式的空间。证明每种语言 $L \in$ PSPACE 能够变换到 QUANTIFIED BOOLEAN FORMULA 与证明问题 SATISFIABILITY 是 NP 完全的类似。

一个有趣的 PSPACE 完全问题如下。

CSG RECOGNITION：给出一个上下文敏感的语法 G 和一个字符串 x，$x \in L(G)$ 吗？这里 $L(G)$ 是由 G 生成的语言。

众所周知，类 NSPACE(n) 刚好是上下文敏感的语法生成的语言集合，这个问题可以用图灵机的术语改述如下。一个线性界限自动机是一个图灵机的限制类型，它的工作带空间由 $n+2$ 个单元组成，其中 n 是输入长度。这样，等价地，下面的问题是 PSPACE 完全的。

LBA ACCEPTANCE：给出一个不确定的线性界限自动机 M 和字符串 x，M 接受 x 吗？

即使图灵机是确定性的，这一问题仍然是 PSPACE 完全的。因此，所有在多项式空间可解的问题，在多项式时间可归约到一个仅需要线性空间的问题。

除上面的问题外，PSPACE 完全问题集合在非常广泛的不同领域中包括许多有趣的问题，尤其是在博弈论中。一些两人博弈有两个游戏者，轮流交替出现，这对应于 QUANTIFIED BOOLEAN FORMULA 中的量词交替。这些问题已知是 PSPACE 完全的。例如游戏 HEX, GE-OGRAPHY 和 KAYLES 的通常形式是 PSPACE 完全的，更为人们熟悉的游戏 CHECKERS 和 GO 的通常形式在一定的约束下也是 PSPACE 完全的。

10.8.3　P 完全问题

尽管类 P 包含所有存在有效算法的问题，但 P 中还是存在实际上难以处理的问题。下面的例子展现了在这个类中实际问题的困难。

例 10.5　考虑定义如下的问题 k-CLIQUE。给出一个有 n 个顶点的无向图 $G = (V, E)$，确定 G 是否包含一个大小为 k 的团集，其中 k 是固定的。求解这个问题唯一已知的算法是考虑 V 的所有 k 子集，这导致了 $\Omega(n^k/k!)$ 时间复杂性。因此，即使对于中等大小的 k 值，问题实际上也是难解的。

定义 10.13　如果一个问题 Π 在 P 中并且 P 中的所有问题可以用对数空间归约到 Π，则该问题是 P 完全的。

可以大胆推测，存在于 P 中的问题，它的任意算法必须用多于输入大小的对数空间量，即集合 P – LOGSPACE 非空。

P 完全问题类是非空的，它确实包含几个问题在低阶多项式时间可解，如深度优先搜索，它是线性时间可解的；以及最大流问题，它是 $O(n^3)$ 时间可解的。这些问题在并行算法领域是非常重要的，因为它们包含那些难于有效地并行化的问题；它们通常接受顺序算法，这些算法自然是贪心的并且先天就是顺序的。

定义 10.14　类 NC 由这些问题组成，它们应用多项式个数的处理器，能在多对数时间，即 $O(\log^k n)$ 时间内解出。

这个类在不同的并行计算模型下保持不变。其中包括那些从增加处理器个数就能明显加速这个意义上来说能够很好并行化的问题。注意 NC $\subseteq$ P，因为用并行算法执行的总步数是运行时间和处理器个数的乘积，它在 NC 算法的情况下是多项式的。换句话说，这个并行算法可以在多项式时间内转变成串行算法。

但是，人们一般会相信 NC $\neq$ P。有趣的是，如果一个问题是 P 完全的，P 中每一个其他的问题都可以在多对数时间内用多项式个数的处理器归约到它，那么这类变换称为 NC 归约。可以证明，在 NC 归约下，NC 是闭的。这引出了 P 完全问题的另一个定义。

定义 10.15 如果问题 Π 在 P 中，并且 P 中的所有问题可以用 NC 归约而归约到 Π，则问题 Π 是 P 完全的。

这个定义引出了下面的定理。

定理 10.13 如果一个问题 Π 是 P 完全的且 Π 在 NC 中，则 P = NC。

换句话说，如果 P $\neq$ NC，则所有的 P 完全问题一定属于 P - NC。因此，尽管 P 完全问题不大可能在对数空间可解，但它们似乎也不支持有效的并行算法。

下面是一些 P 完全问题的例子。

(1) CIRCUIT VALUE 问题(CVP)：给出一个由 m 个门 $\{g_1, g_2, \cdots, g_m\}$ 组成的布尔电路 C 和一个指定的输入值集合 $\{x_1, x_2, \cdots, x_n\}$，确定电路的输出是否等于 1，这里门是 $\vee$，$\wedge$ 或 $\neg$。

(2) ORDERED DEPTH-FIRST SEARCH：给出一个有向图 $G = (V, E)$ 和三个顶点 $s, u, v \in V$，确定在从 s 开始的 G 的深度优先搜索遍历中，对 u 的访问是否在对 v 的访问之前。

(3) LINEAR PROGRAMMING：给出一个 $n \times m$ 的整数矩阵 A，一个具有 n 个整数的向量 b，一个具有 m 个整数的向量 c，以及一个整数 k，确定是否存在一个具有 m 个非负有理数的向量 x，使 $Ax \leqslant b$ 和 $cx \geqslant k$。

(4) MAX-FLOW：给出一个有两个特异顶点 s 和 t 的含权有向图 $G = (V, E)$，确定从 s 到 t 的最大流是否是奇的。

10.8.4 完全性的一些结论

定理 10.14 设 Π 是一个就多项式时间归约而言的 NP 完全问题，则 NP = P 当且仅当 $\Pi \in P$。

证明：这个定理很容易用完全性定义来建立。假设 NP = P，由于 Π 对于 NP 是完全的，$\Pi \in NP$，因此 $\Pi \in P$。另一方面，假定 $\Pi \in P$，因为 Π 是 NP 完全的，所以 NP $\subseteq closure \propto_{poly}(\Pi)$。因此

$$NP \subseteq closure \propto_{poly}(\Pi) \subseteq closure \propto_{poly}(P) \subseteq P$$

由于在 $\propto_{poly}$ 下 P 是闭的，又有 P $\subseteq$ NP，因此得到 NP = P。

当问题 Π 是一个就对数空间归约而言的 NP 完全问题时，定理 10.14 也是正确的。这导致下面更强的定理，它的证明与定理 10.14 的证明类似。

定理 10.15　设 Π 是一个就对数空间归约而言的 NP 完全问题，则

（1）NP = P 当且仅当 $\Pi \in$ P；

（2）NP = NLOGSPACE 当且仅当 $\Pi \in$ NLOGSPACE；

（3）NP = LOGSPACE 当且仅当 $\Pi \in$ LOGSPACE。

比较定理 10.14 和定理 10.15，知道问题 Π 对于类 NP 是对数空间归约完全的可以得出的结论数，要比知道问题 Π 就多项式时间归约而言是 NP 完全的所得出的结论数多。事实上，即使不是全部也是大多数，多项式时间归约在文献资料给出的自然 NP 完全问题中也是对数空间归约的。另外，对数空间归约能够区分 P 中集合的复杂性，而多项式时间归约则不能。以下定理的证明与定理 10.14 的证明类似。

定理 10.16　设 Π 是一个就对数空间归约而言对类 PSPACE 是完全的问题，则

（1）PSPACE = NP 当且仅当 $\Pi \in$ NP；

（2）PSPACE = P 当且仅当 $\Pi \in$ P。

定理 10.17　如果一个问题 Π 是 P 完全的，则

（1）P = LOGSPACE 当且仅当 Π 在 LOGSPACE 中；

（2）P = NLOGSPACE 当且仅当 Π 在 NLOGSPACE 中。

下面的定理是推论 10.7 的推广。

定理 10.18　设 Π 是一个就对数空间归约而言对 NLOGSPACE 是完全的问题，则

$$\text{NLOGSPACE} = \text{LOGSPACE} \text{ 当且仅当 } \Pi \in \text{LOGSPACE}$$

10.9　多项式时间层次

谕示图灵机是一台 k 带图灵机，具有称为谕示带的额外带和称为询问状态的特殊状态。谕示的目的是回答关于一个元素是否是一个任意集合的成员的问题。设 M 是一个对于任意集合 A 的图灵机，具有对另一个任意集合 B 的谕示。无论何时，M 想知道元素 x 是否在集合 B 中，它把 x 写在谕示带上，然后进入询问状态，谕示在下面一步中回答这一问题：它擦除谕示带，如果字符串 x 在集合 B 中，则在谕示带上打印 yes；否则打印 no。M 可以不止一次地向谕示询问，于是，它可以在计算过程中询问字符串 $x_1, x_2, \cdots, x_k$ 中的每一个是否在集合 B 中。

设 A 和 B 是任意的集合，如果存在一台确定的（或不确定的）向 B 询问的谕示图灵机，它通过对 B 的谕示，对于某个固定的 $k \geq 1$，在任意输入字符串 x 上至多用 $|x|^k$ 步就接受了 A，那么就说 A 在多项式时间内通过应用对 B 的谕示而确定（或不确定）地可识别。

定义 10.16　如果一种语言 A 由一台确定的谕示图灵机在多项式时间内，应用对语言 B 的一个谕示而接受 A，则说 A 是多项式时间图灵可归约到 B。

设 P^B 表示应用对集合 B 的一个谕示，在多项式时间内确定地识别的所有语言的族，并设 NP^B 表示应用对集合 B 的一个谕示，在多项式时间内不确定地识别的所有语言的族，设 $\mathcal{F}$ 是一个语言族，co-$\mathcal{F}$ 表示 $\mathcal{F}$ 中集合的补集的族，那么 co-$\mathcal{F} = \{\text{co-}S \mid S \in \mathcal{F}\}$。

定义 10.17　多项式时间层次由集合 Δ_i^p，Σ_i^p，Π_i^p 的族组成，对于所有的 $i \geq 0$，定义

$$\Delta_0^p = \Sigma_0^p = \Pi_0^p = \text{P}$$

并且对于所有的 $i \geq 0$，

$$\begin{cases} \Delta_{i+1}^p = \bigcup_{B \in \Sigma_i^p} \text{P}^B \\[2mm] \Sigma_{i+1}^p = \bigcup_{B \in \Sigma_i^p} \text{NP}^B \\[2mm] \Pi_{i+1}^p = \text{co-}\Sigma_{i+1}^p \end{cases}$$

下面的定理概括了在多项式时间层次内各类的一些性质。在这些定理中，我们将用算法的更一般的概念来代替图灵机。

定理 10.19　$\Delta_1^p = \text{P}, \Sigma_1^p = \text{NP}$ 和 $\Pi_1^p = \text{co-NP}$。

证明：我们证明，对于 P 中的任意集合 B，在 P^B 中的每一个集合 A 再次在 P 中。设谕示集合 B 在多项式时间内由一个确定性算法 T_B 识别，对于某个 $c > 0$，它在 cn^k 步内运行。设 T_A 是在多项式时间内应用谕示 B 接受集合 A 的一个算法，对于某个 $d > 0$，它在 dn^l 步内运行。人们可以用算法 T_B 的执行代替每个对 T_A 中谕示的答案的请求，算法 T_B 决定集合 B 中的成员资格。因为 T_A 在 dn^l 步内运行，任何对于谕示的询问，即字符串的最大长度是 dn^l。在用算法 T_B 的执行来代替这些请求时，我们使 T_A 的每个这样的操作最多取 $c(dn^l)^k$ 步。于是，新的算法不用谕示在最多 $dn^l(cd^kn^{kl})$ 步内识别 A。因为 $dn^lcd^kn^{kl} \leq c'n^{kl+l}$，对于某个常数 $c' > 0$，就可以得出存在一个对 A 的多项式时间算法。因此，对于每个集合 $B \in \Sigma_0^p = \text{P}$，$\text{P}^B \subseteq \text{P}$，就有 $\Delta_1^p = \bigcup_{B \in \Sigma_0^p} \text{P}^B \subseteq \text{P}$。为了结束证明，注意 $\text{P} = \text{P}^{\varnothing}$，而空集 $\varnothing$ 在 Σ_0^p 中，即 $\text{P} \subseteq \Delta_1^p$。类似地可以证明 $\Sigma_1^p = \text{NP}$。从定义可得 $\Pi_1^p = \text{co-NP}$。

定理 10.20　对于所有的 $i \geq 0$，$\Sigma_i^p \cup \Pi_i^p \subseteq \Delta_{i+1}^p$。

证明：由定义，$\Delta_{i+1}^p = \bigcup_{B \in \Sigma_i^p} \text{P}^B$。因为应用集合 B 作为谕示，很容易构造接受 B 的多项式算法，从而得到 $\Sigma_i^p \subseteq \Delta_{i+1}^p$。另外正如我们已经看到的，应用一个对 B 的谕示，很容易构造接受 co-B 的一个多项式算法，因此 $\Pi_i^p = \text{co-}\Sigma_i^p \subseteq \Delta_{i+1}^p$。

定理 10.21　对于所有的 $i \geq 1$，$\Delta_i^p \subseteq \Sigma_i^p \cap \Pi_i^p$。

证明：首先，$\Delta_i^p = \bigcup_{B \in \Sigma_{i-1}^p} \text{P}^B \subseteq \bigcup_{B \in \Sigma_{i-1}^p} \text{NP}^B = \Sigma_i^p$，这是因为一个不确定性算法是一个确定性算法的推广。为了证明 $\Delta_i^p \subseteq \Pi_i^p$，对于所有的 $i \geq 1$，只要证明 co-$\Delta_i^p = \Delta_i^p$ 就充分了。这是因为 $\Delta_i^p \subseteq \Sigma_i^p$，我们也有 co-$\Delta_i^p \subseteq \text{co-}\Sigma_i^p = \Pi_i^p$，因此，如果 $\Delta_i^p = \text{co-}\Delta_i^p$，则 $\Delta_i^p \subseteq \Pi_i^p$。于是必须证明 co-$\Delta_i^p = \Delta_i^p$。设 A 是一个在 $\Delta_i^p = \bigcup_{B \in \Sigma_{i-1}^p} \text{P}^B$ 中的集合，存在一个接受 A 的，应用对族 Σ_{i-1}^p 中集合 B 的谕示的确定性多项式时间算法 M_A，那么能够构造一个接受 co-A 的，应用一个对 B 的谕示的算法 M_A'。如果 M_A 不接受，则 M_A' 简单地停机并接受；如果 M_A 停机并接受，则 M_A' 停机并拒绝。这样就得到 co-$\Delta_i^p = \Delta_i^p$。

在多项式时间层次中已经知道的类之间的关系在图 10.1 中给出。

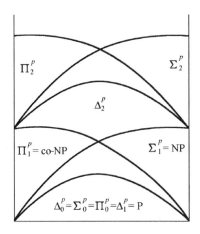

图 10.1　在多项式时间层次内复杂性类之间的包含关系

定理 10.22　如果对于某个 $i \geqslant 0$，$\Sigma_i^p = \Sigma_{i+1}^p$，则对于所有的 $j \geqslant 1$，$\Sigma_{i+j}^p = \Sigma_i^p$。

证明： 我们对 j 进行归纳来证明，假设对于某个 $j \geqslant 1$，$\Sigma_{i+j}^p = \Sigma_i^p$，则

$$\Sigma_{i+j+1}^p = \bigcup_{B \in \Sigma_{i+j}^p} NP^B = \bigcup_{B \in \Sigma_i^p} NP^B = \Sigma_{i+1}^p = \Sigma_i^p$$

于是，$\Sigma_{i+j+1}^p = \Sigma_i^p$，因此对于所有的 $j \geqslant 1$，$\Sigma_{i+j}^p = \Sigma_i^p$。

推论 10.8　如果 NP = P，则多项式时间层次崩溃，即多项式时间层次中的每一族和 P 一致。

事实上，反过来也是正确的。如果对于任意的 $i \geqslant 1$，$\Sigma_i^p = P$ 是真，则因为 $NP \subseteq \Sigma_1^p \subseteq \Sigma_i^p$，将会有 NP = P。因此，对于 Σ_i^p 是完全的任意集合 A，对于任意的 $i \geqslant 1$，满足这样的性质，它在 P 中当且仅当 NP = P。

许多并不知道是在 NP 中的问题都在多项式时间层次中。这些问题中的一些和 NP 完全问题有关，但关注于寻找最大值和最小值。下面是 P^{NP} 和 NP^{NP} 问题中的两个例子。

例 10.6　CHROMATIC NUMBER。给出一个无向图 $G = (V, E)$ 和一个正整数 k，k 是否是能够指派给 G 的顶点上的最小颜色数，使得没有两个邻接的顶点分配同样的颜色？回忆以前所述的着色问题（COLORING）是对于给定的图，判定是否可以用 k 种颜色着色，其中 k 是正整数，它是输入的一部分。众所周知，着色问题是 NP 完全的。一个应用对着色问题的谕示以接受 CHROMATIC NUMBER 的算法如下。

（1）如果 (G, k) 不在着色问题中，则停机并拒绝，否则继续；
（2）如果 $(G, k-1)$ 在着色问题中，则停机并拒绝，否则继续；
（3）停机并接受。

我们观察到检验 (G, k) 是否在着色问题中是通过询问着色问题谕示和假设在一步内回答而实现的。于是很清楚，上面表示的算法是以多项式为界限的，因为它最多需要两步接受或者拒绝。这样就得出 CHROMATIC NUMBER 在 $\Delta_2^p = P^{NP}$ 中。

例 10.7　MINIMUM EQUIVALENT EXPRESSION。给出合式布尔表达式 E 和一个非负整

数 k，是否存在一个合式表达式 E'，它包含 k 个或更少的文字，使 E' 和 E 等价（即 E' 当且仅当 E）？

MINIMUM EQUIVALENT EXPRESSION 没有出现在 Δ_2^p 中，对一个 NP 问题的谕示是否能用于在确定多项式时间内解 MINIMUM EQUIVALENT EXPRESSION 并不是显而易见的。但是，这个问题能够在不确定性多项式时间内用对 SATISFIABILITY 的谕示解出。算法如下。

（1）猜测一个包含 k 个或更少的文字的表达式 E'；

（2）用 SATISFIABILITY 判定 $\neg((E' \rightarrow E) \wedge (E \rightarrow E'))$ 是否可满足；

（3）如果它是不可满足的，则停机并接受，否则停机并拒绝。

上面算法的正确性遵循这样的事实，一个合式公式 E 是不可满足的当且仅当它的否定是重言式。这样，因为我们希望（E' 当且仅当 E）是重言式，只需要检验

$$\neg((E' \rightarrow E) \wedge (E \rightarrow E'))$$

是否是不可满足的。至于所需要的时间，产生 E' 的第一步可以容易地在多项式时间内用不确定性算法完成。询问 SATISFIABILITY 谕示可在一步完成。这样就得出 MINIMUM EQUIVALENT EXPRESSION 在 $\Sigma_2^p = \text{NP}^{\text{NP}}$ 中。

10.10 练习

10.1 证明例 10.1 中的语言在 DTIME(n) 中（提示：用一个 2 带图灵机）。

10.2 通过构造一个囿于对数空间识别 $L = \{ww | w \in \{a,b\}^+\}$ 的离线图灵机，证明语言 L 在 LOGSPACE 中，这里 $\{a,b\}^+$ 表示在字母表 $\{a,b\}$ 上的所有非空字符串。

10.3 考虑如下排序的判定问题：给出从 1 到 n 之间的 n 个互不相同的正整数序列，它们已按升序排列了吗？证明这个问题满足

（a）DTIME$(n \log n)$；

（b）LOGSPACE。

10.4 给出一个解在例 10.5 中定义的 k-CLIQUE 问题的算法。用 O 符号表示你的算法的时间复杂性。

10.5 证明在例 10.5 中定义的 k-CLIQUE 问题在 LOGSPACE 中。

10.6 考虑以下选择问题的判定问题。给出一个整数数组 $A[1 \cdots n]$，一个整数 x 和一个整数 k，$1 \leq k \leq n$，A 中第 k 小的元素等于 x 吗？证明这个问题在 LOGSPACE 中。

10.7 设 A 是一个 $n \times n$ 矩阵。证明计算 A^2 在 LOGSPACE 中。对于任意的 $k \geq 3$，计算 A^k 会怎样呢？其中 k 是输入的一部分。

10.8 证明 9.2 节描述的 2 可满足问题在 NLOGSPACE 中，进而推断它在 P 中。

10.9 证明所有有限集合在 LOGSPACE 中。

10.10 证明由有限状态自动机接受的集合族是 LOGSPACE 的真子集（提示：语言 $\{a^n b^n | n \geq 1\}$ 不是被任意有限状态自动机接受的，但它在 LOGSPACE 中）。

10.11 证明如果 T_1 和 T_2 是两个时间可构造函数，则 $T_1 + T_2$，$T_1 T_2$ 和 2^{T_1} 也是。

10.12 证明推论 10.5。

10.13　证明如果 $\text{NSPACE}(n) \subseteq \text{NP}$，则 $\text{NP} = \text{NSPACE}$。推断 $\text{NSPACE}(n) \neq \text{NP}$。

10.14　证明如果 $\text{LOGSPACE} = \text{NLOGSPACE}$，则对于每个空间可构造函数 $S(n) \geq \log n$，$\text{DSPACE}(S(n)) = \text{NSPACE}(S(n))$。

10.15　描述一个从集合 $L = \{www \mid w \in \{a,b\}^+\}$ 到集合 $L' = \{ww \mid w \in \{a,b\}^+\}$ 的对数空间归约，即证明 $L \propto_{\log} L'$。

10.16　证明关系 $\propto_{\text{poly}}$ 是传递的，即如果 $\Pi \propto_{\text{poly}} \Pi'$ 和 $\Pi' \propto_{\text{poly}} \Pi''$，则 $\Pi \propto_{\text{poly}} \Pi''$。

10.17　证明关系 $\propto_{\log}$ 是传递的，即如果 $\Pi \propto_{\log} \Pi'$ 和 $\Pi' \propto_{\log} \Pi''$，则 $\Pi \propto_{\log} \Pi''$。

10.18　参考 9.2 节定义的 2 着色问题和 2 可满足问题。证明 2 着色问题对数空间可归约到 2 可满足问题 [提示：设 $G = (V,E)$，对于每个 $v \in V$，设布尔变量 x_v 对应于顶点 v，并且对于每条边 $(u,v) \in E$，构造两个子句 $(x_u \vee x_v)$ 和 $(\neg x_u \vee \neg x_v)$]。

10.19　证明对于任意的 $k \geq 1$，$\text{DTIME}(n^k)$ 在多项式时间归约下是不闭的。

10.20　证明对于任意的 $k \geq 1$，类 $\text{DSPACE}(\log^k n)$ 在对数空间归约下是闭的。

10.21　一个集合 S 线性时间可归约到集合 T 用 $S \propto_n T$ 表示，如果存在一个函数 f 可以在线性时间内计算 [即对于所有的输入字符串 x，$f(x)$ 可以在 $c|x|$ 步计算，其中 $c > 0$ 是常数]，使

$$\forall x, \ x \in S \ \text{当且仅当} \ f(x) \in T$$

证明如果 $S \propto_n T$，并且 T 在 $\text{DTIME}(n^k)$ 中，则 S 在 $\text{DTIME}(n^k)$ 中，即 $\text{DTIME}(n^k)$ $(k \geq 1)$ 在线性时间归约下是闭的。

10.22　假定在练习 10.5 中的 k 不是固定的，即 k 是输入的一部分，那么问题还将在 LOGSPACE 中吗？请解释。

10.23　证明类 NLOGSPACE 在补运算下是闭的。推断问题 GAP 的补是 NLOGSPACE 完全的。

10.24　证明即使图是无回路的，问题 GAP 还是 NLOGSPACE 完全的。

10.25　证明在 9.2 节中描述的 2 可满足问题对于类 NLOGSPACE 在对数空间归约下是完全的 (见练习 10.8)。(提示：将问题 GAP 的补归约到 GAP)。设 $G = (V,E)$ 是一个有向无回路图，GAP 是 NLOGSPACE 完全的，即使图是无回路的 (见练习 10.24)。由练习 10.23，问题 GAP 的补是 NLOGSPACE 完全的。对 V 中的每个顶点 v 关联一个布尔变量 x_v，对每条边 $(u,v) \in E$ 关联一个子句 $(\neg x_u \vee x_v)$，对起始顶点添加子句 (x_s)，对目标顶点添加子句 $(\neg x_t)$。证明 2 可满足问题是可满足的当且仅当从 s 到 t 不存在路径。

10.26　定义类

$$\text{POLYLOGSPACE} = \bigcup_{k \geq 1} \text{DSPACE}(\log^k n)$$

证明不存在对于类 POLYLOGSPACE 是完全的集合 [提示：类 $\text{DSPACE}(\log^k n)$ 在对数空间归约下是闭的]。

10.27　证明 $\text{PSPACE} \subseteq \text{P}$ 当且仅当 $\text{PSPACE} \subseteq \text{PSPACE}(n)$ (提示：利用填塞论证)。

10.28　是否存在一个问题在对数空间归约下对于类 $\text{DTIME}(n)$ 是完全的？证明你的答案。

10.29　设 $\mathcal{L}$ 是一个类，它在补运算下是闭的，同时设集合 L (不一定在 $\mathcal{L}$ 中) 满足

$$\forall L' \in \mathcal{L} \ \ L' \propto L$$

证明

$$\forall L'' \in \text{co-}\mathcal{L} \quad L'' \propto \overline{L}$$

10.30 证明对于任意的语言类 $\mathcal{L}$,如果 L 对于类 $\mathcal{L}$ 是完全的,则 $\overline{L}$ 对于类 co-$\mathcal{L}$ 是完全的。

10.31 证明 NLOGSPACE 真包含在 PSPACE 中。

10.32 证明 DEXT $\neq$ PSPACE(提示:证明 DEXT 在 $\propto_{poly}$ 下是不闭的)。

10.33 证明
(a) 定理 10.15(1);
(b) 定理 10.15(2);
(c) 定理 10.15(3)。

10.34 证明
(a) 定理 10.16(1);
(b) 定理 10.16(2)。

10.35 证明
(a) 定理 10.17(1);
(b) 定理 10.17(2)。

10.36 证明定理 10.18。

10.37 证明 10.9 节定义的多项式时间图灵归约蕴含 10.7 节定义的多项式时间变换。反过来正确吗?请解释。

10.38 考虑定义如下的 MAX-CLIQUE 问题。给出一个图 $G = (V, E)$ 和一个正整数 k,判定 G 的最大完全子图是否具有大小 k。证明 MAX-CLIQUE 在 Δ_2^p 中。

10.39 证明 $\Sigma_1^p = \text{NP}$。

10.40 证明如果 $\Sigma_k^p \subseteq \Pi_k^p$,则 $\Sigma_k^p = \Pi_k^p$。

10.11 参考注释

计算复杂性的一些参考注释包括 Balcazar, Diaz and Gabarro(1988,1990), Bovet and Crescenzi(1994), Garey and Johnson(1979), Hopcroft and Ullman(1979), 以及 Papadimitriou(1994)。Bovet and Crescenzi(1994)提供了计算复杂性领域的一个很好的引论。第一个试图对计算复杂性进行系统研究的是 Rabin(1960),时间和空间复杂性的早期研究可以参考 Hartmanis and Stearns(1965), Stearns, Hartmanis and Lewis(1965), 以及 Lewis, Stearns and Hartmanis(1965)。这项工作包含了大多数复杂性类及时间和空间层次的基本定理。定理 10.4 来自 Savitch(1970),之后这个领域出现了广泛的研究且发表了大量的论文。关于 NP 完全问题的评论,见第 9 章的参考注释。PSPACE 完全问题包括 CSG RECOGNITION 和 LBA ACCEPTANCE, 首先在 Karp(1972)中得到了研究。证明 QUANTIFIED BOOLEAN FORMULA 为 PSPACE 完全问题可参考 Stockmeyer and Meyer(1973)和 Stockmeyer(1974)。线性界限自动机问题判定不确定的 LBA 问题是否等价于确定的 LBA 的问题,即是否有 NSPACE(n) = DSPACE(n), 它先于 NP = P 问题。

NLOGSPACE 完全问题由 Savitch(1970), Sudborough(1975a,b), Springsteel(1976), Jones(1975)及 Jones, Lien and Lasser(1976)等研究。GRAPH ACCISSIBILITY 问题(GAP)的 NLOGSPACE 完全性在 Jones(1975)中得到了证明。

在对数空间归约下, P 完全问题由 Cook (1973, 1974), Cook and Sethi (1976), Jones (1975)进行了分析。Jones and Lasser (1976)包含了 P 完全问题的一个汇集。PATH SYSTEM ACCESSIBILITY 关于对数空间归约意义的 P 完全性在 Cook (1974)中证明。在 Lander (1975)中, 证明了 CIRCUIT VALUE 问题关于对数空间归约的 P 完全性。MAX-FLOW 问题关于对数空间归约的完全性来自 Goldschlager, Shaw and Staples (1982)。ORDERED DEPTH-FIRST SEARCH 问题在 Reif (1985)中论述。Dobkin, Lipton and Reiss (1979)中证明了 LINEAR PRO-GRAMMING 在对数空间归约下是 P 完全的。用 NC 归约的术语进行 P 完全问题的定义来自 Cook (1985)。

多项式层次首先由 Stockmeyer (1976)研究, 也可参考关于完全问题的 Wrathall (1976)。

非常详细的参考注释和计算复杂性领域中的最新课题包括随机算法、并行算法和交互式证明系统的研究, 可以在上面引用的有关计算复杂性的著作中找到。关于 P 完全性理论的详尽的细说明, 可参见 Greenlaw, Hoover and Ruzzo (1995), 其中包括 P 完全问题的一个内容广泛的表。

第 11 章　下　　界

11.1　引言

在前面章节描述算法的时候，我们通常是在最坏情况下分析它们的时间复杂性。偶而刻画一个特定算法是"高效"的，也是从它有可能的最小时间复杂性的意义上来讨论的。在第 1 章已经指出，如果一个算法的上界和问题的下界是渐近地相等的，则该算法是最优算法。对于我们已经讨论过的所有算法，已经能够找到算法所需要的计算量的上界，但是找一个特定问题的下界却要困难得多。确实存在着大量的问题，它们的下界是不清楚的。正是由于这样的事实，在考虑一个问题的下界时，我们不得不建立求解这个问题的所有算法的一个下界。与在最坏情况下计算给出算法的运行时间相比，这并不是一件容易的事情。事实上，大多数已知的下界，要么是平凡的，要么是在它不能执行一些基本运算（例如乘法）的意义上，应用一个严格约束的计算模型而推导出来的。

11.2　平凡下界

这一节考虑那些用直观的论据，并且不借助任何计算模型或进行复杂的数学运算就能够推导出来的下界。下面给出两个建立平凡下界的例子。

例 11.1　考虑在 n 个数的表中寻找最大值的问题。显然，假设这个表是没有排序的，则必须检查表中的每个元素，这意味着必须为每个元素花费 $\Omega(1)$ 时间。因此在一个没有排序的表中寻找最大值的任何算法必须花费 $\Omega(n)$ 时间。从执行的比较次数来看，每个元素都可能是最大值的候选者。所以，很容易得出有 $n-1$ 次比较。

例 11.2　考虑矩阵乘法问题。两个 $n \times n$ 矩阵相乘的任何算法必须计算出恰好 n^2 个值。因为在每个值的计算中至少要花费 $\Omega(1)$ 时间，因此两个 $n \times n$ 矩阵相乘的任何算法的时间复杂性是 $\Omega(n^2)$。

11.3　决策树模型

将某些问题的分支指令作为基本运算是有意义的（见定义 1.6）。在这种情况下，比较次数成为复杂性的主要测度。例如在排序的情况中，输出和输入除次序外是完全一样的。因此，我们考虑一个计算模型，其中的所有步骤都是通过比较两个量而在两个分支上做出判定的。一个仅由分支组成的算法的通常表达形式是一棵称为决策树的二叉树。

设 Π 是一个寻找下界的问题，Π 的实例大小由一个正整数 n 来表示。则对于每一对算法和 n 的值，存在一棵"求解"大小为 n 的问题实例的决策树。作为一个例子，图 1.2 显示了两棵决策树，分别对应于算法 BINARYSEARCH 的大小为 10 和 14 的实例。

11.3.1　搜索问题

在这一节，我们导出一个搜索问题的下界：给出 n 个元素的数组 $A[1\cdots n]$，确定一个给定的元素 x 是否在数组中。在第 1 章中，已经介绍了算法 LINEARSEARCH 来求解这个问题，还介绍了在表已排序的情况下的算法 BINARYSEARCH。

在搜索的情况中，决策树的每一个节点对应一个决策。首先进行根节点表示的测试，并根据结果把控制传给它的一个子节点。如果被搜索的元素 x 小于内部节点对应的元素，则控制传给它的左子节点；如果它大于节点对应的元素，则控制传给它的右子节点。如果 x 等于节点对应的元素或节点是叶节点，则搜索停止。

首先考虑表没有排序的情况，如例 11.1 所示的找出求一个所给元素表的最大值问题的下界，在最坏情况下 $n-1$ 次比较是必须的也是足够的。由此得出，搜索一个任意表的问题在最坏情况下至少需要 $\Omega(n)$ 时间，并且因此算法 LINEARSEARCH 是最优的。

关于已排序元素表的情况，我们论证如下。设 A 是一个搜索 n 个已排序元素表的算法，并考虑与 A 和 n 关联的决策树 T，设 T 中的节点数是 m。注意到 $m \geqslant n$，我们又观察到在最坏情况下执行的比较次数一定对应于从 T 的根节点到叶节点的最长路径加 1，这恰好是 T 的高度加 1。由观察结论 2.3 可知，T 的高度至少是 $\lfloor \log n \rfloor$。由此可见，在最坏情况下执行的比较次数是 $\lfloor \log n \rfloor + 1$。这意味着有如下定理。

定理 11.1　搜索任意 n 个元素的排序序列的算法，在最坏情况下必须执行的比较次数不少于 $\lfloor \log n \rfloor + 1$ 次。

由上述定理和定理 1.1，可得出算法 BINARYSEARCH 是最优的结论。

11.3.2　排序问题

在这一节中，我们导出基于比较的排序问题的下界。并不是所有的排序问题都是基于比较的，例如基数排序和桶排序就不是。在排序的情况下，每个内部节点表示一个决策，每个叶节点表示一个输出。首先进行由根节点表示的测试，并根据结果把控制传给它的子节点，期望的输出在叶节点获得。对应于每一排序算法和表示排序元素个数的值 n，我们有相关联的决策树。于是，对于一个固定 n 值，对应于 MERGESORT 的决策树不同于 HEAPSORT 或 INSERTIONSORT 的决策树。如果要排序的元素是 $a_1, a_2, \cdots, a_n$，则输出是这些元素的一个排列。由此可得，任意排序问题的决策树至少有 $n!$ 个叶节点。图 11.1 显示了一个例子，它是 3 个元素的排序算法的决策树。

显而易见，最坏情况下的时间复杂性是从根到叶节点的最长路径长度，它是决策树的高度。

引理 11.1　设 T 是一棵至少有 $n!$ 个叶节点的二叉树，则 T 的高度至少是 $n \log n - 1.5n = \Omega(n \log n)$。

证明：设 l 是 T 中的叶节点数，并设 h 是它的高度。由观察结论 2.1 可知，在 h 层的顶点（即叶节点）数最多是 2^h，因为 $l \geqslant n!$，我们有

$$n! \leqslant l \leqslant 2^h$$

因此, $h \geqslant \log n!$。由式(A. 18),

$$h \geqslant \log n! = \sum_{j=1}^{n} \log j \geqslant n \log n - n \log e + \log e \geqslant n \log n - 1.5n$$

引理 11.1 蕴含着下面的重要定理。

定理 11.2　任何基于比较的对 n 个元素排序的算法, 在最坏情况下必须执行 $\Omega(n \log n)$ 次元素比较。

在第 5 章中, 已经证明了如果 n 是 2 的幂, 则在最坏情况下, 算法 MERGESORT 执行 $n \log n - n + 1$ 次比较。这和引理 11. 1 中的下界非常接近, 换句话说, 我们已求得的下界几乎可以通过算法 MERGESORT 达到。

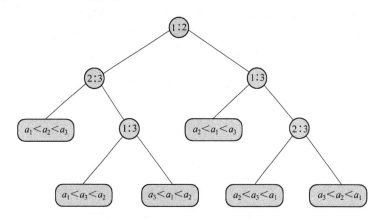

图 11.1　三个元素的排序算法的决策树

11.4　代数决策树模型

11.3 节中所描述的决策树模型是严格受限制的, 因为在两个元素之间它只允许一次作为元运算的比较。如果每个内部节点的决策是输入变量的多项式和数 0 的比较, 则产生的决策树称为代数决策树。这个计算模型比决策树模型要强大得多, 实际上达到了 RAM 计算模型的能力。在用这个模型建立判定问题的下界时, 通常忽略所有的算术运算而把注意力放在分支指令的数目上。于是, 在最适合处理元素重排的组合算法的意义上, 这个模型类似于决策树模型。这个计算模型的更形式化的定义如下。

在有 n 个变量 $x_1, x_2, \cdots, x_n$ 的集合上的代数决策树是一棵具有这样性质的二叉树, 它的每个节点用如下方法标记一个语句, 与每个内部节点关联的实质上是一个测试形式的语句。如果 $f(x_1, x_2, \cdots, x_n) : 0$, 则转到左子节点; 否则转到右子节点。这里":"代表来自集合 $\{ =, <, \leqslant \}$ 的任何比较关系。另一方面, 一个 *yes* 或 *no* 的回答将关联每个叶节点。

对某个整数 $d \geqslant 1$, 如果所有与树的内部节点关联的多项式的次数最多为 d, 则一棵代数决策树具有阶 d。如果 $d = 1$, 即如果在一棵代数决策树的内部节点上的所有多项式是线性的, 则称它为线性代数决策树 (或简称线性决策树)。设 Π 是一个判定问题, 它的输入是 n 个实数 $x_1, x_2, \cdots, x_n$ 的集合, 则与 Π 关联的是一个 n 维空间 E^n 的子集 W, 使得点 $(x_1, x_2, \cdots, x_n)$ 在 W

中当且仅当问题 Π 在输入为 $x_1, x_2, \cdots, x_n$ 时回答 yes。如果每当计算起始于 T 的根和某节点 $p = (x_1, x_2, \cdots, x_n)$，控制最终到达一个 yes 叶节点当且仅当 $(x_1, x_2, \cdots, x_n) \in W$，则一棵代数决策树 T 可以判定 W 中的成员资格。

正如在决策树模型中那样，为了得出在最坏情况下问题 Π 的时间复杂性的下界，只要得出求解问题 Π 的代数决策树高度的下界就足够了。现在设 W 是关联问题 Π 的一个 n 维空间 E^n 的子集，假设用某种途径知道集合 W 的连通分量的个数 $\#W$，我们想得出用 $\#W$ 表示的 Π 的代数决策树高度的下界。现在为线性决策树情况建立这一关系。

设 T 是线性决策树，则 T 中从根到叶节点的每条路径对应于如下形式之一的条件序列：

$$f(x_1, x_2, \cdots, x_n) = 0, \ g(x_1, x_2, \cdots, x_n) < 0 \ 和 \ h(x_1, x_2, \cdots, x_n) \leqslant 0$$

注意，因为已经假设了 T 是线性决策树，这些函数的每一个都是线性的。因此，当 T 的根以点 $(x_1, x_2, \cdots, x_n)$ 表示时，控制最终到达一个叶节点 l 当且仅当从根到叶节点 l 路径上的所有条件都是满足的。由于这些条件的线性特性，叶节点对应于一个超平面开半空间和闭半空间的交集，即它对应于一个凸集。因为这个集合是凸的，它必然是连通的，也就是它恰好由一个分量组成。于是，每个 yes 叶节点恰好对应于一个连通分量。由此可得，T 的叶节点数至少是 $\#W$。通过一个类似于引理 11.1 证明中的推论可得，树的高度至少是 $\lceil \log (\#W) \rceil$。这蕴含了下面的定理。

定理 11.3　设 W 是 E^n 的子集，并设 T 是接受集合 W 的 n 个变量的线性决策树，则 T 的高度至少是 $\lceil \log (\#W) \rceil$。

线性决策树模型当然是十分局限的，因此希望把它推广到更一般的代数决策树模型中。然而在这个模型中，它会使上面的论证无效，即一个 yes 叶节点可以和许多连通分量相关联。在这种情况下，更复杂的数学分析得出了下面的定理。

定理 11.4　设 W 是 E^n 的子集，并设 d 是一个固定的正整数。则接受 W 的任意一个阶为 d 的代数决策树 T 的高度是 $\Omega(\log(\#W) - n)$。

最重要的组合问题之一是只用比较运算对 n 个元素的实数集合进行排序。我们已经在决策树模型中讨论过，这个问题在最坏情况下需要 $\Omega(n \log n)$ 次比较。可以表明，在许多计算模型中这个界限依然有效，特别是在代数决策树模型中。我们用一个定理来说明这个事实。

定理 11.5　在代数决策树模型中，对 n 个实数排序，在最坏情况下需要 $\Omega(n \log n)$ 次元素比较。

11.4.1　元素的唯一性问题

问题 ELEMENT UNIQUENESS 说明如下。给出一个 n 个实数的集合，判定其中是否有两个实数相等。我们现在将用代数决策树模型来获得这个问题的时间复杂性下界。一个具有 n 个实数的集合 $\{x_1, x_2, \cdots, x_n\}$ 可以被看作 n 维空间 E^n 中的一点 $(x_1, x_2, \cdots, x_n)$。设 $W \subseteq E^n$ 是问题 ELEMENT UNIQUENESS 在 $\{x_1, x_2, \cdots, x_n\}$ 上的成员集合。换句话说，W 由没有两个相等坐标的点集 $(x_1, x_2, \cdots, x_n)$ 组成。不难看出 W 由 $n!$ 个不相交的连通分量组成，特别是 $\{1, 2, \cdots, n\}$ 的每个排列 π 对应于 E^n 中的点集：

$$W_\pi = \{ (x_1, x_2, \cdots, x_n) \mid x_{\pi(1)} < x_{\pi(2)} < \cdots < x_{\pi(n)} \}$$

很明显

$$W = W_1 \cup W_2 \cup \cdots \cup W_{n!}$$

此外,这些子集都是连通的和不相交的。于是 $\#W = n!$,这样从定理 11.4 得出下面的定理。

定理 11.6 在代数决策树模型中,任何求解 ELEMENT UNIQUENESS 问题的算法在最坏情况下需要 $\Omega(n \log n)$ 次元素比较。

11.5 线性时间归约

对于问题 ELEMENT UNIQUENESS,我们已经可以直接通过研究问题和应用定理 11.4,使用代数决策树模型获得一个下界。另一个建立下界的方法是使用归约。设 A 是一个问题,已知它的下界是 $\Omega(f(n))$,其中 $n = o(f(n))$,即 $f(n) = n \log n$。设 B 是一个问题,我们希望对它建立一个下界 $\Omega(f(n))$。建立问题 B 的下界如下:

(1) 把问题 A 的输入转换为适合问题 B 的输入;
(2) 求解问题 B;
(3) 把输出转换成问题 A 的一个正确的解。

为了达到一个线性时间归约,上述步骤(1)和步骤(3)必须在 $O(n)$ 时间内执行。在这种情况下,称问题 A 已经在线性时间内归约到了问题 B,并且表示如下:

$$A \propto_n B$$

现在,我们给出例子,对三个问题用线性时间归约技术建立 $\Omega(n \log n)$ 下界。

11.5.1 凸包问题

设 $\{x_1, x_2, \cdots, x_n\}$ 是一个正实数集合。现在证明,我们可以用 CONVEX HULL 问题(凸包问题)的任何算法来把这些数排序,仅用 $O(n)$ 时间来转换输入和输出。因为排序问题是 $\Omega(n \log n)$ 的,所以 CONVEX HULL 问题也是 $\Omega(n \log n)$ 的;否则我们能在 $o(n \log n)$ 时间内排序,与定理 11.5 相矛盾。

对于每个实数 x_j,我们使它和二维平面中的一点 (x_j, x_j^2) 相关联,这样,所有构造的 n 个点都位于抛物线 $y = x^2$ 上(见图 11.2)。

如果我们用 CONVEX HULL 问题的任何算法来求解构造的实例,那么输出将是根据它们的 x 坐标排序的构造点的表。为了获得排序的数,首先找到具有最小 x 坐标 p_0 的点,然后从 p_0 开始,我们遍历表并且读出每个点的第一个坐标,结果就是排好序的数的最初集合。这样就可以得出

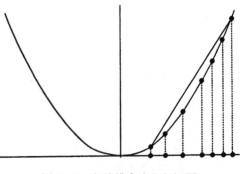

图 11.2 归约排序为凸包问题

$$\text{SORTING} \propto_n \text{CONVEX HULL}$$

它证明了下面的定理。

定理 11.7 在代数决策树模型中，求解 CONVEX HULL 问题的任何算法在最坏情况下需要 $\Omega(n \log n)$ 次运算。

11.5.2 最近点对问题

给出平面上 n 个点的集合 S，CLOSEST PAIR 问题（最近点对问题）要求找出在 S 中具有最短间隔的点对（见 5.10 节）。我们在这里说明，通过将问题 ELEMENT UNIQUENESS 归约到 CLOSEST PAIR 问题，表明这个问题在最坏情况下需要 $\Omega(n \log n)$ 次运算。

设 $\{x_1, x_2, \cdots, x_n\}$ 是一个正实数集合。现在证明，我们可以用一个 CLOSEST PAIR 问题的算法来判定是否存在两个相等的数。对应于每个数 x_j，我们构造一点 $p_j = (x_j, 0)$，于是构造的点集合全部在直线 $y = 0$ 上。设 A 是求解 CLOSEST PAIR 问题的任意算法，设 $(x_i, 0)$ 和 $(x_j, 0)$ 是算法 A 对于构造出点集合时的输出。很明显，在问题 ELEMENT UNIQUENESS 的源实例中存在两个相等的数当且仅当在 x_i 和 x_j 之间的距离等于 0。于是我们已经证明了

$$\text{ELEMENT UNIQUENESS} \propto_n \text{CLOSEST PAIR}$$

它证明了下面的定理。

定理 11.8 在代数决策树模型中，求解 CLOSEST PAIR 问题的任意算法在最坏情况下需要 $\Omega(n \log n)$ 次运算。

11.5.3 欧几里得最小生成树问题

设 S 是平面上 n 个点的集合，EUCLIDEAN MINIMUM SPANNING TREE（EMST）问题（欧几里得最小生成树问题）是构造一棵总长度最小的树，它的节点是 S 中给定的点。我们要说明通过将排序问题归约到该问题，在最坏情况下这个问题需要 $\Omega(n \log n)$ 次运算。

设 $\{x_1, x_2, \cdots, x_n\}$ 是一个已排序的正实数集合。对应于每个数 x_j，我们构造一点 $p_j = (x_j, 0)$，于是构造的点集合全部在直线 $y = 0$ 上。设 A 是求解 EUCLIDEAN MINIMUM SPANNING TREE 问题的任意算法，如果给算法 A 提供构造的点集合，那么得出的最小生成树将由直线 $y = 0$ 上的 $n - 1$ 条线段 $l_1, l_2, \cdots, l_{n-1}$ 组成，它们具有这样的性质，对于每个 j，$1 \leqslant j \leqslant n - 2$，$l_j$ 的右端点是 l_{j+1} 的左端点。我们可以通过从最左边的点开始遍历树和读出每点的第一个分量，从而获得已排序的数 $\{x_1, x_2, \cdots, x_n\}$。这样我们已经证明了

$$\text{SORTING} \propto_n \text{EUCLIDEAN MINIMUM SPANNING TREE}$$

这就证明了下面的定理。

定理 11.9 在代数决策树模型中，求解 EUCLIDEAN MINIMUM SPANNING TREE 问题的任何算法在最坏情况下需要 $\Omega(n \log n)$ 次运算。

11.6 练习

11.1 给出以下问题的平凡下界。

(a) 找出一个 $n \times n$ 矩阵的逆；

（b）找出 n 个元素的中项；

（c）判定一个所给的 n 个元素的数组 $A[1\cdots n]$ 是否已排序。

11.2 画出算法 LINEARSEARCH 在 4 个元素上的决策树。

11.3 画出算法 INSERTIONSORT 在 3 个元素上的决策树。

11.4 画出算法 MERGESORT 在 3 个元素上的决策树。

11.5 A 和 B 是两个各有 n 个元素的无序表。考虑这样一个判定问题：A 中的元素是否和 B 中的元素相同，即 A 中的元素是 B 中的元素的一个排列。用 Ω 记号来表示求解这个问题所需要的比较次数。

11.6 测试一个数组 $A[1\cdots n]$ 是否为一个堆所需要的最少比较次数是多少？请解释。

11.7 S 是一个 n 个无序元素的表。说明在决策树模型中，从 S 中的元素构造一个二分搜索树需要 $\Omega(n\log n)$ 次比较（见 2.6.2 节二分搜索树的定义）。

11.8 $S=\{x_1,x_2,\cdots,x_n\}$ 是一个具有 n 个正整数的集合。当 S 是已排序时，我们想要找出上半部分的元素 x，即一个大于中项的元素。求解这个问题所需要的最少比较次数是多少？

11.9 设 $A[1\cdots n]$ 是一个在范围 $[1\cdots m]$ 中的 n 个整数的数组，其中 $m>n$。我们想要找出一个在范围 $[1\cdots m]$ 中的整数 x，它不在 A 中。最坏情况下，求解这个问题所需要的最少比较次数是多少？

11.10 给出一个在 n 个元素的无序表中找出最大和第二大元素的算法。你的算法应执行的最少比较次数是多少？

11.11 说明在 n 个元素的无序表中同时找出最大和第二大元素的任何算法，其中 n 是 2 的幂，必须至少执行 $n-2+\log n$ 次比较（见练习 11.10）。

11.12 考虑不相交集问题：给出两个各有 n 个实数的集合，确定它们是否是不相交的。说明在最坏情况下任何求解这个问题的算法需要 $\Omega(n\log n)$ 次运算。

11.13 设 A 和 B 是平面上的两个点集合，每个集合包含 n 个点。说明找出一个在 A 中、一个在 B 中的两个最近点的问题，在最坏情况下需要 $\Omega(n\log n)$ 次运算。

11.14 考虑 TRIANGULATION 问题：在平面上给出 n 个点，用不交叉的直线段连接它们，使得在它们凸包内部的每一区域都是一个三角形。证明这个问题在最坏情况下需要 $\Omega(n\log n)$ 次运算（提示：将排序问题归约到 TRIANGULATION 问题的特殊情况，即恰好有 $n-1$ 个点共线而有一点不在同一条直线上）。

11.15 考虑 NEAREST POINT 问题：给出平面上 n 个点的集合 S 和一个询问点 p，找出 S 中一个离 p 最近的点。说明在最坏情况下任何解这个问题的算法需要 $\Omega(\log n)$ 次运算（提示：将二分搜索归约到 NEAREST POINT 问题的特殊情况，其中所有的点都在同一条直线上）。

11.16 ALL NEAREST POINTS 问题定义如下：给出平面上的 n 个点，找出它们每一个的最邻近者。说明在最坏情况下这个问题需要 $\Omega(n\log n)$ 次运算（提示：将 CLOSEST PAIR 问题归约到这个问题）。

11.17 设 S 是平面上 n 个点的集合，S 的直径记为 $Diam(S)$，是 S 中的两个点能实现的最大距离。说明在最坏情况下找出 $Diam(S)$ 需要 $\Omega(n\log n)$ 次运算。

11.18 考虑把一个平面点集合 S 划分为 S_1 和 S_2 两个子集的问题，使 $Diam(S_1)$ 和 $Diam$

(S_2)的最大值最小。说明在最坏情况下这个问题需要 $\Omega(n \log n)$ 次运算（提示：将找出一个点集合 S 的直径的问题归约到这个问题，见练习 11.17）。

11.7　参考注释

关于排序、合并和选择的下界的详细评述见 Knuth（1973），这本书提供了一个深入的分析。一个排序算法需要的最少已知比较次数最初由 Ford and Johnson（1959）提出。一种有最少比较次数的合并算法由 Hwang and Lin（1972）提出。选择的下界可以在 Hyafil（1976）找到。其他有关包含下界结果的论文包括 Fussenegger，Gabow（1976），Reingold（1971），Reingold（1972），Friedman（1972）。定理 11.3 来自 Dobkin and Lipton（1979）。定理 11.4 来自 Bin-Or（1983）。

第五部分　克服困难性

在本书的前面部分，我们已经看到许多实际问题尚无有效的算法，并且关于这些问题的已知算法，即使对于中等规模的实例，需要的时间量也要以年或世纪为单位来测度。

有三套有用方法可应对这个困难。第一套方法适用于那些在平均情况下能够显示出良好的时间复杂性，但在最坏情况下很难得到多项式解法的问题。这套方法对被考察的问题实例所导出的隐式状态空间进行有条理的检验。在对实例的状态空间的探索过程中，将会进行某些修剪。

第二套方法基于精确的概率概念。这些解的核心是一个简单的决策制定或测试过程，它们能够精确地完成一个任务（成功或者失败二者择一），而不涉及其他选择。经过这样的反复测试，能够构造解，或者将解的可信度增加到所期望的程度。

最后一套方法对于得到渐近的解是有用的，在这种方法中，人们愿意在解的质量上妥协以换取更快的（多项式时间）求解过程。仅有某些困难问题类才容许这种多项式时间近似，而且那些问题中仅有极少的一部分才提供了多项式时间系列解，其中多项式的阶是精确性的函数。

在第 12 章中，我们研究两个解空间搜索技术，它们对一些问题有效，尤其是那些解空间很大的问题。这些技术是回溯法和分支限界法。在这些技术中，问题的解可以通过彻底地搜索所有的可能性而得到——这些可能性的数量虽然巨大，但仍然是有限的。对于许多困难的问题，回溯法和分支限界法是求解这些问题的仅知的技术。最后，对于一些像旅行商这样的问题，甚至找出一个近似解的问题也是 NP 困难的。在这一章中，将介绍求解旅行商问题的众所周知的分支限界法，利用回溯技术求解的其他例子包括 3 着色和 8 皇后问题。

随机算法是第 13 章的主题。在这一章中，我们首先说明随机化引人注目地改进了算法 QUICKSORT 的性能，并得出一个随机选择算法，它极大地简化了选择算法，并且比第 5 章讨论的算法 SELECT（几乎总是）快了许多。接着我们介绍关于模式匹配和取样的两个算法。最后对一个数论中的困难问题——素数性测试应用随机化方法，我们将描述一个对于这个问题的有效算法，它几乎始终能正确地判定一个所给的正整数是否是素数。

第 14 章讨论处理困难问题的另外一种方法：我们可以满足于一个近似解，以代替获得一个最优解。在这一章中，研究一些 NP 困难问题的近似解，这些问题包括装箱问题、欧几里得旅行商问题、背包问题和顶点覆盖问题。这些问题具有一个共同的特征，即最优解和近似解的比被限于一个（合理的）小常数。对于背包问题，我们给出一个多项式近似方案，这是一个算法，它接收一个期望的近似度作为输入，并得出一个输出，它相对于最优解的比在输入比的范围内。这类多项式近似方案的复杂性并非所期望的比的倒数的多项式。由于这个原因，我们将这个方案推广为完全多项式时间近似方案，这类方案的复杂性同时也是期望的比的倒数的多项式。作为这种技术的一个例子，本章将介绍子集求和问题的一个近似算法。

第12章 回 溯 法

12.1 引言

在许多真实世界的问题中，像大多数 NP 困难问题一样，通过穷尽搜索数量巨大但有限个可能性，可以获得一个解。而且，事实上对于所有这些问题都不存在用穷尽搜索之外的方法来解决问题的算法。因此产生了开发系统化的搜索技术的需要，并且希望能够将搜索空间减少到尽可能小。本章中，将介绍一种组织搜索的一般技术，称为回溯法。这种算法设计技术可以描述为有组织的穷尽搜索，常常可以避免搜索所有的可能性。这种算法一般适用于求解那些有潜在的大量解，但有限个数的解已经检查过的问题。

12.2 3着色问题

考虑 3 着色(3-COLORING)问题：给出一个无向图 $G = (V, E)$，需要用三种颜色之一为 V 中的每个顶点着色，三种颜色分别为 1,2,3，使得没有两个邻接的顶点有相同的颜色。我们把这样的着色称为合法的；否则，如果两个邻接的顶点有同一种颜色就是非法的。一种着色可以用 n 元组 $(c_1, c_2, \cdots, c_n)$ 来表示，使 $c_i \in \{1, 2, 3\}, 1 \leq i \leq n$。例如，$(1, 2, 2, 3, 1)$ 表示一个有 5 个顶点的图的着色。一个 n 个顶点的图共有 3^n 种可能的着色（合法的和非法的），所有可能的着色的集合可以用一棵完全的三叉树来表示，称为搜索树。在这棵树中，从根到叶节点的每一条路径代表一种着色指派。图 12.1 显示了对应有三个顶点的图的这样一棵树。

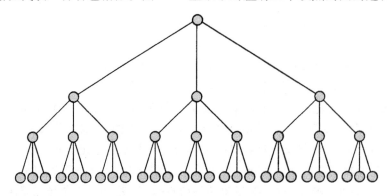

图 12.1　对应有三个顶点的图的所有可能的 3 着色的搜索树

如果没有两个邻接的着色顶点有相同的颜色，那么图的一个不完全着色称为部分解。回溯法通过每次一个节点地生成基底树来工作。如果从根到当前节点的路径对应于一个合法着色，则过程就终止（除非期望找到不止一种的着色）。如果这条路径的长度小于 n，并且相应的着色是部分的，那么就生成现节点的一个子节点，并将它标记为现节点。另一方面，如果对应的路径不是部分的，那么将现节点标识为死节点，并生成对应于另一种颜色的新节点。如果所有三种颜色都已经试过且没有成功，那么搜索就回溯到其颜色已改变的父节点，依次类推。

例 12.1　考虑图 12.2(a)所示的图，我们用颜色 {1,2,3} 对其顶点着色，图 12.2(b)所示的是在搜索一个合法的着色过程中生成的搜索树的一部分。首先，在生成第三个节点之后，发现着色 (1,1) 不是部分的，因此该节点被标记为死节点，在图中用 × 表示。然后，b 被指派为颜色 2，并可以看到着色 (1,2) 是部分的，因此生成一个对应于顶点 c 的一个新的子节点，赋予初始颜色值 1。重复上述过程，忽略死节点和扩展那些相应的部分着色，我们最终到达合法的着色 (1,2,2,1,3)。

有趣的是，注意到我们仅生成由 364 个节点组成的搜索树中的 10 个节点后就到达了解。

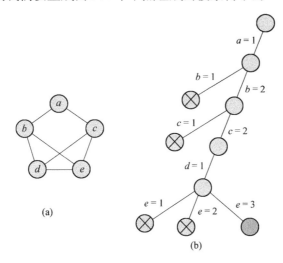

图 12.2　用回溯法求解 3 着色问题的例子

在例 12.1 中要注意两个重要的观察结论，它们概括出所有回溯算法的基本特征。首先，节点是用深度优先搜索的方法生成的；第二，不需要存储整棵搜索树，我们只需要存储根到当前活动节点的路径。事实上，根本没有生成有形的节点，整棵树是隐含的。在上面的例子中，我们只需要保存颜色指派的踪迹就可以了。

算法

现在给出用回溯法求解 3 着色问题的两种算法，一种是递归的，另一种是迭代的。在两种算法中，为了简单起见，都假定顶点集合为 $\{1,2,\cdots,n\}$，递归算法见算法 3-COLORREC。

算法 12.1　3-COLORREC

输入：无向图 $G = (V,E)$。

输出：G 的顶点的 3 着色 $c[1\cdots n]$，其中每个 $c[j]$ 为 1,2,3。

1. **for** $k \leftarrow 1$ **to** n
2. 　　$c[k] \leftarrow 0$
3. **end for**
4. $flag \leftarrow$ **false**
5. $graphcolor(1)$
6. **if** $flag$ **then output** c
7. **else output** "no solution"

过程 *graphcolor*(k)

    1. **for** *color* = 1 **to** 3
    2. $c[k] \leftarrow color$
    3.   **if** c 为合法着色 **then** set *flag* $\leftarrow$ **true** and **exit**
    4.   **else** if c 是部分的 **then** *graphcolor*($k+1$)
    5. **end for**

初始时没有顶点被着色,这由第 1 步中置所有颜色值为 0 指出。调用*graphcolor*(1)使得第一个顶点着色为 1,很明显,(1)是部分着色的,因此就以 $k=2$ 递归调用过程。赋值语句使得第二个顶点也用 1 着色,得到的着色是(1,1)。如果顶点 1 和 2 没有边连接,那么这个着色就是部分的;否则,着色不是部分的,并且第二个顶点因此将用 2 来着色,得到的着色是(1,2)。第二个顶点被着色之后,也就是说,如果当前的着色是部分的,就用$k=3$继续调用过程,依次类推。假定过程对于某个顶点$j \geqslant 3$着色失败,这种情况在 for 循环执行三次而没有找到合法的或部分着色时将发生。在这种情况下,前一次递归调用被激活,并尝试将顶点$j-1$置为另一种颜色,如果再一次出现三种颜色都没能导致一个部分着色的情况,那么最后递归调用的前一个被激活。这就是发生回溯的情况。前进与回溯的过程一直进行到图或者被着色,或者所有可能性都已经试过却找不到合法着色时才结束。检查着色是否是部分的可以递进地完成:如果着色向量 c 包含 m 个非 0 数,而且对于任何其他的颜色$c[m]$没有引起冲突,则它是部分的;否则它不是部分的。检查着色是否合法,就是检查颜色向量是否由无矛盾的n种颜色组成。

迭代回溯算法在算法 3-COLORITER 中给出。这个算法的主要部分由两个嵌套的 while 循环组成,内层的 while 循环实现前进(生成新节点),而外层的 while 循环实现回溯的过程(即回到先前生成的节点),这个算法的运行与前面递归形式的算法相似。

算法 12.2   3-COLORITER
输入: 无向图 $G = (V, E)$。
输出: G 的顶点的 3 着色 $c[1 \cdots n]$,其中每个 $c[j]$ 为 1,2,3。

    1. **for** $k \leftarrow 1$ **to** n
    2. $c[k] \leftarrow 0$
    3. **end for**
    4. *flag* $\leftarrow$ **false**
    5. $k \leftarrow 1$
    6. **while** $k \geqslant 1$
    7.   **while** $c[k] \leqslant 2$
    8. $c[k] \leftarrow c[k] + 1$
    9.   **if** c 为合法着色 **then** set *flag* $\leftarrow$ **true** 且从两个 while 循环退出
    10.   **else** if c 是部分解 **then** $k \leftarrow k+1$ {前进}
    11.   **end while**
    12. $c[k] \leftarrow 0$
    13. $k \leftarrow k - 1$ {回溯}

14. **end while**

15. **if** *flag* **then output** c

16. **else output** "no solution"

对于这两种算法的时间复杂性，我们注意到在最坏情况下生成了 $O(3^n)$ 个节点。对于每个生成的节点，如果当前着色是合法的、部分的，或者二者都不是，那么就需要 $O(n)$ 的工作来检查。因此，在最坏情况下，全部的运行时间是 $O(n3^n)$。

12.3 8 皇后问题

经典的 8 皇后问题可以陈述如下：如何在 8×8 的国际象棋棋盘上安排 8 个皇后，使得没有两个皇后能互相攻击？如果两个皇后处在同一行、同一列或同一条对角线上，则它们能互相攻击。n 皇后问题也类似定义。在这样的情况下，有 n 个皇后和一个 $n \times n$ 的棋盘，n 为任意值且 $n \geqslant 1$。为了简化讨论，我们将研究 4 皇后问题，而且可以简单直接地将其推广到 n 为任意值的情况。

考虑一个 4×4 的棋盘，由于没有两个皇后能处在同一行，所以每个皇后都在不同的行上。又因为每行有 4 个位置，就有 4^4 种可能的布局，每种可能的布局可以用一个有 4 个分量的向量 $x = (x_1, x_2, x_3, x_4)$ 来描述。例如，向量 $(2,3,4,1)$ 对应于图 12.3(a) 中所示的布局。如果在某行上没有皇后，则相应的分量为 0（因此并不明确地包含在向量中）。例如，部分向量 $(3,1)$ 对应于图 12.3(b) 中的布局。实际上，因为没有两个皇后能放在同一列上，一个合法的放置对应于数 $1,2,3,4$ 的一个排列，这把搜索空间从 4^4 减少到 4!，由此引起的对算法的修改将留作练习。

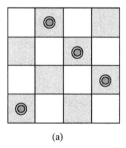 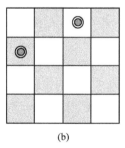

(a)   (b)

图 12.3 4 皇后问题的两种布局

算法

为了用回溯法求解 4 皇后问题，算法尝试生成并以深度优先方式搜索一棵完全四叉根树，树的根对应于没有放置皇后的情况。第一层的节点对应于皇后在第一行的可能放置情况，第二层的节点对应于皇后在第二行的可能放置情况，依次类推。求解这个问题的回溯算法如算法 4-QUEENS 所示。在算法中，我们用术语"合法"来表示一个不互相攻击的 4 个皇后的放置，用术语"部分"来表示一个不互相攻击的少于 4 个皇后的放置。显而易见，放在位置 x_i 和 x_j 的两个皇后当且仅当 $x_i = x_j$ 时处在同一列上，不难看出两个皇后处在同一条对角线上当且仅当

$$x_i - x_j = i - j \text{ 或 } x_i - x_j = j - i$$

算法 12.3　4-QUEENS

输入：空。

输出：对应于 4 皇后问题的解的向量 $x[1\cdots4]$。

1. **for** $k \leftarrow 1$ **to** 4
2. 　　$x[k] \leftarrow 0$　　　{没有皇后放置在棋盘上}
3. **end for**
4. $flag \leftarrow$ **false**
5. $k \leftarrow 1$
6. **while** $k \geq 1$
7. 　　**while** $x[k] \leq 3$
8. 　　　　$x[k] \leftarrow x[k] + 1$
9. 　　　　**if** x 为合法着色 **then** set $flag \leftarrow$ **true** 且从两个 while 循环退出
10. 　　　　**else if** x 是部分解 **then** $k \leftarrow k + 1$　　{前进}
11. 　　**end while**
12. 　　$x[k] \leftarrow 0$
13. 　　$k \leftarrow k - 1$　　{回溯}
14. **end while**
15. **if** $flag$ **then** output x
16. **else** output "no solution"

例 12.2　应用算法产生如图 12.4 所示的解。在图中，死节点用"×"标记，首先，将 x_1 置 1 和将 x_2 置 1，由于两个皇后在同一列上，这导致一个死节点。将 x_2 置 2 也会产生同样的结果，因为此时两个皇后处在同一条对角线上。将 x_2 置 3 得出部分向量 $(1,3)$，并继续向前搜索以找出 x_3 的一个值。如图所示，无论 x_3 假设的值是什么，不会有使 $x_1 = 1$、$x_2 = 3$ 且 $x_3 > 0$ 的部分向量。因此，搜索回溯到第二层并且 x_2 被重新赋予新的值，也就是 4，如图所示，这形成了部分向量 $(1,4,2)$。再一次，这个向量不能扩展，因此在生成一些节点后，搜索回到第一层。现在，x_1 增加到 2，并用同样的方法找到部分向量 $(2,4,1)$。如图所示，这个向量被扩展到合法向量 $(2,4,1,3)$，它对应于一个合法的放置。

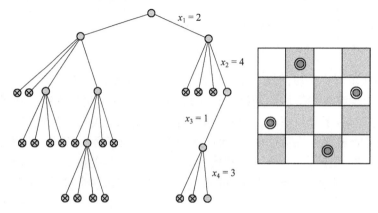

图 12.4　用回溯法求解 4 皇后问题的例子

现在考虑一个求解一般的 n 皇后问题的蛮力方法。如前所述，由于没有两个皇后能放在同一列上，则解向量必须是数 $1,2,\cdots,n$ 的一个排列。这样，蛮力方法可以改进为测试 $n!$ 种而不是 n^n 种布局。然而，下面的论据说明回溯法极大地减少了测试的次数。考虑 $(n-2)!$ 个向量，它们对应于前两个皇后放在第一列的那些布局，蛮力方法要盲目地测试所有这些向量，而在回溯法中用 $O(1)$ 次测试就可以避免这些测试。尽管回溯法在最坏情况下要用 $O(n^n)$ 时间来求解 n 皇后问题，但根据经验它在有效性上远远超过蛮力方法的 $O(n!)$ 时间，因为它的可期望运行时间通常要快得多。例如，算法在生成了总共有 341 个可能节点中的 27 个节点后，就找到了图 12.4 所示的解。

12.4 一般回溯法

这一节描述一般回溯法，它可以作为一种系统的搜索方法而应用到一类搜索问题中，这类问题的解由满足事先定义好的某个约束的向量 $(x_1, x_2, \cdots, x_i)$ 组成。这里 i 是 0 到 n 之间的某个整数，其中 n 是一个取决于问题阐述的常数。在已经提到的两种算法——3 着色和 8 皇后问题中，i 是固定不变的。然而在一些问题中，i 可以像下面的例子展示的那样，对于不同的解可能有所不同。

例 12.3 考虑定义如下的 PARTITION 问题的一个变体。给定一个 n 个整数的集合 $X = \{x_1, x_2, \cdots, x_n\}$ 和整数 y，找出其和等于 y 的 X 的子集 Y。例如，如果

$$X = \{10, 20, 30, 40, 50, 60\}$$

和 $y = 60$，则有三种不同长度的解，它们分别是

$$\{10, 20, 30\}, \{20, 40\}, \{60\}$$

设计一个回溯算法来求解这个问题并不困难。注意这个问题可以用另一种方法明确表达，使得解是一种明显的长度为 n 的布尔向量，于是上面的三个解可以用布尔向量表示为

$$\{1, 1, 1, 0, 0, 0\}, \{0, 1, 0, 1, 0, 0\}, \{0, 0, 0, 0, 0, 1\}$$

在回溯过程中，解向量中的每个 x_i 都属于一个有限的线序集 X_i，因此回溯算法按字典序考虑笛卡儿积 $X_1 \times X_2 \times \cdots \times X_n$ 中的元素。算法最初从空向量开始，然后选择 X_1 中最小的元素作为 x_1，如果 (x_1) 是一个部分解，算法通过从 X_2 中选择最小的元素作为 x_2 而继续运行。如果 (x_1, x_2) 是一个部分解，那么就包含 X_3 中最小的元素；否则 x_2 被置为 X_2 中的下一个元素。一般地，假定算法已经检测到部分解为 $(x_1, x_2, \cdots, x_j)$，然后再去考虑向量 $v = (x_1, x_2, \cdots, x_j, x_{j+1})$，可以有下面的几种情况。

(1) 如果 v 表示问题的最后解，那么算法将其记录为一个解，在仅希望获得一个解时终止，或者继续找出其他解。

(2)（向前步骤）如果 v 表示一个部分解，那么算法通过选择集合 X_{j+2} 中的最小元素而前进。

(3) 如果 v 既不是最终的解，也不是部分解，则有两种子情况。

    (a) 如果集合 X_{j+1} 中还有其他的元素可选择，那么算法将 x_{j+1} 置为 X_{j+1} 中的下一个元素。

（b）（回溯步骤）如果集合 X_{j+1} 中没有更多的元素可选择，那么算法通过将 x_j 置为 X_j 中的下一个元素而回溯；如果集合 X_j 中仍然没有其他的元素可选择，那么算法通过将 x_{j-1} 置为 X_{j-1} 中的下一个元素而回溯，依次类推。

现在，我们用两个过程形式化地描述一般回溯法：一个是递归（BACKTRACKREC），另一个是迭代（BACKTRACKITER）。

算法 12.4　BACKTRACKREC

输入：集合 $X_1, X_2, \cdots, X_n$ 的显式或隐式的描述。

输出：解向量 $v = (x_1, x_2, \cdots, x_i), 0 \leq i \leq n$。

1. $v \leftarrow ( )$
2. *flag* $\leftarrow$ **false**
3. *advance*(1)
4. **if** *flag* **then** output v
5. **else output** "no solution"

过程 *advance*(k)

1. **for** 每个 $x \in X_k$
2. 　　 $x_k \leftarrow x$；将 x_k 加入 v
3. 　　 **if** v 为最终解 **then** set *flag* $\leftarrow$ **true** and **exit**
4. 　　 **else if** v 是部分解 **then** *advance*($k+1$)
5. **end for**

算法 12.5　BACKTRACKITER

输入：集合 $X_1, X_2, \cdots, X_n$ 的显式或隐式的描述。

输出：解向量 $v = (x_1, x_2, \cdots, x_i), 0 \leq i \leq n$。

1. $v \leftarrow ( )$
2. *flag* $\leftarrow$ **false**
3. $k \leftarrow 1$
4. **while** $k \geq 1$
5. 　　 **while** X_k 没有被穷举
6. 　　　　 $x_k \leftarrow X_k$ 中的下一个元素；将 x_k 加入 v
7. 　　　　 **if** v 为最终解 **then** set *flag* $\leftarrow$ **true** 且从两个 while 循环退出
8. 　　　　 **else if** v 是部分解 **then** $k \leftarrow k+1$ 　{前进}
9. 　　 **end while**
10. 　　 重置 X_k，使得下一个元素排在第一位
11. 　　 $k \leftarrow k-1$ 　{回溯}
12. **end while**
13. **if** *flag* **then** output v
14. **else output** "no solution"

这两个算法与 12.2 节和 12.3 节中描述的那些回溯法非常相似。通常，如果需要使用回溯法来搜索一个问题的解，我们可以使用这两个原型算法之一作为框架，围绕它设计出专门为具体问题而裁剪出的算法。

12.5　分支限界法

从生成搜索树并寻找一个或多个解这个意义上来说，分支限界设计技术类似于回溯法。然而，回溯法搜索满足给定性质（包括最大化和最小化）的一个解或解的集合，而分支限界法通常仅关心使给定函数最大化或最小化。此外，在分支限界法中，算法会为每一节点 x 计算一个界限，任何可能在以 x 为根的子树中生成的节点所给出的解，其值都不可能超过这个界限。如果计算出的界限比以前的界限更差，那么以 x 为根的子树将被阻塞，也就是不会生成任何子节点。

之后，我们将假定算法要使给定的耗费函数最小化，最大化的情况与此类似。为了能应用分支限界法，耗费函数必须满足下面的属性：对于所有的部分解 $(x_1, x_2, \cdots, x_{k-1})$ 和扩展的解 $(x_1, x_2, \cdots, x_k)$，必须有

$$\mathrm{cost}(x_1, x_2, \cdots, x_{k-1}) \leqslant \mathrm{cost}(x_1, x_2, \cdots, x_k)$$

根据这个性质，部分解 $(x_1, x_2, \cdots, x_k)$ 的耗费一旦大于等于先前计算出来的解耗费，就可以将其丢弃。于是，如果算法找到了一个耗费为 c 的解，并且有一个部分解，它的耗费至少是 c，那么就不会有该部分解的扩展生成。

旅行商问题将作为分支限界法的一个很好的例子，这个问题定义如下。给出一个城市的集合和一个定义在每一对城市之间的耗费函数，找出耗费最小的游程。在这里，一个游程是一个闭合的路径，它访问每个城市恰好一次，即为一个简单回路。耗费函数可以是距离、旅行时间、飞机票价等的函数。旅行商问题的一个实例由它的耗费矩阵给出，矩阵中的项假定是非负的，图 12.5 中的矩阵 A 是这种实例的一个例子。我们给每个部分解 $(x_1, x_2, \cdots, x_k)$ 一个相关联的下界 y，对其解释如下：任何完整的游程，它按这种次序访问了城市 $x_1, x_2, \cdots, x_k$，它的耗费必须至少是 y。

注意每个完整的游程必定恰好包含来自耗费矩阵的每一行和每一列的一条边与它关联的耗费。也可以观察到，如果在耗费矩阵 A 的任意行与列的每个项中减去常数 r，那么在新矩阵下任何游程的耗费比 A 下同样游程的耗费恰好少 r。这激发了归约耗费矩阵的想法，使得每行或每列至少有一项等于 0。我们称这样的矩阵是原始矩阵的归约，在图 12.5 中，矩阵 B 是矩阵 A 的归约。

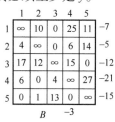

图 12.5　旅行商问题的一个实例矩阵和它的归约

图中矩阵 B 是从每一行和第 4 列减去显示的量后所得的结果。被减掉的总数是 63，不难看出任何一次游程的耗费至少是 63。一般地，在 $n \times n$ 的耗费矩阵 A 中，令 $(r_1, r_2, \cdots, r_n)$ 和 $(c_1, c_2, \cdots, c_n)$ 分别是 1 到 n 行和 1 到 n 列被减掉的量，则

$$y = \sum_{i=1}^{n} r_i + \sum_{i=1}^{n} c_i$$

是任何完整游程的耗费的下界。

现在,我们通过一个例子来继续描述求解旅行商问题的分支限界法。这个例子对图12.5的实例找出一个最佳旅行路线。搜索树是一棵二叉树,在图12.6中描述。

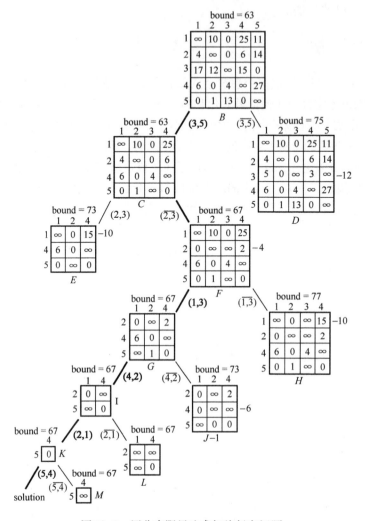

图12.6　用分支限界法求解旅行商问题

树的根用归约矩阵 B 来表示,利用上面计算出的下界(即63)进行标注。这个节点被划分成对应于左子树和右子树的两个节点,右子树将包括排除边(3,5)的所有解,于是项 $D_{3,5}$ 的值被置为 ∞。以后将会说明选择边(3,5)的依据。由于在矩阵 D 的第3行中没有0,它可以进一步被减去12,同时下界增加12变成75。左子树将包括含有边(3,5)的所有解,由于再也不能从城市3到任何其他城市,也不能从任何其他城市到达5,因此矩阵 C 的第3行和第5列都被移走。而且,由于这个子树的所有解都要用到边(3,5),边(5,3)就不会再使用,因此它的对应项 $C_{5,3}$ 被置为 ∞。由于矩阵中所有的行和列都包含一个0,不能再减少,所以这个节点的下界和它父节点的下界相同。

现在,由于包含矩阵 C 的节点的下界小于包含矩阵 D 的节点的下界,因此下一次划分在包含矩阵 C 的节点上执行。我们用边(2,3)划分这个节点。

右子树将包括排除边(2,3)的所有解,于是 $F_{2,3}$ 的值被置为 ∞。由于在矩阵 F 的第2行中没有 0，它可以进一步减去 4，这使下界从 63 增加到 67。左子树将包括含有边 $(2,3)$ 的所有解，因此矩阵 E 的第 2 行和第 3 列都被移去。现在接着执行与上面同样的过程，我们把 $E_{3,2}$ 改为 ∞。然而，这一项在矩阵 E 中不存在。如果沿着从根到包含这个矩阵的节点的路径，会看到两条边 $(3,5)$ 和 $(2,3)$，也就是子路径 $2,3,5$ 一定是在其根包含矩阵 E 的子树的任何游程中，这意味着必须把项 $E_{5,2}$ 设置为 ∞。一般来说，如果包含的边为 (u_i, v_1)，而从根到当前节点所代表的部分解包含两条路径 $u_1, u_2, \cdots, u_i$ 和 $v_1, v_2, \cdots, v_j$，那么就把 M_{v_j, u_1} 置为 ∞，其中 M 是当前节点的矩阵。为了结束处理矩阵 E，我们从第 1 行减去 10，下界从 63 增加到 73。

接着上面的过程，按顺序计算矩阵 G, H, I, J, K, L, M，最优游程可以从根沿着显示的粗线描画，即 $1,3,5,4,2,1$。总耗费是 $7 + 12 + 18 + 21 + 9 = 67$。

在这个例子开始时，我们选择用边 $(3,5)$ 来划分节点，因为这样可以使得右子树的下界增加最多。这种启发性准则是很有用的，因为沿着左侧的边，能够减少维数，较快地找出解；反之，沿着右侧的边，它仅仅增加一个新的 ∞ 和可能更多的 0。但是，在含有矩阵 C 的节点分开时，我们不能应用这种启发性准则。利用更少的节点分离来找出最优解的问题将留作练习。

根据上面的例子，为了扩展具有最小耗费（在最大化情况中是最大耗费）的节点，堆是理想的数据结构。虽然分支限界法通常很复杂且难以编程，但在实践中，已证明它们是很有效的。

12.6 练习

12.1 假定 k 着色问题是 12.2 节讲述的 3 着色问题的推广，在最坏情况下用相应的回溯算法将生成多少个节点？

12.2 考虑 12.2 节介绍的 3 着色算法，试解释如何在算法执行的整个过程中能有效地检验当前向量是否是部分的。

12.3 证明放在 x_i 和 x_j 位置上的两个皇后在同一对角线上当且仅当
$$x_i - x_j = i - j \text{ 或 } x_i - x_j = j - i$$

12.4 给出一个 8 皇后问题的递归算法。

12.5 n 皇后问题对于 $n \geq 4$ 的每个值都有解吗？请证明你的回答。

12.6 修改 4 皇后算法，使得如 12.3 节描述的那样搜索空间从 4^4 减少到 4!。

12.7 设计一个回溯算法来生成数字 $1, 2, \cdots, n$ 的所有排列。

12.8 设计一个回溯算法来生成数字 $1, 2, \cdots, n$ 的所有 2^n 个子集。

12.9 编写一个回溯算法，求解骑士周游问题：给出一个 8×8 的棋盘，一个放在棋盘某个位置上的骑士是否可以恰好访问每个方格一次，并回到起始位置上？

12.10 编写一个回溯算法，求解下面各种划分问题（见例 12.3）：给出 n 个正整数 $X = \{x_1, x_2, \cdots, x_n\}$ 和正整数 y，是否存在一个子集 $Y \subseteq X$，它的元素之和为 y？

12.11 编写一个回溯算法，求解哈密顿回路问题：给出一个无向图 $G = (V, E)$，确定其中是否包含一条简单回路，使得访问每个顶点恰好一次？

12.12 考虑 6.6 节定义的背包问题，利用动态规划法，已证明可以在 $\Theta(nC)$ 时间内解决。其中 n 是项的个数，C 是背包的容量。

(a) 编写一个回溯算法，求解背包问题；

（b）哪种技术求解背包问题更有效：回溯法还是动态规划法？请解释。

12.13 编写一个回溯算法，求解练习 6.29 中定义的货币兑换问题。

12.14 将练习 12.13 中求解货币兑换问题的算法应用到练习 6.30 中的实例上。

12.15 编写一个回溯算法，求解如下定义的指派问题：n 个雇员被指派做 n 件工作，使得指派第 i 个人做第 j 件工作的耗费是 $c_{i,j}$，找出一种指派使得总耗费最少。假定耗费是非负的，即对于 $1 \leqslant i,j \leqslant n, c_{i,j} \geqslant 0$。

12.16 修改 12.5 节给出的旅行商问题实例的解，使得产生较小的节点划分。

12.17 对于 12.5 节讨论的旅行商问题，将分支限界法应用到以下实例：

$$\begin{bmatrix} \infty & 5 & 2 & 10 \\ 2 & \infty & 5 & 12 \\ 3 & 7 & \infty & 5 \\ 8 & 2 & 4 & \infty \end{bmatrix}$$

12.18 再次考虑 6.6 节中定义的背包问题，应用分支限界法和一个适当的下界来求解例 6.6 中这个问题的实例。

12.19 执行一个分支限界过程来求解练习 12.15 中定义的指派问题的以下实例：有 4 个雇员和 4 份工作，用下面的矩阵表示耗费函数，在这个矩阵中，行 i 对应于第 i 个雇员，列 j 对应于第 j 项工作。

$$\begin{bmatrix} 3 & 5 & 2 & 4 \\ 6 & 7 & 5 & 3 \\ 3 & 7 & 4 & 5 \\ 8 & 5 & 4 & 6 \end{bmatrix}$$

12.7 参考注释

有几本书比较详细地讨论了回溯法，包括 Brassard and Bratley(1988)，Horowitz and Sahni (1978)，Reingold, Nievergelt and Deo(1977)。回溯法在 Golomb and Brumert(1965) 中也有描述，Knuth(1975) 中给出了分析它的有效性的技术。Tarjan(1972) 在各种不同的图算法中使用了回溯法的递归形式。分支限界技术从 20 世纪 50 年代后期起已经成功地应用到最优化问题中。在 Lawler and Wood(1966) 的综述论文中列出了许多不同的应用。本章中求解旅行商问题的方法归功于 Little, Murty, Sweeney and Karel(1963)。Bellmore and Nemhauser(1968) 的综述论文中描述了求解旅行商问题的另一种技术。

第13章 随机算法

13.1 引言

本章我们将算法必须对所有可能输入都能求得正确解的条件放宽,讨论算法设计的另一种形式。在此形式中,只要求将其可能不正确的解能够安全地忽略掉,比如,不正确的解出现的可能性非常小 。而且,对于特定的输入,也不要求算法的每一次运行的输出都必须相同。我们将关注执行的过程能像抛硬币那样,会产生真正随机结果的那些算法。加入这一随机性元素的后果是令人吃惊的。引入随机性是非常有用的,并且对那些效率很低的确定性算法问题具有快速生成解的能力,而不会产生不可预计的结果。

随机算法可以做如下定义:它是在接收输入的同时,为了随机选择的目的,接收一串随机比特流且在运行过程中使用该比特流的算法。一个随机算法在不同的运行中对于相同的输入可以有不同的结果。由此得出,对于相同的输入,随机算法的两次运行时间可能有变化。现在,人们已经认识到,在很大的应用范围内随机化,对于算法的构造是一个极其重要的工具。随机算法通常有两个主要优点:首先,相比那些我们所知的解决同一问题最好的确定性算法,随机算法所需的运行时间或空间通常小一些;其次,如果查看一下迄今为止已经开发的各种随机算法,就会发现这些算法总是无一例外地易于理解和实现。下面是随机算法的一个简单例子。

> **例13.1** 假定有一个 n 变量的多项式表达式 $f(x_1, x_2, \cdots, x_n)$,我们要核查 f 是否恒等于0。分析这一核查是一件繁杂的工作。假设我们可代之生成一个随机的 n 向量 $(r_1, r_2, \cdots, r_n)$,并计算 $f(r_1, r_2, \cdots, r_n)$ 的值,如果 $f(r_1, r_2, \cdots, r_n) \neq 0$,那么 $f \neq 0$;如果 $f(r_1, r_2, \cdots, r_n) = 0$,那么或者是 f 恒等于0,或者是我们非常幸运地选择了 $(r_1, r_2, \cdots, r_n)$。如果这样重复几次,继续得到 $f = 0$,那么就可得出 f 恒等于0的结论,而我们出错的可能性就很小。

在某些确定性算法中,特别是对于那些表现出好的平均运行时间的算法,仅仅引入随机性就能将一个自然、简单、在最坏情况下表现不好的算法转化成对于每一种可能的输入都有很高可靠性的随机算法。在研究 13.4 节和 13.5 节的排序与选择的随机算法时,这一优势将会很明显。

13.2 Las Vegas 和 Monte Carlo 算法

随机算法可以分成两大类,第一类称为 Las Vegas 算法,它建立的那些随机算法总是或者给出正确的解,或者无解。这和另一类称为 Monte Carlo 算法的随机算法不同,Monte Carlo 算法总是给出解,但是偶尔可能会产生非正确解。然而,可以通过多次运行原算法,并且满足每次运行时的随机选择都相互独立,使得产生非正确解的概率可以减为任意小。

为了能对随机算法的计算复杂性进行一般性的讨论，首先为评估算法表现引入某些标准是有益的。设 A 是一个算法，如果 A 是确定性的，则算法时间复杂性的一种测度是它的平均运行时间：指对于每个大小为 n 的输入，A 所取的平均时间。也就是说，假设所有的输入呈均匀分布（见 1.12.2 节）。由于输入的分布可能不是均匀的，因此这种假设可能是误导。如果 A 是一个随机算法，那么在一个大小为 n 的固定的实例 I 上的运行时间，两次算法的执行结果是可能是不同的。因此，一种更加自然的运行时间的测度是 A 在固定实例 I 上的期望运行时间，这是用算法 A 反复求解实例 I 的平均时间。

13.3   两个简单的例子

令 $A[1\cdots n]$ 是一个 n 元数组。从 A 中取样一个元素，表示随机地从集合 $\{1, 2, \cdots, n\}$ 中取出一个指标(andex)j，并返回 $A[j]$。

13.3.1   Monte Carlo 算法

令 $A[1\cdots n]$ 是一个由 n 个不同数构成的数组，n 是偶数。我们希望选择一个数 x 满足大于中间元的条件。考虑下面的算法 MC。

算法 13.1   MC
> 1. 令 $x \leftarrow -\infty$。
> 2. 重复第 3 步到第 4 步 k 次。
> 3. 从 A 中取样一个元素 y。
> 4. 如果 $y > x$，则 $x \leftarrow y$。
> 5. 返回 x。

令 $\mathbf{Pr}[\text{Success}]$ 是取样元素大于中间元的概率，且 $\mathbf{Pr}[\text{Failure}]$ 是取样元素小于等于中间元的概率。显然，$\mathbf{Pr}[\text{Failure}]$ 在第一次迭代中为 $1/2$。因此，$\mathbf{Pr}[\text{Failure}]$ 在所有 k 次迭代后为 $1/2^k$。所以 $\mathbf{Pr}[\text{Success}]$ 在第一组 k 次迭代后为 $1 - 1/2^k$。

如果对于某些常数 $c > 0$，一个算法的成功概率为 $1 - 1/n^c$，其中 n 为输入大小，则这个算法的运行具有高成功概率。所以，设 $k = \log n$，我们就有该算法使用 $\log n$ 次迭代，且以概率 $1 - 1/n$ 返回正确结果。

13.3.2   Las Vegas 算法

设 $A[1\cdots n]$ 是一个 n 元数组，n 为偶数。A 含有 $(n/2) + 1$ 个相同元素 x，且 $(n/2) - 1$ 个互异的元素都不同于 x。我们希望找到这个重复的 x。考虑下面的算法 LV。

算法 13.2   LV
> 1. 重复执行不确定次数的第 2 步和第 3 步。
> 2. 从指标集 $\{1, 2, \cdots, n\}$ 中取样 i 和 j。
> 3. 如果 $i \neq j$ 且 $A[i] = A[j]$，则置 $x \leftarrow A[i]$ 且退出。

如果令 $\mathbf{Pr}[\text{Success}]$ 表示迭代一次 $i \neq j$ 且 $A[i] = A[j]$ 的概率，那么

$$\mathbf{Pr}[\,\text{Success}\,] = \frac{(n/2)+1}{n} \times \frac{n/2}{n} > \frac{n/2}{n} \times \frac{n/2}{n} = \frac{1}{4}$$

这是因为第一次取中元素 x 有 $(n/2)+1$ 种可能性，而第 2 次取中元素 x 有 $n/2$ 个可能性。所以，在一次迭代中，$\mathbf{Pr}[\,\text{Failure}\,] \leqslant 3/4$。对于所有 k 次迭代，失败的概率小于或等于 $(3/4)^k$。因此，第一组 k 次迭代成功的概率大于 $1-(3/4)^k$。因为我们希望具有形如 $1-1/n^c$ 的成功概率，设 $(3/4)^k = 1/n^c$ 且解出 k，得到 $k = c \log_{(4/3)} n$。例如，设 $c=4$，那么算法 LV 总能在 $O(\log n)$ 时间内以概率 $1-1/n^4$ 返回正确结果。

这里应该强调，在算法 MC 中，概率是与正确性相关的，且运行时间是确定的。在算法 LV 中，概率是与运行时间相关的；同时，其结果总是正确的。

13.4　随机快速排序

随机快速排序或许是最流行的随机算法之一。考虑 5.6 节的算法 QUICKSORT，我们已经说明该算法的平均运行时间为 $\Theta(n \log n)$，假设输入元素的所有排列具有等可能性。然而，在许多实际应用中并非如此。如果输入已有序，那么其运行时间是 $\Theta(n^2)$。即便输入是几乎有序的，结果也是如此。例如，考虑要将少量元素增加到已排序的一个大文件，应用算法 QUICKSORT 再次进行排序。这种情况下，要加入的元素越少，运行时间越接近 $\Theta(n^2)$。

一个规避此问题并保证期望运行时间为 $O(n \log n)$ 的方法，是引入一个预处理步骤，其目的仅仅是随机地排列这些元素。这一预处理步骤的运行时间为 $\Theta(n)$（见练习 13.3）。另一个简单的方法是在算法中引入了随机性，与上述方法具有同样的效果。这可以通过随机选择分割元素的关键元来实现。随机选择关键元是为了放宽这个假设：输入元素的所有排列具有等可能性。引入上述步骤，修改原来的算法 QUICKSORT，结果即为算法 RANDOMIZEDQUICK-SORT。这个新算法简单地在区间 $[low \cdots high]$ 中随机选择一个指标 v，且交换 $A[v]$ 和 $A[low]$。这是因为算法 SPLIT 使用 $A[low]$ 作为关键元（参见 5.6.1 节）。之后，新算法如原来的 QUICK-SORT 算法一样继续运行下去。这里函数 $random(low, high)$ 返回一个介于 low 和 $high$ 之间的数。注意：任何介于 low 和 $high$ 之间的数以等概率 $1/(high - low + 1)$ 产生。

算法 13.3　RANDOMIZEDQUICKSORT

输入：一个 n 元数组 $A[1 \cdots n]$。

输出：A 的元素以非降序排列。

　　1. $rquicksort(1, n)$

过程　$rquicksort(low, high)$

　　1. **if** $low < high$ **then**

　　2.　　　$v \leftarrow random(low, high)$

　　3.　　　交换 $A[low]$ 与 $A[v]$

　　4.　　　SPLIT$(A[low \cdots high], w)$ $\{w$ 是关键元的新位置$\}$

　　5.　　　$rquicksort(low, w-1)$

　　6.　　　$rquicksort(w+1, high)$

　　7. **end if**

13.4.1　随机快速排序的期望运行时间

不失一般性,假设 A 中的元素互异。设 a_1, a_2, $\cdots$, a_n 是 A 中以升序排列的元素,即 $a_1 < a_2 < \cdots < a_n$。设 p_{ij} 是算法执行过程中将会比较 a_i 和 a_j 的概率。最初,元素 a_v 被一致地随机选取。所有其他元素与 a_v 相比较,得到两个表: $A_1 = \{a_j \mid a_j < a_v\}$ 和 $A_2 = \{a_j \mid a_j > a_v\}$。注意,在围绕 a_v 这个关键元的分割后,不再有 A_1 中的元素会与 A_2 中的元素相比较。

考虑集合 $S = \{a_k \mid a_i \leqslant a_k \leqslant a_j\}$ 中的元素。假设算法执行期间, $a_k \in S$ 被选为关键元。若 $a_k \in \{a_i, a_j\}$,则 a_i 和 a_j 将被比较;否则(若 $a_k \notin \{a_i, a_j\}$)它们就不会被比较。换言之, a_i 和 a_j 被比较的充分必要条件是 a_i 或 a_j 被第一个选为 S 中所有元素的关键元。因此,在算法执行过程中, a_i 和 a_j 会被比较的概率应为

$$p_{ij} = \frac{2}{|S|} = \frac{2}{j - i + 1}$$

现在,我们界定总比较次数。这样,如果 a_i 和 a_j 被比较,则定义指示器随机变量 X_{ij} 为 1;否则 X_{ij} 为 0。那么

$$\mathbf{Pr}[X_{ij} = 1] = p_{ij}$$

并且算法执行的总比较次数 X 满足:

$$X = \sum_{i=1}^{n-1} \sum_{j=i+1}^{n} X_{ij}$$

因此,期望的比较次数是

$$\mathbf{E}\left[\sum_{i=1}^{n-1} \sum_{j=i+1}^{n} X_{ij}\right] = \sum_{i=1}^{n-1} \sum_{j=i+1}^{n} \mathbf{E}[X_{ij}]$$

其中的等式是从期望的线性特性得来的(见 B.3 节)。

进行替换 $\mathbf{E}[X_{ij}] = p_{ij} = 2/(j - i + 1)$,可得

$$\begin{aligned}
\mathbf{E}[X] &= \sum_{i=1}^{n-1} \sum_{j=i+1}^{n} \frac{2}{j - i + 1} \\
&= 2 \sum_{i=1}^{n-1} \sum_{j=2}^{n-i+1} \frac{1}{j} \\
&< 2 \sum_{i=1}^{n} \sum_{j=1}^{n} \frac{1}{j} \\
&= 2n H_n \\
&\approx 2n \ln n
\end{aligned}$$

此处, H_n 是调和级数。既然 $H_n = \ln n + O(1)$,由此可得算法 RANDOMIZEDQUICKSORT 的期望运行时间为 $O(n \log n)$。

因此,我们可以得出下面的定理。

定理 13.1　算法 RANDOMIZEDQUICKSORT 对于输入规模为 n 的期望执行的元素比较次数是 $O(n \log n)$。

13.5　随机选择

考虑 5.5 节介绍的算法 SELECT,我们已经证明了算法的运行时间是 $\Theta(n)$,具有一个很大的常系数使得算法变得不切实际,特别是对小的和中等的 n 值也如此。本节中,我们介绍

一个既简单又快捷的随机 Las Vegas 选择算法，它的期望运行时间是一个带有小的常系数的 $\Theta(n)$。算法的运行在下述意义上像二分搜索算法一样，不断丢弃输入的一部分，直到所求的第 k 小的元素已经得出。算法的精确描述在算法 QUICKSELECT 中给出。

算法 13.4　QUICKSELECT

输入：n 元数组 $A[1\cdots n]$ 和整数 k，$1 \leqslant k \leqslant n$。

输出：A 中的第 k 小的元素。

　　1. $qselect(A, k)$

过程　$qselect(A, k)$

　　1. $v \leftarrow random(1, |A|)$

　　2. $x \leftarrow A[v]$

　　3. 将 A 分成三个数组

　　　　$A_1 = \{a \mid a < x\}$

　　　　$A_2 = \{a \mid a = x\}$

　　　　$A_3 = \{a \mid a > x\}$

　　4. **case**

　　　　$|A_1| \geqslant k$：**return** $qselect(A_1, k)$

　　　　$|A_1| + |A_2| \geqslant k$：**return** x

　　　　$|A_1| + |A_2| < k$：**return** $qselect(A_3, k - |A_1| - |A_2|)$

　　5. **end case**

13.5.1　随机选择的期望运行时间

下面研究算法 QUICKSELECT 的运行时间。不失一般性，假设 A 中元素彼此不同。现在用归纳法证明采用这种算法所期望的元素比较次数小于 $4n$。设 $C(n)$ 为算法在 n 个元素的序列上执行元素比较的期望的次数，由于 v 是随机选择的，可以假设整数 $1, 2, \cdots, n$ 中的任意一个具有相等的概率，我们分 $v < k$ 或 $v > k$ 两种情况进行讨论。如果 $v < k$，剩下的元素个数是 $n - v$；如果 $v > k$，剩下的元素个数是 $v - 1$。这样，算法执行的期望元素比较次数是

$$C(n) = n + \frac{1}{n}\left[\sum_{j=1}^{k-1} C(n-j) + \sum_{j=k+1}^{n} C(j-1)\right]$$

$$= n + \frac{1}{n}\left[\sum_{j=n-k+1}^{n-1} C(j) + \sum_{j=k}^{n-1} C(j)\right]$$

将 k 最大化，产生下面的不等式：

$$C(n) \leqslant n + \max_k \left[\frac{1}{n}\left[\sum_{j=n-k+1}^{n-1} C(j) + \sum_{j=k}^{n-1} C(j)\right]\right]$$

$$= n + \frac{1}{n}\left[\max_k \left[\sum_{j=n-k+1}^{n-1} C(j) + \sum_{j=k}^{n-1} C(j)\right]\right]$$

由于 $C(n)$ 是 n 的非递减函数，因此

$$\sum_{j=n-k+1}^{n-1} C(j) + \sum_{j=k}^{n-1} C(j) \tag{13.1}$$

当 $k = \lceil n/2 \rceil$ 时最大（见练习 13.4）。因此，由归纳法

$$
\begin{aligned}
C(n) &\leq n + \frac{1}{n}\left[\sum_{j=n-\lceil n/2 \rceil+1}^{n-1} 4j + \sum_{j=\lceil n/2 \rceil}^{n-1} 4j \right] \\
&= n + \frac{4}{n}\left[\sum_{j=\lfloor n/2 \rfloor+1}^{n-1} j + \sum_{j=\lceil n/2 \rceil}^{n-1} j \right] \\
&\leq n + \frac{4}{n}\left[\sum_{j=\lceil n/2 \rceil}^{n-1} j + \sum_{j=\lceil n/2 \rceil}^{n-1} j \right] \\
&= n + \frac{8}{n} \sum_{j=\lfloor n/2 \rfloor}^{n-1} j \\
&= n + \frac{8}{n}\left[\sum_{j=1}^{n-1} j - \sum_{j=1}^{\lceil n/2 \rceil-1} j \right] \\
&= n + \frac{8}{n}\left[\frac{n(n-1)}{2} - \frac{\lceil n/2 \rceil(\lceil n/2 \rceil-1)}{2} \right] \\
&\leq n + \frac{8}{n}\left[\frac{n(n-1)}{2} - \frac{(n/2)(n/2-1)}{2} \right] \\
&= 4n - 2 \\
&< 4n
\end{aligned}
$$

由于每个元素至少被检查一次，$C(n) \geq n$，于是有下面的定理。

定理 13.2　对于大小为 n 的输入，算法 QUICKSELECT 执行的期望元素比较次数小于 $4n$。

13.6　占有问题

给定 m 个相同的球，n 个相同的盒子。我们想把每个球均匀随机地以独立方式投入一个盒子里。这一过程有着广泛的应用。相关的典型问题包括：有 k 个球的盒子的数目是多少？任意盒子中的最大球数是多少？要投多少次球才能填充所有盒子？一个盒子至少含有两个球的概率是多少？这些是关于占有问题的一些具体问题。

e 的近似　我们会用到下面的近似式：

$$
\left(1 + \frac{x}{n}\right)^n \approx \mathrm{e}^x, \quad \text{特别是} \quad \left(1 - \frac{1}{n}\right)^n \approx \mathrm{e}^{-1}
$$

并且

$$
1 - x \leq \mathrm{e}^{-x} \left(\text{因为 } \mathrm{e}^{-x} = 1 - x + \frac{x^2}{2!} - \cdots \right)
$$

13.6.1　每个盒子里球的数据

我们考虑当把 m 个球投入 n 个盒子时，每个盒子中球的数量。对于任意的 i，$1 \leq i \leq n$，定义指示器随机变量 X_{ij}（见 B.3 节），指明球 j 落入盒子 i。

$$
X_{ij} = \begin{cases} 1 & \text{若球 } j \text{ 落入盒子 } i \\ 0 & \text{其他} \end{cases}
$$

那么 X_{ij} 表示一个 Bernoulli 实验（见 B.4.2 节），伴以概率：

$$\mathbf{Pr}[X_{ij} = 1] = p = \frac{1}{n}$$

令 $X_i = \sum_{j=1}^{m} X_{ij}$。那么 X_i 是盒子 i 中的球数，且它具有二项分布（见 B.4.3 节），伴以概率：

$$\mathbf{Pr}[X_i = k] = \binom{m}{k} p^k (1-p)^{m-k}$$

$\mathbf{E}[X_i] = pm = m/n$，这是很直观的。因此，若 $m = n$，则 $\mathbf{E}[X_i] = 1$。

不动点数 当 $m = n$ 时，作为例子，考虑一个随机排列 $\pi = \pi_1$，π_2，$\cdots$，π_n 是数 1，2，$\cdots$，n 的排列。其符合 $\pi_i = i$ 的期望数是 1。

Poisson 近似 盒中球数的概率 X_i 可以写为

$$\mathbf{Pr}[X_i = k] = \binom{m}{k} p^k (1-p)^{m-k} = \binom{m}{k} \left(\frac{1}{n}\right)^k \left(1 - \frac{1}{n}\right)^{m-k}$$

如果 m 和 n 都比 k 大，则 $\mathbf{Pr}[X_i = k]$ 可以近似为

$$\mathbf{Pr}[X_i = k] \approx \frac{m^k}{k!} \left(\frac{1}{n}\right)^k \left(\left(1 - \frac{1}{n}\right)^n\right)^{m/n} \approx \frac{(m/n)^k}{k!} e^{-m/n}$$

这样，如果令 $\lambda = m/n$，则 $\mathbf{Pr}[X_i = k]$ 可以写为

$$\mathbf{Pr}[X_i = k] \approx \frac{\lambda^k e^{-\lambda}}{k!}$$

这就是当参数 $\lambda = m/n$ 时的 Poisson 分布（见 B.4.5 节）。

13.6.2 空盒子数

若盒子 i 为空，则随机变量 X_i 定义为 1；否则 X_i 为 0。很明显，一个球落入不同于盒子 i 的概率为 $(n-1)/n$。因此

$$\mathbf{Pr}[X_i = 1] = \left(\frac{n-1}{n}\right)^m = \left(1 - \frac{1}{n}\right)^m = \left(\left(1 - \frac{1}{n}\right)^n\right)^{m/n} \approx e^{-m/n}$$

由于 X_i 是一个指示器随机变量（见 B.3 节），

$$\mathbf{E}[X_i] = \mathbf{Pr}[X_i = 1] \approx e^{-m/n}$$

如果 X 是空盒子数，那么它遵循线性期望（见 B.3 节）。其期望的空盒子数 $\mathbf{E}[X]$ 为

$$\mathbf{E}[X] = \mathbf{E}\left[\sum_{i=1}^{n} X_i\right] = \sum_{i=1}^{n} \mathbf{E}[X_i] = ne^{-m/n}$$

因此，若 $m = n$，那么空盒子数为 n/e。

13.6.3 落入同一盒子的球

假设 $m \leqslant n$，即球数不比盒子数多。对于 $1 \leqslant j \leqslant m$，令 $\mathcal{E}_j$ 是球 j 不会落入空盒子的事件。如此，我们计算

$$\mathbf{Pr}[\mathcal{E}_1 \cup \mathcal{E}_2 \cup \cdots \cup \mathcal{E}_m]$$

求其补会更加容易，即没有球将落入一个非空盒子，我们要计算

$$\mathbf{Pr}[\bar{\mathcal{E}}_1 \cap \bar{\mathcal{E}}_2 \cap \cdots \cap \bar{\mathcal{E}}_m]$$

显然，第一个球将落入一个空盒子，伴以概率 1，第二个球以 $(n-1)/n$ 的概率落入空盒子，如此继续。因此

$$\mathbf{Pr}\left[\bigcap_{j=1}^{m}\overline{\mathcal{E}_j}\right] = 1 \times \frac{n-1}{n} \times \frac{n-2}{n} \times \cdots \times \frac{n-m+1}{n}$$

$$= 1 \times \left(1-\frac{1}{n}\right) \times \left(1-\frac{2}{n}\right) \times \cdots \times \left(1-\frac{m-1}{n}\right)$$

$$\leqslant e^0 \times e^{-1/n} \times e^{-2/n} \times \cdots \times e^{-(m-1)/n}$$

$$= e^{-(1+2+\cdots+(m-1))/n}$$

$$= e^{-m(m-1)/2n}$$

$$\approx e^{-m^2/2n}$$

若 $m \approx \lceil \sqrt{2n} \rceil$,则所有球将落入不同盒子的概率为 e^{-1} 。因此可得

$$\mathbf{Pr}[\text{至少有一个盒子中有至少两个球}] \geqslant 1 - e^{-m(m-1)/2n} \approx 1 - e^{-m^2/2n}$$

取样   如果考虑从大小为 n 的域中取样 m 个元素这一问题,那么上述推导的重要性就显而易见了。为了降低冲突的可能性,应有一个足够大的 n 。例如,如果随机产生 1 到 n 之间的 m 个数,那么应确保 n 足够大。

生日悖论   我们基本上已经证明了下面的著名结果。计算关于一群人(m 个)中有两个人的生日恰好相同的概率,如果令这群人的人数为 $m = 23$,且 $n = 365$,那么概率为

$$1 - e^{-23(23-1)/(2 \times 365)} = 1 - e^{-0.69315} = 0.50000$$

如果人数为 50,则其概率接近 0.97。

13.6.4   填充所有的盒子

假设我们想用不限数量的球填充 n 个盒子,使每一个盒子至少含有一个球。当我们投出第一个球时,它将直接落入一个空盒子中。当投出第二个球时,它将以高概率落入一个空盒子中。当投出几个球后,冲突可能就出现了,即球落入非空盒子中。直观来看,非空盒子越多,投中一个空盒子就需要更多的球。回顾随机一次投一个球的实验。如果球落入空盒子中,则称实验是成功的,且 $p_i (1 \leqslant i \leqslant n)$ 指其成功的概率。这样 X_i 满足几何分布(见 B.4.4 节),且因此有 $\mathbf{E}[X_i] = 1/p_i$ 。很明显, $p_1 = 1$, $p_2 = (n-1)/n$,且一般有

$$p_i = \frac{n-i+1}{n} \text{且} \mathbf{E}[X_i] = \frac{n}{n-i+1}$$

令 X 为实验总数计数的随机变量。那么 $X = \sum_{i=1}^{n} X_i$,且

$$\mathbf{E}[X] = \mathbf{E}\left[\sum_{i=1}^{n} X_i\right]$$

$$= \sum_{i=1}^{n} \mathbf{E}[X_i]$$

$$= \sum_{i=1}^{n} \frac{n}{n-i+1}$$

$$= n \sum_{i=1}^{n} \frac{1}{i}$$

$$= nH_n$$

其中, H_n 是调和级数。由于 $H_n = \ln n + O(1)$,因此 $\mathbf{E}[X] = n \ln n + O(n) = \Theta(n \log n)$ 。

13.7 尾部界

在分析随机算法时，一个主要的工具是考察算法失败或偏离期望运行时间的概率。不同于一个算法的运行时间为 $O(f(n))$ 的说法，我们更想用算法不偏离这一时间界限"太多"来表述，或者换一句话表述：算法以较高概率运行在时间 $O(f(n))$。为了估计这一概率，习惯上使用一些"尾部"不等式估计这一较高概率界。

13.7.1 Markov 不等式

Markov 不等式并不需要概率分布的信息，只要具备期望值（见 B.3 节）即可。

定理 13.3 令 X 是非负随机变量，且 t 为一个正数。那么

$$\mathbf{Pr}[X \geq t] \leq \frac{\mathbf{E}[X]}{t}$$

证明：既然 X 非负且 t 是正的，可得

$$
\begin{aligned}
\mathbf{E}[X] &= \sum_x x\mathbf{Pr}[X = x] \\
&= \sum_{x < t} x\mathbf{Pr}[X = x] + \sum_{x \geq t} x\mathbf{Pr}[X = x] \\
&\geq \sum_{x \geq t} x\mathbf{Pr}[X = x] \quad \text{因为 } x \text{ 是非负的} \\
&\geq t \sum_{x \geq t} \mathbf{Pr}[X = x] \\
&= t\mathbf{Pr}[X \geq t]
\end{aligned}
$$

例 13.2 考虑一个公平硬币的 n 次抛出的序列。我们用 Markov 不等式来得到概率上界，该上界是至少有 $2n/3$ 次正面的概率上界。令 X 表示出现正面的总次数。可以明显看出 X 为具有参数 $(n, 1/2)$ 的二项式分布。因此，$\mathbf{E}[X] = np = n/2$。利用 Markov 不等式，

$$\mathbf{Pr}\left[X \geq \frac{2n}{3}\right] \leq \frac{\mathbf{E}[X]}{2n/3} = \frac{n/2}{2n/3} = \frac{3}{4}$$

13.7.2 Chebyshev 不等式

Chebyshev 界比 Markov 不等式更有用。不过，它需要关于期望 $\mathbf{E}[X]$ 和随机变量的方差 $\mathbf{var}[X]$ 的信息（见 B.3 节）。其方差定义为

$$\mathbf{var}[X] = \mathbf{E}[(X - \mathbf{E}[X])^2]$$

定理 13.4 令 t 是一个正数。那么 $\mathbf{Pr}[|X - \mathbf{E}[X]| \geq t] \leq \dfrac{\mathbf{var}[X]}{t^2}$。

证明：令 $Y = (X - \mathbf{E}[X])^2$。那么

$$\mathbf{Pr}[Y \geq t^2] = \mathbf{Pr}[(X - \mathbf{E}[X])^2 \geq t^2] = \mathbf{Pr}[|X - \mathbf{E}[X]| \geq t]$$

利用 Markov 不等式可得

$$\mathbf{Pr}[|X - \mathbf{E}[X]| \geq t] = \mathbf{Pr}[Y \geq t^2] \leq \frac{\mathbf{E}[Y]}{t^2} = \frac{\mathbf{var}[X]}{t^2}$$

因为 $\mathbf{E}[Y] = \mathbf{var}[X]$。

一个类似的证明由下述 Chebyshev 不等式的变体而得：

$$\mathbf{Pr}\big[\,|X - \mathbf{E}[X]\,| \geqslant t\sigma_X\big] \leqslant \frac{1}{t^2}$$

其中，$\sigma_X = \sqrt{\mathbf{var}[X]}$ 是 X 的标准偏差。

例 13.3　我们用 Chebyshev 不等式来求例 13.2。由于 X 具有二项式分布，具有参数 $(n, 1/2)$，$\mathbf{E}[X] = np = n/2$，$\mathbf{var}[X] = np(1 - p) = n/4$ 且

$$\mathbf{Pr}\Big[X \geqslant \frac{2n}{3}\Big] = \mathbf{Pr}\Big[X - \mathbf{E}[X] \geqslant \frac{2n}{3} - \frac{n}{2}\Big]$$

$$= \mathbf{Pr}\Big[X - \mathbf{E}[X] \geqslant \frac{n}{6}\Big]$$

$$\leqslant \mathbf{Pr}\Big[\,|X - \mathbf{E}[X]\,| \geqslant \frac{n}{6}\Big]$$

$$\leqslant \frac{\mathbf{var}[X]}{(n/6)^2}$$

$$= \frac{n/4}{(n/6)^2}$$

$$= \frac{9}{n}$$

因此，结果有了显著提升，不同于例 13.2，该界不是常数界了。

13.7.3　Chernoff 界

令 $X_1, X_2, \cdots, X_n$ 是一组独立的指示器随机变量，这 n 个变量表示 Bernoulli 实验中使得每个 X_i 具有概率 $\mathbf{Pr}[X_i = 1] = p_i$。界定其总和 $X = \sum_{i=1}^{n} X_i$ 将会偏离平均值 $\mu = \mathbf{E}[X]$ 的倍数的概率是令人感兴趣的问题。

13.7.3.1　更低的尾部

定理 13.5　令 δ 是区间 $(0, 1)$ 中的某个常数。那么

$$\mathbf{Pr}\big[X < (1 - \delta)\mu\big] < \left(\frac{e^{-\delta}}{(1 - \delta)^{(1 - \delta)}}\right)^{\mu}$$

可以化简为

$$\mathbf{Pr}\big[X < (1 - \delta)\mu\big] < e^{-\mu\delta^2/2}$$

证明：首先我们给出 $\mathbf{Pr}[X < (1 - \delta)\mu]$ 的指数形式：

$$\mathbf{Pr}\big[X < (1 - \delta)\mu\big] = \mathbf{Pr}\big[-X > -(1 - \delta)\mu\big] = \mathbf{Pr}\big[e^{-tX} > e^{-t(1 - \delta)\mu}\big]$$

其中，t 是一个正实数，它将在后面指定。在等式右边应用 Markov 不等式，可得

$$\mathbf{Pr}\big[X < (1 - \delta)\mu\big] < \frac{\mathbf{E}\big[e^{-tX}\big]}{e^{-t(1 - \delta)\mu}}$$

由于 $X = \sum_{i=1}^{n} X_i$，

$$e^{-tX} = \prod_{i=1}^{n} e^{-tX_i}$$

代入上述不等式, 可得

$$\mathbf{Pr}\big[\, X < (1-\delta)\mu\,\big] < \frac{\mathbf{E}\left[\prod_{i=1}^{n} e^{-tX_i}\right]}{e^{-t(1-\delta)\mu}} = \frac{\prod_{i=1}^{n} \mathbf{E}\big[\, e^{-tX_i}\,\big]}{e^{-t(1-\delta)\mu}}$$

此时,

$$\mathbf{E}\big[\, e^{-tX_i}\,\big] = p_i e^{-t\times 1} + (1-p_i)\, e^{-t\times 0} = p_i e^{-t} + (1-p_i) = 1 - p_i(1 - e^{-t})$$

利用不等式 $1 - x < e^{-x}$ 和 $x = p_i(1 - e^{-t})$, 我们有

$$\mathbf{E}\big[\, e^{-tX_i}\,\big] < e^{p_i(e^{-t} - 1)}$$

由于 $\mu = \sum_{i=1}^{n} p_i$, 化简可得

$$\prod_{i=1}^{n} \mathbf{E}\big[\, e^{-tX_i}\,\big] < \prod_{i=1}^{n} e^{p_i(e^{-t} - 1)} = e^{\left(\sum_{i=1}^{n} p_i(e^{-t} - 1)\right)} = e^{\mu(e^{-t} - 1)}$$

代入关于界的公式, 可得

$$\mathbf{Pr}\big[\, x < (1-\delta)\mu\,\big] < \frac{e^{\mu(e^{-t} - 1)}}{e^{-t(1-\delta)\mu}} = e^{\mu(e^{-t} + t - t\delta - 1)}$$

此时, 我们要选取使得 $\mu(e^{-t} + t - t\delta - 1)$ 最小的 t。对于 $t = \ln(1/(1-\delta))$, 设其一阶导数为 0, 可得

$$-e^{-t} + 1 - \delta = 0$$

上述不等式中, 替换 t 后, 可得

$$\mathbf{Pr}\big[\, X < (1-\delta)\mu\,\big] < e^{\mu((1-\delta) + (1-\delta)\ln(1/(1-\delta)) - 1)}$$

该式化简为

$$\mathbf{Pr}\big[\, X < (1-\delta)\mu\,\big] < \left(\frac{e^{-\delta}}{(1-\delta)^{(1-\delta)}}\right)^{\mu}$$

这证明了定理的第一部分。我们开始化简这个表达式。分母通过对数运算得到 $(1-\delta)\ln(1-\delta)$。$1-\delta$ 的自然对数的展开式为

$$\ln(1-\delta) = -\delta - \frac{\delta^2}{2} - \frac{\delta^3}{3} - \frac{\delta^4}{4}\cdots$$

乘以 $(1-\delta)$ 可得

$$\begin{aligned}(1-\delta)\ln(1-\delta) &= -\delta + \left(\frac{\delta^2}{1} - \frac{\delta^2}{2}\right) + \left(\frac{\delta^3}{2} - \frac{\delta^3}{3}\right) + \left(\frac{\delta^4}{3} - \frac{\delta^4}{4}\right) + \cdots \\ &= -\delta + \frac{\delta^2}{2} + \sum_{j=3}^{\infty} \frac{\delta^j}{j(j-1)} \\ &> -\delta + \frac{\delta^2}{2}\end{aligned}$$

所以,

$$(1-\delta)^{(1-\delta)} = e^{(1-\delta)\ln(1-\delta)} > e^{-\delta + \delta^2/2}$$

把这个不等式代入上面的界, 可得

$$\mathbf{Pr}\big[\, X < (1-\delta)\mu\,\big] < \left(\frac{e^{-\delta}}{(1-\delta)^{(1-\delta)}}\right)^{\mu} < \left(\frac{e^{-\delta}}{e^{-\delta + \delta^2/2}}\right)^{\mu} = e^{-\mu\delta^2/2}$$

这就证明了这个简化的界。

13.7.3.2　上扬的尾部

下面定理的证明关于上扬的尾部。该证明类似定理 13.5 的证明，故省略之。

定理 13.6　令 $\delta > 0$，那么有

$$\mathbf{Pr}\big[X > (1+\delta)\mu\big] < \left(\frac{e^{\delta}}{(1+\delta)^{(1+\delta)}}\right)^{\mu}$$

该式可化简为

$$\mathbf{Pr}\big[X > (1+\delta)\mu\big] < e^{-\mu\delta^2/4}, \quad \delta < 2e-1$$

并且

$$\mathbf{Pr}\big[X > (1+\delta)\mu\big] < 2^{-\delta\mu}, \quad \delta > 2e-1$$

例 13.4　本例可参考例 13.2 和例 13.3 求取一枚公平硬币的 n 次抛出正面的次数至少为 $2n/3$ 的概率。

令 $\mu = \mathbf{E}[X] = n/2$。求解 δ，

$$(1+\delta)\mu = 2n/3$$

得到 $\delta = 1/3$。我们应用 Chernoff 界(见定理 13.6)。因为 $\delta < 2e-1$，所以有

$$\mathbf{Pr}\Big[X \geqslant \frac{2n}{3}\Big] < e^{-\mu\delta^2/4}$$
$$= e^{-(n/2)(1/9)/4}$$
$$= e^{-n/72}$$

因此，比较从例 13.2 和例 13.3 得到的界，可见界存在着指数级下降的趋势。

13.8　Chernoff 界的应用：多选

本节我们提出一个简单有效的算法来应对多选问题(见 5.7 节)，并给出如何使用 Chernoff 界进行分析。令 $A = \langle a_1, a_2, \cdots, a_n \rangle$ 为取自一个线性排序的集合中的 n 元序列，并且令 $K = \langle k_1, k_2, \cdots, k_r \rangle$ 为取自 1 到 n 的 r 个正整数的有序序列，即排位的序列。多选问题是对于任意 i 值，$1 \leqslant i \leqslant r$，选择 A 中第 k_i 小的元素。

随机化的 QUICKSORT 是很强大的算法，稍微修改该算法，就可以有效解决多选问题，其思想既简单又直接。我们将多选问题寻找的元素称为靶标(target)。例如，若 $j \in K$，那么第 j 小的元素是 A 中的一个靶标。随机一致地挑选一个元素 $a \in A$，且把 A 中的元素关于 a 分割为小的元素和大的元素。如果小的元素和大的元素中均含有靶标，则让 QUICKSORT 继续运行。否则，如果仅小的(大的)元素中包含靶标，那么忽略大的(小的)元素，并仅仅对小的(大的)元素进行部分递归。所以，这个算法是 QUICKSORT 和 QUICKSELECT 算法的一个综合。注意，这里 QUICKSORT 是随机化版本的算法，可参见 13.4 节。

在即将给出的算法中，我们将用下述记号，反复将 A 分割为更小的子序列。令 $a \in A$ 具有排位 $k_i \in K$。将 A 分割为两个子序列

$$A_1 = \langle a_j \in A \mid a_j \leqslant a \rangle$$

和

$$A_2 = \langle a_j \in A \mid a_j > a \rangle$$

这个分割 A 的过程引起下面的 K 的分割:

$$K_1 = \langle k \in K \mid k \leqslant k_i \rangle$$

和

$$K_2 = \langle k - k_i \mid k \in K \text{ 且 } k > k_i \rangle$$

在 (A, K) 对中,如果 $|K| > 0$,则 A 被称为活动的;否则,它被称为非活动的。

该算法的一个更正式的描述以算法 QUICKMULTISELECT 给出。图 13.1 给出了算法的执行示例。在这个例子中,算法的输入在根节点标出。另外也标出 a,即随机选取的一个主元。递归树上的其余部分无须再做说明。

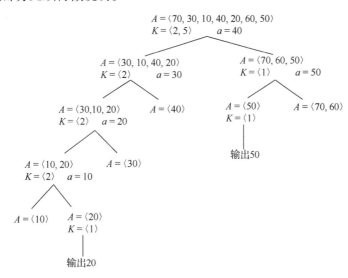

图 13.1 算法 QUICKMULTISELECT 的执行示例

很明显,在算法的第 3 步,当输入规模足够小时,递归应该终止。如果 A 的规模较小,那么排序 A 并且返回 K 中规定排位的元素。这样表述的唯一目的是简化分析并使之更具有一般性。(当 $r = n$ 时,算法将退化为 QUICKSORT。)

为了分析该算法,我们需要考虑有限个事件的布尔不等式。

布尔不等式 对任意有限个事件的序列 $\mathcal{E}_1$, $\mathcal{E}_2$, $\cdots$, $\mathcal{E}_n$,

$$\mathbf{Pr}[\mathcal{E}_1 \cup \mathcal{E}_2 \cup \cdots \cup \mathcal{E}_n] \leqslant \mathbf{Pr}[\mathcal{E}_1] + \mathbf{Pr}[\mathcal{E}_2] + \cdots + \mathbf{Pr}[\mathcal{E}_n] \tag{13.2}$$

算法 13.5 QUICKMULTISELECT

输入:一个 n 元序列 $A = \langle a_1, a_2, \cdots, a_n \rangle$,以及一个有序的 r 个排位的序列 $K = \langle k_1, k_2, \cdots, k_r \rangle$。

输出:A 中第 k_i 小的元素,$1 \leqslant i \leqslant r$。

    1. $qmultiselect(A, K)$

过程:$qmultiselect(A, K)$

    1. $r \leftarrow |K|$

    2. **if** $r > 0$ **then**

    3.   **if** $|A| = 1$ 且 $|K| = 1$ **then** 输出 a 并退出。

4.　　　令 a 是随机一致选出的 A 中的一个元素。

5.　　　通过把 A 的元素与 a 做比较，确定两个子序列 A_1 和 A_2，其对应元素为 $\leq a$ 的和 $> a$ 的。同时，计算 $r(a)$，即 a 在 A 中的排位。

6.　　　将 K 分割为 $K_1 = \langle k \in K \,|\, k \leq r(a) \rangle$ 和 $K_2 = \langle k - r(a) \,|\, k \in K \text{ 且 } k > r(a) \rangle$。

7.　　　$qmultiselect(A_1, K_1)$

8.　　　$qmultiselect(A_2, K_2)$

9.　**end if**

13.8.1　分析该算法

本节中，将序列 A 及其子序列 A_1 和 A_2 称为区间。固定一个靶标元素 $t \in A$，并令这些在算法执行过程中始终包含 t 的区间为 $I_0^t, I_1^t, I_2^t, \cdots$，相应的规模为 $n = n_0^t, n_1^t, n_2^t, \cdots$。这样，在算法中，若 $t \in A_1$，则 $I_0 = A$，$I_1 = A_1$，并且若 $t \in A_2$，则 $I_1 = A_2$，依次类推。例如，图 13.1 中有两个靶标，即 20 和 50。包含 20 的区间有 $I_0^{20} = \langle 70, 30, 10, 40, 20, 60, 50 \rangle$，$I_1^{20} = \langle 30, 10, 40, 20 \rangle$，$I_2^{20} = \langle 30, 10, 20 \rangle$，$I_3^{20} = \langle 10, 20 \rangle$ 和 $I_4^{20} = \langle 20 \rangle$。因此，我们将舍去上标 t，并用 I_j 指代 I_j^t，用 n_j 指代 n_j^t。

在 j 步分割中，主元 a 是随机选中的，它将区间 I_j 分割为两个区间，其中一个区间的大小至少为 $3n/4$，当且仅当 a 在 I_j 中的排位 $\leq n_j/4$，或者 a 的排位 $\geq 3n_j/4$。一个随机元素在 I_j 的 $n_j/4$ 个元素中居于最小或最大的概率 $\leq 1/2$。由此可得，对于任意的 $j \geq 0$，

$$\mathbf{Pr}\left[n_{j+1} \geq 3n_j/4 \right] \leq \frac{1}{2} \tag{13.3}$$

我们给出递归深度以高概率为 $O(\log n)$。接着，我们将证明算法的运行时间也以高概率为 $O(n \log r)$。

设 $d = 16\ln(4/3) + 4$，为了简单起见，我们用 $\lg x$ 代替 $\log_{4/3} x$。

引理 13.1　对于区间序列 $I_0, I_1, I_2, \cdots$，经过 dm 步分割后，$|I_{dm}| < (3/4)^m n$ 具有概率 $1 - O((4/3)^{-2m})$。因此，该算法将以概率 $(1 - O(n^{-1}))$ 经过 $d \lg n$ 步分割而终止。

证明：如果 $n_{j+1} < 3n_j/4$，$j \geq 0$，则称第 j 步分割为成功的。因而，成功分割的次数是为减少 I_0 的大小至最多 $(3/4)^m n$ 所必需的，最多为 m。因此，这足以说明超过 $dm - m$ 次的失败次数伴以概率 $O((4/3)^{-2m})$。定义指示器随机变量 X_j，$0 \leq j < dm$，当 $n_{j+1} \geq 3n_j/4$ 时，X_j 为 1，并且当 $n_{j+1} < 3n_j/4$ 时，X_j 为 0。令

$$X = \sum_{j=0}^{dm-1} X_j$$

所以，X 将计数失败的次数。显然，这些 X_j 是独立的，具有 $\mathbf{Pr}[X_j = 1] \leq 1/2$ [见式(13.3)]。因而，X 是各自 Bernoulli 实验的指示器随机变量的和，如果第 j 步分割导致失败，则 $X_j = 1$。X 的期望值为

$$\mu = \mathbf{E}[X] = \sum_{j=0}^{dm-1} \mathbf{E}[X_j] = \sum_{j=0}^{dm-1} \mathbf{Pr}[X_j = 1] \leq \frac{dm}{2}$$

有了上述结果，我们可以应用定理 13.6 的 Chernoff 界

$$\mathbf{Pr}[X \geq (1+\delta)\mu] \leq \exp\left(\frac{-\mu\delta^2}{4}\right), \quad 0 < \delta < 2e - 1$$

来推导失败次数的上界。特别是我们可以对概率 $\mathbf{Pr}[X \geq dm - m]$ 定界：

$$
\begin{aligned}
\mathbf{Pr}[X \geq dm - m] &= \mathbf{Pr}[X \geq (2 - 2/d)(dm/2)] \\
&= \mathbf{Pr}[X \geq (1 + (1 - 2/d))(dm/2)] \\
&\leq \exp\left(\frac{-(dm/2)(1 - 2/d)^2}{4}\right) \\
&= \exp\left(\frac{-m(d - 4 + 4/d)}{8}\right) \\
&\leq \exp\left(\frac{-m(d - 4)}{8}\right) \\
&= \exp\left(\frac{-m(16\ln(4/3))}{8}\right) \\
&= e^{-2m\ln(4/3)} \\
&= (4/3)^{-2m}
\end{aligned}
$$

因此，

$$
\mathbf{Pr}[|I_{dm}| \leq (3/4)^m n] \geq \mathbf{Pr}[X < dm - m] \geq 1 - (4/3)^{-2m}
$$

由于该算法将在所有活动区间的大小为 1 时终止，设 $m = \lg n$，可得

$$
\begin{aligned}
\mathbf{Pr}[|I_{d\lg n}| \leq 1] &= \mathbf{Pr}[|I_{d\lg n}| \leq (3/4)^{\lg n} n] \\
&\geq \mathbf{Pr}[X < d\lg n - \lg n] \\
&\geq 1 - (4/3)^{-2\lg n} \\
&= 1 - n^{-2}
\end{aligned}
$$

到目前为止，我们关于靶标 t 计算了 $\mathbf{Pr}[|I_{d\lg n}^t| \leq 1]$。由于靶标数可达到 $O(n)$，利用布尔不等式[见式(13.2)]，进一步可以得出算法经过 $d \lg n$ 次分割步，以概率至少为 $1 - O(n) \times n^{-2} = 1 - O(n^{-1})$ 终止。

定理 13.7 该算法以概率 $1 - O(n^{-1})$ 的运行时间为 $O(n \log r)$。

证明： 不失一般性，假设 $r > 1$ 且是 2 的幂。算法将经过两个阶段：第一阶段包含第一组 $\log r$ 次迭代，而剩余的迭代构成第二阶段。这里的一次迭代包含算法同一递归树层次上的所有递归调用。绝大多数的第一阶段包含算法 QUICKSORT 的第一组 $\log r$ 次迭代，然而绝大多数的第二阶段即为算法 QUICKSELECT 的一次执行。在第一阶段的末尾，活动区间数最多为 r。第二阶段全过程的活动区间数同样也最多为 r，原因是未处理的排位数最多为 r。在每次迭代（包括那些第一阶段的迭代）中，一个活动区间 I 被分为两个区间。如果两个区间都是活动的，那么它们将被保留；否则，其中的一个将被舍弃。所以，对于 $c \geq 2$，经过 $c \log r$ 次迭代，$O(r^c)$ 个区间将被舍弃，并且最多 r 个将被保留。

显然，在第一阶段，算法分割集合 A 所需的时间是 $O(n \log r)$，原因是递归深度是 $\log r$。至于分割排位的集合 K（K 是有序的），二分搜索可用于每次 A 的分割后的处理。既然 $|K| = r$，二分搜索将最多使用 r 次，总额外步数为 $O(r \log r)$。

此时，我们应用引理 13.1 来界定第二阶段的比较次数。在这一阶段，以概率 $1 - O(n^{-1})$，最多有 $d \lg n - \log r$ 次迭代伴以最多 r 个区间，在第二阶段一开始，其元素总数小于或等于 n。我们称第二阶段一开始的这些区间为 $I_{\log r}^1, I_{\log r}^2, \cdots$，分割区间 I_j^i 需要的比较次数为 $|I_j^i|$。由引理 13.1 可得，以概率 $1 - O(n^{-1})$ 分割区间 $I_{\log r}^i, I_{\log r + 1}^i, I_{\log r + 2}^i, \cdots$，这些的总比较次数是它们

长度的总和,其最多为

$$\sum_{j=0}^{d \lg n - \log r} \left(\frac{3}{4}\right)^j | I_{\log r}^t |$$

由此可得,以概率 $1 - O(n^{-1})$,第二阶段比较次数的上界由下式给定:

$$\sum_{t \geqslant 1} \sum_{j=0}^{d \lg n - \log r} \left(\frac{3}{4}\right)^j | I_{\log r}^t | = \sum_{t \geqslant 1} | I_{\log r}^t | \sum_{j=0}^{d \lg n - \log r} \left(\frac{3}{4}\right)^j \leqslant n \sum_{j=0}^{\infty} \left(\frac{3}{4}\right)^j = 4n$$

因此,第一阶段的运行时间为 $O(n \log r)$,并且第二阶段的运行时间为 $O(n)$。进一步,算法的运行时间即为 $O(n \log r)$ 伴以概率 $1 - O(n^{-1})$。

13.9　随机取样

考虑这样的问题:从 n 个元素的集合中随机选取 m 个元素的样本,这里 $m < n$。为了简单起见,我们假定元素是 1 到 n 的正整数。下面,我们介绍一个运行时间为 $\Theta(n)$ 的简单 Las Vegas 算法。

考虑下面的选择算法,首先将所有的 n 个元素标记为未被选择,然后重复执行下面的步骤直到 m 个元素被选定,生成一个从 1 到 n 之间的随机数 r,如果 r 标识为未被选择,就将其标识为已选择,并把 r 加入样本中。这种方法在算法 RANDOMSAMPLING 中有更精确的描述。这种算法的一个缺点是,它的空间复杂性为 $\Theta(n)$,因为它需要一个数组来标记每个整数。如果 n 相比 m 太大(比如 $n > m^2$),则可以方便地修改算法,使其不需要这个数组(见练习 13.20)。

算法 13.6　RANDOMSAMPLING
输入:两个正整数 $m, n, m < n$。
输出:从集合 $\{1, 2, \cdots, n\}$ 中随机选择的 m 个不同的正整数组成的数组 $A[1 \cdots m]$。

1. **comment**:$S[1 \cdots n]$ 为布尔数组,表示一个整数是否被选择
2. **for** $i \leftarrow 1$ **to** n
3. 　　$S[i] \leftarrow$ **false**
4. **end for**
5. $k \leftarrow 0$
6. **while** $k < m$
7. 　　$r \leftarrow random(1, n)$
8. 　　**if not** $S[r]$ **then**
9. 　　　　$k \leftarrow k + 1$
10. 　　　　$A[k] \leftarrow r$
11. 　　　　$S[r] \leftarrow$ **true**
12. 　　**end if**
13. **end while**

显然,m 和 n 之间的差别越小,运行时间就越长。例如,如果 $n = 1000$ 和 $m = 990$,则算法将要花费太多的时间来生成样本中的最后一个整数,例如第 990 个整数。为了避开这个问题,可以随机选出 10 个整数,把它们丢弃并把余下的 990 个整数作为要求的样本。

因此，我们将假定 $m \leqslant n/2$，否则可以随机选出 $n - m$ 个元素，丢弃它们并将剩余的元素留作样本。

算法分析类似 13.6.4 节讨论的用球装所有箱子的分析。当已经选定了 $k - 1$ 个整数时，令 p_k 为生成一个未被选定的整数的概率，其中 $1 \leqslant k \leqslant m$。显然

$$p_k = \frac{n - k + 1}{n}$$

当 $1 \leqslant k \leqslant m$ 时，如果 X_k 是一个随机变量，用来表示为了选定第 k 个整数而生成的整数的个数，则 X_k 呈几何分布（见 B.4.4 节），并具有期望值

$$\mathbf{E}(X_k) = \frac{1}{p_k} = \frac{n}{n - k + 1}$$

设 Y 是表示为了从 n 个整数中选出 m 个数而生成的总的整数个数的随机变量，根据期望的线性（见 B.3 节），我们有

$$\mathbf{E}(Y) = \mathbf{E}(X_1) + \mathbf{E}(X_2) + \cdots + \mathbf{E}(X_m)$$

因此

$$
\begin{aligned}
\mathbf{E}(Y) &= \sum_{k=1}^{m} \mathbf{E}(X_k) \\
&= \sum_{k=1}^{m} \frac{n}{n - k + 1} \\
&= n \sum_{k=1}^{n} \frac{1}{n - k + 1} - n \sum_{k=m+1}^{n} \frac{1}{n - k + 1} \\
&= n \sum_{k=1}^{n} \frac{1}{k} - n \sum_{k=1}^{n-m} \frac{1}{k}
\end{aligned}
$$

根据式（A.16），

$$\sum_{j=1}^{n} \frac{1}{k} \leqslant \ln n + 1 \quad 和 \quad \sum_{k=1}^{n-m} \frac{1}{k} \geqslant \ln(n - m + 1)$$

因此

$$
\begin{aligned}
\mathbf{E}(Y) &\leqslant n(\ln n + 1 - \ln(n - m + 1)) \\
&\approx n(\ln n + 1 - \ln(n - m)) \\
&\leqslant n(\ln n + 1 - \ln(n/2)) \quad （因为 m \leqslant n/2） \\
&= n(\ln 2 + 1) \\
&= n \ln 2e \\
&\approx 1.69n
\end{aligned}
$$

这样，算法的期望运行时间 $T(n)$ 为 $O(n)$。

13.10 最小割问题

令 $G = (V, E)$ 是 n 个顶点的一个无向图。一个边割（edge cut），或者简单地称为一个割，是 G 中的边集 E 的一个子集 C，移除 C 使得 G 成为不连通的两个或多个部分。我们将展示用

来发现最小割的一个随机算法，即一个割具有最小的势。令(u, v)为G中的一条边，如果其两端点合并为一个顶点，则称(u, v)为收缩的，所有连接u和v的边都被删除，并且保留所有其他的边。注意，一个边的收缩可能导致出现多重边，但不会出现自环，所以G或许成为多重图(无自环)。

这个算法很简单，它包含$n-2$次迭代。在第i次迭代中，$1 \leq i \leq n-2$，一致随机地选择一个边并收缩它。每经过一条边的收缩，顶点的数量就减少1，可参见图13.2的算法示例。最后所得的割如图13.2(e)所示，其大小为4，这并非是最小割。

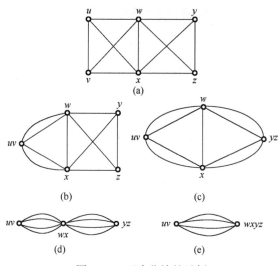

图 13.2　逐次收缩的示例

现在我们证明这个简单算法以至少$2/n(n-1)$的概率得到一个最小割。令G的最小割的大小为k，且确定一个大小为k的割C。我们将计算贯穿算法的执行过程中，割C中没有边被选中(且因此被删除)的概率。对于迭代次数i，$1 \leq i \leq n-2$，令A_i表示算法第i次选中的边不在C中这一事件，并且令$B_i = A_1 \cap A_2 \cap \cdots \cap A_i$，即$B_i$是所有最初的$i$个选择的边都不在割$C$中的事件。既然最小割的大小是$k$，最小顶点的度就是$k$，这意味着边的总数至少为$kn/2$。因此，第一个事件$B_1 = A_1$的概率至少为

$$1 - \frac{k}{kn/2} = 1 - \frac{2}{n}$$

假设第一次迭代选中的边不在C中。那么，既然顶点的度不减少，第二个事件$B_2 = A_1 \cap A_2$的概率至少是

$$1 - \frac{k}{k(n-1)/2} = 1 - \frac{2}{n-1}$$

类似地，在第i次迭代中，第i个事件

$$B_i = A_1 \cap A_2 \cap \cdots \cap A_i$$

的概率至少为

$$1 - \frac{k}{k(n-i+1)/2} = 1 - \frac{2}{n-i+1}$$

使用式(B.3)的乘法原理，经过$n-2$次收缩后发现一个最小割的概率至少为没有C中的边被收缩的概率，即

$$\mathbf{Pr}[B_{n-2}] = \mathbf{Pr}[A_1 \cap A_2 \cap \cdots \cap A_{n-2}]$$

$$= \mathbf{Pr}[A_1]\mathbf{Pr}[A_2|A_1]\cdots\mathbf{Pr}[A_{n-2}|A_1 \cap A_2 \cap \cdots \cap A_{n-3}]$$

$$= \left(1 - \frac{2}{n}\right)\left(1 - \frac{2}{n-1}\right)\cdots\left(1 - \frac{2}{n-i+1}\right)\cdots\left(\frac{2}{4}\right)\left(\frac{1}{3}\right)$$

$$= \left(\frac{n-2}{n}\right)\left(\frac{n-3}{n-1}\right)\cdots\left(\frac{n-i-1}{n-i+1}\right)\cdots\left(\frac{2}{4}\right)\left(\frac{1}{3}\right)$$

$$= \frac{2}{n(n-1)}$$

进一步得出，算法不能找到最小割的概率至多为

$$1 - \frac{2}{n(n-1)} \leqslant 1 - \frac{2}{n^2}$$

因此，重复算法 $n^2/2$ 次，并选择最小割，在 $n^2/2$ 次重复中均未发现最小割的概率至多为

$$\left(1 - \frac{2}{n^2}\right)^{n^2/2} < \frac{1}{e}$$

因而，重复算法 $n^2/2$ 次，并选择最小割，发现一个割具有最小的势的概率至少为

$$1 - \frac{1}{e}$$

现在我们来分析算法的运行时间。每次收缩耗费的时间为 $O(n)$，并且每次算法运行时，这个动作重复 $n-2$ 次，总的时间为 $O(n^2)$。既然算法被重复运行了 $n^2/2$ 次，算法的总运行时间就为 $O(n^4)$。重复运行算法更多次，将得到更好的成功概率，但是运行时间将会增加。

发现最小割的最佳确定性算法的运行时间是 $O(n^3)$。可以证明，随机算法的运行时间以成功概率 $\Omega(1/\log n)$ 实质上可提高到 $O(n^2 \log n)$。因此，为了以常概率找出一个最小割，重复该算法 $O(\log n)$ 次就足够了，时间复杂性就变为 $O(n^2\log^2 n)$。

13.11　测试串的相等性

本节简要描述一个例子，说明随机化如何能大大减少通信的耗费。假定 A 和 B 两方能够通过一条信道来通信，并假定信道非常可靠。A 有一个很长的串 x，B 有一个很长的串 y，现在要确定是否 $x = y$。显然，A 可以把 x 发送给 B，B 可以接着立刻判断是否 $x = y$。但是从信道的使用代价的角度来看，这种方法的成本将是非常昂贵的。另一种方法是 A 从 x 中取出一个短得多的串作为 x 的"指纹"，并把它发送给 B，B 用同样的方法获得 y 的"指纹"，然后比较这两种指纹，如果它们相等，那么 B 就假定 $x = y$，否则 B 将得出 $x \neq y$ 的结论，之后 B 把测试的结果通报给 A。这种方法只需在信道上传输一个短得多的串。对于一个串 w，设 $I(w)$ 是比特串 w 表示的一个整数，一种收集指纹的方法是选一个素数 p，然后应用指纹函数

$$I_p(x) = I(x) \pmod{p}$$

如果 p 不是太大，则指纹 $I_p(x)$ 可以作为一个短串发送，传送的比特数是 $O(\log p)$。如果 $I_p(x) \neq I_p(y)$，那么显然 $x \neq y$。但逆命题不成立，也就是说，如果 $I_p(x) = I_p(y)$，则不一定有 $x = y$ 的结果。我们称这种现象为假匹配。一般情况下，如果 $x \neq y$，但是 $I_p(x) = I_p(y)$，即 p 整除 $I(x) - I(y)$ 时，就发生了假匹配。我们将在后面界定假匹配概率。

这种方法的缺点在于对固定的 p，存在一定的串 x 和 y 偶对，对于这种情况，方法总是

要失败的。我们在每次检查两个串的相等性时随机地选择 p，而不是预先选好，这样就可以避开存在的 x 和 y 这些偶对的问题。而且，随机选择 p 也允许重传了另一个指纹，这样在 $x = y$ 的情况增加了可信度。这种方法在下面的算法 STRINGEQUALITYTEST 中给出（M 的值在以后确定）。

算法 13.7   STRINGEQUALITYTEST

1. A 从小于 M 的素数集合中随机选择 p。
2. A 将 p 和 $I_p(x)$ 发送给 B。
3. B 检查是否 $I_p(x) = I_p(y)$，确定两个串 x 和 y 是否相等。

现在计算假匹配的概率。设 n 是 x 的二进制表示形式的比特数，当然，n 也等于 y 的二进制表示形式的比特数，否则问题是平凡的。设 $\pi(n)$ 是小于 n 的不同素数的个数，众所周知，$\pi(n)$ 趋近于 $n/\ln n$。我们又知道，如果 $k < 2^n$，除非 n 非常小，否则能够整除 k 的不同素数的个数小于 $\pi(n)$。由于失败仅在假匹配的情况下发生，即 $x \neq y$，但当 $I_p(x) = I_p(y)$ 时，这只有在 p 整除 $I(x) - I(y)$ 时可能出现，因此对于两个 n 比特串 x 和 y，失败的概率是

$$\frac{|\{p \mid \text{素数 } p < 2^n \text{ 且 } p \text{ 整除 } I(x) - I(y)\}|}{\pi(M)} \leq \frac{\pi(n)}{\pi(M)}$$

如果选择 $M = 2n^2$，则得到

$$\mathbf{Pr}[\text{failure}] \leq \frac{\pi(n)}{\pi(M)} \approx \frac{n/\ln n}{2n^2/\ln n^2} = \frac{1}{n}$$

更进一步，如果重复执行算法 k 次，每次随机选一个小于 M 的素数，则概率变成最大是 $(1/n)^k$。例如，如果设 $k = \lceil \log \log n \rceil$，则失败的概率变成

$$\mathbf{Pr}[\text{failure}] \leq \frac{1}{n^{\lceil \log \log n \rceil}}$$

例 13.5   假定 x 和 y 都是 100 万比特串，即 $n = 1\,000\,000$，则 $M = 2 \times 10^{12} = 2^{40.8631}$。在这种情况下，需要传输的 p 的比特数最多是 $\lfloor \log M \rfloor + 1 = 40 + 1 = 41$，需要传输的 x 的指纹比特数最多是 $\lfloor \log(p-1) \rfloor + 1 \leq \lfloor \log M \rfloor + 1 = 41$。这样，传输比特总数最多是 82。一次传输失败的概率最多是 $1/n = 1/1\,000\,000$。因为 $\lceil \log \log n \rceil = 5$，重复算法 5 次将假匹配的概率减小到 $n^{-\lceil \log \log n \rceil} = (10^6)^{-5} = 10^{-30}$，几乎可忽略。

13.12   模式匹配

现在把 13.11 节描述的收集指纹的思想应用到计算机科学的一类经典问题——模式匹配中。给出一个文本串 $X = x_1 x_2 \cdots x_n$ 和模式 $Y = y_1 y_2 \cdots y_m$，其中 $m \leq n$，确定该模式是否出现在文本中。不失一般性，我们将假定文本的字母表是 $\Sigma = \{0, 1\}$，解决这个问题最直接的方法是简单地移动模式经过整个文本，在每个位置将长度为 m 的部分文本和模式做比较，这种蛮力方法在最坏情况下的运行时间是 $O(mn)$。然而还有一些更复杂的确定性算法，它们的运行时间是 $O(n + m)$。

这里介绍一种简单有效且运行时间也能够达到 $O(n + m)$ 的 Monte Carlo 算法，之后我们

将把它转换成具有相同时间复杂性的 Las Vegas 算法。算法按照同样的蛮力方法,把模式 Y 移过整个文本 X,但不是将模式与每块 $X(j) = x_j x_{j+1} \cdots x_{j+m-1}$ 做比较,而是把模式的指纹 $I_p(Y)$ 和文本中块的指纹 $I_p(X(j))$ 进行比较,幸运的是,文本的 $O(n)$ 个指纹都易于计算。特别值得注意的是,当从文本的一个块移到下一个块时,新块 $X(j+1)$ 的指纹可以很方便地从 $X(j)$ 的指纹计算出来。特别是

$$I_p(X(j+1)) = (2I_p(X(j)) - 2^m x_j + x_{j+m})(\bmod p)$$

如果设 $W_p = 2^m(\bmod p)$,则有递归式

$$I_p(X(j+1)) = (2I_p(X(j)) - W_p x_j + x_{j+m})(\bmod p) \tag{13.4}$$

模式匹配算法由下面的算法 PATTERNMATCHING 表示(M 的值以后确定)。

算法 13.8　PATTERNMATCHING

输入:长度为 n 的文本串 X 和长度为 m 的模式 Y。

输出:如果 Y 在 X 中,则返回 Y 在 X 中的第一个位置;否则返回 0。

1. 从小于 M 的素数集合中随机选择 p。
2. $j \leftarrow 1$
3. 计算 $W_p = 2^m(\bmod p)$, $I_p(Y)$ 和 $I_p(X_j)$
4. **while** $j \leqslant n - m + 1$
5. 　　**if** $I_p(X_j) = I_p(Y)$ **then return** j 　{(可能)找到了匹配}
6. 　　$j \leftarrow j + 1$
7. 　　用式 (13.4) 计算 $I_p(X_j)$
8. **end while**
9. **return** 0 　{Y(肯定)不在 X 中}

每个 $W_p, I_p(Y)$ 和 $I_p(X(1))$ 的计算耗费 $O(m)$ 时间。在实现从 $I_p(X(j))$ 到 $I_p(X(j+1))$ 的计算时,无须采用大耗费的乘除运算,只需常数次数的加减法运算。这样,对于 $2 \leqslant j \leqslant n-m+1$,每个 $I_p(X(j))$ 的计算仅需要 $O(1)$ 的时间,总共需要 $O(n)$ 时间。因此,运行时间是 $O(n+m)$。上面的分析在一致耗费的计算模型 RAM 中是有效的。如果采用更实际的对数耗费计算模型 RAM,则时间复杂性将增加一个 $\log p$ 因子。

现在分析算法失败的发生频率。一个假匹配的出现仅当对于某个 j,我们有

$$Y \neq X(j) \quad \text{但 } I_p(Y) = I_p(X(j))$$

这是唯一的可能,如果被选的素数 p 整除

$$\prod_{\{j \mid Y \neq X(j)\}} |I(Y) - I(X(j))|$$

这个乘积不可能超过 $(2^m)^n = 2^{mn}$,因此整除它的素数个数不可能超过 $\pi(mn)$。如果选择 $M = 2mn^2$,则假匹配的概率不可能超过

$$\frac{\pi(mn)}{\pi(M)} \approx \frac{mn/\ln(mn)}{2mn^2/\ln(mn^2)} = \frac{\ln(mn^2)}{2n\ln(mn)} < \frac{\ln(mn)^2}{2n\ln(mn)} = \frac{1}{n}$$

有趣的是,我们注意到根据上面的推导,失败的概率只和文本的长度有关,而模式的长

度对概率没有影响。还应注意到，在 $m = n$ 的情况下，问题简化为 13.11 节中讨论的测试两个等长串是否相同的问题，失败的概率与从那个问题中得出的结论一致。

将上述算法转换为 Las Vegas 算法是很容易的。只要两个指纹 $I_p(Y)$ 和 $I_p(X(j))$ 匹配，对这两个串就要测试相等性。这个 Las Vegas 算法的期望的时间复杂性变成

$$O(n + m)\left(1 - \frac{1}{n}\right) + mn\left(\frac{1}{n}\right) = O(n + m)$$

因此，我们以一个有效的模式来匹配算法，它总能给出正确结果。

13.13　素数测试

本节中，我们研究一个著名的用来测试一个正整数 n 是否为素数的 Monte Carlo 算法。反复地用从 2 到 $\lfloor\sqrt{n}\rfloor$ 的数去除该整数的方法是很直接的，但效率极低，因为它导致了关于输入大小的指数时间复杂性（见例 1.16）。这种方法仅仅适用于小的数，唯一的优点在于，如果 n 是合数，则可以输出 n 的因子，事实上对一个整数进行因数分解与仅仅测试该数是素数还是合数相比，是困难得多的问题。

在素数性测试中，我们采用寻找"证据"的思想，也就是证明一个数是合数。显然，找到 n 的一个因子就是它为合数的证明。但这样的证据非常少。事实上，如果我们取一个相当大的数 n，它的素因子的个数比从 1 到 n 之间整数的个数要少很多。我们已经很清楚，如果 $n < 2^k$，则除了 k 非常小时，能够整除 n 的不同素数的个数小于 $\pi(k) \approx k/\ln k$。

这激发我们去探求另一种证据。在讨论另一种证据之前，先对贯穿这一节中用到的一种运算给出算法。设 a，m 和 n 是正整数，且 $m \leqslant n$，目的是求 a 的 m 次幂，并将结果模 n，下面的算法 EXPMOD 计算了 $a^m (\mathrm{mod}\ n)$，这和 4.3 节介绍的取幂算法类似。注意，算法是在每一次平方或做乘法之后取 n 的模，而不是先计算 a^m 再最后一次性对 n 取模。调用该算法的形式是 EXPMOD(a, m, n)。

算法 13.9　EXPMOD
输入：正整数 a, m 和 $n, m \leqslant n$。
输出：$a^m(\mathrm{mod}\ n)$。

    1. 设 m 的二进制数字为 $b_k = 1, b_{k-1}, \cdots, b_0$。
    2. $c \leftarrow 1$
    3. **for** $j \leftarrow k$ **downto** 0
    4. $c \leftarrow c^2 (\mathrm{mod}\ n)$
    5.   **if** $b_j = 1$ **then** $c \leftarrow ac\ (\mathrm{mod}\ n)$
    6. **end for**
    7. **return** c

很容易看出，如果令每次乘法占用一个时间单元，则算法 EXPMOD 的运行时间是 $\Theta(\log m) = O(\log n)$。然而，因为这里处理的是任意大的整数，我们将计算算法中执行的比特乘法的确切数目。如果用显而易见的两数相乘的方法，则每次乘法耗费 $O(\log^2 n)$。这样，算法 EXP-MOD 的全部运行时间是 $O(\log^3 n)$。

现在介绍素数性测试的方法, 它们都基于下面的 Fermat 定理。

定理 13.8 如果 n 是素数, 那么对于所有的 $a \not\equiv 0 \pmod{n}$, 有

$$a^{n-1} \equiv 1 \pmod{n}$$

考虑算法 PTEST1。由 Fermat 定理, 如果算法 PTEST1 返回合数, 则我们确定 n 是合数。古代中国人猜想: 一个自然数 n 若满足同余式 $2^n \equiv 2 \pmod{n}$, 则该数必定是素数。这个问题悬而未决, 直到 1819 年, Sarrus 证明了 $2^{340} \equiv 1 \pmod{341}$, 但是 $341 = 11 \times 31$ 是合数。一些满足同余式 $2^{n-1} \equiv 1 \pmod{n}$ 的其他合数分别是 $561, 645, 1105, 1387, 1729$ 和 1905。这样, 如果算法 PTEST1 返回素数, 则 n 可能是也可能不是素数。

算法 13.10 PTEST1

输入: 正奇整数 $n \geq 5$。

输出: 如果 n 是素数, 则返回 *prime*; 否则返回 *composite*。

1. **if** EXPMOD$(2, n-1, n) \equiv 1 \pmod{n}$ **then return** *prime* {可能}
2. **else return** *composite* {确定}

令人惊讶的是, 这个简单的测试却很少给出错误的结果。例如, 对于 4 到 2000 之间所有的合数, 算法仅对 $341, 561, 645, 1105, 1387, 1729$ 和 1905 这样几个数返回素数。此外, 在小于 $100\,000$ 的数中仅有 78 个值测试出错, 它们中最大的是 $93\,961 = 7 \times 31 \times 433$。

不过, 事实上对许多合数 n, 存在一个整数 a 满足 $a^{n-1} \equiv 1 \pmod{n}$。换句话说, Fermat 定理的逆是不正确的 (我们已经对 $a = 2$ 的情况进行了证明)。的确有称为 Carmichael 数的合数 n, 它对所有相对于 n 互素的正整数 a, 满足 Fermat 定理。前几个小的 Carmichael 数是 $561 = 3 \times 11 \times 17, 1105 = 5 \times 13 \times 17, 1729 = 7 \times 13 \times 19, 2465 = 5 \times 17 \times 29$。Carmichael 数相当少, 比如在小于 10^8 的范围内仅有 255 个。当一个合数 n 对于底 a 满足 Fermat 定理时, n 被称为底 a 的伪素数。于是, 算法 PTEST1 在 n 是素数或者是底 2 的伪素数时返回素数。改进算法 PTEST1 的一种方法是在 2 和 $n-2$ 之间随机地选择底, 这产生了算法 PTEST2。像算法 PTEST1 那样, 算法 PTEST2 仅当 n 是一个底 a 的伪素数时出现错误。例如, $91 = 7 \times 13$ 是底 3 的伪素数, 因为 $3^{90} \equiv 1 \pmod{91}$。

算法 13.11 PTEST2

输入: 正奇整数 $n \geq 5$。

输出: 如果 n 是素数, 则返回 *prime*; 否则返回 *composite*。

1. $a \leftarrow random(2, n-2)$
2. **if** EXPMOD$(a, n-1, n) \equiv 1 \pmod{n}$ **then return** *prime* {可能}
3. **else return** *composite* {确定}

设 Z_n^* 是小于 n 并与 n 互素的正整数集合, 已经知道 Z_n^* 在模 n 乘法运算下构成一个群, 定义

$$F_n = \{a \in Z_n^* \mid a^{n-1} \equiv 1 \pmod{n}\}$$

如果 n 是素数或 Carmichael 数, 则 $F_n = Z_n^*$。因而, 假定 n 不是素数或 Carmichael 数, 则 $F_n \neq Z_n^*$。很容易验证 F_n 在模 n 乘法运算下形成一个群, 它是 Z_n^* 的一个真子群。这样 F_n 的

阶整除 Z_n^* 的阶，也就是 $|F_n|$ 整除 $|Z_n^*|$，因此 F_n 中元素的个数最多是 Z_n^* 中元素个数的一半。这就证明了下面的引理。

引理 13.2　如果 n 不是 Carmichael 数，则算法 PTEST2 将检测出 n 是合数的概率至少是 1/2。

遗憾的是，最近已经证明了实际上有无穷多的 Carmichael 数，在这一节的余下部分，我们描述一个更为强大的随机化素数性测试算法，可以避开存在无穷多的 Carmichael 数带来的困难。该算法有如下特性：如果 n 是合数，那么检测到的概率至少是 $1/2$，换句话说，出错的概率最多是 $1/2$。于是，通过反复测试 k 次，出错的概率最多是 2^{-k}。基于以下理由，我们把该算法称为 PTEST3。设 n 为大于等于 5 的奇素数，写为 $n-1 = 2^q m$（由于 $n-1$ 是偶数，所以 $q \geqslant 1$），则由 Fermat 定理，序列

$$a^m(\bmod n), a^{2m}(\bmod n), a^{4m}(\bmod n), \cdots, a^{2^q m}(\bmod n)$$

必定以 1 结束，而且在第一次出现 1 之前的值必定是 $n-1$，这是因为当 n 是素数时，$x^2 \equiv 1(\bmod n)$ 的唯一解是 $x = \pm 1$，因为在这种情况下 Z_n^* 是一个域。以上推理得出算法 PTEST3。

算法 13.12　PTEST3

输入：正奇整数 $n \geqslant 5$。

输出：如果 n 是素数，则返回 *prime*；否则返回 *composite*。

```
1.  q ← 0;    m ← n - 1
2.  repeat    ｛查找 q 和 m｝
3.      m ← m/2
4.      q ← q + 1
5.  until m 为奇数
6.  a ← random(2, n - 2)
7.  x ← EXPMOD(a, m, n)
8.  if x = 1 then return prime    ｛可能｝
9.  for j ← 0 to q - 1
10.     if x ≡ -1 (mod n) then return prime    ｛可能｝
11.         x ← x² (mod n)
12. end for
13. return composite    ｛确定｝
```

定理 13.9　如果算法 PTEST3 返回 *composite*，那么 n 是合数。

证明：假设算法 PTEST3 返回 *composite*，但 n 是一个奇素数，我们要求对于 $a^{2^j m} \equiv 1(\bmod n)$，$j = q, q-1, \cdots, 0$。如果是这样，则令 $j = 0$，得出 $a^m \equiv 1(\bmod n)$，这表示算法必定已经由第 8 步返回 *prime*。假设和算法的结果矛盾，矛盾确定了定理。现在证明我们的断言。由 Fermat 定理，由于 n 是素数，对于 $j = q$ 命题为真，假设命题对于某个 $j(1 \leqslant j \leqslant q)$ 为真，那么对于 $j-1$ 它也为真，因为

$$(a^{2^{j-1} m})^2 = a^{2^j m} \equiv 1(\bmod n)$$

蕴含被平方的量是 ± 1。事实上，在 Z_n^* 中，方程 $x^2 = 1$ 的确只有解 $x = \pm 1$，因为在这种情况下 Z_n^* 是一个域。但是算法的输出中已经排除了 -1，因为它必须执行第 13 步，结果有

$$a^{2^{j-1}m} \equiv 1 \ (\mathrm{mod}\ n)$$

这样就完成了对断言的证明，得出 n 是合数。

注意，上述定理的逆否命题是：如果 n 是素数，那么算法 PTEST3 返回 $prime$，表示算法在 n 是素数时从不出错。

显然，算法 PTEST3 在处理非 Carmichael 数时和算法 PTEST2 同样好。尽管这里我们不再详述，但可以证明算法 PTEST3 在处理一个 Carmichael 数时出错的概率最大为 $1/2$，所以算法对于任意合数出错的可能性最大是 $1/2$。这样，通过反复测试 k 次，出错的概率最多是 2^{-k}。如果令 $k = \lceil \log n \rceil$，则失败的概率变成 $2^{-\lceil \log n \rceil} \leqslant 1/n$。换句话说，算法将以至少是 $1 - 1/n$ 的概率给出正确回答，当 n 足够大时可以忽略不计。这产生了最后的算法，称为 PRIMALITYTEST。

算法 13.13　PRIMALITYTEST①

输入：正奇整数 $n \geqslant 5$。

输出：如果 n 是素数，则返回 $prime$；否则返回 $composite$。

1. $q \leftarrow 0$; $m \leftarrow n-1$; $k \leftarrow \lceil \log n \rceil$
2. **repeat**　{查找 q 和 m}
3. 　　$m \leftarrow m/2$
4. 　　$q \leftarrow q+1$
5. **until** m 为奇数
6. **for** $i \leftarrow 1$ **to** k
7. 　　$a \leftarrow random(2, n-2)$
8. 　　$x \leftarrow \mathrm{EXPMOD}(a, m, n)$
9. 　　**if** $x=1$ **then return** $prime$　{可能}
10. 　　**for** $j \leftarrow 0$ **to** $q-1$
11. 　　　　**if** $x \equiv -1(\mathrm{mod}\ n)$ **then return** $prime$　{可能}
12. 　　　　$x \leftarrow x^2(\mathrm{mod}\ n)$
13. 　　**end for**
14. **end for**
15. **return** $composite$　{确定}

计算算法 PRIMALITYTEST 的运行时间如下。假定在 $O(1)$ 时间内可以生成一个随机整数，repeat 循环耗费 $O(\log n)$ 时间，我们已经在前面证明了第 8 步的耗费是 $\Theta(\log^3 n)$，内部 for 循环的平方次数是 $O(\log n)$，每次耗费 $O(\log^2 n)$ 时间，总共是 $O(\log^3 n)$ 时间。因为这重复了 $k = \lceil \log n \rceil$ 次，算法的时间复杂性是 $O(\log^4 n)$，下面的定理概括了主要的结果。

定理 13.10　在处理一个奇整数 $n \geqslant 5$ 时，在时间 $O(\log^4 n)$ 内，算法 PRIMALITYTEST 的运行如下。

(1) 如果 n 是素数，那么它输出 $prime$；

(2) 如果 n 是合数，那么它以至少是 $1 - 1/n$ 的概率输出 $composite$。

---

① 译者注：原书给出的算法可能有误，修改后的算法见本章末尾。

13.14　练习

13.1　设 p_1, p_2 和 p_3 是三个次数分别是 n, n 和 $2n$ 的多项式,写出一个随机算法,测试是否有 $p_3(x) = p_1(x) \times p_2(x)$。

13.2　假定你有一枚公平硬币,请设计一个有效的随机算法用来生成整数 $1, 2, \cdots, n$ 的随机排列,n 为正整数。分析你的算法的时间复杂性。

13.3　在算法 RANDOMIZEDQUICKSORT 的讨论中曾说过,为算法 QUICKSORT 获得 $\Theta(n \log n)$ 期望运行时间的一种可能性,是通过排列输入元素使它们的次序变成随机的而实现的。描述一个 $O(n)$ 时间的算法,从而在用算法 QUICKSORT 处理之前随机地排列输入数组。

13.4　证明当 $k = \lceil n/2 \rceil$ 时,式(13.1)达到最大值。

13.5　考虑对算法 BINARYSEARCH 做如下修改(见 1.3 节),在每次迭代中,随机地选择剩下的位置来代替搜索区间减半。假设在 low 到 $high$ 之间的每一个位置有同等被算法选择的可能性,比较这种算法和 BINARYSEARCH 的表现。

13.6　设 A 是一个 Monte Carlo 算法,它的期望运行时间最多是 $T(n)$,得出正确解的概率是 $p(n)$。假设算法任何解的正确性总是可以在时间 $T'(n)$ 内验证。证明对于同样的问题,A 可以转换成 Las Vegas 算法 A',它的期望运行时间最大是 $(T(n) + T'(n))/p(n)$。

13.7　假定一个 Monte Carlo 算法对于任意的输入,得出正确解的概率都至少是 $1 - \epsilon_1$。要把概率增加到至少是 $1 - \epsilon_2$,其中 $0 < \epsilon_2 < \epsilon_1 < 1$,需要重复执行算法多少次?

13.8　设 $L = x_1, x_2, \cdots, x_n$ 是一个元素的序列,其中元素 x 恰好出现 k 次($1 \leqslant k \leqslant n$),我们要找到一个 j,使得 $x_j = x$。考虑重复执行下面的过程直到找到 x 为止。生成一个 1 到 n 中的随机数 i,并检查是否 $x_i = x$。在平均情况下,这种方法和线性查找哪一种方法更快?请说明。

13.9　设 L 是一个含有主元的 n 个元素的表(见 4.2 节)。写出一个对于给出的 $\epsilon > 0$,以 $1 - \epsilon$ 概率找出这个多数元素的随机算法,考虑到有一个 $O(n)$ 时间的算法来解决这个问题,随机化对这个问题合适吗?

13.10　设 A, B 和 C 是三个 $n \times n$ 矩阵,写出一个 $\Theta(n^2)$ 时间的算法,测试是否 $AB = C$,如果 $AB = C$,算法就返回 $true$。当 $AB \neq C$ 时,算法返回 $true$ 的概率有多大?[提示:令 x 是一个有 n 个随机元素的向量,测试 $A(BX) = CX$。]

13.11　设 A 和 B 是两个 $n \times n$ 矩阵,写出一个 $\Theta(n^2)$ 时间的算法,测试是否 $A = B^{-1}$。参见练习 13.10。

13.12　如果随机地将 m 个球投入 n 个盒子,计算下述情况的概率。
(a)第一个和第二个盒子是空的。
(b)两个盒子是空的。

13.13　若 m 个球被随机地投入两个盒子,计算第一个盒子含有 m_1 个球且第 2 个盒子含有 m_2 个球的概率,此处 $m_1 + m_2 = m$。

13.14　若 m 个球被随机地投入三个盒子,计算第一个盒子装 m_1 个球,第二个盒子装 m_2

个球，第三个盒子装 m_3 个球的概率。这里 $m_1 + m_2 + m_3 = m$。参见练习 13.13。

13.15　假如有 n 个元素要存放在一个大小为 k 的散列表中，要求每个元素的位置是随机均匀地选定的。冲突产生于两个元素被分配到同一位置的情况中。k 应为多大，使得一个冲突的概率至少为 1/2。（提示：这类似于生日悖论。）

13.16　（优惠券收集者问题）有 n 种优惠券，且每次实验中，优惠券被随机选择。每个已选的优惠券可来自 n 种中的任一种，机会均等。计算需要多少次实验才能满足收集 n 种优惠券的每一种的其中至少一张优惠券。（提示：这类似于 13.6.4 节讨论的用球装所有盒子。）

13.17　掷骰子 1000 次。给出总和大于 5000 的概率的 Markov 界及 Chebyshev 界。

13.18　抛硬币 10000 次。给出正面出现次数少于 5000 的概率的 Chernoff 界。

13.19　考虑 13.9 节中的取样问题，假设在 n 个整数上执行一遍，用概率 m/n 选择其中的每一个，说明结果样本的大小有一个很大的变化，因此它的大小可能比 m 小得多或大得多。

13.20　修改 13.9 节中的算法 RANDOMSAMPLING，使得不再需要布尔数组 $S[1 \cdots n]$，假定 n 比 m 大得多，比如 $n > m^2$。

13.21　多重图是允许在顶点对之间有多条边的图。证明在 n 个顶点的多重图中彼此不同的最小割的个数最多是 $n(n-1)/2$。参见 13.10 节。

13.22　考虑 13.10 节中发现最小割的算法。假如算法重复了 $n(n-1)\ln n$ 次而非 $n^2/2$ 次。计算成功概率及算法运行时间。$\left[\right.$提示：可以使用不等式 $1 - \dfrac{2}{n(n-1)} \leqslant e^{-2/n(n-1)}\left.\right]$。

13.23　考虑 13.10 节发现最小割的算法。假设在剩余顶点数为 $\sqrt{n}$ 时停止收缩，并在所得图中用一个确定型 $O(n^3)$ 时间算法发现最小割。证明成功的概率为 $\Omega(1/n)$。给出重复执行这个修正算法 n 次的概率分析及时间分析。

13.24　设 A 和 B 能通过一个信道进行通信。A 有 n 个串 $x_1, x_2, \cdots, x_n, x_i \in \{0, 1\}^n$，$B$ 有 n 个串 $y_1, y_2, \cdots, y_n, y_i \in \{0, 1\}^n$。问题为确定是否存在某个 $j \in \{1, 2, \cdots, n\}$，使得 $x_j = y_j$ 成立。描述一个随机算法来解决这一问题。给出其概率分析及时间分析。

13.25　考虑 F_n 的定义为 $F_n = \{a \in Z_n^* \mid a^{n-1} \equiv 1 \pmod{n}\}$（即 13.13 节素数测试中定义的 F_n）。设 n 既不是 Carmichael 数也非素数。证明在模 n 乘法运算下，F_n 形成一个群，它是 Z_n^* 的一个真子群。

13.15　参考注释

随机算法源自 Rabin 的论文"Probabilistic algorithms"$\left[\right.$Rabin(1976)$\left.\right]$，其中给出了两个有效的随机算法：一个是最近点对问题，另一个是素数性测试问题。Solovay and Strassen(1977, 1978) 的概率算法也是关于素数性测试的，这是另一个著名的成果。Hromkovic(2005)，Motwani and Raghavan(1995)，Mitzenmacher and Upfal(2005) 是有关随机算法的综合性书籍。这一领域中的一些优秀评述包括 Karp(1991)，Welsh(1983) 和 Gupta, Smolka and Bhaskar

（1994）。随机化快速排序基于 Hoare（1962），随机化选择算法来自 Hoare（1961），关于多选问题的随机算法基于 Alsuwaiyel（2006）。

对算法 13. 13 的修正

在此之前，作者得出结论，存在一个算法 PTEST3，对于任何输入，如果是素数，则输出 *prime*；如果是合数，则输出 *composite* 的概率大于 $1/2$。

在算法 PRIMALITYTEST 中，作者将重复运行算法 PTEST3 k 次，$k = \lceil \log n \rceil$。

如果 PTEST3 输出为 *composite*，则输入一定是合数，所以在重复执行的 k 次 PTEST3 中，只要有一次输出为 *composite*，则停止运行 PRIMALITYTEST，并且输出 *composite*。而如果 k 次 PTEST3 的输出均为 *prime*，则 PRIMALITYTEST 才输出 *prime*。这样，如果输入是素数，则输出一定为 *prime*；如果输入是合数，则输出 *composite* 的概率是 $(1/2)^k$，而作者给出的算法好像在输出上恰恰相反：第 9 步和第 11 步表示只要有一次得到 *prime* 就输出为 *prime*，而由第 15 步，只有所有 k 次均为 *composite* 才输出 *composite*。所以修改后的算法应该如下（带下画线的部分表示有修改）。

算法 13. 13　PRIMALITYTEST

输入：正奇整数 $n \geq 5$。

输出：如果 n 是素数，则返回 *prime*；否则返回 *composite*。

1. $q \leftarrow 0$；$m \leftarrow n - 1$；$k \leftarrow \lceil \log n \rceil$
2. **repeat** ｛查找 q 和 m｝
3. 　　$m \leftarrow m/2$
4. 　　$q \leftarrow q + 1$
5. **until** m 为奇数
6. **for** $i \leftarrow 1$ **to** k
7. 　　$a \leftarrow random(2, n - 2)$
8. 　　$x \leftarrow \text{EXPMOD}(a, m, n)$
9. 　　**if** $x = 1$ **then** **goto 7 for next** i
10. 　　**for** $j \leftarrow 0$ **to** $q - 1$
11. 　　　　**if** $x \equiv -1 (\bmod\ n)$ **goto 7 for next** i
12. 　　　　$x \leftarrow x^2 (\bmod\ n)$
13. 　　**end for**
14. 　　**return** *composite* ｛确定｝
15. **end for**
16. **return** *prime* ｛可能｝

第14章 近似算法

14.1 引言

有许多困难的组合最优化问题不能用回溯法和随机化算法有效地解决。在这种情况下，对于其中的一些问题代之以设计近似算法，我们要保证得出的解是近似于最优解的一个"合理"的解。每种近似算法都有一个性能界，它保证任意一个实例的近似解与精确解不会相差太多。大多数近似算法的一个显著特征是它们的运行速度非常快，这是因为绝大多数算法是贪心启发式的。正如第7章中所述，一个贪心算法的正确性证明可能是复杂的。一般来讲，近似算法的性能界越好，证明这个算法的正确性就变得越难。这在研究某些近似算法时将会变得更加明显。然而，要找出一个有效的近似算法并不乐观，甚至存在一些困难的问题，似乎连"合理"的近似算法都可能不存在，除非 NP = P。

14.2 基本定义

组合最优化问题 $\prod$ 不是最小化问题，就是最大化问题。它由三个部分组成：

（1）一个实例集合 $D_\prod$。

（2）对于每个实例 $I \in D_\prod$，存在 I 的一个候选解的有限集合 $S_\prod(I)$。

（3）$D_\prod$ 中的一个实例 I 的每个解 $\sigma \in S_\prod(I)$，存在一个值 $f_\prod(\sigma)$，称为 σ 的解值。

如果 $\prod$ 是最小化问题，那么实例 $I \in D_\prod$ 的最优解 σ^* 有如下属性：对于所有的 $\sigma \in S_\prod(I)$，$f_\prod(\sigma^*) \leq f_\prod(\sigma)$。最大化问题的最优解也同样定义。在这一章中，我们将用 $OPT(I)$ 来表示值 $f_\prod(\sigma^*)$。

最优化问题 $\prod$ 的一个近似算法 A 是一个（多项式时间）算法，这就给出一个实例 $I \in D_\prod$，它输出某个解 $\sigma \in S_\prod(I)$，将用 $A(I)$ 来表示值 $f_\prod(\sigma)$。

例 14.1 在这个例子中，我们将说明上述定义。考虑装箱问题（BIN PACKING）：给出一个大小在 0 到 1 之间的数据项的集合，要求把这些数据项装到最少数目的单元容量的箱子中。显然，这是一个最小化问题，实例集 $D_\prod$ 由所有的集合 $I = \{s_1, s_2, \cdots, s_n\}$ 组成，使得对于所有的 $j(1 \leq j \leq n)$，s_j 在 0 到 1 之间。解集合 $S_\prod$ 由子集合集 $\sigma = \{B_1, B_2, \cdots, B_k\}$ 组成，它是 I 中的不相交划分，使得对于所有的 $j(1 \leq j \leq k)$，

$$\sum_{s \in B_j} s \leq 1$$

给出一个解 σ，它的值 $f(\sigma)$ 简单地是 $|\sigma| = k$。这个问题的最优解是符合条件的最小数 σ。设 A 是为每一项分配一个箱子的（平凡）算法。则由定义，A 是一个近似算法，显然这不是一个好的近似算法。

在这一章中,我们把兴趣放在最优化问题而不是判定问题上。例如装箱问题的判定问题的形式还需要输入一个界 K;如果所有项可以用最多 K 个箱子来装,解就是 *yes*,否则为 *no*。显然,如果一个判定问题是 NP 困难的,则这个问题的最优化形式也是 NP 困难的。

14.3　差界

也许我们能够从近似算法中得到的最好结果,是最优解的值和近似算法得到的解的值之间的差总是常数。换句话说,对于问题的所有实例 I,由近似算法 A 可以得到也是最想得到的解 A 是使得 $|A(I) - OPT(I)| \leqslant K$,其中 K 是某个常数。只有很少的 NP 困难的最优化问题,它们的差界是已知的,其中一个是下面的问题。

14.3.1　平面图着色

设 $G = (V, E)$ 是一个平面图,由四色定理,每个平面图是 4 可着色的。要判定一个图是否为 2 可着色是相当容易的(见练习 9.3)。另一方面,要判定它是否为 3 可着色的是 NP 完全的。给出 G 的一个实例 I,一个近似算法 A 可以运行如下。假定 G 是非平凡的,即它至少有一条边。判定该图是否为 2 可着色的,如果是,则输出 2;否则输出 4。如果 G 是 2 可着色的,则 $|A(I) - OPT(I)| = 0$;如果它不是 2 可着色的,则 $|A(I) - OPT(I)| \leqslant 1$,这是因为在后面一种情况中,$G$ 不是 3 可着色就是 4 可着色的。

14.3.2　困难结果:背包问题

背包问题(KNAPSACK)定义如下(见 6.6 节),给出具有整数大小 $s_1, s_2, \cdots, s_n$ 的 n 项 $\{u_1, u_2, \cdots, u_n\}$ 和整数值 $v_1, v_2, \cdots, v_n$,以及一个背包容量 C,C 为正整数,问题是用这些项中的一部分填满背包,它的总大小最多为 C 且总的值最大。换句话说,要找到一个子集 $S \subseteq U$,使得

$$\sum_{u_j \in S} s_j \leqslant C \text{ 且 } \sum_{u_j \in S} v_j \text{ 最大}$$

我们将证明,不存在带差界的求解背包问题的近似算法。假设存在一个带差界的求解背包问题的近似算法 A,即对所有这个问题的实例 I,$|A(I) - OPT(I)| \leqslant K$,其中 K 为一个正整数。给定一个实例 I,可以用算法 A 来输出一个最优解如下。构造一个新的实例 I',使得对于所有的 $j (1 \leqslant j \leqslant n)$,$s_j' = s_j$ 和 $v_j' = (K+1) v_j$,很容易看出任何一个 I' 的解都是 I 的一个解,反之亦然。唯一的不同是 I' 解的值是 I 解的值的 $(K+1)$ 倍。因为 $A(I') = (K+1) A(I)$,$|A(I') - OPT(I')| \leqslant K$ 蕴含着

$$|A(I) - OPT(I)| \leqslant \left\lfloor \frac{K}{K+1} \right\rfloor = 0$$

这表明 A 总是给出一个最优解,也就是它解决了背包问题。由于已知背包问题是 NP 完全的,因此存在近似算法 A 几乎不可能,除非 NP = P(回忆相关定义,近似算法在多项式时间内运行)。

14.4 相对性能界

很明显,差界是由近似算法保证的最好的界。然而只有很少的困难问题存在这样的界。以背包问题为例,已经证明了除非 NP = P,找到一个具有确定差界的近似算法是不可能的。这一节里将讨论另一种性能保证,称为相对性能保证。

设 $\prod$ 是一个最小化问题且 I 是 $\prod$ 的一个实例。设 A 是一个解 $\prod$ 的近似算法,定义近似度 $R_A(I)$ 为

$$R_A(I) = \frac{A(I)}{OPT(I)}$$

如果 $\prod$ 是最大化问题,则定义 $R_A(I)$ 为

$$R_A(I) = \frac{OPT(I)}{A(I)}$$

这样近似度总是大于或等于 1。完成这个定义后,使得我们对算法 A 产生的解的质量有了统一的测度。

近似算法 A 的绝对近似度 R_A 定义如下:

$$R_A = \inf\{r \mid R_A(I) \leqslant r \quad \text{对于所有的实例 } I \in D_{\prod}\}$$

近似算法 A 的渐近近似度 R_A^{∞} 定义如下:

$$R_A^{\infty} = \inf\left\{ r \geqslant 1 \; \middle| \; \begin{array}{l} \text{对于某个整数 } N, R_A(I) \leqslant r, \text{对于所有实例} \\ I \in D_{\prod}, OPT(I) \geqslant N \end{array} \right\}$$

事实上,有不少问题具有带相对近似度的近似算法。对于某些问题,渐近近似度比绝对近似度更合适。对于另外一些问题,两种近似度相同。下面我们将考虑一些问题,它们具有相对近似度为常数的近似算法。

14.4.1 装箱问题

装箱问题的最优形式可以陈述如下:给出大小为 $s_1, s_2, \cdots, s_n$ 的数据项 $u_1, u_2, \cdots, u_n$ 的一个集合,其中每个 s_j 都在 0 和 1 之间,要求我们把这些项装入到最少数目的单位容量的箱子中。对于装箱问题,这里列出四种启发式方法。

- 最先适配法(FF)。在这个方法中,箱子被编号为 $1, 2, \cdots$,所有的箱子初始时为空,考虑把这些项按照 $u_1, u_2, \cdots, u_n$ 的序装入箱子,为了装入数据项 u_i,找出最小的序号 j,使得箱子 j 最多包含 $1 - s_i$ 的容量,并把 u_i 加到已装入箱子 j 的数据项中。
- 最佳适配法(BF)。这个方法和 FF 启发式方法相同,除了装入数据项 u_i 时,我们要查看各箱已填充的水平 $l \leqslant 1 - s_i$,并且将 u_i 装入 l 尽可能大的箱中。
- 递减最先适配(FFD)。在这个方法中,数据项首先以项大小的递减序排序,然后用 FF 启发式方法装箱。
- 递减最佳适配(BFD)。在这个方法中,数据项首先以项大小的递减序排序,然后用 BF 启发式方法装箱。

证明 $R_{FF}<2$ 是比较容易的, 其中 R_{FF} 是 FF 启发式方法的绝对近似度。令 $FF(I)$ 标记在实例 I 中用 FF 启发式方法装入各项所用的箱子数, 并设 $OPT(I)$ 是最优装箱的箱子数。首先注意到如果 $FF(I)>1$, 则

$$FF(I) < \left\lceil 2\sum_{i=1}^{n} s_i \right\rceil \tag{14.1}$$

为了理解这一点, 注意没有两个箱子可能是半空的。为了得出矛盾, 假设存在两个箱子 B_i 和 B_j 是半空的, 其中 $i<j$, 那么放入箱子 B_j 的第一项 u_k 具有大小 0.5 或更小。但这意味着 FF 算法将会把 u_k 放入 B_i 而不是放入一个新的箱子。为了说明这个界是可达到的, 考虑这样的情况, 对于所有的 $i(1 \leq i \leq n)$, $s_i = 0.5 + \epsilon$, 其中 $\epsilon < 1/(2n)$ 是任意小的数, 那么在这种情况下, 需要的箱子数恰好是 n, 它小于 $\lceil n+2n\epsilon \rceil = n+1$。

另一方面, 很容易看出在最优装箱中, 需要的最少箱子数至少是所有项大小的和。即

$$OPT(I) \geq \left\lceil \sum_{i=1}^{n} s_i \right\rceil \tag{14.2}$$

用不等式(14.2)去除不等式(14.1), 我们有

$$R_{FF}(I) = \frac{FF(I)}{OPT(I)} < 2$$

在装箱问题中, 采用渐近近似度更合适, 因为它更好地指出算法关于大的 n 值的性能。FF 启发式方法的更好的界由下面的定理给出, 它的证明冗长而复杂。

定理 14.1 对于装箱问题的所有实例 I,

$$FF(I) \leq \frac{17}{10} OPT(I) + 2$$

可以证明 BF 启发式方法也有一个 17/10 的近似度。FFD 启发式方法有一个更好的近似度, 它由下面的定理给出。

定理 14.2 对于装箱问题的所有实例 I,

$$FFD(I) \leq \frac{11}{9} OPT(I) + 4$$

同样可以证明 BFD 启发式方法也有一个 11/9 的近似度。

14.4.2 欧几里得旅行商问题

本节中, 我们考虑以下问题。给出一个平面上 n 点的集合 S, 找出一个在这些点上的最短长度的游程 τ, 这里, 一个游程是恰好访问每点一次的一条回路。这个问题是旅行商问题的特殊情况, 通常称为欧几里得旅行商问题(ETSP), 已知它是 NP 完全的。

设 p_1 是一个任意的起始点, 一个直观的方法是采用贪心法, 访问和 p_1 最接近的点, 比如 p_2, 然后再访问和 p_2 最接近的点, 等等。这个方法称为最近邻(NN)启发式方法。可以证明, 它并不能得出一个有界近似度, 即 $R_{NN}=\infty$。事实上, 可以证明, 这种方法产生如下近似度:

$$R_{NN}(I) = \frac{NN(I)}{OPT(I)} = O(\log n)$$

一种可选择的满足 $R_A=2$ 的近似算法概括如下。首先, 构造一个最小耗费生成树 T, 接

着通过将 T 的每边复制成两份,从 T 构造出多重图 T'。接下来,找出一个欧拉游程 τ_e(欧拉游程是一条回路,它恰好访问每条边一次)。一旦找到了 τ_e,就可以通过跟踪欧拉游程 τ_e 和删除那些已经访问过的顶点,很容易地把它转换成要求的哈密顿游程 τ。图 14.1 说明了这种方法,输入图的一个最小生成树如图 14.1(a)中的输入图,转换成图 14.1(b)中的欧拉多重图,图 14.1(c)显示了通过短路那些已经访问过的点后得出的游程。

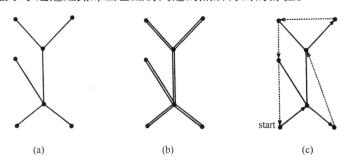

图 14.1　欧几里得旅行商问题的近似算法的图例

这种方法称为 MST(最小生成树)启发式方法。现在我们证明 $R_{MST} < 2$。设 τ^* 表示最优游程,则构造的最小生成树 T 的长度绝对地小于 τ^* 的长度,这是因为从 τ^* 中删除了一条边导出了生成树,这样,T' 的长度绝对地小于 τ^* 长度的两倍。由三角不等式,短路那些在 τ_e 中已经访问过的顶点,不增加游程的长度(回忆三角不等式,即三角形任意两边之和大于或等于第三边的长)。立即可得到 τ 的长度绝对小于 τ^* 长度的两倍。这就确定了界 $R_{MST} < 2$。

可以改进 MST 近似算法背后的思想,以得到这个问题的更好的近似度。为了把 T 变成欧拉图,我们没有将它的边加倍,而是首先识别出那些度数为奇数的顶点集合 X,X 的基数总是偶数(见练习 14.5)。接着在 X 的成员上找出权重最小的匹配 M,最后,令 $T' = T \cup M$。显然,T' 中的每个顶点度数为偶数,于是 T' 是欧拉图。像上面的 MST 算法那样进一步处理,我们找出 τ。这种方法称为最小匹配(MM)启发式方法,它在算法 ETSPAPPROX 中有更精确的描述。

算法 14.1　ETSPAPPROX

输入:EUCLIDEAN TRAVELING SALESMAN PROBLEM 的一个实例 I。

输出:实例 I 的一个游程 τ。

1. 找出 S 的一个最小生成树 T。
2. 识别 T 中度数为奇数的集合 X。
3. 在 X 中查找最小权重匹配 M。
4. 在 $T \cup M$ 中查找欧拉游程 τ_e。
5. 按边跟踪 τ_e,删除那些已访问过的顶点,设 τ 为结果游程。

现在证明这种算法的近似度是 $3/2$。设 τ^* 是一个最优游程,首先观察到 $length(T) < length(\tau^*)$,接着注意到 $length(M) \leqslant (1/2) length(\tau^*)$。为了理解这一点,令 τ' 是把 τ^* 中所有不在 X 中的顶点和它们的关联边移走所形成的一条回路,于是 τ' 由 X 中点集上的两个匹配 M_1 和 M_2 组成。换言之,若我们将 τ' 中的边标为 $e_1, e_2, e_3, \cdots$,那么 $M_1 = \{e_1, e_3, e_5, \cdots\}$ 且 $M_2 = \{e_2, e_4, e_6, \cdots\}$。由于 M 是最小权重匹配,它的总权重小于或等于 M_1 和 M_2 中的任一个。于是就得到

$$length(\tau) \leqslant length(\tau_e)$$
$$= length(T) + length(M)$$
$$< length(\tau^*) + \frac{1}{2}length(\tau^*)$$
$$= \frac{2}{3}length(\tau^*)$$

这样,对于任意的欧几里得最小生成树的实例,有

$$R_{MM}(I) = \frac{MM(I)}{OPT(I)} < \frac{3}{2}$$

我们注意到,上述两种近似算法在应用到一般旅行商问题的任何实例时,其先决条件是图中各边长度都符合三角不等式。因为算法 ETSPAPPROX 包含了找出一个最小权重匹配,它的时间复杂性是 $O(n^3)$。

14.4.3　顶点覆盖问题

回想一下,在图 $G = (V, E)$ 中的一个顶点覆盖 C 是一个顶点集合,使得 E 中的每条边至少关联到 C 中的一个顶点。我们已经在 9.4.3 节中证明,判定在一个图中是否包含一个大小为 k 的顶点覆盖问题,其中 k 是正整数,该问题是 NP 完全的。

也许首先想到的最直观的启发式方法是像下面这样的。重复以下步骤直到 E 变空:任意选一条边 e 并将它的一个端点(比如说 v)加到顶点覆盖,接着删除 e 及所有其他和 v 关联的边。的确,这是一个输出顶点覆盖的近似算法。然而,可以证明这个算法的近似度是无界的。令人惊讶的是,在考虑边 e 时,如果把它的两个端点都加到顶点覆盖中,则近似度变成 2。选取一条边,将它的两个端点加到顶点覆盖,并且删除所有与这些端点关联的边的过程等价于在 G 中找出一个极大匹配。注意,这个极大匹配不一定是最大匹配。在算法 VCOVERAPPROX 中有这个近似算法的概述。

算法 14.2　VCOVERAPPROX

输入: 无向图 $G = (V, E)$。

输出: G 的一个顶点覆盖 C。

1. $C \leftarrow \{\}$
2. **while** $E \neq \{\}$
3. 　　设 $e = (u, v)$ 为 E 中的任意边
4. 　　$C \leftarrow C \cup \{u, v\}$
5. 　　删除 e 和 E 中所有与 u 和 v 相关联的边
6. **end while**

显然,算法 VCOVERAPPROX 输出了一个顶点覆盖,现在证明 $R_{VC} = 2$。不难看出算法第 3 步中所选的边对应于一个极大匹配 M。为了覆盖 M 中的边,至少需要 $|M|$ 个顶点,这意味着一个最佳顶点覆盖的大小至少是 $|M|$。然而,由算法得到的顶点覆盖的大小恰好是 $2|M|$,于是 $R_{VC} = 2$。为了说明这个近似度是可以得到的,考虑图

$$G = (\{v_1, v_2\}, \{(v_1, v_2)\})$$

对于这个图来说，最佳顶点覆盖是 $\{v_1\}$，而由算法得到的顶点覆盖是 $\{v_1, v_2\}$。

14.4.4 困难结果: 旅行商问题

前面我们讲述了具有合理近似度的近似算法，不过事实上有许多问题不具有有界近似度。例如，着色问题、团集问题、独立集问题和一般旅行商问题（见第 9 章）没有已知的具备有界比的近似算法。设 $G = (V, E)$ 是一个无向图，由引理 9.3，一个子集 $S \subseteq V$ 是一个顶点独立集当且仅当 $V - S$ 是一个顶点覆盖。此外可以证明，如果 S 是最大独立集，则 $V - S$ 具有最小顶点覆盖（见练习 14.9）。有人试图由此推出，一个顶点覆盖的近似算法有助于找出独立集的近似算法，但并不如此。为了弄清原因，我们假定 G 有一个大小为 $n/2 - 1$ 的最小顶点覆盖，上面关于顶点覆盖问题的近似算法 VCOVERAPPROX 将找出一个大小最多是 $n - 2$ 的顶点覆盖。但这个顶点覆盖的补集是一个大小为 2 的独立集，而从练习 14.9 可知，最大独立集的大小恰好是 $n - (n/2 - 1) = n/2 + 1$。

现在我们转而讨论一般的旅行商问题。下面的定理说明，关于旅行商问题，要找出具有有界近似度的近似算法是不可能的，除非 NP = P。

定理 14.3 不存在关于旅行商问题的具有 $R_A < \infty$ 的近似算法 A，除非 NP = P。

证明: 利用反证法，假设对于旅行商问题，对于某个正整数 K，存在一个有 $R_A \leq K$ 的近似算法 A，我们将证明，这可以导出一个哈密顿回路问题的多项式算法，我们已经知道它是 NP 完全的（见第 9 章）。设 $G = (V, E)$ 是一个 n 个顶点的无向图，构造一个旅行商问题 I 的实例如下。设 V 对应于城市集，并关于所有的城市对 u 和 v 定义一个距离函数

$$d(u, v) = \begin{cases} 1, & (u, v) \in E \\ Kn, & (u, v) \notin E \end{cases}$$

显然，如果 G 有一个哈密顿回路，则 $OPT(I) = n$；否则 $OPT(I) > Kn$。因此，由于 $R_A \leq K$，我们将有 $A(I) \leq Kn$ 当且仅当 G 有哈密顿回路，这意味着对于哈密顿回路问题存在一个多项式算法，但这蕴含着 NP = P，而它是靠不住的。为了结束证明，考虑能够很容易地在多项式时间内构造旅行商问题的实例 I。

14.5 多项式近似方案

到目前为止，我们已经知道某些 NP 困难问题存在有界近似度的近似算法。另一方面，对于一些问题，除非 NP = P，否则不可能设计出具有有界近似度的近似算法。在另一个极端，事实上存在这样的问题，对于它们存在着一系列近似度收敛到 1 的近似算法，这些问题的例子包括背包问题（KNAPSACK）、子集和问题（SUBSET-SUM）及多处理机调度问题（MULTI-PROCESSOR SCHEDULING）。

定义 14.1 一个最优问题的近似方案是一个算法族 $\{A_\epsilon | \epsilon > 0\}$，使得 $R_{A_\epsilon} \leq 1 + \epsilon$。

这样，可以将一个近似方案看成一个近似算法 A，它的输入是问题的一个实例 I 和有界误差 ϵ，使得 $R_A(I, \epsilon) \leq 1 + \epsilon$。

定义 14.2 一个多项式近似值方案(PAS)是一个近似方案 $\{A_\epsilon\}$, 其中每一个算法 A_ϵ 在输入实例 I 的长度的多项式时间内运行。

注意在这个定义中, A_ϵ 可能不是 $1/\epsilon$ 的多项式的。下一节中我们要加强近似方案的定义, 使得算法的运行时间也是 $1/\epsilon$ 的多项式的。本节中我们研究背包问题的一个多项式近似方案。

14.5.1 背包问题

设 $U = \{u_1, u_2, \cdots, u_n\}$ 是一个要装入大小为 C 的背包中的数据项的集合。对于 $1 \le j \le n$, 设 s_j 和 v_j 分别是第 j 项的大小和值。回忆一下, 我们的目标是要用 U 中的一些项填充背包, 它总的大小最多是 C , 并使得总值最大 (见6.6节)。不失一般性, 假设每个数据项的大小不大于 C 。

考虑贪心算法, 首先将数据项按照值和大小的比(v_j/s_j)的降序排列, 然后逐个将数据项装包, 如果当前项适合可用空间, 那么就将其放入包中, 否则考虑下一项。直到所有项都考虑过或者包中不能再包含更多的数据项时, 过程终止。这种贪心算法不能得出有界比, 下面的例子很好地说明了这一点, 令 $U = \{u_1, u_2\}, s_1 = 1, v_1 = 2, s_2 = v_2 = C > 2$, 在这种情况下, 算法仅将数据项 u_1 装包, 而在最优装包中, 选择的却是数据项 u_2 , 由于 C 可以任意大, 因此这种贪心算法的近似度是无界的。

令人惊讶的是, 上述算法经过简单的修改可以得到近似度为 2 的结果。修改的算法还要测试仅由最大尺寸的数据项组成的装法, 选择两种装法情况中较好的一种作为输出。这一近似算法称为 KNAPSACKGREEDY, 在下面的算法 KNAPSACKGREEDY 中给出。证明 $R_{\text{KNAPSACKGREEDY}} = 2$ 将留做练习 (见练习 14.6)。

算法 14.3 KNAPSACKGREEDY

输入: $2n + 1$ 个正整数, 分别对应于项的大小 $\{s_1, s_2, \cdots, s_n\}$, 项的值 $\{v_1, v_2, \cdots, v_n\}$ 和背包大小 C 。

输出: 项的子集 Z , 它的总大小最多为 C 。

    1. 重新编排项, 使得 $v_1/s_1 \ge v_2/s_2 \ge \cdots \ge v_n/s_n$

    2. $j \leftarrow 0$; $K \leftarrow 0$; $V \leftarrow 0$; $Z \leftarrow \{\}$

    3. **while** $j < n$ **and** $K < C$

    4. $j \leftarrow j + 1$

    5.   **if** $s_j \le C - K$ **then**

    6. $Z \leftarrow Z \cup \{u_j\}$

    7. $K \leftarrow K + s_j$

    8. $V \leftarrow V + v_j$

    9.   **end if**

  10. **end while**

  11. Let $Z' = \{u_s\}$, u_s 为最大的项

  12. **if** $V \ge v_s$ **then return** Z

  13. **else return** Z'

现在描述一个背包问题的多项式近似方案。算法的思想很简单，对于某个正整数 k，令 $\epsilon = 1/k$，算法 A_ϵ 由两步组成：第一步是选出最多 k 个项的子集，把它们放在背包中，第二步是在剩余的数据项中运行算法 KNAPSACKGREEDY，目的是完成装包。这两步都重复了 $\sum_{j=0}^{k} \binom{n}{j}$ 次，对每个大小为 j 的子集执行一次，其中 $0 \leq j \leq k$。在下面的定理中，对于所有的 $k \geq 1$，我们对算法 A_ϵ 的运行时间和近似度定界。

定理 14.4　对于某个 $k \geq 1$，设 $\epsilon = 1/k$，则算法 A_ϵ 的运行时间是 $O(kn^{k+1})$，它的近似度是 $1 + \epsilon$。

证明：由于 $\sum_{j=0}^{k} \binom{n}{j} = O(kn^k)$（见练习 14.7），子集大小最大是 k 时的子集个数 $O(kn^k)$。每次迭代中的工作量是 $O(n)$，因此算法的时间复杂性是 $O(kn^{k+1})$。

现在我们为算法的近似度定界，设 I 为 $U = \{u_1, u_2, \cdots, u_n\}$ 的背包问题的一个实例，C 为背包的容量，设 X 是对应于一个最优解的项的集合。如果 $|X| \leq k$，那么不必证明，因为算法将测试所有可能的大小为 k 的子集，所以假定 $|X| > k$。设 $Y = \{u_1, u_2, \cdots, u_k\}$ 是 X 中 k 个最大值项的集合，并且设 $Z = \{u_{k+1}, u_{k+2}, \cdots, u_r\}$ 用来表示 X 中剩余项的集合，假定对于所有的 j，$k+1 \leq j \leq r-1$，有 $v_j/s_j \geq v_{j+1}/s_{j+1}$ 成立。由于 Y 中的元素具有最大值，一定有

$$v_j \leq \frac{OPT(I)}{k+1} \quad \text{其中} \ j = k+1, k+2, \cdots, r \tag{14.3}$$

现在考虑迭代算法将集合 Y 作为初始 k 子集进行测试，设 u_m 为 Z 中未被算法包含进背包中的第一项，如果这样的项不存在，则算法的输出是最优的，所以假设 u_m 存在，最优解可以写成

$$OPT(I) = \sum_{j=1}^{k} v_j + \sum_{j=k+1}^{m-1} v_j + \sum_{j=m}^{r} v_j \tag{14.4}$$

设 W 表示 u_m 之前算法所考虑的并由算法装包的，但是不在 $\{u_1, u_2, \cdots, u_m\}$ 中的项的集合，换句话说，如果 $u_j \in W$，则 $u_j \notin \{u_1, u_2, \cdots, u_m\}$，且 $v_j/s_j \geq v_m/s_m$。现在 $A(I)$ 可以写成

$$A(I) \geq \sum_{j=1}^{k} v_j + \sum_{j=k+1}^{m-1} v_j + \sum_{j \in W} v_j \tag{14.5}$$

对于 $U - Y$ 中 u_{m-1} 之后的各项，令

$$C' = C - \sum_{j=1}^{k} s_j - \sum_{j=k+1}^{m-1} s_j \quad \text{和} \quad C'' = C' - \sum_{j \in W} s_j$$

分别为最优解和近似解中的有效剩余容量。由式（14.4），

$$OPT(I) \leq \sum_{j=1}^{k} v_j + \sum_{j=k+1}^{m-1} v_j + C' \frac{v_m}{s_m}$$

根据 m 的定义，我们有 $C'' < s_m$，并且对于每个项 $u_j \in W$，都有 $v_j/s_j \geq v_m/s_m$。由于

$$C' = \sum_{u_j \in W} s_j + C'', \text{且} \ C'' < s_m$$

必定有

$$OPT(I) < \sum_{j=1}^{k} v_j + \sum_{j=k+1}^{m-1} v_j + \sum_{j \in W} v_j + v_m$$

因此，根据式(14.5)，$OPT(I) < A(I) + v_m$，再由式(14.3)，

$$OPT(I) < A(I) + \frac{OPT(I)}{k+1}$$

也就是

$$\frac{OPT(I)}{A(I)}\left(1 - \frac{1}{k+1}\right) = \frac{OPT(I)}{A(I)}\left(\frac{k}{k+1}\right) < 1$$

所以

$$R_k = \frac{OPT(I)}{A(I)} < 1 + \frac{1}{k} = 1 + \epsilon$$

14.6　完全多项式近似方案

14.5 节描述的多项式近似方案的运行时间对于 $1/\epsilon$ 是以指数形式增长的，$1/\epsilon$ 是预期的误差界的倒数。在这一节里，我们证明一个近似方案。在这个方案中，近似算法的运行时间也是 $1/\epsilon$ 的多项式的，对于一些 NP 困难问题，这可以用约束的近似方案得到。其定义如下。

定义 14.3　一个完全多项式近似方案(FPAS)是一个近似方案 $\{A_\epsilon\}$，其中每个算法 A_ϵ 在以输入实例的长度和 $1/\epsilon$ 两者的多项式时间内运行。

定义 14.4　伪多项式时间算法是一种算法，它在 L 值的多项式时间内运行，其中 L 是输入实例中的最大数。

注意，如果算法在 $\log L$ 的多项式时间内运行，则它是一个多项式时间算法。这里 $\log L$ 一般称为 L 的大小。在第 6 章中我们已经遇到过称为背包问题的伪多项式时间算法的例子。为 NP 困难问题找到一个 FPAS 的想法，对于所有存在伪多项式时间算法的问题来说都是很典型的。从这样一个算法 A 开始，对于实例 I 的输入值应用标度变换和舍入得到实例 I'，那么将同样的算法 A 应用到修改过的实例 I' 上以得出一个答案，它就是最优解的近似解。这一节里我们将关于子集和问题研究 FPAS。

14.6.1　子集和问题

子集和问题是背包问题的特例，也就是在背包问题中项的值和它们的大小相同。因此子集和问题可以做如下定义：给出大小为 $s_1, s_2, \cdots, s_n$ 的 n 个项和背包容量正整数 C，目标是要找出这些项的一个子集，使得它们大小的总和最大化，且不超过背包的容量 C。顺便说一下，这个问题是划分问题(见 9.4.4 节)的变形，求解该问题的算法几乎和 6.6 节描述的背包问题的算法相同。算法 SUBSETSUM 如下。

算法 14.4　SUBSETSUM

输入：项集 $U = \{u_1, u_2, \cdots, u_n\}$，大小分别为 $s_1, s_2, \cdots, s_n$，背包容量 C。

输出：函数 $\sum_{u_i \in S} s_i$ 的最大值，满足对 $S \subseteq U$ 的项的某个子集，$\sum_{u_i \in S} s_i \leq C$。

```
1.  for i ← 0 to n
2.      T[i,0] ← 0
3.  end for
4.  for j ← 0 to C
5.      T[0,j] ← 0
6.  end for
7.  for i ← 1 to n
8.      for j ← 1 to C
9.          T[i,j] ← T[i-1,j]
10.         if sᵢ ≤ j then
11.             x ← T[i-1,j-sᵢ] + sᵢ
12.             if x > T[i,j] then T[i,j] ← x
13.         end if
14.     end for
15. end for
16. return T[n,C]
```

由于填入每一项需要 $\Theta(1)$ 时间，显然算法 SUBSETSUM 的时间复杂性恰好是表的大小 $\Theta(nC)$。现在我们来开发一个近似算法 A_ϵ，其中 $\epsilon = 1/k$，k 为某个正整数。算法对于任意实例 I，有

$$R_{A_\epsilon}(I) = \frac{OPT(I)}{A_\epsilon(I)} \leq 1 + \frac{1}{k}$$

令

$$K = \frac{C}{2(k+1)n}$$

首先，对于 $1 \leq j \leq n$ 的所有的 j，设 $C' = \lfloor C/K \rfloor$，$s'_j = \lfloor s_j/K \rfloor$，得到一个新的实例 I'。接着对于实例 I' 应用算法 SUBSETSUM，算法的运行时间现在减少到 $\Theta(nC/K) = \Theta(kn^2)$。现在，我们来估算近似解的误差。由于最优解不可能包含多于所有的 n 个数据项，因此对应初始实例 I 和新的实例 I' 的最优值 $OPT(I)$ 和 $OPT(I')$ 之间，有如下关系

$$OPT(I) - K \times OPT(I') \leq Kn$$

也就是如果对于实例 I'，我们设近似解是算法输出的 K 倍，则有

$$OPT(I) - A_\epsilon(I) \leq Kn$$

或

$$A_\epsilon(I) \geq OPT(I) - Kn = OPT(I) - \frac{C}{2(k+1)}$$

不失一般性，我们可以假定 $OPT(I) \geq C/2$，这是因为如果 $OPT(I) < C/2$，很容易得出最优解（见练习 14.27），因此

$$R_{A_\epsilon}(I) = \frac{OPT(I)}{A_\epsilon(I)}$$

$$\leqslant \frac{A_\epsilon(I) + C/2(k+1)}{A_\epsilon(I)}$$

$$\leqslant 1 + \frac{C/2(k+1)}{OPT(I) - C/2(k+1)}$$

$$\leqslant 1 + \frac{C/2(k+1)}{C/2 - C/2(k+1)}$$

$$= 1 + \frac{1}{k+1-1}$$

$$= 1 + \frac{1}{k}$$

这样，算法的近似度是 $1 + \epsilon$，运行时间是 $\Theta(n^2/\epsilon)$。例如，如果设 $\epsilon = 0.1$，则可以得到近似度是 11/10 的平方算法。如果令 $\epsilon = 1/n^r, r \geqslant 1$，那么可以得到近似度是 $1 + 1/n^r$ 且运行时间是 $\Theta(n^{r+2})$ 的近似算法。

14.7   练习

14.1   给出装箱问题的实例 I，使得 $FF(I) \geqslant \frac{3}{2}OPT(I)$。

14.2   给出装箱问题的实例 I，使得 $FF(I) \geqslant \frac{5}{3}OPT(I)$。

14.3   证明 MST 启发式方法的近似度是可以达到的。换句话说，给出符合欧几里得条件的旅行商问题的一个实例，对于它，MST 启发式算法的近似度为 2。

14.4   证明欧几里得旅行商问题的 NN 近似算法的近似度是无界的。

14.5   证明在图中奇数度顶点的个数是偶数。

14.6   证明对于背包问题的算法 KNAPSACKGREEDY 的近似度是 2。

14.7   证明 $\sum_{j=0}^{k} \binom{n}{j} = O(kn^k)$。

14.8   定理 14.4 说明算法 A_ϵ 的运行时间是 $O(kn^{k+1})$，其中 $k = 1/\epsilon$ 是输入的一部分，请解释为什么这是一个指数算法。

14.9   设 $G = (V, E)$ 是一个无向图，由引理 9.3，子集 $S \subseteq V$ 是顶点的一个独立集当且仅当 $V - S$ 是 G 的一个顶点覆盖。证明如果 S 是最大独立集，那么 $V - S$ 是最小顶点覆盖。

14.10 考虑下面在无向图中找出顶点覆盖的算法。首先，将顶点以其度数的降序排列，之后执行下面的步骤，直到覆盖了所有的边为止：选取一个度数最大的顶点，它在剩余的图中至少与一条边相关联，把它加到顶点覆盖中，并删除所有与该顶点相关联的边。证明这种贪心方法并不是总能得到最小的顶点覆盖。

14.11 证明练习 14.10 中顶点覆盖问题的近似算法的近似度是无界的。

14.12 考虑下面在给定图 G 中找出最大团集问题的近似算法，重复下面的步骤直到得出的图是一个团集：从 G 中删除一个顶点，它不和 G 中其他顶点都相连。证明这种贪心方法并不是总能得到最大团集的。

14.13 证明练习 14.12 中找出最大团集问题的近似算法的近似度是无界的。

14.14 考虑在给定的图 G 中找出最大团集问题的近似算法。设 $C=\{\}$，向 C 中添加一个顶点，该顶点不在 C 中但和 C 中的每个顶点相连。重复上述的步骤，直到 G 没有不在 C 中的顶点，或者没有与 C 中的每个顶点相连的顶点。请研究这个近似算法可能达到的近似度。

14.15 证明练习 14.14 中给出的查找最大团集问题的启发式算法的近似度是无界的。

14.16 给出着色问题的一个近似算法：找出给一个无向图着色，使得相邻顶点着不同颜色的最少颜色数。证明或否定该算法的近似度是有界的。

14.17 给出一个求解独立集问题的近似算法：找到互不相连顶点的最大值。证明或否定该算法的近似度是有界的。

14.18 给出至少由三个顶点组成的图作为反例，证明算法 VCOVERAPPROX 并不总是能够给出一个最优顶点覆盖。

14.19 写出一个 $O(n)$ 时间算法，在一棵树中用线性的时间找到顶点覆盖。

14.20 详细说明在定理 14.4 的证明中讨论的求解背包问题的多项式近似方案的运行时间是 $O(kn^{k+1})$，应计入生成子集所需的时间。

14.21 考虑在 9.4.4 节中定义的集合覆盖问题的最优化样式：给出 n 个元素的集合 X 和 X 的子集族 $\mathcal{F}$，找出一个最小子集 $\mathcal{C}\subseteq\mathcal{F}$，它覆盖 X 中的所有元素。解决这一问题的近似算法的概要如下：初始化 $S=X$ 和 $C=\{\}$，重复下面的步骤直到 $S=\{\}$，选择一个子集 $Y\in\mathcal{F}$，使 $|Y\cap S|$ 达到最大，把 Y 添加到 $\mathcal{C}$ 中并置 $S=S-Y$。证明这一贪心算法并不总是产生一个最小覆盖。

14.22 证明练习 14.21 中描述的集合覆盖问题的近似算法的近似度是无界的。

14.23 证明练习 14.21 中描述的集合覆盖问题的近似算法的近似度是 $O(\log n)$。

14.24 考虑 9.4.4 节定义的多处理机调度问题的最优化样式：给出 n 项作业 $J_1,J_2,\cdots,J_n$，每项作业有一个运行时间 t_i 和一个正整数 m（处理机的个数），在 m 个处理机上调度那些作业，使完成时间最少。完成时间定义为在所有 m 个处理机中的最长运行时间。求解这个问题的近似算法和 FF 算法类似：按照 $J_1,J_2,\cdots,J_n$ 的顺序，把每项作业分配给下一个可用的处理机（没有任何约束），换句话说，把下一项作业分配给完成时间最少的处理机。证明该算法的近似度是 $2-1/m$。

14.25 通过展示一个达到 $2-1/m$ 近似度的实例，以证明练习 14.24 中近似算法的 $2-1/m$ 的界是紧的。

14.26 通过先将这些作业按运行时间的降序排列，修改练习 14.24 中描述的关于多处理机调度问题的近似算法，证明在这种情况下近似度变成

$$\frac{4}{3}-\frac{1}{3m}$$

14.27　考虑 14.6.1 节讨论的子集和问题，证明如果 $OPT(I) < C/2$，那么可以直接得到最优解（提示：证明 $\sum_{j=1}^{n} s_j < C$）。

14.8　参考注释

Garey and Johnson(1979)提供了一个合适的关于近似算法的评述。在 Horowitz and Sahni (1978)和 Papadimitriou and Steiglitz(1982)的著作中也能找到近似算法的其他一些介绍。装箱问题的 *FF* 算法的 17/10 的界由 Johnson et al. (1974)给出，装箱问题的 *FFD* 算法的 11/9 的界由 Johnson(1973)得到。旅行商问题的近似算法出现在 Rosenkrantz et al. (1977)中，3/2 的界来自 Christofides(1976)，Lawler et al. (1985)对旅行商问题提供了一个广泛的讨论。背包问题的 PAS 可以在 Sahni(1975)中找到。子集和问题的 FPAS 是基于背包问题的，由 Ibarra and Kim(1975)解决。Sahni(1977)给出了构造 PAS 和 FPAS 的一般技术。装箱问题的渐近 PAS 由 Vega and Lueker(1981)给出。

第六部分　域指定问题
的迭代改进

在本书的这一部分，我们将学习一种称为迭代改进的算法设计技术。在它的最简单形式中，这种技术以一种简单考虑（往往是贪心法）的解开始，然后对这个解在各阶段中进行改进，直到找出一个最优解。问题专有性的多个方面都刻画出这种技术的特征。迭代改进技术的一些显著特征依次如下。第一，设计一种新的数据结构以满足算法有效的数据访问的要求，例如张开树(splay tree)和 Fibonacci 堆。第二，引入一种创新的分析技术来详细地计算这种算法的真实耗费。当我们在网络流和匹配算法中计算阶段或增值数时，就可以非常清楚地了解这一特征。第三，利用问题特有的观察结论改进现有的解。

作为这种设计技术的例子，我们将详细研究两个问题：在一个网络中找出一个最大流；在一个无向图中找出最大匹配。这两个问题都已受到研究者的极大关注，并且已经开发出许多算法。这些问题除凭其自身的地位令人感兴趣外，它们还在许多实际应用中也作为子问题频繁出现。

最大网络流问题是第15章的主题，我们将提出一系列效率不断提高的算法，从一个无界时间复杂性的算法到一个立方时间复杂性算法。

第16章主要讲述在无向图中找出最大匹配的问题。我们将对二分图和一般图给出算法。在该章结束时，将对二分图给出一个精确的匹配算法，它的运行时间为 $O(n^{2.5})$。

第15章 网 络 流

15.1 引言

设 $G = (V,E)$ 是有两个称为源(source)和汇(sink)的特异顶点 s,t 的有向图，$c(u,v)$ 是定义在所有顶点对上的容量函数。在这一章中，我们用记号 (G,s,t,c) 或直接用 G 来表示一个网络。n 和 m 分别定义为 G 中顶点和边的数量，即 $n = |V|$ 和 $m = |E|$。在这一章中，我们研究如何在一个给定的网络 (G,s,t,c) 中找到一个从 s 到 t 的最大网络流。这个问题称为最大流问题。我们将从一个无界时间复杂性方法开始，到一个运行时间为 $O(n^3)$ 算法为止，并提出一系列算法。

15.2 预备知识

设 $G = (V,E)$ 是有两个称为源和汇的特异顶点 s,t 的有向图，$c(u,v)$ 是定义在所有顶点对上的容量函数，若 $(u,v) \in E$，则 $c(u,v) > 0$，否则 $c(u,v) = 0$。

定义 15.1 G 上的一个流是一个顶点对上的实函数 f，具有以下 4 个条件。

C1. 斜对称。$\forall u,v \in V$，$f(u,v) = -f(v,u)$。如果 $f(u,v) > 0$，则我们说存在从 u 到 v 的流。

C2. 容量约束。$\forall u,v \in V$，$f(u,v) \leqslant c(u,v)$。若 $f(u,v) = c(u,v)$，则我们说边 (u,v) 是饱和的。

C3. 流守恒。$\forall u \in V - \{s,t\}$，$\sum_{v \in V} f(u,v) = 0$。换句话说，任何一个内部顶点的网络流（流出总量减去流入总量）等于 0。

C4. $\forall v \in V$，$f(v,v) = 0$。

定义 15.2 一个割 $\{S,T\}$ 是把顶点集 V 分成两个子集 S 和 T 的一个划分，使得 $s \in S$ 和 $t \in T$。割 $\{S,T\}$ 的容量由 $c(S,T)$ 表示：

$$c(S,T) = \sum_{u \in S, v \in T} c(u,v)$$

流过割 $\{S,T\}$ 的流由 $f(S,T)$ 表示：

$$f(S,T) = \sum_{u \in S, v \in T} f(u,v)$$

这样，流过割 $\{S,T\}$ 的流量是所有从 S 到 T 的边的正向流之和减去所有从 T 到 S 的边的正向流之和。对于任意顶点 u 和任意顶点子集 $A \subseteq V$，用 $f(u,A)$ 表示 $f(\{u\},A)$，有 $f(A,u)$ 表示 $f(A,\{u\})$。对于容量函数 c，$c(u,A)$ 和 $c(A,u)$ 也类似定义。

定义 15.3 流 f 的值记为 $|f|$，它定义为

$$|f| = f(s,V) = \sum_{v \in V} f(s,v)$$

引理 15.1　对于任意的割 $\{S,T\}$ 和一个流 f，有 $|f| = f(S,T)$。

证明：对 S 中的顶点数进行归纳证明。如果 $S = \{s\}$，由定义显然成立。假定对割 $\{S,T\}$ 成立，我们证明它在 $w \in T - \{t\}$ 时对割 $\{S \cup \{w\}, T - \{w\}\}$ 也成立。设 $S' = S \cup \{w\}$，$T' = T - \{w\}$，则有

$$
\begin{aligned}
f(S',T') &= f(S,T) + f(w,T) - f(S,w) - f(w,w) \\
&= f(S,T) + f(w,T) + f(w,S) - 0 \quad \text{（由条件 C1 和 C4）} \\
&= f(S,T) + f(w,V) \\
&= f(S,T) + 0 \quad\quad\quad\quad\quad\quad\quad \text{（由条件 C3）} \\
&= f(S,T) \\
&= |f| \quad\quad\quad\quad\quad\quad\quad\quad\quad\quad \text{（由归纳）}
\end{aligned}
$$

定义 15.4　给出 G 上的一个流 f 及它的容量函数 c，顶点对上 f 的剩余容量函数定义如下：对于每一对顶点 $u,v \in V, r(u,v) = c(u,v) - f(u,v)$，流 f 的剩余图（residual graph）是一个具有容量 r 的有向图 $R = (V, E_f)$，其中

$$
E_f = \{(u,v) \mid r(u,v) > 0\}
$$

剩余容量 $r(u,v)$ 表示，在不破坏容量约束条件 C2 下可以增加边 (u,v) 上的流量。如果 $f(u,v) < c(u,v)$，则 (u,v) 和 (v,u) 均在 R 中有表示，如果在 G 中 u,v 两点间没有边，则 (u,v) 和 (v,u) 均不在 E_f 中，这样 $|E_f| \leq 2|E|$。

图 15.1 给出网络 G 上一个流 f 和它的剩余图 R 的例子。在图 15.1(a)中，每条边的容量和指派给它的流用逗号分开。G 中的边 (s,a) 在 R 中变成了两条边，即 (s,a) 和 (a,s)。(s,a) 的剩余容量等于 $c(s,a) - f(s,a) = 6 - 2 = 4$，这意味着我们可以在边 (s,a) 上外加 4 个单元的流量，而边 (a,s) 的剩余容量等于边 (s,a) 上的流为 2，这意味着我们可以在边 (s,a) 上加 2 个单元的后向流。边 (s,b) 在剩余图 R 上没有表示出来，因为它的剩余容量为 0。

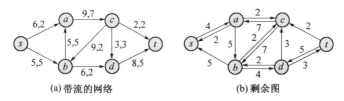

(a)带流的网络　　　　　　　　　(b)剩余图

图 15.1　带流的网络和它的剩余图

设 f 和 f' 为 G 中的任意两个流，对所有的顶点对 u,v，定义函数 $f + f'$ 为 $(f + f')(u,v) = f(u,v) + f'(u,v)$，同样定义函数 $f - f'$ 为 $(f - f')(u,v) = f(u,v) - f'(u,v)$。

下面的两个引理看上去是显然成立的，它们是网络流中迭代改进技术的基础。我们把它们的证明留作练习。

引理 15.2　设 f 是 G 中的流，f' 是 f 的剩余图 R 中的流，则函数 $f + f'$ 是 G 中的流且值为 $|f| + |f'|$。

引理 15.3　设 f 是 G 中的任意流，f^* 是 G 中的最大流，若 R 是 f 的剩余图，则 R 中最大流的值为 $|f^*| - |f|$。

定义 15.5 给定 G 中的流 f，一条增广路径 p 是指在剩余图 R 中一条从 s 到 t 的有向路径，p 的瓶颈容量是 p 上的最小剩余容量，p 的边数将用 $|p|$ 来标记。

在图 15.1(b)中，路径 s,a,c,b,d,t 是一条增广路径，具有瓶颈容量 2。如果将两个额外单位流加到这条路径上，那么流就变成最大的。

定理 15.1 (最大流最小割定理)设(G,s,t,c)为一个网络，f 为 G 中的流，下面的三条语句是等价的。

(a) 存在一个割 $\{S,T\}$，$c(S,T)=|f|$。

(b) f 是 G 中的最大流。

(c) 对 f 不存在增广路径。

证明：(a)→(b)：因为对于任意割 $\{A,B\}$，均有 $|f| \leqslant c(A,B)$，而 $c(S,T)=|f|$ 蕴含着 f 是最大流。

(b)→(c)：如果在 G 中有一条增广路径 p，那么 $|f|$ 可以通过沿着 p 的流而增加，也就是说，f 不是最大流。

(c)→(a)：假定没有 f 的增广路径。设 S 是在剩余图 R 中从 s 开始能到达的顶点集，令 $T=V-S$，则 R 中不包含从 S 到 T 的边，这样 G 中所有从 S 到 T 的边是饱和的，这就有 $c(S,T)=|f|$。

上述(c)→(a)的证明给出一个在给定网络中找到最小割的算法。

15.3 Ford-Fulkerson 方法

定理 15.1 给出用迭代改进来构造最大流的方法，即不断任意地找出增广路径且增加瓶颈容量的流。这种方法称为 Ford-Fulkerson 方法，具体算法如下。

算法 15.1 FORD-FULKERSON

输入：网络(G,s,t,c)。

输出：G 中的一个流。

1. 初始化剩余图，设 $R=G$
2. **for** 边$(u,v) \in E$
3. $f(u,v) \leftarrow 0$
4. **end for**
5. **while** 在 R 中有一条增广路径 $p=s,\cdots,t$
6.   设 Δ 为 p 的瓶颈容量
7.   **for** p 中的每条边(u,v)
8. $f(u,v) \leftarrow f(u,v)+\Delta$
9.   **end for**
10.   更新剩余图 R
11. **end while**

第 1 步是将剩余图初始化为原始网络，第 2 步将 G 中的网络流初始化为 0。对于剩余图 R 中找到的每条增广路径，执行 while 循环。每找到一条增广路径，就计算它的瓶颈容量 Δ，

并且流增加 Δ，然后剩余图 R 被更新，更新 R 会导致增加新的边或者删除一些已经存在的边。应该强调的是，在这个方法中，增广路径的选择是任意的。

如果容量是无理数，则 Ford-Fulkerson 方法可能不会终止。然而，如果流收敛，则它可能收敛到一个不一定最大的值。如果容量是整数，则由于每次扩张流至少增加 1，因此这种方法用至多 $|f^*|$ 步就可以计算出最大流 f^* 了。由于每条增广路径可以在 $O(m)$ 时间中找到（比如，用深度优先搜索），此方法的整个时间复杂性是 $O(m|f^*|)$（当输入的容量都是整数时）。注意到时间复杂性取决于输入值。作为一个例子，考虑图 15.2(a) 所示的网络，如果算法中交替选择增广路径 s,a,b,t 和 s,b,a,t，则增值步数是 1000。前两个剩余图如图 15.2(b) 和图 15.2(c) 所示。

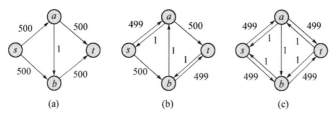

图 15.2　在一个图上 Ford-Fulkerson 方法执行得较差的例子

15.4　最大容量增值

在这一节中，我们将考虑在所有可能的增广路径中选择有最大瓶颈容量的路径来改进 Ford-Fulkerson 方法，这种启发式方法由 Edmonds 和 Karp 提出。作为一个例子考虑如图 15.1(a) 所示的有零网络流的原图。根据这种启发式方法，网络瓶颈容量为 6 的增广路径 s,a,c,b,d,t 是首选，接着选择增广路径 s,b,c,t，其瓶颈容量为 2。如果下一次具有瓶颈容量 2 的增广路径 s,b,c,d,t 被选中，那么该流就是最大的。如图 15.2 中所示的网络，使用这种方法恰好在两次增值后找到最大流。

我们把这种方法称为最大容量增值（MCA）方法。为了分析这种方法的时间复杂性，首先我们将证明总是存在一个序列，通过最多 m 次增值达到最大流。接着证明，如果输入容量都是整数，那么它的时间复杂性对于其输入大小是多项式的，这是对 Ford-Fulkerson 方法的一个显著改进。

引理 15.4　从零网络流开始，存在一个至多 m 次增值的序列，可以达到最大流。

证明：设 f^* 是最大流，G^* 是 G 的一个子图，由所有满足 $f^*(u,v) > 0$ 的边 (u,v) 导出。初始化 i 为 1，在 G^* 中找出一条从 s 到 t 的路径 p_i，设 Δ_i 为 p_i 的瓶颈容量。对于 p_i 中的每一条边 (u,v)，让 $f^*(u,v)$ 减去 Δ_i，删除流量变成零的边。i 增加 1，并重复上述步骤直到 t 不能从 s 处到达。这个过程最多 m 步就停止了，因为在每一次迭代中至少有一条边被删除。它产生了一系列的增广路径 $p_1,p_2,\cdots$ 和流 $\Delta_1,\Delta_2,\cdots$。现在从零流量开始，把 Δ_1 个单位加到 p_1 上，Δ_2 个单位加到 p_2 上……至多用 m 步构造了一个最大流。

这个引理从某种意义上来说并不是构造性的，因为它没有提供找出一系列增广路径的方法，它只是证明了存在这个序列。

定理 15.2　如果边容量都是整数，那么 MCA 在 $O(m \log c^*)$ 增值步内构造一个最大流，其中 c^* 是最大边容量。

证明：设 R 是相对于初始零流量的剩余图。因为容量都是整数，那么有一个最大流 f^* 也是整数。由引理 15.4，f^* 最多只需 m 条增广路径就可以达到，因此在 R 中就有一条增广路径 p，其瓶颈容量至少是 f^*/m。考虑相继使用 MCA 启发式方法得到的 $2m$ 次增值序列，这些增广路径中必然有 $f^*/2m$ 或更小的瓶颈容量。这样，最多 $2m$ 次增值后，最大瓶颈容量将被一个至少为 2 的因子减小，在进一步的最多 $2m$ 次增值后，最大瓶颈容量进一步被一个至少为 2 的因子减小。一般地，经过最多 $2km$ 次增值后，最大瓶颈容量将被一个至少是 2^k 的因子减小。由于最大瓶颈容量至少是 1，因此 k 不可能超过 $\log c^*$，这也就意味着增值个数为 $O(m \log c^*)$。

应用一个修改过的单源最短路径问题的 Dijkstra 算法（见 7.2 节），可以在 $O(n^2)$ 时间内找到一条最大瓶颈容量路径。因此，MCA 启发式方法在 $O(mn^2 \log c^*)$ 时间找到一个最大流。

时间复杂性现在已经是输入的多项式了。然而，算法的运行时间取决于输入的值，这并不令人满意，我们通过下面的算法将消除这种依赖性。

15.5 最短路径增值

在本节中，我们考虑另一种启发式方法，也是 Edmonds 和 Karp 提出的，即在选择的增广路径上给予某种序。这样就使时间的复杂性不仅是多项式的，而且与输入的值无关。

定义 15.6 顶点 v 的层次记为 $level(v)$，是从 s 到 v 路径中边的最小数，给定一个有向图 $G = (V,E)$，层次图 L 为 (V,E')，其中 $E' = \{(u,v) \mid level(v) = level(u) + 1\}$。

给定一个有向图 G 和源点 s，它的层次图 L 很容易用广度优先搜索构造。作为一个层次图构造的例子，图 15.3(b) 所示的图是图 15.3(a) 中所示网络的层次图。这里，$\{s\}$，$\{a,b\}$，$\{c,d\}$，$\{t\}$ 分别组成层次 0，1，2，3。可以看到边 (a,b)，(b,a)，(d,c) 不在层次图中出现，因为它们所连的点是在同一层次上。(c,b) 边也没有包括在里面，因为它的方向是从一个较高层的顶点到较低层的顶点。

我们把这种启发式方法称为最小路径长度增值(MPLA)法，它选择最小长度的增广路径，并在当前的流上增加和这条路上瓶颈容量相等的流量。算法开始先将流初始化为零流量，并设网络的剩余图 R 为原始图，然后分阶段进行，每个阶段由下面两步组成。

(1) 根据剩余图 R 计算出层次图 L，如果 t 不在 L 中，则停止，否则继续。

(2) 只要在 L 中有从 s 到 t 的路径 p，就用 p 对当前的流进行增值，从 L 和 R 中移去饱和边，并相应地修改 L 和 R。

注意，增广路径在同一层次图中具有相同长度，而且在第一阶段后的任意阶段，增广路径都严格地比它前面阶段的路径长。一旦 t 在新构造的层次图中不出现，算法就立即终止，整个算法的概要见算法 MPLA（图 15.3 给出了一个例子）。为了分析算法的运行时间，我们需要以下引理。

算法 15.2 MPLA
输入：网络 (G,s,t,c)。
输出：G 中的最大流。

    1. **for** 每条边 $(u,v) \in E$

2.　　　　$f(u,v) \leftarrow 0$

3. **end for**

4. 初始化剩余图，设 $R = G$

5. 查找 R 的层次图 L

6. **while** t 为 L 中的顶点

7.　　**while** t 在 L 中能从 s 到达

8.　　　　设 p 为 L 中从 s 到 t 的一条路径

9.　　　　设 Δ 为 p 的瓶颈容量

10.　　　　用 Δ 增值当前流 f

11.　　　　沿着路径 p 更新 L 和 R

12.　　**end while**

13.　　用剩余图 R 计算新的层次图 L

14. **end while**

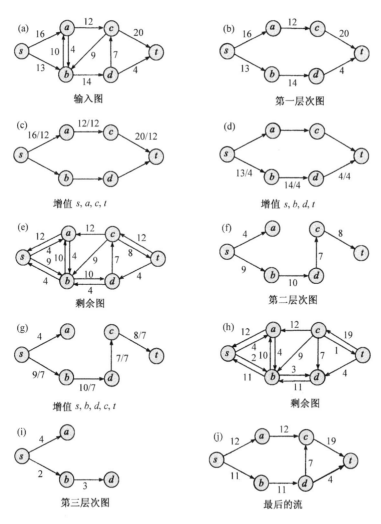

图 15.3　MPLA 算法的示例

引理 15.5 在算法 MPLA 中，最多有 n 个阶段。

证明： 我们证明使用此算法计算的层次图至多为 n 个。首先证明使用算法 MPLA 的增广路径的长度序列是严格递增的。设 p 为当前层次图中的任意增广路径，在用 p 增值后，至少有一条边将饱和，并在剩余图中消失。至多 $|p|$ 条新边将在剩余图中出现，但它们是回边，因此不会对从 s 到 t 的最短路径做出贡献。因为每次有一条边在层次图中消失，因此最多可能有 m 条长度为 $|p|$ 的路径。当 t 在层次图中再也不能从 s 到达时，任何增广路径必须用一条回边或交叉边，并且因此一定具有严格大于 $|p|$ 的长度。因为任何增广路径的长度介于 1 到 $n-1$ 之间，用作增值的层次图的数量最多为 $n-1$ 个，由于 t 不出现的层次图也要计算一次，因此计算的层次图总数最多是 n。

算法 MPLA 的运行时间计算如下。因为在同样长度的路径上至多可以有 m 次增值，并且由引理 15.5，用作增值而计算的层次图的数量最多是 $n-1$，则所有增值步数最多为 $(n-1)m$。使用广度优先搜索，在层次图中找出一条最短增广路径需要 $O(m)$ 时间，这样计算所有增广路径的总时间为 $O(nm^2)$。由于用广度优先搜索计算每一层次图需要 $O(m)$ 时间，因此计算所有层次图需要的总时间为 $O(nm)$，这样我们就得到算法 MPLA 的所有运行时间为 $O(nm^2)$。

至于算法的正确性，注意当计算最多 $n-1$ 层次图后，在原始网络中没有更多的增广路径，根据定理 15.1，这就蕴含着流是最大的，因此有下面的定理。

定理 15.3 在一个有 n 个顶点和 m 条边的网络中，用算法 MPLA 找到最大流需要 $O(nm^2)$ 时间。

15.6 Dinic 算法

在 15.5 节中，我们指出了找到最大流需要 $O(nm^2)$ 时间。在这一节中我们将指出用 Dinic 方法能将时间复杂性减少到 $O(mn^2)$。在算法 MPLA 中，在计算层次图后，增广路径逐条找出。相反，这一节中的算法将更有效地找出所有这些增广路径，这也是改进运行时间的原因所在。

定义 15.7 设 (G, s, t, c) 是一个网络，H 是包含点 s 和 t 的 G 的子图，如果在 H 中每一条从 s 到 t 的路径中都至少有一条饱和边，则 H 中的流 f 称为（关于 H 的）阻塞流。

在图 15.4(c) 中，流是关于图 15.4(b) 所示层次图的阻塞流，Dinic 算法在算法 DINIC 中显示。如在算法 MPLA 中那样，Dinic 算法被分成至多 n 个阶段，每一个阶段由寻找出层次图和关于此层次图的阻塞流及用阻塞流来增加当前流这样几部分组成。由引理 15.5，最多有 n 个阶段。外层 while 循环的每一次迭代对应于一个阶段。中间的 while 循环基本上是一个深度优先搜索，在那里找出增广路径用来增加流量。这里，$p = s, \cdots, u$ 是一条至此为止找到的当前路径。在内层 while 循环中有两个基本的运算，如果在当前路径的一端是 u 而不是 t，并且 u 至少有一条边自 u 引出，比如 (u, v)，则向前运算就开始了。这个运算包括将 v 添加到 p，并让它成为 p 的当前端点。另一方面，假如 u 不是 t，并且没有边从 u 引出，此时进行后退运算。这个运算仅相当于把 u 从 p 的一端拿掉，并在当前层次图 L 中移去所有和 u 邻接的边,因为不可能有任何增广路径经过 u。如果 t 已到达,或者搜索后退到 s 点,并且从 s 出来的所有邻接边都已被探查,则内层 while 循环结束。如果到达 t,这也就说明找到了一条增广路径,跟随内层 while 循环的步骤将根据这一路径执行增值。另一方面,如果已经到达 s,并且所有从它引出的边已被删除,那么就没有增值发生,并且对当前层次图的处理已经完成。在图 15.4 中,给出了算法执行的一个例子。

算法 15.3 DINIC

输入:网络 (G, s, t, c)。

输出:G 中的最大流。

  1. **for** 每条边 $(u, v) \in E$

  2. $f(u, v) \leftarrow 0$

  3. **end for**

  4. 初始化剩余图,设 $R = G$

  5. 查找 R 中的层次图 L

  6. **while** t 为 L 中的顶点

  7. $u \leftarrow s$

  8. $p \leftarrow u$

  9.   **while** $outdegree(s) > 0$ {开始阶段}

 10.   **while** $u \neq t$ **and** $outdegree(s) > 0$

 11.   **if** $outdegree(u) > 0$ **then**   {前进}

 12.   设 (u, v) 为 L 中的一条边

 13. $p \leftarrow p, v$

 14. $u \leftarrow v$

 15.   **else**   {退出}

 16.   删除 u 和 L 中的所有邻接边

 17.   从 p 的末尾删除 u

 18.   将 u 设为 p 中的最后一个顶点(u 可能是 s)

 19.   **end if**

 20.   **end while**

 21.   **if** $u = t$ **then**   {增值}

 22.   设 Δ 为 p 中的瓶颈容量,用 Δ 增值 p 中的当前流。在剩余图和层次图中调整 p 的容量,删除饱和边。设 u 是 p 中从 s 可到达的最后顶点,注意 u 可能是 s

 23.   **end if**

 24.   **end while**

 25.   从当前剩余图 R 计算新的层次图 L

 26. **end while**

我们计算每个阶段的运行时间如下。因为在每一次增值时,至少删除层次图的一条边,因此增值次数至多是 m。每次增值耗费 $O(n)$ 时间,用以修改流量,删去层次图、剩余图和在

算法中用到的路径 p，并且有可能在剩余图中增加边。因此，每一阶段增值的总耗费是 $O(mn)$。因为每一次后退将导致除 s 或 t 外的一个顶点被删除，因此后退的次数（即内层 while 循环中的 else 部分）最多是 $n-2$。在后退中，从层次图中删除的边的总数至多是 m，这意味着在每一个阶段，后退的总耗费为 $O(m+n)$。在每次增值或后退前的向前次数（即内层 while 循环的 if 部分）不能超过 $n-1$；否则，在增值或后退前有一个顶点将不止一次地被访问。因此在每一阶段，前进的总次数为 $O(mn)$，得出每阶段的总耗费是 $O(mn)$。因为最多有 n 个阶段，因此该算法的总运行时间为 $O(mn^2)$。

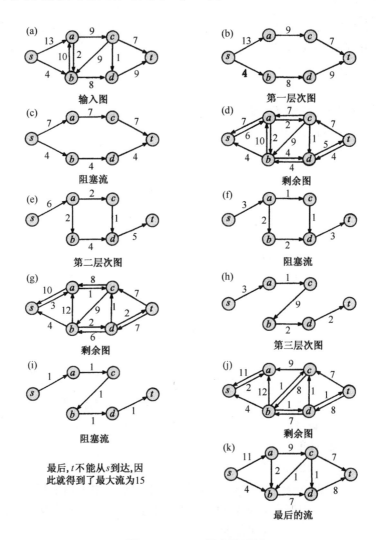

图 15.4　Dinic 算法的示例

至于算法的正确性，注意最多计算 $n-1$ 个层次图后，剩余图中已经没有更多的增广路径了。由定理 15.1，这蕴含着那个流是最大的。因此我们有下面的定理。

定理 15.4　在一个有 n 个顶点和 m 条边的网络中，Dinic 算法找到最大流的时间为 $O(mn^2)$。

15.7 MPM 算法

在这一节中，我们将概述一个 $O(n^3)$ 时间的算法来找出给定网络中的最大流。这个算法由 Malhotra、Pramodh Kumar 和 Maheshwari 发现。这是对 Dinic 算法的改进，得到 $O(n^3)$ 界是因为有一个更快速的 $O(n^2)$ 时间的方法来计算阻塞流。在这一节中，我们考虑的只是找出这样的阻塞流的方法。算法的其余部分和 Dinic 算法相似，因此我们需要以下定义。

定义 15.8 对于网络 (G,s,t,c) 中的顶点 v，不同于 s 和 t，定义 v 的通过量（*throughput*）为引入边的总容量和引出边的总容量中的最小值。即对于 $v \in V - \{s,t\}$，

$$throughput(v) = \min\left\{ \sum_{u \in V} c(u,v), \sum_{u \in V} c(v,u) \right\}$$

s 和 t 的通过量定义为

$$throughput(s) = \sum_{v \in V-\{s\}} c(s,v), throughput(t) = \sum_{v \in V-\{t\}} c(v,t)$$

和在 Dinic 算法中一样，算法的每一个阶段包括修改剩余图、计算层次图和寻找阻塞流。在层次图 L 中寻找阻塞流可以描述如下。首先找到一个顶点 v，使得 $g = throughput(v)$ 在 L 的所有其他顶点中最小，然后从 v 到 t 一路上"推出"（push）g 个单位流到各边，而从 s 到 v 一路上"拉入"（pull）g 个单位流到各边。当从顶点 v 推出流时，尽量让它的某些引出边饱和到它们的容量，并至多留一条边部分饱和。然后删除所有已经饱和的引出边。类似地，当向点 v 拉入一个网络流时，尽量让它的某些引入边饱和到它们的容量，并至多留一条边部分饱和，然后删除所有饱和的引入边。或者所有引入边，或者所有引出边将饱和。结果顶点 v 和其所有邻接边都从层次图中移去，并且剩余图 R 被相应地修改。从 v 出来的流被推过它流出的边到达（一些）它的相邻顶点，如此继续直至到达 t 时为止。注意这种情况总是有可能出现的，因为 v 在当前层次图的所有其他顶点中有最小的通过量。类似地，到 v 中的流向后传递，直至到达 s 时为止。然后，找出另一个最小通过量的顶点，重复以上过程。因为有 n 个顶点，以上过程至多重复 $n-1$ 次，这种方法在算法 MPM 中给出。

算法 15.4 MPM
输入：网络 (G,s,t,c)。
输出：G 中的最大流。

1. **for** 每条边 $(u,v) \in E$
2. $f(u,v) \leftarrow 0$
3. **end for**
4. 初始化剩余图，设 $R = G$
5. 查找 R 的层次图 L
6. **while** t 为 L 中的顶点
7.   **while** t 在 L 中从 s 能到达
8.   查找最小通过量为 g 的顶点 v
9.   从 v 到 t 推出 g 个单元流

10.　　　从 s 到 v 拉入 g 个单元流

11.　　　更新 f, L 和 R

12.　　**end while**

13.　　使用剩余图 R 计算新的层次图 L

14.　**end while**

此算法的每一阶段所需要的时间计算如下。使用广度优先搜索找到层次图 L 所需要的时间为 $O(m)$。找出最小通过量的顶点需花费 $O(n)$ 时间，由于这最多进行 $n-1$ 次，因此这一步所需要的总时间为 $O(n^2)$。删除所有饱和边需要 $O(m)$ 时间，因为对于每个顶点来说，至多有一条边部分饱和，部分饱和边在每一次内层 while 循环中所需的时间为 $O(n)$。由于最多有 $n-1$ 个内层 while 循环，因此部分饱和边所需要的总时间为 $O(n^2)$。由此得出从 v 到 t 推出流和从 s 到 v 的拉入流所需要的总时间为 $O(n^2)$，而修改流函数 f 和剩余图 R 所需要的时间不会比推出流和拉入流需要的时间多，即为 $O(n^2)$。作为结果，每个阶段所需的总时间为 $O(n^2 + m) = O(n^2)$。

因为最多有 n 个阶段（在最后阶段，t 不是 L 的顶点），算法需要的所有时间为 $O(n^3)$。最后，注意到经过最多 $n-1$ 个层次图计算后，剩余图中已不再有增广路径了。根据定理 15.1，这蕴含着该流是最大流。因此我们有以下定理。

定理 15.5　在一个有 n 个顶点、m 条边的网络中，用算法 MPM 找到最大流的时间为 $O(n^3)$。

15.8　练习

15.1　证明引理 15.2。

15.2　证明引理 15.3。

15.3　设 f 为网络 G 中的一个流，f' 是关于 f 的剩余图 R 中的一个流，证明或否定下述结论：如果 f' 是 R 中的一个最大流，那么 $f+f'$ 为 G 中的最大流。函数 $f+f'$ 的定义见 15.2 节。

15.4　证明或否定下述结论：如果一个网络中所有的容量值是不同的，则存在一个唯一的流函数，它给出一个最大流。

15.5　证明或否定下述结论：如果一个网络中所有的容量值是不同的，则存在一个唯一的最小割，它把源顶点和汇顶点分割开。

15.6　解释如何在多个源顶点和多条边的情况下解决最大流问题。

15.7　给出一个 $O(m)$ 时间的算法来构造一个带有正的边容量网络的剩余图。

15.8　说明如何有效地在一个给定的剩余图中找到一条增广路径。

15.9　修改 Ford-Fulkerson 方法，使其应用到顶点也有容量的情况。

15.10　给出一个有效算法，它在一个给定的有向无回路图中寻找最大瓶颈容量的路径。

15.11　给出一个有效算法，找出一个给定的有向无回路图的层次图。

15.12　用例子说明，在剩余图的层次图中的一个阻塞流并不一定就是剩余图中的阻塞流。

15.13　设 $G = (V, E)$ 是一个有向无回路图，其中 $|V| = n$，给出一个算法寻找覆盖所有顶点的有向顶点不相交的路径的最小条数，即每一个顶点恰好只在一条路径上。路径从何处开始、何处终止及长度都没有限制。为了解决这个问题，构造一个网络流 $G' = (V', E')$，其中

$$V' = \{s, t\} \cup \{x_1, x_2, \cdots, x_n\} \cup \{y_1, y_2, \cdots, y_n\}$$

$$E' = \{(s, x_i) \mid 1 \leqslant i \leqslant n\} \cup \{(y_i, t) \mid 1 \leqslant i \leqslant n\} \cup \{(x_i, y_j) \mid (v_i, v_j) \in E\}$$

设每条边的容量均为 1，最后，证明覆盖 V 的路径数为 $|V| - |f|$，其中 f 是 G' 中的最大流。

15.14　设 $G = (V, E)$ 是具有两个特异顶点 $s, t \in V$ 的有向图。试设计一个有效算法，找出从 s 到 t 的边不相交的路径的最大条数。

15.15　设 $G = (V, E)$ 是具有两个特异顶点 $s, t \in V$ 的无向含权图。试设计一个有效算法，找出分离 s 和 t 的最小权重的割。

15.16　设 $G = (X \cup Y, E)$ 为二分图。G 的一个边覆盖 C 是 E 中的一个边集，使得 G 中的每一个顶点至少和 C 中的一条边相关联，试设计一个算法，找出 G 中规模最小的边覆盖集。

15.17　设 $G = (X \cup Y, E)$ 为二分图，设 C 为最小边覆盖集（见练习 15.16），I 是最大独立集，证明 $|C| = |I|$。

15.18　图 $G = (V, E)$ 的顶点连通性定义为，使得 G 不连通所需要移去的最少顶点数。证明若 G 的顶点连通性为 k，则 $|E| \geqslant k|V|/2$。

15.9　参考注释

有关网络流的参考书包括 Even(1979)，Lawler(1976)，Papadimitriou and Steiglitz(1982)。Ford-Fulkerson 方法由 Ford and Fulkerson(1956)提出。最大瓶颈容量增广路径和最短长度增广路径这两种启发式方法由 Edmonds and Karp(1972)提出。Dinic 算法由 Dinic(1970)提出。$O(n^3)$ 的算法 MPM 由 Malhotra, Pramodh-Kumar and Maheshwari(1978)提出。$O(n^3)$ 的界对于一般图是众所周知的，而在稀疏图中，更快的算法可以在 Ahuja, Orlin and Tarjan(1989)，Galil(1980)，Galil and Tardos(1988)，Goldberg and Tarjan(1988)，Sleator(1980)，Tardos(1985)中找到。

第16章 匹 配

16.1 引言

在这一章中，我们将仔细地研究另一个利用问题的现有算法并应用迭代改进设计技术的示例：在无向图中找出一个极大匹配。在最一般的情况下，给定一个无向图 $G=(V,E)$，最大匹配问题是要找出一个 E 的子集 $M \subseteq E$。M 具有最大数量的不交叠边，即在 M 中任何两条边没有一个共同顶点。这个问题来自许多实际应用，特别是在通信和调度领域。这个问题本身已经相当有趣，它更是在复杂算法的设计中不可缺少的构成部分。也就是说，寻找问题的一个最大匹配，往往在许多实用算法的实现中作为一个子例程。

16.2 预备知识

设 $G=(V,E)$ 是连通无向图。在这一章中将用 n 和 m 分别表示图 G 中顶点和边的数量，即 $n=|V|$ 和 $m=|E|$。

G 中的匹配是一个 E 的子集 $M \subseteq E$，使得在 M 中任何两条边都不具有共同顶点。在这一章中假定图为连通的，因此"连通"这个修饰词将被省略。如果一条边 e 在 M 中 $(e \in E)$，我们称其为匹配的，否则认为它是未匹配的或自由的。一个顶点 $v(v \in V)$ 如果和一类匹配的边关联，则将该点称为匹配的，否则是未匹配的或自由的。匹配 M 的规模即为 M 中所有匹配边的数量，用 $|M|$ 来表示。一个图中的最大匹配是具有最大规模的匹配。一个完全匹配是这样一类匹配，其中 V 的每个顶点都被匹配。在一个无向图 $G=(V,E)$ 中给定一个匹配 M，关于 M 的一条交替路径 p 是一条由匹配和未匹配边交替组成的简单路径。p 的长度记为 $|p|$，如果交替路径的两个端点重合，那么称其为交替回路。如果 p 中所有的匹配边在 M 中且其端点是自由的，则 M 的一条交替路径称为关于 M 的增广路径。显然，增广路径中的边数是奇数，因此它不可能是交替回路。这些定义都在图 16.1 中说明，图中的匹配边用锯齿线表示。

在图 16.1 中，$M = \{(b,c),(f,g),(h,l),(i,j)\}$ 是一个匹配，而边 (a,b) 是未匹配的或自由的，而边 (b,c) 是匹配的，顶点 a 是自由的而顶点 b 是匹配的。路径 a,b,c,d 是一条交替路径，它也是关于 M 的一条增广路径。另一条关于 M 的增广路径是 a,b,c,g,f,e。显然，匹配 M 既不是最大的也不是完全的。

设 M_1 和 M_2 是图 G 的两个匹配，则

$$M_1 \oplus M_2 = (M_1 \cup M_2) - (M_1 \cap M_2)$$
$$= (M_1 - M_2) \cup (M_2 - M_1)$$

即 $M_1 \oplus M_2$ 是边的集合, 这些边或者在 M_1 中, 或者在 M_2 中, 但不能同时都在 M_1 和 M_2 中。考虑图 16.1 中所显示的匹配和增广路径

$$p = a, b, c, g, f, e$$

颠倒 p 中边的角色 (即把匹配边和未匹配边互换一下), 结果得到图 16.2 所示的匹配, 而且新的匹配的规模刚好比原来的匹配的规模多 1。这可以由下面的引理来说明, 该引理的证明很容易, 这里不再叙述。

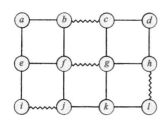

图 16.1　无向图中的一个匹配

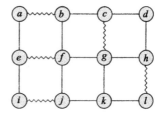

图 16.2　一个增广匹配

引理 16.1　设 M 是一个匹配, p 是关于 M 的一条增广路径, 则 $M \oplus p$ 是一个规模为 $|M \oplus p| = |M| + 1$ 的匹配。

下面的推论刻画了最大匹配的特征。

推论 16.1　无向图 G 中的一个匹配 M 是最大的当且仅当 G 不包含关于 M 的增广路径。

定理 16.1　设 M_1 和 M_2 是无向图 $G = (V, E)$ 中的两个匹配, 使得 $|M_1| = r$, $|M_2| = s$, $s > r$, 则 $M_1 \oplus M_2$ 至少包含 $k = s - r$ 条顶点不相交的关于 M_1 的增广路径。

证明: 考虑图 $G' = (V, M_1 \oplus M_2)$, V 中的每个顶点至多关联于 $M_2 - M_1$ 的一条边和 $M_1 - M_2$ 的一条边。这样, G' 中任何连通分支是下面的一个。

- 一个孤立顶点
- 一条具有偶数条边的回路
- 一条具有偶数条边的路径
- 一条具有奇数条边的路径

而且, 在 G' 中的所有路径和回路的边交替取自 $M_2 - M_1$ 和 $M_1 - M_2$ 中, 这意味着所有回路和偶数长的路径取自 M_1 的边数和取自 M_2 的边数是一样的。因为在 G' 中, M_2 的边数要比 M_1 的边数多 k, 所以 G' 中必有 k 条奇数长的路径, 它们取自 M_2 的边要比取自 M_1 的边多 1 条。这些奇数长的路径是关于 M_1 的增广路径, 因为它们的端点关于 M_1 是自由的。因此, $M_1 \oplus M_2$ 含有关于 M_1 的 $k = s - r$ 条增广路径。

例 16.1　考虑图 16.1 所示的匹配 M_1 和图 16.3(a) 所示的在同一个图中的匹配 M_2。如图 16.3(b) 所示, $G' = (V, M_1 \oplus M_2)$ 包含一条偶数长的回路、两个孤立顶点和两条关于 M_1 的增广路径。另一方面, $|M_2| - |M_1| = 2$。

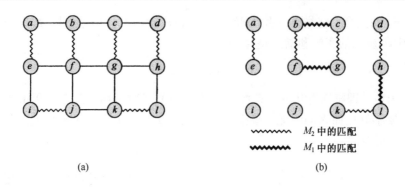

M_2 中的匹配
M_1 中的匹配

(a)　　　　　　　　　　　　　　(b)

图 16.3　定理 16.1 的示例：(a) M_2；(b) $M_1 \oplus M_2$

16.3　二分图上的网络流方法

我们回忆一下，一个无向图如果不含奇数长的回路，则称其为二分图，图 16.1 中的图即为二分图。设 $G = (X \cup Y, E)$ 是一个二分图，可以用一种最大网络流算法来找出 G 中的最大匹配，如算法 BIMATCH1 所示。

算法 16.1　BIMATCH1

输入：二分图 $G = (X \cup Y, E)$。

输出：G 中的最大匹配 M。

1. 将 G 中所有的边从 X 指向 Y。
2. 对于每个顶点 $x \in X$，增加一个源顶点 s 和从 s 到 x 的有向边 (s, x)。
3. 对于每个顶点 $y \in Y$，增加一个汇顶点 t 和一条 y 到 t 的有向边 (y, t)。
4. 对于每条(有向)边 (u, v)，设容量 $c(u, v) = 1$。
5. 对于构造出的网络，使用一种最大网络流算法找出最大网络流。M 由连接 X 和 Y 的那些边组成，它们所对应的有向边带有一个流单元。

这个算法的正确性是非常容易验证的。另外很容易看出，构造网络流所耗费的时间不会超过 $O(m)$，其中 $m = |E|$。它的运行时间取决于所用的最大流算法，例如在算法 MPM 中，其运行时间为 $O(n^3)$，其中 $n = |X| + |Y|$。

16.4　二分图的匈牙利树方法

设 $G = (V, E)$ 是无向图，引理 16.1 和推论 16.1 提示了找出 G 中最大匹配的过程，从一个任意的 (例如空集) 匹配开始，我们在 G 中找到一条增广路径 p，颠倒一下 p 中边的角色 (即把匹配边和未匹配边互换一下)，不断重复这个过程直到不再有增广路径时为止。此时由推论 16.1 可知，此匹配为最大匹配。在一个二分图中寻找一条增广路径要比在一般图中容易得多。

设 $G = (X \cup Y, E)$ 是一个二分图，有 $|X| + |Y| = n$ 和 $|E| = m$。设 M 是 G 中的匹配，我们把 X 中的顶点称为 x 顶点，同样把 Y 中顶点称为 y 顶点。首先找一个自由的 x 顶点，比如 r，把它标记为外部的。从 r 开始，我们逐步生长一棵交替路径树，即每一条从根 r 到叶子的路径均为交替路径。这棵树称为 T，其构造过程如下。从 r 开始，加上每一条连接 r 和 y 顶点 y 的未

匹配边 (r, y)，并将 y 标记为内部的。对于和 r 邻接的 y 顶点 y，如果有匹配边 (y, z) 存在，就把它加到 T，并将 z 标记为外部的。重复上述过程扩大这棵树，直至遇到一个自由的 y 顶点或者树被阻塞，即不能再扩大（注意没有顶点被加到树上超过一次）。如果找到一个自由的 y 顶点，比如 v，那么从根 r 到 v 的交替路径即为一条增广路径。另一方面，若树被阻塞，则这棵树称为匈牙利树（Hungarian tree）。接下来，我们从另一个自由的 x 顶点开始，重复上述步骤。

如果 T 是匈牙利树，那么它就不能再扩大了，每一条从根出发的交替路径在某个外部顶点停止。T 中唯一的自由顶点为它的根。注意，如果 (x, y) 是一条边，使得 x 在 T 中而 y 不在 T 中，那么 x 肯定是标记为内部的，否则 x 一定连接到一个自由顶点或者 T 从 x 处可扩大。这样在匈牙利树中没有顶点能在增广路径中出现。假定 p 是一条交替路径，它至少有一个 T 中的顶点，如果 p"进入"T，那么它必然穿过一个标记为内部的顶点；如果它"离开"T，那么它也必然穿过一个标记为内部的顶点。但这时 p 不是交替路径了，这是一个矛盾，也蕴含着下面重要的观察结论。

观察结论 16.1　在搜索增广路径的过程中，如果找到一棵匈牙利树，那么它可被永久地移去而不影响搜索过程。

例 16.2　考虑图 16.4 所示的二分图。从顶点 c 开始，构造图中显示的交替路径，注意从 c 到叶子的任意路径上的顶点被交替地标记为 o（外部的）和 i（内部的）。在这棵交替路径树中，发现了增广路径 $p = c, f, g, j$。由 p 来增广当前的匹配，可得到图 16.5 的匹配结果。现在，如果我们试图从自由的 x 顶点 i 生长另一棵增广路径树，则搜索将被阻塞，并且得到如图中显示的匈牙利树。因为没有更多的自由 x 顶点，可知图 16.5 所显示的是最大匹配。

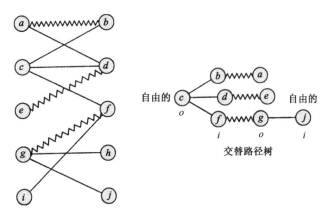

图 16.4　一个带有以 c 为根的交替路径树的匹配

在二分图中寻找最大匹配的算法在 BIMATCH2 中叙述。

算法 16.2　BIMATCH2

输入：二分图 $G = (X \cup Y, E)$。

输出：G 中的最大匹配 M。

1. 初始化 M 为任意匹配（可能为空）
2. **while** 存在一个自由的 x 顶点和一个自由的 y 顶点

3.   设 r 为一个自由 x 顶点，采用广度优先搜索，生成一棵以 r 为根的交替路径树 T

4.   **if** T 为匈牙利树 **then** let $G \leftarrow G - T$ {删除 T}

5.   **else** 在 T 中找到一条增广路径 p，并设 $M = M \oplus p$

6. **end while**

此算法的运行时间计算如下。使用广度优先搜索来构造每棵交替树耗费 $O(m)$ 时间。由于最多构造 $|X| = O(n)$ 棵树，因此全部的运行时间为 $O(nm)$。此算法的正确性由推论 16.1 和观察结论 16.1 得到，于是我们有下面的定理。

定理 16.2 算法 BIMATCH2 在一个有 n 个顶点、m 条边的二分图中找出最大匹配的时间为 $O(nm) = O(n^3)$。

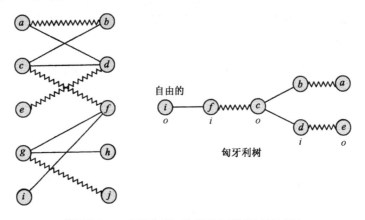

图 16.5   一个带有以 i 为根的匈牙利树的匹配

16.5   一般图中的最大匹配

在这一节中，我们考虑在一般图中寻找最大匹配。Edmonds 第一个对这个问题给出了多项式时间算法。这里研究其算法的一个变形，如果我们试图对一般图应用 16.4 节中的算法 BIMATCH2，将得不到正确的结果。问题在于一般图中也许会存在奇数长的回路（而在二分图中是没有奇数长的回路的）。考虑图 16.6，如果从自由顶点 a 开始搜索增广路径，那么也许不能发现下面两条增广路径中的任意一条：

$$a, b, c, d, e, f, g, h \text{ 或 } a, b, c, g, f, e, d, i$$

如果试图从自由顶点 a 出发生长一棵交替路径的树，则将以图 16.7 所示的匈牙利树结束，这样就造成上述增广路径被忽略。Edmonds 将由交替的匹配和未匹配的边所组成的奇数长的回路称为花（blossom）。这样在图 16.6 中，奇数长回路 c, d, e, f, g, c 就是花，c 称为花基（base），而交替路 a, b, c 称为花茎（stem）。Edmonds 的惊人想法是把花收缩成一个超级顶点，并在收缩后的图中继续搜索一条增广路径，图 16.8 显示图 16.6 中的花收缩后的结果。

在收缩后的图中，有两条增广路径：a, b, B, h 和 a, b, B, i。在图 16.6 中，顶点 g 把奇数长的回路分成两条简单路径：一条奇数长的路径 c, g 和一条偶数长的路径 c, d, e, f, g。为了在原图中找到增广路径，我们也用偶数长的简单路径 c, d, e, f, g 替代增广路径 a, b, B, h 中的 B，

从而得到增广路径 a,b,c,d,e,f,g,h。同样也可以用偶数长的简单路径 c,g,f,e,d 替代增广路径 a,b,B,h 中的 B，从而得到增广路径 a,b,c,g,f,e,d,i。事实上该过程具有一般性，并总是检测那些会被忽略的增广路径。

图 16.6　花　　　　　　　　　　图 16.7　一棵匈牙利树

设 $G=(V,E)$ 是一个无向图，B 是 G 中的花，我们用 B 来表示奇数长的回路和超级顶点，用 G' 来表示 B 被收缩为超级顶点 B 后的图 G。收缩花就是删除它的顶点，并且连接和 B 相关联的边，如图 16.8 所示。下面的定理是将要描述的匹配算法正确性的基础。

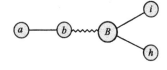

图 16.8　一朵收缩的花

定理 16.3　设 $G=(V,E)$ 是一个无向图，假设 G' 是由 G 通过收缩花 B 得到的图，则 G' 包含一条增广路径当且仅当 G 也有一条增广路径。

证明：我们只证明必要性，充分性的证明非常复杂，这里我们省略（可参见参考文献）。假设 G' 含有一条增广路径 p'，如果 p' 中没有 B，那么 p' 也是 G 中的增广路径。所以，假设 p' 经过 B，我们用以下步骤来增广 p' 成为 G 中的增广路径 p。设 (u,B) 是和 B 相关联的匹配边，而 (B,x) 是在路径 p' 中和 B 相关联的一条未匹配边［见图 16.9(a)］。匹配边对应 G 中的边 (u,v)，它关联到花的基。类似地，未匹配边对应和花相关联的未匹配边 (w,x)。我们用以下步骤来修改 p' 以获得 p。

（1）用 (u,v) 取代 (u,B)。

（2）用 (w,x) 取代 (B,x)。

（3）在顶点 v 和 w 之间插入两顶点之间的花的偶数条边部分［见图 16.9(b)］。

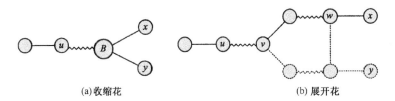

(a) 收缩花　　　　　　　　　(b) 展开花

图 16.9　定理 16.3 证明的图示

上述证明在下述意义上是构造性的，它描述了 G' 中的一条增广路径如何转换成 G 中的一条增广路径。在叙述算法前，我们在下面的例子中显示如何通过收缩花和展开花找到增广路径的过程。

例 16.3　考虑图 16.10 中增广路径

$$a,b,c,d,k,l,v,u,e,f,g,h$$

不是那么容易看出来的。

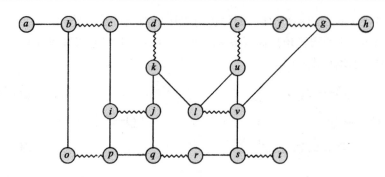

图 16.10　非最大的一个匹配

　　首先，我们从一个自由顶点 a 出发来探索增广路径。如同对于二分图的算法中那样，从一个自由顶点出发，匹配顶点被交替地标记为外部的和内部的。我们将 a 标记为外部的，并试图以 a 为根生长一棵增广路径树，我们在树上增加两条边 (a,b) 和 (b,c)，并将 b 标记为内部的，c 为外部的。接着在树上增加两条边 (c,d) 和 (d,k)，并将 d 标记为内部的，k 为外部的。之后再在树上增加两条边 (k,j) 和 (j,i)，并将 j 标记为内部的，i 为外部的。此时，如果我们试图探测边 (i,c)，则发现其端点已经被标记为外部的。这意味着存在一条奇数长的回路，也就是花。我们把花 c,d,k,j,i,c 收缩为单个顶点 W，并把它标记为外部的，如图 16.11(a) 所示。现在继续从一个外部顶点开始搜索。由于 W 被标记为外部的，我们从它开始搜索并增加两条边 (W,e) 和 (e,u)，将 e 标记为内部的，u 为外部的。于是又发现了另一条奇数长的回路，即 u,v,l,u，收缩此花形成一个外部顶点，称为 X，如图 16.11(b) 所示。依次产生一条奇数长的回路 W,e,X,W，我们把它收缩成一个顶点 Y 并将其标记为外部的，如图 16.11(c) 所示。注意有一个嵌套的花，即花 Y 包含了其他的花 W 和 X。当检测到奇数长的回路 Y,f,g,Y 时，嵌套花的过程继续下去。我们称此花为 Z 并标记为外部的，见图 16.11(d)。最后从外部顶点 Z 出发，我们发现了一个自由顶点 h，这也就意味着存在增广路径。

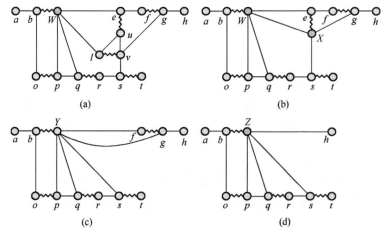

图 16.11　找出一条增广路径

为了在原图中构造增广路径，现在从 h 点开始反过来跟踪增广路径 a,b,Z,h。展开花的规则正如定理 16.3 所描述和图 16.9 所显示的那样，即从进入花到花基的那个顶点开始插补一条偶数长的路径。根据这条规则，增广路径的构造精简成如下展开花的过程。

　(1) 展开 a,b,Z,h 中的 Z，得到 a,b,Y,f,g,h。
　(2) 展开 Y，得到 a,b,W,X,e,f,g,h。
　(3) 展开 X，得到 a,b,W,l,v,u,e,f,g,h。
　(4) 展开 W，得到 a,b,c,d,k,l,v,u,e,f,g,h。

寻找一般图最大匹配的算法在算法 GMATCH 中给出。这个算法类似于 16.4 节的算法 BIMATCH2，只是增加了如例 16.3 描述的处理花的步骤。首先，匹配初始化为空，只要匹配不是最大的，外层 while 循环就不断地迭代。在每一次迭代中，发现增广路径并由这条路径扩展匹配集。中间的 while 循环最多对所有的自由顶点循环，直到发现增广路径时为止。在这个 while 循环的每一次迭代中，选取一个自由顶点作为交替路径树的根，从这个根出发在内层循环中着手对图进行探查，内循环的功能是每次加两条边，增长交替路径树。在每一次迭代中，它取任意一个外部顶点 x 和相应的边 (x,y)，如果这样的边存在，则有以下几种情况。

　(1) 如果 y 是内部的，那么这条边没有用，因为它形成一条偶数长的回路。
　(2) 如果 y 是外部的，那么这就意味着找到了一朵花。把这朵花压入栈顶，并把它收缩为一个超级顶点，这样在以后发现增广路径时，可以将其展开。如果花包含根，则把它标记为自由的。
　(3) 如果 y 被标记为自由的，那么就找到了一条增广路径。在这种情况下，内层 while 循环将终止，并对找到的增广路径进行增广。注意，增广路径可能包含存储在栈中的花，那么将这些花弹出栈，展开它，并用合适的偶数长的路径插入到增广路径中。
　(4) 其他情况下，交替路径树 T 将用另外两条边扩展，增广路径的搜索将继续下去。

算法 16.3　GMATCH

输入：无向图 $G=(V,E)$。
输出：G 中的最大匹配 M。

1. $M \leftarrow \{\}$　{初始化 M 为空匹配}
2. $maximum \leftarrow$ **false**
3. **while not** $maximum$
4. 　　确定与 M 有关的自由顶点集 F
5. 　　$augment \leftarrow$ **false**
6. 　　**while** $F \neq \{\}$ **and not** $augment$
7. 　　　　清空栈、未标记边，从顶点删除标记
8. 　　　　设 x 为 F 中的一个顶点；　$F \leftarrow F - \{x\}$；　$T \leftarrow x$
9. 　　　　将 x 标记为外部的　{初始化交替路径树}
10. 　　　　$hungarian \leftarrow$ **false**

11.   **while not** *augment*

12.   选择一个外部顶点 x 和一条未标记的边 (x,y)

13.   **if** (x,y) 存在 **then** 标记 (x,y)

14.   **else**

15.   *hungarian* ← **true**

16.   **exit** this **while** loop

17.   **end if**

18.   **if** y 为内部的 **then** do nothing   {找到偶数长的回路}

19.   **else if** y 为外部的 **then**   {找到花}

20.   将花放到栈顶,收缩它

21.   用顶点 w 替换该花,将 w 标记为外部的

22.   如果该花包含根,则将 w 标记为自由的

23.   **else if** y 为自由的 **then**

24.   *augment* ← **true**

25. $F \leftarrow F - \{y\}$

26.   **else**

27.   设 (y,z) 在 M 中,将 (x,y) 和 (y,z) 加入 T 中

28.   将 y 标记为内部的,z 为外部的

29.   **end if**

30.   **end while**

31.   **if** *hungarian* **then** 将 T 从 G 中删除

32.   **else if** *augment* **then**

33.   用下列方法构造 p

34.   从栈中弹出花,展开它们,增加偶数长的部分

35.   用 p 增广 G

36.   **end if**

37. **end while**

38. **if not** *augment* **then** *maximum* ← **true**

39. **end while**

然而,如果边 (x,y) 不存在,则 T 为一棵匈牙利树。由观察结论 16.1 可知,T 可以在当前迭代和所有后面的迭代中从 G 中永久地移去。

为了分析算法的运行时间,注意不存在超过 $\lfloor n/2 \rfloor$ 次增广。通过仔细地处理花(包括把花收缩和展开,我们不在这里描述),寻找一条增广路径和用这条路径来增广当前的匹配需要耗费 $O(m)$ 时间,这包括收缩花和展开花所需的时间,可见算法的时间复杂性为 $O(nm) = O(n^3)$。算法正确性可由定理 16.3、推论 16.1 和观察结论 16.1 得到。因此下面的定理成立。

定理 16.4   算法 GMATCH 在一个有 n 个顶点、m 条边的无向图中找出一个最大匹配需要 $O(nm) = O(n^3)$ 时间。

16.6　二分图的 $O(n^{2.5})$ 算法

在这一节中，我们研究一个在 $O(m\sqrt{n})$ 时间内，在二分图 $G = (X\cup Y, E)$ 中寻找最大匹配的算法，其中 $n = |X| + |Y|, m = |E|$。该算法由 Hopcroft 和 Karp 提出。在此算法中，不是从一个自由的 x 顶点开始去寻找一条增广路径，而是对所有自由的 x 顶点进行广度优先搜索，然后找到最短长度的顶点不相交增广路径的极大集，并用这些增广路径对当前匹配进行扩展。找出顶点不相交增广路径的极大集和用它们扩展当前匹配组成了算法的一个阶段。上述时间复杂性由以下分析得出：每个阶段需要耗费 $O(m)$ 时间，共有 $O(\sqrt{n})$ 阶段。算法的设计思想类似于寻找网络最大流的 Dinic 算法。

引理 16.2　设 M 为一个匹配，p 是关于 M 的一条增广路径，而 p' 是关于 $M\oplus p$ 的一条增广路径，令 $M' = M\oplus p\oplus p'$，则 $M\oplus M' = p\oplus p'$。

证明：显然，我们只需考虑 $p\cup p'$ 中的边。设 e 为 $p\cup p'$ 中的一条边。如果 e 在 $p\oplus p'$ 中，则它在 M 中的状态（匹配或未匹配）和它在 M' 中的状态是不同的，这是因为它的状态只能改变一次，或者经过 p，或者经过 p'。因此，e 在 $M\oplus M'$ 中。另一方面，若 e 在 $p\cap p'$ 中，则它在 M 和 M' 中的状态是一样的，这是因为它的状态将改变两次：首先通过 p 改变一次，接着通过 p' 再改变一次。即 e 不在 $M\oplus M'$ 中，因此 $M\oplus M' = p\oplus p'$。

引理 16.3　设 M 是一个匹配，p 是关于 M 的最短增广路径，而 p' 是关于 $M\oplus p$ 的增广路径，则

$$|p'| \geq |p| + 2|p\cap p'|$$

证明：设 $M' = M\oplus p\oplus p'$，由引理 16.1，M' 是一个匹配，且 $|M'| = |M| + 2$。由定理 16.1，$M\oplus M'$ 包含两条关于 M 的顶点不相交增广路径 p_1 和 p_2，由引理 16.2，$M\oplus M' = p\oplus p'$，我们有

$$|p\oplus p'| \geq |p_1| + |p_2|$$

因为 p 具有最短长度，$|p_1| \geq |p|, |p_2| \geq |p|$，因此

$$|p\oplus p'| \geq |p_1| + |p_2| \geq 2|p|$$

由等式

$$|p\oplus p'| = |p| + |p'| - 2|p\cap p'|$$

我们得到

$$|p'| \geq |p| + 2|p\cap p'|$$

设 M 是一个匹配，k 是关于 M 的最短增广路径的长度，S 是长度为 k 的关于 M 的顶点不相交增广路径的极大集。设 M' 是用 S 中所有的增广路径扩展 M 后得到的匹配集。p 为 M' 中的一条增广路径。我们可以得到下面的一个重要推论。

推论 16.2 $|p| \geqslant k+2$。

由推论 16.2，从空匹配集 M_0 开始，通过寻找长度为 1 的增广路径的极大集并用这些路径来扩展得到匹配 M_1。一般地，我们构造一个匹配序列 $M_0, M_1, \cdots$，其中匹配 M_{i+1} 是从匹配 M_i 通过寻找关于 M_i 的相同长度的增广路径的极大集，并且同时扩展这些路径而得到的。如前所述，我们把寻找和当前匹配有相同长度的增广路径的极大集并用这些路径来扩展的过程称为一个阶段。由推论 16.2，增广路径的长度从一个阶段到下一个阶段至少增长 2，以下定理对阶段数建立了一个上界。

定理 16.5 在二分图中找到一个最大匹配所需的阶段数最多为 $3\lfloor \sqrt{n} \rfloor / 2$。

证明：设 M 为经过至少 $\lfloor \sqrt{n} \rfloor / 2$ 个阶段后得到的匹配，而 M^* 是一个最大匹配，由于增广路径的长度从一个阶段到下一个阶段至少增长 2，因此在 M 中的任何增广路径的长度至少为 $\lfloor \sqrt{n} \rfloor + 1$。由定理 16.1，恰好存在关于 M 的 $|M^*| - |M|$ 条顶点不相交增广路径。由于每一条路径的长度至少为 $\lfloor \sqrt{n} \rfloor + 1$，因此每条路径至少由 $\lfloor \sqrt{n} \rfloor + 2$ 个顶点组成，这样必有

$$|M^*| - |M| \leqslant \frac{n}{\lfloor \sqrt{n} \rfloor + 2} < \frac{n}{\sqrt{n}} = \sqrt{n}$$

由于每一个阶段至少贡献一条增广路径，剩下阶段数至多为 $\lfloor \sqrt{n} \rfloor$，因此算法所需的总阶段数最多为 $3\lfloor \sqrt{n} \rfloor / 2$。

以上的分析提示了算法 BIMATCH3 的构造思想。该算法从一个空的匹配开始，它通过 while 循环不断迭代，直到匹配变成最大。在每一次迭代中，构造一个有向无回路图 D，并从它那里构造顶点不相交增广路径的极大集。用这些路径对当前匹配进行扩展，并不断重复这个过程。为了构造有向无回路图，我们使用广度优先搜索来找出顶点集 $L_0, L_1, \cdots$ 及边集 E_0，$E_1, \cdots$，它们具有以下性质。

(1) L_0 是 X 中的自由顶点集。
(2) L_1 是 Y 中的顶点集，这些顶点由一条未匹配的边连接到 X 中的自由顶点集。
(3) 如果 L_1 至少包含一个自由顶点，那么有向无回路图的构造已完成，因为至少存在一条恰由一条边组成的增广路径。
(4) 如果 L_1 不包含自由顶点，则构造其他两个集合 L_2 和 L_3，其中 L_2 由匹配边连接到 L_1 中元素的 X 的顶点组成，而 L_3 由未匹配边连接到 L_2 中元素的 $Y - L_1$ 的顶点组成。
(5) 如果 L_3 至少包含一个自由顶点，则构造完成，因为至少有一条增广路径连接 L_3 中的一个自由顶点到 L_0 的一个自由顶点。
(6) 如果 L_3 不包含任何自由顶点，那么反复处理来构造集合 $L_4, L_5, \cdots$，当找到至少包含一个自由顶点的 y 顶点的集合 L_{2i+1} 或 L_{2i+1} 为空集时，此构造过程结束。
(7) 每构造一个集合 $L_i(i \geqslant 1)$ 后，就加上一个边集 E_{i-1}。E_{i-1} 由那些连接 L_{i-1} 和 L_i 中顶点的边构成，集合 $E_0, E_1, \cdots$ 由未匹配边和匹配边交替组成。

算法 16.4 BIMATCH3

输入: 二分图 $G = (X \cup Y, E)$。

输出: G 中的最大匹配 M。

1. 从空匹配 $M = \{\}$ 开始
2. *maximum* ← *false*
3. **while not** *maximum* {构造有向无回路图 D}
4. L_0 ← X 中的自由顶点集
5. L_1 ← $\{y \in Y | (x, y) \in E$ for some $x \in L_0\}$
6. $E_0 = \{(x, y) \in E | x \in L_0, y \in L_1\}$
7.   标记 L_0 和 L_1 中的所有顶点
8. $i \leftarrow 0$
9.   **while** L_{i+1} 不包含自由顶点且不为空时
10. $i \leftarrow i + 2$
11. L_i ← $\{x \in X | x$ 未标记，且
12.   与一条匹配边相交于顶点 $y \in L_{i-1}\}$
13. $E_{i-1} = \{(x, y) \in E | y \in L_{i-1}, x \in L_i\}$
14. L_{i+1} ← $\{y \in Y | y$ 未标记，且
15.   与一条未匹配边相交于顶点 $x \in L_i\}$
16. $E_i = \{(x, y) \in E | x \in L_i, y \in L_{i+1}\}$
17.   标记 L_i 和 L_{i+1} 中的所有顶点
18.   **end while**
19.   **if** L_{i+1} 为空 **then** *maximum* ← *true*
20.   **else**
21.   **for** 每个自由顶点 $y \in L_{i+1}$ {增值}
22.   从 y 开始，用深度优先搜索查找端点为自由顶点 $x \in L_0$ 的增广路径 p，删除 p 的所有顶点和从有向无回路图 D 开始的相关边，设 $M = M \oplus p$
23.   **end for**
24.   **end if**
25. **end while**

注意，当把一个顶点加到集合 L_i 中时，都要将它标记，使它不会在以后加到另一个集合 L_j 中，$j > i$。同样要注意，一个极大集并不一定意味着最大。如果一个集合是极大的，则没有更多具有相同长度的顶点不相交增广路径可加入。

例 16.4 考虑图 16.12(a) 中所示的二分图，所示的匹配是算法第一阶段的结果。在第一阶段中，算法找到包含三条增广路径的极大集[见图 16.12(a)]。正如上面提到的，此集合是极大的，但不是最大的，因为在原图中有超过三条的增广路径。图 16.12(b) 显示了在第二阶段中建立的有向无回路图。在此有向无回路图中，有两条最短长度的顶点

不相交增广路径。用这两条增广路径进行增广，得到大小为 5 的最大匹配。这样，对此图达到最大匹配需要的阶段数为 2。

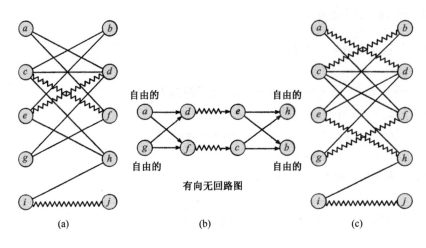

图 16.12　算法的一个示例

　　关于算法的时间复杂性，定理 16.5 保证了外层 while 循环的迭代次数至多为 $3\lfloor\sqrt{n}\rfloor/2$，即迭代次数为 $O(\sqrt{n})$。不难看出在每次迭代中构造有向无回路图需要 $O(m)$ 时间，进行增广所需要的时间也是 $O(m)$。由此可知，整个算法的运行时间是 $O(m\sqrt{n})=O(n^{2.5})$。

　　定理 16.6　算法 BIMATCH3 在具有 n 个顶点、m 条边的二分图中寻找一个最大匹配需要 $O(m\sqrt{n})=O(n^{2.5})$ 时间。

16.7　练习

16.1　证明 Hall 定理：如果 $G=(X\cup Y,E)$ 是一个二分图，则 X 中的所有顶点能和 Y 的子集匹配，当且仅当对所有的 X 的子集有 $|\Gamma(S)|\geq|S|$。这里 $\Gamma(S)$ 表示 Y 中至少与 S 中一个顶点邻接的所有顶点的集合。Hall 定理有时也称为婚姻定理，因为它可以用以下方式来叙述：给定 n 个男士的集合和 n 个女士的集合，让每一个男士列出他愿意与之结婚的女士表，那么每一个男士可和他表上的女士结婚，当且仅当任意 k 份男士表的并至少含有 k 个女士。

16.2　利用 Hall 定理来说明在图 16.5 所示的二分图中不存在完全匹配集。

16.3　若图 G 的每个顶点的度数均是 k，则 G 称为 k 正则的。证明下面 Hall 定理的推论：如果 G 是 k 正则的二分图，$k>0$，那么 G 有一个完全匹配。注意到若 $G=(X\cup Y,E)$，则 $|X|=|Y|$。

16.4　设 G 为没有孤立点的图。证明最大匹配的规模小于或等于 G 的最小顶点覆盖的规模。

16.5　用最大流最小割定理来证明 König 定理：如果 G 是一个二分图，则最大匹配的规模等于 G 的最小顶点覆盖的规模。

16.6 用 König 定理来证明 Hall 定理。

16.7 在有 $2n$ 个顶点的完全二分图 $K_{n,n}$ 中有多少个完全匹配?

16.8 证明或否定如下命题:在通过找出增广路径并用这些路径进行扩展来寻找最大匹配的算法中,每当一个顶点变成匹配的,那么在整个算法过程中它将保持是匹配的。

16.9 证明一棵(自由)树至多有一个完全匹配,给出一个线性时间算法来找出这个匹配。

16.10 给出一个算法在二分图中寻找一个具有最大规模的独立集。

16.11 给出一个递归算法,在一个任意图中寻找一个具有最大规模的独立集。

16.12 证明引理 16.1。

16.13 证明推论 16.1。

16.14 详细证明观察结论 16.1。

16.15 说明观察结论 16.1 能应用于一般图中。

16.16 设 G 为一个二分图,M 为 G 中的一个匹配,说明存在一个最大匹配 M^*,使得在 M 中的任意一个匹配的点在 M^* 中也是匹配的。

16.17 设 G 是一个图,S_1 和 S_2 是其顶点的两个不相交子集,说明如何通过把问题模型化为一个匹配问题,找出在 S_1 和 S_2 之间最大数量的顶点不相交路径。为简化起见,可以假定 S_1 和 S_2 具有同样大小。

16.18 稳定婚姻问题。在一群 n 个男士和 n 个女士中,每个男士根据喜欢程度依次对 n 个女士进行排列,而每个女士也根据喜欢程度排列男士。男士和女士之间的一次结婚相当于一个完全匹配。如果有一个男士和一个女士彼此之间没有结婚,但相互之间的喜欢程度要超过各自的配偶,那么此婚姻是不稳定的,反之则是稳定的。证明稳定的婚姻总是存在的。给出一个有效的算法来找出一个稳定的婚姻。

16.19 通过展示一个二分图需要 $\Theta(n)$ 次迭代,每次迭代需要 $\Theta(m)$ 时间来说明 BIMATCH2算法的时间复杂性是紧的。

16.20 证明推论 16.2。

16.21 设 $G=(V,E)$ 是一个没有孤立点的图。G 的边覆盖 C 是覆盖其所有顶点的边的子集。即 V 中的每一个顶点至少和 C 中的一条边相关联。证明,若非空 M 是一个匹配,那么存在一个边覆盖 C,使得 $|C|=|V|-|M|$。

16.22 利用练习 16.21 的结果说明寻找最小边覆盖集的问题能够归约到匹配问题,即说明如何用匹配技术来找出最小基数的边覆盖。

16.23 设 $S_1,S_2,\cdots,S_n$ 是 n 个集合,如果 $r_j \in S_j, 1 \le j \le n$,则集合 $\{r_1,r_2,\cdots,r_n\}$ 称为相异代表系(SDR)。如果 SDR 存在,通过定义一个二分图和求解匹配问题来给出一个寻找 SDR 的算法。

16.24 设 $S_1,S_2,\cdots,S_n$ 是 n 个集合,证明这些集合(见练习 16.23)存在一个 SDR,当且仅当任何 k 个集合的并包含至少 k 个元素,$1 \le k \le n$(提示:见练习 16.1)。

16.8　参考注释

　　最大匹配和最大权重匹配在许多书中都有介绍，包括Lawler(1976)，McHugh(1990)，Minieka(1978)，Moret and Shapiro(1991)，Papadimitriou and Steiglitz(1982)，Tarjan(1983)。二分图匹配算法很早以前就已经得到研究，例如 Hall(1956)。推论 16.1 由 Berge(1957)和 Norman(1959)各自独立证明。一般图中的匹配算法思想的先驱工作是由 Edmonds(1965)完成的。Edmonds 所提出的想法需要 $O(n^4)$时间，而 Gabow(1976)通过对花的处理而在效率上进行了改进，其算法的执行需要 $O(n^3)$时间。二分图匹配的 $O(m\sqrt{n})$算法由 Hopcroft and Karp(1973)提出。在 Even and Tarjan(1975)中，第一次指出这个算法是最大流算法用到简单网络中的一个特例。对于具有同样时间复杂性的一般图中的最大匹配算法由 Micali and Vazirani(1980)描述。

第七部分　计算几何技术

计算几何是对那些本质上属于几何学范畴问题的研究。有几种不同的技术解决了几何问题，其中一些在前面的章节中已经讨论过。然而，还有一些专门用于求解几何问题的标准技术。在诸如计算机图形学、科学计算可视化和图形用户界面等许多领域中，拥有快速的几何算法是很重要的。而且在实时应用中，算法动态地接收它的输入，因此执行速度是最关键的。

在第 17 章，我们将研究通常称为几何扫描的一种重要的设计技术，并说明这种技术如何解决诸如寻找极大点集、找出线段的交、计算点集的凸包和点集的直径等计算几何中的基本问题。

第 18 章将论述 Voronoi 图解的两个变形：最近点 Voronoi 图解和最远点 Voronoi 图解。我们通过给出一些与"接近性"问题相关的解法来展示前者的效能，并说明后者如何求解必须涉及"远离性"的问题。这些解法中的某些包含下列问题的线性时间算法。

（1）凸包问题。
（2）所有最近邻点问题。
（3）欧几里得最小生成树问题。
（4）所有最远邻点问题。
（5）找出容纳一个平面点集的最小封闭圆。

第 17 章 几 何 扫 描

17.1 引言

在几何算法中,考虑的主要对象通常是二维、三维和更高维空间中的点、线段、多边形及其他几何体。有时候一个问题的解法要求"扫描"给出的输入对象来收集信息以找到可行解。这种技术在二维平面称为平面扫描,在三维空间称为空间扫描。在它的简单形式中,一条垂直的直线在平面中从左到右扫描,在每个对象(比如说一点)处逗留,从最左的对象开始直到最右的对象。我们结合计算几何中的一个简单问题来阐明这种方法。

17.2 一个简单的例子:计算点集中的极大点

我们展示的几何扫描方法与计算几何中的一个简单问题相关,即计算平面里的一个点集的极大点。

定义 17.1 设 $p_1 = (x_1, y_1)$ 和 $p_2 = (x_2, y_2)$ 是平面中的两点,如果 $x_1 \leqslant x_2$ 并且 $y_1 \leqslant y_2$,则称 p_2 支配 p_1,记为 $p_1 < p_2$。

定义 17.2 设 S 是平面中的一个点集,点 $p \in S$ 是极大点或最大点,如果不存在点 $q \in S$,则 $p \neq q$ 且 $p < q$。

下面的问题有一个简单的算法,它是几何扫描算法的一个很好的例子。

MAXIMAL POINTS:在平面上给定一个 n 个点的集合 S,确定 S 中的极大点。

求解这个问题很容易,方法如下。首先,我们把 S 中的所有点按照它们 x 坐标的非升序排列,最右点(有最大 x 值的那个点)无疑是个极大点。算法从右到左扫描这些点,同时确定它是否在 y 坐标上被先前扫描过的任何点所支配。这个算法在下面的算法 MAXIMA 中给出。

算法 17.1 MAXIMA
输入:平面上 n 个点的集合 S。
输出:S 中的极大点集合 M。

1. 设 A 为 S 中按 x 坐标非升序排列的点的集合。如果两个点有相同的 x 坐标,则有较大 y 坐标值的点出现在集合的前面。
2. $M \leftarrow \{A[1]\}$
3. $maxy \leftarrow A[1]$ 的 y 坐标值
4. **for** $j \leftarrow 2$ **to** n
5. $\quad (x, y) \leftarrow A[j]$
6. $\quad$ **if** $y > maxy$ **then**

7.　　　$M \leftarrow M \cup \{A[j]\}$

8.　　　$maxy \leftarrow y$

9.　　end if

10.　end for

图 17.1 展示了算法在一个点集上的状态。如图所示，极大集 $\{a,b,c,d\}$ 形成一个阶梯。作为一个例子，请注意 e 仅由 a 支配，而 f 由 a 和 b 支配，g 仅由 c 支配。

很容易看出算法 MAXIMA 的运行时间主要由排序步骤决定，因此是 $O(n \log n)$。

上述的例子展示了平面扫描算法的两个基本组成部分。首先，有一个事件点进度表，它是一个 x 坐标自右向左排序的序列，这些点定义了扫描线将会"逗留"的位置，在这里扫描线是垂直线。在某些平面扫描算法中，情况可能与前面的例子不同，它们的事件点进度表可能需要动态更新，

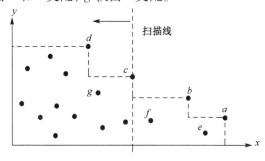

图 17.1　具有极大点的点集

并且为了能够高效实现，可能需要比简单的数组和队列更复杂的数据结构。

平面扫描算法中的其他部分是扫描线状态，这是扫描线上几何对象的适当描述。在上述例子中，扫描线状态由最新探测到的极大点的"描述"组成。这个描述仅仅是它的 y 坐标的值。在其他的几何算法中，扫描线状态可能需要以栈、队列或堆等形式存储所需的相关信息。

17.3　几何预备知识

在本节中，我们介绍本章将要用到的计算几何中一些基本概念的定义。这些定义大多数是在二维空间的框架之内，可以很容易地将它们推广到更高维空间中。一个点 p 由一对坐标 (x,y) 表示，一条线段由它的两个端点表示。假设 p 和 q 是两个不同点，我们用 $\overline{pq}$ 标记端点为 p 和 q 的线段。一条折线路径 π 是点 $p_1,p_2,\cdots,p_n$ 的一个序列，使得 $\overline{p_i p_{i+1}}$ 是线段，对于所有的 i 满足 $1 \leqslant i \leqslant n-1$。如果 $p_1 = p_n$，则称 π（包括以 π 为界的封闭区域）是一个多边形。在这种情况下，点 $p_i (1 \leqslant i \leqslant n)$ 称为多边形的顶点，而线段 $\overline{p_1 p_2}$，$\overline{p_2 p_3}$，$\cdots$，$\overline{p_{n-1} p_n}$ 称为边。我们可以很方便地用一个存储了各个顶点的环形链表来表示一个多边形。在一些算法中，它用环形双向链表表示。就像上面定义的那样，技术上一个多边形指的是多边形内部的封闭连通区域加上由封闭折线路径定义的边界。然而，我们通常所说的"多边形"是指它的边界。如果一个多边形 P 的任意两条边除在顶点处外均不相交，那么称 P 是简单的；否则它是非简单的。图 17.2 显示了两个多边形，一个是简单的，另一个不是。

从现在开始，除非特别加以说明，否则我们始终假设多边形是简单的，因此修饰词"简单的"将被省略。对于一个多边形 P，如果连接 P 中任意两点的线段全部在 P 中，则我们说 P 是凸的。图 17.3 显示了两个多边形，一个是凸的，另一个不是。

设 S 是平面上的一个点集，我们定义包含了 S 中所有顶点的最小凸多边形为 S 的凸包，记作 $CH(S)$。$CH(S)$ 的顶点称为包顶点，有时也称为 S 的极点。

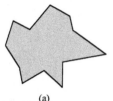

图 17.2　(a)简单多边形;(b)非简单多边形

图 17.3　(a)凸多边形;(b)非凸多边形

设 $u = (x_1, y_1)$,$v = (x_2, y_2)$ 和 $w = (x_3, y_3)$,由这三点形成的三角形带符号面积是下面行列式的一半:

$$D = \begin{vmatrix} x_1 & y_1 & 1 \\ x_2 & y_2 & 1 \\ x_3 & y_3 & 1 \end{vmatrix}$$

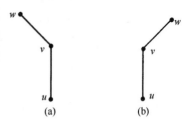

如果 u,v,w,u 构成一个逆时针回路,则 D 是正的。在这种情况下,我们说路径 u,v,w 是一个左旋。如果 u,v,w,u 形成顺时针回路,则它是负的,在这种情况下,我们说路径 u,v,w 是一个右旋(见图 17.4)。$D = 0$ 当且仅当三点共线,即三点在同一直线上。

图 17.4　(a)左旋;(b)右旋

17.4　计算线段的交点

在这一节,我们考虑以下问题。给出平面上 n 条线段的集合 $L = \{l_1, l_2, \cdots, l_n\}$,找出交点的集合。我们将假设没有垂直线段,没有三条线段相交于同一点。如果没有这些假设,则只会使算法变得更加复杂。

设 l_i 和 l_j 是 L 中的任意两条线段,如果 l_i 与 l_j 分别和 x 坐标为 x 的垂直线交于点 p_i 和 p_j,那么,倘若在 x 坐标为 x 的垂直线上点 p_i 在 p_j 的上方,我们就说 l_i 在 l_j 的上方,表示为 $l_i >_x l_j$,关系 $>_x$ 定义了所有与具有 x 坐标为 x 的垂直线相交的线段集的全序。于是,在图 17.5 中,我们有

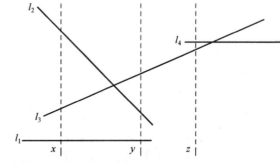

$$l_2 >_x l_1, l_2 >_x l_3, l_3 >_y l_2 \text{ 和 } l_4 >_z l_3$$

算法首先将 n 条线段的 $2n$ 个端点按它们

图 17.5　关系 $>_x$ 的说明

x 坐标的非降序进行排列。在算法执行过程中,一条垂直线从左到右扫描所有线段的端点和它们之间的交点。它从空的关系开始,每遇到一个端点或一个交点,就改变序关系。具体来说,当线从左到右扫描时,只要出现如下事件之一,序关系就改变。

(1)遇到线段的左端点时。

(2)遇到线段的右端点时。

(3)遇到两条线段的交点时。

扫描线的状态完全由序关系 $>_x$ 描绘，至于事件点进度表 E，它包括这些线段已排序的端点加上它们的交点，这些交点是在线从左到右扫描时动态地添加进去的。

算法在每类事件上所做的动作如下。

（1）当遇到线段 l 的左端点时，l 被加到序关系中。如果有一条线段 l_1 紧接在 l 上面同时 l 和 l_1 相交，则它们的交点将被插入到事件点进度表 E 中。类似地，如果存在线段 l_2 紧接在 l 下面同时 l 和 l_2 相交，则它们的交点也将被插入到 E 中。

（2）当遇到线段 l 的右端点 p 时，算法把 l 从序关系中移去。在这种情况下，算法会测试紧接在 l 上下的线段 l_1 和 l_2，看它们是否可能在 p 的右侧一点 q 处相交。如果出现这种情况，q 会被插入到 E 中。

（3）当遇到两条线段的交点 p 时，它们在关系中的相对次序被翻转。这样，如果在它们的交点左边有 $l_1 >_x l_2$，那么序关系要修改为 $l_2 >_x l_1$。设 l_3 和 l_4 是紧接在交点 p 的上面和下面的两条线段（见图 17.6），换句话说，在交点右面，l_3 在 l_2 上面而 l_4 在 l_1 下面（见图 17.6）。在这种情况下，我们检查 l_2 与 l_3 和 l_1 与 l_4 相交的可能性。像前面一样，如果存在交点，就把它们插入 E 中。

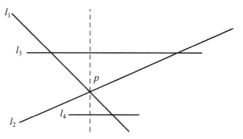

图 17.6　在交点处翻转两条线段的次序

余下的问题是确定实现事件点进度表和扫描线的状态所需的数据结构。为了实现事件点进度表 E，我们需要一个支持以下运算的数据结构。

- $insert(p, E)$：把点 p 插入 E 中。
- $delete\text{-}min(E)$：返回具有最小 x 坐标的点并把它从 E 中删除。

堆这种数据结构显然能够在时间 $O(\log n)$ 内支持这两种运算。于是，E 由堆来实现，初始时它包含 $2n$ 个已排序的点。每次扫描线向右移动，x 坐标最小的点被取出，像上面说明的那样，当算法探测到一个交点 p 时，把 p 插入 E 中。

正如我们在上面算法的描述中已经看到的，扫描线的状态 S 必须支持以下的运算。

- $insert(l, S)$：把线段 l 插入 S 中。
- $delete(l, S)$：从 S 中删除线段 l。
- $above(l, S)$：返回紧接在 l 上方的线段。
- $below(l, S)$：返回紧接在 l 下方的线段。

一种通常称为字典的数据结构在 $O(\log n)$ 时间内支持上面的每个运算。注意 $above(l, S)$ 或 $below(l, S)$ 可能不存在，我们需要一个简单的测试（它没包含在算法中）来处理这两种情况。

关于这一算法，一个更精确的描述在算法 INTERSECTIONSLS 中给出。在算法中，过程 $process(p)$ 把 p 插入 E 中并输出 p。

算法 17.2　INTERSECTIONSLS

输入： 平面上 n 个线段集 $L = \{l_1, l_2, \cdots, l_n\}$。

输出： L 中线段的交点。

1. 按 x 坐标的非降序排列端点，将它们插入堆 E 中（事件点进度表）。
2. **while** E 非空
3. 　　$p \leftarrow delete\text{-}min(E)$
4. 　　**if** p 是左端点 **then**
5. 　　　　设 l 是左端点为 p 的线段
6. 　　　　$insert(l, S)$
7. 　　　　$l_1 \leftarrow above(l, S)$
8. 　　　　$l_2 \leftarrow below(l, S)$
9. 　　　　**if** l 与 l_1 在点 q_1 相交 **then** $process(q_1)$
10. 　　　　**if** l 与 l_2 在点 q_2 相交 **then** $process(q_2)$
11. 　　**else if** p 是右端点 **then**
12. 　　　　设 l 是右端点为 p 的线段
13. 　　　　$l_1 \leftarrow above(l, S)$
14. 　　　　$l_2 \leftarrow below(l, S)$
15. 　　　　$delete(l, S)$
16. 　　　　**if** l_1 与 l_2 在点 p 右边的点 q 相交 **then** $process(q)$
17. 　　**else** $\{p$ 是相交点$\}$
18. 　　　　设在点 p 相交的线段为 l_1 和 l_2
19. 　　　　其中 l_1 在点 p 的左边，位于 l_2 上方
20. 　　　　$l_3 \leftarrow above(l_1, S)$　　$\{$在点 p 的左边$\}$
21. 　　　　$l_4 \leftarrow below(l_2, S)$　　$\{$在点 p 的左边$\}$
22. 　　　　**if** l_2 与 l_3 在 q_1 相交 **then** $process(q_1)$
23. 　　　　**if** l_1 与 l_4 在 q_2 相交 **then** $process(q_2)$
24. 　　　　在 S 中交换 l_1 和 l_2 的次序
25. 　　**end if**
26. **end while**

至于算法的运行时间，我们评述如下。排序步骤要耗费 $O(n \log n)$ 时间，设交点数是 m，那么有 $2n + m$ 个事件点要处理，每一点需要 $O(\log(2n + m))$ 处理时间，因此算法处理所有交点的总时间是 $O((2n + m) \log(2n + m))$。因为 $m \leq n(n-1)/2 = O(n^2)$，界就变成 $O((n + m) \log n)$。由于用朴素的方法找出全部交点需要运行 $O(n^2)$ 时间，因此这种算法不适合于处理交点数目预计为 $\Omega(n^2/\log n)$ 的线段集。另一方面，如果 $m = O(n)$，则算法需要 $O(n \log n)$ 时间。

17.5　凸包问题

本节我们考察也许是计算几何中最基本的问题：在平面中给出 n 个点的集合 S，寻找 S

的凸包 $CH(S)$。我们在这里叙述一个著名的称为"Graham 扫描"的几何扫描算法。

在其简单形式中，Graham 扫描使用以某一点为中心的扫描线，它旋转扫描线使之扫过整个平面，并在每一点逗留以决定这一点是否将被包含到凸包中。首先，算法在点表上做一次扫描，找出具有最小 y 坐标的点，记作 p_0，如果有两个或更多的点具有最小 y 坐标，就选最右边的一个为 p_0。很明显，p_0 属于凸包。接着，所有点的坐标被转换为以 p_0 为原点的坐标，于是在 $S - \{p_0\}$ 中的点按照原点 p_0 的极角排序，如果两点 p_i 和 p_j 与 p_0 形成同样的极角，则更靠近 p_0 的那一点排在前面。注意，在这里我们不需要计算从原点起的真实距离，因为包括开方计算，计算它的耗费是很大的；这里我们只需要比较距离平方。设排序之后的表是 $T = \{p_1, p_2, \cdots, p_{n-1}\}$，其中 p_1 和 p_{n-1} 分别与 p_0 形成了最小和最大的极角。图 17.7 显示了关于 p_0 的极角排序点集。

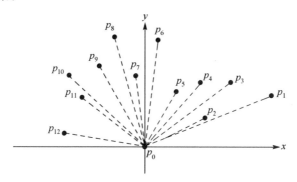

图 17.7　关于 p_0 的极角排序点集

现在，对事件点进度表，即排序表 T 开始扫描，扫描线的状态用一个栈 St 实现。栈初始时包含 (p_{n-1}, p_0)，p_0 在栈顶。然后算法遍历各点，从 p_1 开始到 p_{n-1} 终止，在任何时刻，设栈的内容是

$$St = (p_{n-1}, p_0, \cdots, p_i, p_j)$$

（也就是 p_i 和 p_j 是最后压入的点），并设 p_k 是下一个考虑的点。如果三元组 p_i, p_j, p_k 形成一个左旋，则将 p_k 压入栈顶，同时扫描线移到下一个点；如果三元组 p_i, p_j, p_k 形成一个右旋或三点共线，则 p_j 弹出栈，同时扫描线继续留在 p_k。

图 17.8 显示了在刚好处理完点 p_5 后导出的凸包。这时，栈的内容是

$$(p_{12}, p_0, p_1, p_3, p_4, p_5)$$

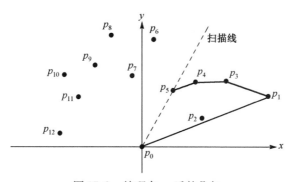

图 17.8　处理点 p_5 后的凸包

在处理点 p_6 之后，点 p_5, p_4 和 p_3 相继弹出栈，同时将点 p_6 压入栈顶（见图 17.9）。最终的凸包在图 17.10 中显示。

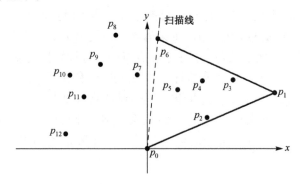

图 17.9　处理点 p_6 后的凸包

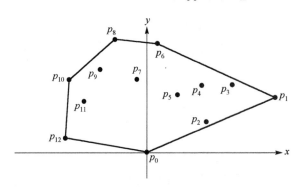

图 17.10　最终的凸包

下面给出算法的更形式化的描述。在算法结束时，栈 St 包含 $CH(S)$ 的顶点，于是它可以转换到链表中形成一个凸多边形。

算法 17.3　CONVEXHULL
输入：平面上 n 个点的集合 S。
输出：$CH(S)$，存储在栈 St 中的 S 的凸包。

1. 设 p_0 为具有最小 y 坐标的最右点。
2. $T[0] \leftarrow p_0$
3. 设 $T[1 \cdots n-1]$ 为 $S - \{p_0\}$ 中的点，按以 p_0 为原点的极角的升序排列，如果两个点 p_i 和 p_j 以 p_0 为原点有相同的极角，则与 p_0 接近的那个点排在前面。
4. **push** $(St, T[n-1])$;　**push** $(St, T[0])$
5. $k \leftarrow 1$
6. **while** $k < n-1$
7. 　　设 $St = (T[n-1], \cdots, T[i], T[j])$, $T[j]$ 位于栈顶
8. 　　**if** $T[i], T[j], T[k]$ 为左旋 **then**
9. 　　　**push** $(St, T[k])$

10.　　　　$k \leftarrow k+1$

11.　　　**else pop** (St)

12.　　　**end if**

13.　**end while**

　　算法 CONVEXHULL 的运行时间计算如下。排序步骤耗费 $O(n \log n)$ 时间，至于 while 循环，我们观察到，对于每一点恰好压栈一次，最多弹栈一次。此外，检验三点是否形成左旋或右旋相当于计算它们带符号的面积，耗时 $\Theta(1)$，这样 while 循环的耗费是 $\Theta(n)$。可见算法的时间复杂性是 $O(n \log n)$。练习 17.9 给出了另一种方法，它可以避免计算极角，其他计算凸包的算法在练习 17.10 和练习 17.13 中概要叙述。

17.6　计算点集的直径

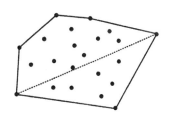

　　设 S 是平面中的点集，我们定义 S 中任意两点之间的最大距离作为 S 的直径，记为 $Diam(S)$。对于这个问题，一种直接的算法是比较每个点对的距离，返回 S 中两点实现的最大距离。采用这一策略，我们将得到一个 $\Theta(n^2)$ 时间的算法。在本节中，我们研究一种算法，它能在 $O(n \log n)$ 时间内找出平面中点集的直径。

图 17.11　一个点集的直径是其凸包的直径

　　我们从以下的观察结论开始，它看起来是直观的（见图 17.11）。

　　观察结论 17.1　点集 S 的直径等于其凸包的直径，即 $Diam(S) = Diam(CH(S))$。

　　因此，要计算平面中点集的直径，只需要考虑凸包上的顶点。下面将考察寻找凸多边形直径的问题。

　　定义 17.3　设 P 是一个凸多边形，P 的一条支撑线是指通过 P 顶点的一条直线 l，它使得 P 的内部整个在 l 的一边（见图 17.12）。

　　下面的定理中给出了凸多边形直径的一个有用特性（见图 17.13）。

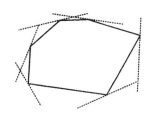

图 17.12　凸多边形的一些支撑线

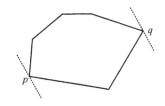

图 17.13　具有最大间隔的平行支撑线

　　定理 17.1　凸多边形 P 的直径等于 P 的任意平行支撑线对之间的最大距离。

　　定义 17.4　接纳两条平行支撑线的任意两点称为跖对(antipodal pair)。

　　对于定理 17.1，我们有如下推论。

推论 17.1　在凸多边形中形成直径的任何顶点对是一个跖对。

根据上述推论,问题现在简化为找出所有的跖对,并且选出具有最大间隔的那一对。事实上我们能够以最优线性时间完成。

定义 17.5　定义点 p 和线段 $\overline{qr}$ 之间的距离,记为 $dist(q,r,p)$,是从线段 $\overline{qr}$ 所在的直线到 p 的距离。如果 $dist(q,r,p)$ 最大,则 p 是到线段 $\overline{qr}$ 最远的点。

考虑图 17.14(a),其中显示了一个凸多边形 P。从该图中我们很容易看到,p_5 是离边 $\overline{p_{12}p_1}$ 最远的顶点。类似地,顶点 p_9 是离边 $\overline{p_1p_2}$ 最远的顶点。

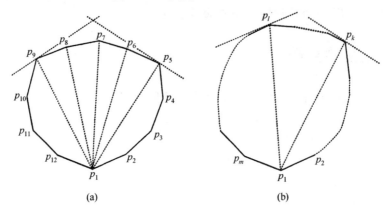

图 17.14　计算跖对

可以证明,一个顶点 p 和 p_1 形成一个跖对当且仅当它是顶点 $p_5,p_6,\cdots,p_9$ 中的一个。一般地,对于某个 $m \le n$,设点集凸包上的顶点按逆时针序是 $p_1,p_2,\cdots,p_m$,当沿逆时针方向扫过 $CH(S)$ 的边界时,设 p_k 是第一个离边 $\overline{p_mp_1}$ 最远的顶点,而 p_l 是第一个离边 $\overline{p_1p_2}$ 最远的顶点 [见图 17.14(b)]。那么,在 p_k 和 p_l 之间的任意顶点(包括 p_k 和 p_l)和 p_1 形成一个跖对。而且,所有其他顶点不和 p_1 形成跖对。

这个重要的观察结论提示我们采用如下的方法来找出所有的跖对。首先从 p_2 开始沿逆时针序扫过 $CH(S)$ 的边界,直至我们找到 p_k,即离 $\overline{p_mp_1}$ 最远的顶点。我们把点对 (p_1,p_k) 加到存放跖对且初始时为空的集合中。然后我们继续扫描边界,并对于遇到的每一个顶点 p_j 存放点对 (p_1,p_j),直至我们到达离 $\overline{p_1p_2}$ 最远的顶点 p_l。可能有这样的情况,$l = k+1$ 或甚至 $l = k$,也就是 $p_l = p_k$。接着,我们进到边 $\overline{p_2p_3}$ 来寻找和 p_2 形成跖对的顶点。这样,我们同时进行两个边界的逆时针扫描:一个从 p_1 到 p_k,另一个从 p_k 到 p_m。当探测到跖对 (p_k,p_m) 时扫描停止。最后,对跖对集合进行一次线性扫描显然足以找到凸包的直径。由观察结论 17.1,它是所要求的点集的直径。算法 DIAMETER 中给出了更加形式化的描述。

算法 17.4　**DIAMETER**

输入: 平面上 n 个点的集合 S。

输出: $Diam(S)$,S 的直径。

1. $\{p_1,p_2,\cdots,p_m\} \leftarrow CH(S)$　{计算 S 的凸包}
2. $A \leftarrow \{\}$　{初始化跖对集合}

3. $k \leftarrow 2$

4. **while** $dist(p_m, p_1, p_{k+1}) > dist(p_m, p_1, p_k)$ ｛查找 p_k｝

5. $k \leftarrow k+1$

6. **end while**

7. $i \leftarrow 1; j \leftarrow k$

8. **while** $i \leqslant k$ **and** $j \leqslant m$

9. $A \leftarrow A \cup \{(p_i, p_j)\}$

10.   **while** $dist(p_i, p_{i+1}, p_{j+1}) \geqslant dist(p_i, p_{i+1}, p_j)$ **and** $j < m$

11. $A \leftarrow A \cup \{(p_i, p_j)\}$

12. $j \leftarrow j+1$

13.   **end while**

14. $i \leftarrow i+1$

15. **end while**

16. 扫描 A, 以获得有最大间隔的跖对 (p_r, p_s)

17. **return** p_r 和 p_s 之间的距离

如果凸包不包含平行边, 则跖对的数目将恰好是 m, 它是凸包的大小。如果存在平行边对, 则跖对的数目最多是 $\lfloor m/2 \rfloor$。因此, 跖对的总数最多是 $\lfloor 3m/2 \rfloor$。

在比较一个顶点和一条线段之间的距离时, 我们不计算实际距离 (它包含了求平方根)。取而代之, 我们比较带符号面积, 因为它正比于实际距离 (见 17.3 节关于带符号面积的定义)。例如, 比较

$$dist(p_i, p_{i+1}, p_{j+1}) \geqslant dist(p_i, p_{i+1}, p_j)$$

在算法中可以换成比较

$$area(p_i, p_{i+1}, p_{j+1}) \geqslant area(p_i, p_{i+1}, p_j)$$

其中 $area(q, r, p)$ 是由线段 $\overline{qr}$ 和点 p 形成的三角形的面积, 这个面积是这些三点组的带符号面积。

算法的运行时间计算如下, 找出凸包需要 $O(n \log n)$ 时间, 因为两个嵌套的 while 循环由两个同时对凸包边界的扫描组成, 嵌套的 while 循环所耗费的时间是 $\Theta(m) = O(n)$, 其中 m 是凸包的大小, 所以算法运行的总时间是 $O(n \log n)$。

17.7 练习

17.1 设 S 是平面上 n 个点的集合, 设计一个 $O(n \log n)$ 算法, 对 S 中的每一点 p, 计算受 p 支配的点的数目。

17.2 设 I 是水平线上的区间集合, 设计一个算法, 报告所有包含在 I 中另一个区间内的那些区间。算法的运行时间是什么?

17.3 考虑线段相交问题的判定问题形式: 在平面内给出 n 条线段, 确定它们中是否有两条相交。给出求解这个问题的一个 $O(n \log n)$ 时间的算法。

17.4 设计一个有效算法,报告一个 n 条水平线段集的所有相交偶对。算法的时间复杂性是什么?

17.5 设计一个有效算法,报告一个给出的 n 条水平和垂直线段集的所有相交偶对。算法的时间复杂性是什么?

17.6 说明如何确定一个给出的多边形是否是简单的。回忆一下,一个多边形是简单的当且仅当除在顶点处外,它的任意两条边都不相交。

17.7 设 P 和 Q 是两个简单的多边形,它们的顶点总数是 n,给出一个 $O(n \log n)$ 时间的算法,确定 P 和 Q 是否相交。

17.8 设计一个 $O(n)$ 时间的算法,在两个多边形都是凸的情况下求解练习 17.7 中的问题。

17.9 在寻找一个点集的凸包的 Graham 扫描中,点用它们的极角排序。但是计算极角的耗费很大。一种可选择的计算凸包的方法是用角的正弦或余弦排序来替代,另一种选择是环绕着点 $(0, -\infty)$ 将点排序,这和根据点的 x 坐标的降序对点排序等价。请说明如何利用这种思路得到另一种计算凸包的算法。

17.10 Jarvis 行进是另一种已知的寻找凸包的算法。这个算法寻找凸包的边而不是寻找它的顶点。算法从找出具有最小 y 坐标的点开始,比如说 p_1,然后找出对于 p_1 有最小极角的点 p_2。于是,线段 $\overline{p_1 p_2}$ 定义凸包的一条边,下一条边通过找出对于 p_2 成最小极角的点 p_3 来确定,依次类推。从它的描述可知,该算法类似算法 SELECTIONSORT。请给出这一方法的细节。它的时间复杂性是什么?

17.11 练习 17.10 中所述的寻找凸包的 Jarvis 行进的优缺点是什么?

17.12 设 p 是凸多边形 P 外的一点。给定 $CH(P)$,请说明如何在 $O(\log n)$ 时间计算它们的并的凸包,即 $P \cup \{p\}$ 的凸包。

17.13 利用练习 17.12 的结果设计一个计算点集凸包的递增算法。算法每次检查一点,以决定它是否属于当前的凸包,从而构造整个凸包。要求算法的时间复杂性为 $O(n \log n)$。

17.14 设计一个 $O(n)$ 时间的算法来找出两个给定凸多边形的凸包,其中 n 是两个多边形中顶点的总数。

17.15 设计一个 $O(n)$ 时间的算法,以确定点 p 是否在一个简单多边形 P 内。(提示:画一条经过 p 的水平线,计算直线与 P 的交点个数。)

17.16 证明或否定下面的命题:给定平面中的点集 S,仅存在唯一的简单多边形,它的顶点都是 S 中的点。

17.17 给定平面中 n 个点的集合,说明如何构造一个以这些点作为顶点的简单多边形。要求算法的时间复杂性为 $O(n \log n)$。

17.18 参考寻找平面上给定点集 S 的直径的算法,证明直径是它们的凸包上两点之间的距离。

17.19 证明定理 17.1。

17.20 设 P 是一个有 n 个顶点的简单多边形。如果对于任何垂直于 y 轴的直线 l,l 和 P 的交不是线段就是点,那么我们称 P 关于 y 轴是单调的。例如,任意凸多边形关于 y 轴是单调的。P 中的一根弦是一条线段,它连接 P 中不相邻的两个顶点

并且整个都在 P 中。三角剖分一个简单多边形问题是用 P 内的 $n-3$ 条不相交的弦把多边形划分成 $n-2$ 个三角形（见图 6.8 关于凸多边形的特定情况）。给出一个算法以三角剖分一个简单的多边形 P。算法的时间复杂性是什么？

17.8　参考注释

有一些关于计算几何的书籍，其中包括 Berg（1957），Edelsbrunner（1987），Mehlhorn（1984c），O'Rourke（1994），Preparata and Shamos（1985），Toussaint（1984）。计算线段交点的算法来自 Shamos and Hoey（1975）。凸包算法来自 Graham（1972），定理 17.1 来自 Yaglom and Boltyanskii（1986）。找出直径的算法可在 Preparata and Shamos（1985）的著作中找到。三角剖分一个简单多边形的问题在计算几何中是一个基本问题，在 $\Theta(n)$ 时间内三角剖分一个单调多边形问题的解（见练习 17.20）可以在 Garey et al.（1978）中找到。在该论文中，作者还证明了三角剖分一个简单多边形可以在 $O(n \log n)$ 时间达到。后来，Tarjan and Van Wyk（1988）给出了一个用于三角剖分一个简单多边形的 $O(n \log \log n)$ 时间的算法。最后，Chazelle（1990，1991）给出了一个线性时间算法，它很复杂。Voronoi 图解也可用线性扫描法在 $O(n \log n)$ 时间内计算出来 [Fortune（1992）]。

第 18 章　Voronoi 图解

18.1　引言

在本章中，我们学习一种基本的几何结构，它能够协助解决大量计算几何中的近邻性问题。这种结构称为 Voronoi 图解。尽管存在许多类型的 Voronoi 图解，不带修饰语的"Voronoi 图解"一般指最近点 Voronoi 图解。这种结构通常用来解决关注近邻性的问题。在本章中我们也将学习另一种类型的 Voronoi 图解，称为最远点 Voronoi 图解，这种结构基本上用来解决关注远离性的问题。我们将通过概述一些这两种图解的重要应用来演示它们的功能。

18.2　最近点 Voronoi 图解

设 $S = \{p_1, p_2, \cdots, p_n\}$ 是平面上 n 个点的集合，平面中与 S 中的点 p_i 接近超过 S 中任何其他点的点集，我们定义一个多边形区域 $V(p_i)$，称为 p_i 的 Voronoi 区域。它是一个凸多边形，可能是无界的，最多有 $n-1$ 条边，每条边在 p_i 和 S 中另一点的垂直平分线上。图 18.1(a) 显示了点 p 的 Voronoi 区域 $V(p)$。每点一个，所有 n 个 Voronoi 区域的集合，组成了点集 S 的最近点 Voronoi 图解，简称为 Voronoi 图解，记为 $\mathcal{V}(S)$。两点、三点和四点的 Voronoi 图解如图 18.1(b) ~ (d) 所示。两点 p_1 和 p_2 的 Voronoi 图解正好是线段 $\overline{p_1 p_2}$ 的垂直平分线，如图 18.1(c) 所示。不在一直线上的三点的 Voronoi 图解由共点的三条垂直平分线组成。图 18.1(d) 中与 p_4 相关的区域 $V(p_4)$ 是有界的。

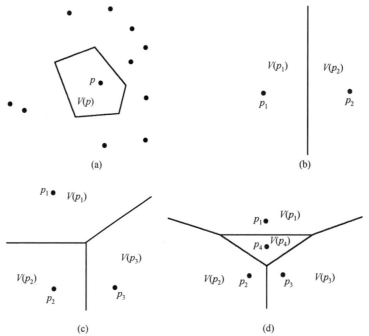

图 18.1　(a) Voronoi 区域；(b) ~ (d) 为两点、三点和四点的 Voronoi 图解

一般设 p_i 和 p_j 是平面中的两点 S。由 p_i 和 p_j 的垂直平分线定义的包含 p_i 的半平面 $H(p_i, p_j)$ 是平面内离 p_i 比 p_j 近的所有点的所在区域。与 p_i 相关的 Voronoi 区域 $V(p_i)$ 是 $n-1$ 个半平面的交，也就是

$$V(p_i) = \bigcap_{i \neq j} H(p_i, p_j)$$

Voronoi 区域 $V_1, V_2, \cdots, V_n$ 定义了 S 的 Voronoi 图解 $\mathcal{V}(S)$。图 18.2 显示了在平面中随机选择的一部分点的 Voronoi 图解。

点集 S 的 Voronoi 图解是一个平面图，它的顶点和边分别称为 Voronoi 顶点和 Voronoi 边。根据构造法，每一点 $p \in S$ 属于唯一的区域 $V(p)$，并且因此对于 $V(p)$ 内部的任意点 q，q 离 p 比 S 中的任何其他点都近。点集的 Voronoi 图解具有一些有趣的属性，它可以用来回答与近邻关系有关的若干问题。为了简化讨论和使证明容易些，我们在后面将假设点是在普通位置上，即三点不共线和四点不共圆（四点不在一个圆的圆周上）。

考虑图 18.3，它更为详细地重画了图 18.1(c)。众所周知，由三点定义的三角形三边的三条垂直平分线交于一点，而且以这点为圆心的圆经过这三点。事实上，Voronoi 图解的每个顶点恰好是 Voronoi 图解的三条边的公共交点（见图 18.2），这些边位于由这三点定义的三角形的边的垂直平分线上，因此 Voronoi 顶点是通过这三点的唯一圆的圆心。

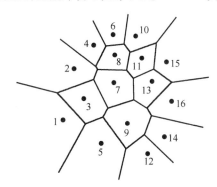

图 18.2　一个点集的 Voronoi 图解

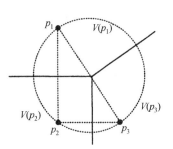

图 18.3　三点的 Voronoi 图解

设 v 是对于某个平面点集 S 的 Voronoi 图解 $\mathcal{V}(S)$ 中的一个顶点，令 $C(v)$ 是圆心为 v，并且经过点 p_1, p_2 和 p_3 的圆（例如图 18.3）。如果有某个其他的点 p_4 在 $C(v)$ 内，则 v 离 p_4 比离 p_1, p_2 和 p_3 中的任意一点都近，这就意味着 v 一定落在 $V(p_4)$ 中，而这与 v 是 $V(p_1)$，$V(p_2)$ 和 $V(p_3)$ 的公共点矛盾。可见 $C(v)$ 不包含 S 中的其他点。下面的定理概括了上述事实（这里 S 是最原始的点集）。

定理 18.1　每个 Voronoi 顶点 v 是三条 Voronoi 边的公共交点。因此，v 是由 S 中的三点定义的圆 $C(v)$ 的圆心，而且 $C(v)$ 不包含 S 中的其他点。

18.2.1　Delaunay 三角剖分

设 $\mathcal{V}(S)$ 是平面点集 S 的 Voronoi 图解，考虑 $\mathcal{V}(S)$ 的直线对偶 $\mathcal{D}(S)$，它是通过在每一相邻的 Voronoi 区域中，在 S 点对间加上线段得到的嵌入到平面中的图。$\mathcal{V}(S)$ 中边的对偶是 $\mathcal{D}(S)$ 中的边，同时 $\mathcal{V}(S)$ 中顶点的对偶是 $\mathcal{D}(S)$ 中的三角形区域，$\mathcal{D}(S)$ 是原始点集的三角剖

分。1934 年，在 Delaunay 证明这个结果后，它被称为 Delaunay 三角剖分。图 18.4 显示了在图 18.2 中的 Voronoi 图解的对偶，就是图 18.2 中点集的 Delaunay 三角剖分。图 18.5 显示了在它相应的 Voronoi 图解上叠加 Delaunay 三角剖分。注意 Voronoi 图解中的边和在 Delaunay 三角剖分中它的对偶不一定相交，从图中可以看出这一点。在一个 Delaunay 三角剖分中，它的三角形的最小角是在所有可能的三角剖分中的最大值。平面点集 S 的 Delaunay 三角剖分 $\mathcal{D}(S)$ 的另一个性质是它的边界是 $CH(S)$，即 S 的凸包。

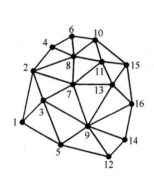

图 18.4　一个点集的 Delaunay 三角剖分

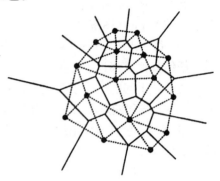

图 18.5　一个点集的 Voronoi 图解和 Delaunay 三角剖分

设 m 和 r 分别是 Delaunay 三角剖分 $\mathcal{D}(S)$ 中的边数和区域数，其中 $|S| = n$。显然，$\mathcal{D}(S)$ 是一个平面图，因此由欧拉公式（见 2.3.2 节），我们有

$$n - m + r = 2$$

并且对于 $n \geq 3$，

$$m \leq 3n - 6$$

于是，它的区域数满足不等式

$$r \leq 2n - 4$$

由于 Delaunay 三角剖分中的每条边是它对应的 Voronoi 图解中边的对偶，因此在 Voronoi 图解中的边数也不多于 $3n - 6$。既然 Delaunay 三角剖分中的每个区域（无界区域除外）是相应的 Voronoi 图解中顶点的对偶，而 Voronoi 图解的顶点数最多是 $2n - 5$，于是我们有以下定理。

定理 18.2　设 $\mathcal{V}(S)$ 和 $\mathcal{D}(S)$ 分别是平面点集 S 的 Voronoi 图解和 Delaunay 三角剖分，其中 $|S| = n \geq 3$，那么

(1) 在 $\mathcal{V}(S)$ 中的顶点数和边数分别最多是 $2n - 5$ 和 $3n - 6$。

(2) 在 $\mathcal{D}(S)$ 中的边数最多是 $3n - 6$。

由此可得 $\mathcal{V}(S)$ 或 $\mathcal{D}(S)$ 的大小是 $\Theta(n)$，它意味着这两个图都可以仅用 $\Theta(n)$ 的空间存储。

18.2.2　Voronoi 图解的构造

构造 Voronoi 图解的一种直接方法是每次构造一个区域。由于每个区域是 $n - 1$ 个半平面的交集，因此每个区域的构造可以在 $O(n^2)$ 时间获得，导致了一个构造 Voronoi 图解的 $O(n^3)$ 算法。事实上，$n - 1$ 个半平面的交集可以在 $O(n \log n)$ 时间构造，从而得到总的时间复杂性为 $O(n^2 \log n)$。

其实，Voronoi 图解可以在 $O(n \log n)$ 时间构造。在本节中我们将描述用分治法在 $O(n \log n)$ 时间构造图解的方法。在下文中，我们将结合一个例子说明这种方法，但仅在比较原则性的层面上描述。更详细的算法描述可以在参考资料中找到（见本章参考注释）。

设 S 是平面中 n 个点的集合，如果 $n = 2$，则 Voronoi 图解是这两点的垂直平分线［见图 18.1(b)］。否则将 S 划分成分别由 $\lfloor n/2 \rfloor$ 和 $\lceil n/2 \rceil$ 点组成的两个子集 S_L 和 S_R，然后计算和合并 Voronoi 图解 $\mathcal{V}(S_L)$ 和 $\mathcal{V}(S_R)$，得到 $\mathcal{V}(S)$（见图 18.6）。

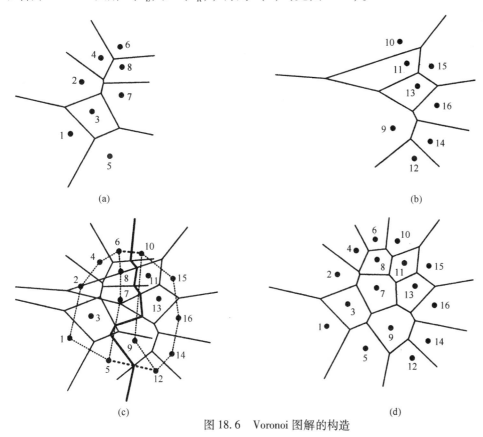

图 18.6　Voronoi 图解的构造

在这张图中，用 x 坐标的中值作为分隔符把一个 16 个点的集合 $\{1, 2, \cdots, 16\}$ 分成两个子集 $S_L = \{1, 2, \cdots, 8\}$ 和 $S_R = \{9, 10, \cdots, 16\}$。也就是说，在 S_L 内任何点的 x 坐标小于 S_R 内任何点的坐标。图 18.6(a) 和图 18.6(b) 显示了 S_L 和 S_R 的 Voronoi 图解 $\mathcal{V}(S_L)$ 和 $\mathcal{V}(S_R)$，图 18.6(c) 显示了合并步骤是如何执行的。这一步的基本思路是找出等分链 C，它是一条具有如下性质的折线：它左边的任意点对于 S_L 中的某点是最近的，同时它右边的任意点对于 S_R 中的某点是最近的。在图 18.6(c) 中，C 以一条从 $+\infty$ 到 $-\infty$ 的加粗折线路径显示。由于 S 根据 x 坐标中值划分成 S_L 和 S_R，因此等分链关于 y 是单调的，也就是说，每条水平线和 C 恰好交于一点。C 由一条射线、一些线段和另一条射线组成，它们都是最终 Voronoi 图解的组成部分。设 $CH(S_L)$ 和 $CH(S_R)$ 分别是 S_L 和 S_R 的凸包。为了计算等分链，这两个凸包首先合并形成整个集合 S 的凸包 $CH(S)$。在 $CH(S)$ 中，存在两条线段处于最高和最低支撑线位置，它们连接 $CH(S_L)$ 中的点和 $CH(S_R)$ 中的点［见图 18.6(c) 中的 $\overline{6,10}$ 和 $\overline{5,12}$ ］。这两条边的垂直平分线分别是 C 的射线，延伸到 $+\infty$ 到 $-\infty$。一旦找到这两条射线，剩下的 C 的线段，也就是最终的 Voronoi 图解的边计算如下。我们想象一点 p 从 $+\infty$ 沿着延伸到 $+\infty$ 的射线向内移动，初始时，p 位于 $V(6)$ 和 $V(10)$ 内并沿着到点 6 和点 10 等距离的点的轨迹进行，直到它距离其他点变得更近。这种情况在 p 碰到多角形的一条边时出现。参照图 18.6(c)，由于 p 向下移，因此在与 $V(10)$ 的任何边相交前先碰到 $V(6)$ 和 $V(8)$ 的公共边。在这点，p 距离 8 比距离 6 近，因此必须沿 8,10 的平分线继续。进一步移动，p 越过 $V(10)$ 的一条边，沿 8,11 的平分线，然后是 7,11 的平分线等移动，直至到达 5,12 的平分线，这时已经描绘出所要求的多边形路径 C。一旦找到了 C，通过删除 $V(S_L)$ 的那些射向 C 右侧的射线和 $V(S_R)$ 的那些射向 C 左侧的射线来完成构造。得出的 Voronoi 图解见图 18.6(d)。

构造的概要在算法 VORONOID 中给出。可以证明，合并步骤主要由找出等分链组成，要耗费 $O(n)$ 时间。因为排序耗费 $O(n\log n)$ 时间，算法所要耗费的总时间是 $O(n\log n)$。这蕴含着以下定理。

定理 18.3　平面中 n 个点的集合的 Voronoi 图解能够在 $O(n\log n)$ 时间构造。

算法 18.1　VORONOID

输入：平面上 n 个点的集合 S。

输出：$V(S)$，S 的 Voronoi 图解。

 1. 按 x 坐标的非降序排列 S

 2. $V(S) \leftarrow vd(S,1,n)$

过程 $vd(S,low,high)$

 1. 如果 $|S| \leqslant 3$，则用直接方法计算 $V(S)$，返回 $V(S)$，否则继续

 2. $mid \leftarrow \lfloor (low+high)/2 \rfloor$

 3. $S_L \leftarrow S[low \cdots mid]$；　$S_R \leftarrow S[mid+1 \cdots high]$

 4. $V(S_L) \leftarrow vd(S,low,mid)$

 5. $V(S_R) \leftarrow vd(S,mid+1,high)$

 6. 构造等分链 C

 7. 删除 $V(S_L)$ 的那些射向 C 右侧的射线和 $V(S_R)$ 的那些射向 C 左侧的射线

 8. **return** $V(S)$

18.3　Voronoi 图解的应用

点集的 Voronoi 图解是一个有广泛用途且强大的几何结构，它含有几乎所有的关于近邻性的信息。本节中，我们列举一些问题，这些问题在（最近点）Voronoi 图解已经提供的前提下能够有效地解决。通过首先计算 Voronoi 图解，可以有效地解决一些问题。

18.3.1　计算凸包

点集 S 的 Voronoi 图解 $V(S)$ 的一个重要性质在下面的定理中给出，它的证明留作练习（见练习 18.6）。

定理 18.4　一个 Voronoi 区域 $V(p)$ 是无界的当且仅当它的对应点 p 在 S 的凸包 $CH(S)$ 的边界上。

等价地，S 的凸包由 S 的 Delaunay 三角剖分 $\mathcal{D}(S)$ 的边界来定义。因而，在 $O(n)$ 时间里有可能从 $\mathcal{V}(S)$ 或 $\mathcal{D}(S)$ 构造 $CH(S)$。一个从 Voronoi 图解构造凸包的算法概要如下，从 S 中的任意点开始，我们搜索 Voronoi 区域是无界的一点 p。一旦 p 已经找到，它在 $CH(S)$ 中的邻点是 q，它的 Voronoi 区域是通过一条射线与 p 分隔开的。继续这种方法，遍历 Voronoi 图解的边界，直至返回到初始点 p。这时，凸包的构造就完成了。

18.3.2　所有最近邻点

定义 18.1　设 S 是平面上的一个点集，p 和 q 在 S 中，如果在 $S - \{p\}$ 的所有点中 q 是最靠近的，则称 q 是 p 的最近邻点。也就是如果

$$d(p,q) = \min_{r \in S - \{p\}} d(p,r)$$

则称 q 是 p 的最近邻点，其中 $d(p,r)$ 是 p 和 r 之间的欧几里得距离。

"最近邻点"是集合 S 上的一个关系。这个关系不必是对称的，这可以很明显地从图 18.7 看出。在这个图中，p 是 q 和 r 的最近邻点，然而 q 和 r 并不都是 p 的最近邻点。所有最近邻点的问题如下，给定一个 n 个平面点的集合 S，对于 S 中的每一点找出最近邻点。这个问题的解可从下面的定理中立即得出，它的证明留作练习（见练习 18.7）。

图 18.7　最近邻点关系

定理 18.5　设 S 是平面中的一个点集，且 p 在 S 中。p 的每个最近邻点定义一条 Voronoi 区域 $V(p)$ 的边[①]。

由定理 18.5，给定 $\mathcal{V}(S)$ 和 S 中的一点 p，它的最近邻点可以通过检验它的所有邻点并返回离 p 有最小距离的那点而找到。因为 $V(p)$ 可能由 $O(n)$ 条边组成，这要耗费 $O(n)$ 时间。为了找出 S 中每一点的最近邻点，我们需要检验所有的 Voronoi 边。由于每条边的检验不多于两次（共享那条边的每个 Voronoi 区域一次），因此所有的最近邻点可以在与 $\mathcal{V}(S)$ 中的边数成比例的时间内找到，也就是 $\Theta(n)$。有趣的是，在最坏情况下，找出一个最近邻点的时间复杂性和找出所有最近邻点的时间复杂性是一样的。

18.3.3　欧几里得最小生成树

给定一个平面中 n 个点的集合 S，欧几里得最小生成树（EMST）问题是寻找一棵最小耗费生成树，它的顶点是给定点集，两点之间的耗费是它们之间的欧几里得距离。蛮力方法是计算这些点中每个点对之间的距离，并使用已知的在一般图中计算最小耗费生成树的算法（见 7.3 节）。利用 Prim 算法或 Kruskal 算法得到的时间复杂性分别为 $\Theta(n^2)$ 和 $O(n^2 \log n)$。但是，如果我们有点集的 Delaunay 三角剖分，就可以在时间 $O(n \log n)$ 内计算树。事实上，

---

①　译者注：该边就是和它的最近邻点的连边的平分线。

存在着在$\Theta(n)$时间从 Delaunay 三角剖分构造最小生成树的算法，但是我们不在这里讨论这个算法。关键的思想来自下面的定理，我们不必考察所有$\Theta(n^2)$个点对间的距离，考察那些由Delaunay三角剖分边连接的点对就足够了。

定理 18.6 设S是平面内的点集，同时设$\{S_1, S_2\}$是S的一个划分。如果$\overline{pq}$是S_1的点和S_2的点之间的最短线段，则$\overline{pq}$是S的 Delaunay 三角剖分$\mathcal{D}(S)$的一条边。

证明： 假定$\overline{pq}$是S_1的点和S_2的点之间的最短距离，其中$p \in S_1, q \in S_2$，但是它不在$\mathcal{D}(S)$中。设m是线段$\overline{pq}$的中点，假定和$V(p)$在边e处相交，设r是p的邻点，因而$V(p)$和$V(r)$共享边e(见图18.8)。不难证明r落在以m为圆心、$\overline{pq}$为直径的圆内，从而有$\overline{pq} > \overline{pr}$和$\overline{pq} > \overline{qr}$。我们分两种情况讨论，如果$r \in S_2$，则$\overline{pq}$不是$S_1$和$S_2$之间的最短距离，因为$\overline{pr} < \overline{pq}$。如果$r \in S_1$，则$\overline{pq}$不是$S_1$和$S_2$之间的最短距离，因

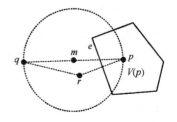

图 18.8　定理 18.6 的证明

为$\overline{qr} < \overline{pq}$。这两种情况都引出矛盾。于是我们得出结论，$p$和$q$必定是$\mathcal{V}(S)$中的相邻点，即$\overline{pq}$是$\mathcal{D}(S)$中的一条边。

现在，为了获得$O(n \log n)$时间算法，我们只需对点集的Delaunay三角剖分应用 Kruskal 算法。回忆 Kruskal 算法的时间复杂性是$O(m \log m)$，其中m是边数，而在任何Delaunay三角剖分中，$m = O(n)$（见定理18.2）。

18.4　最远点 Voronoi 图解

设$S = \{p_1, p_2, \cdots, p_n\}$是平面上$n$个点的集合，平面上距离$S$中的点$p_i$比$S$中的任何其他点都远的所有点的集合定义了一个多边形区域$V_f(p_i)$，称为p_i的最远点 Voronoi 区域。这是一个无界区域，并且仅对S的凸包上的点有定义（见练习18.12 和练习18.13）。所有最远点 Voronoi区域的集合组成点集的最远点 Voronoi 图解，记为$\mathcal{V}_f(S)$。两点和三点的最远点 Voronoi 图解在图18.9 中显示。两点p_1和p_2的最远点 Voronoi 图解正是线段$\overline{p_1 p_2}$的垂直平分线。如图18.9(b)所示，不共线三点的最远点Voronoi图解由交于一点的三条平分线组成。把此图与图18.1(b)和图18.1(c)中的 Voronoi 图解相比较，它们使用的是同样的点集。

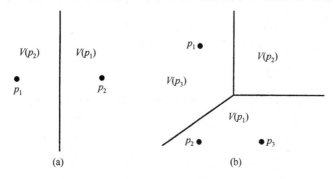

图 18.9　两点和三点的最远点 Voronoi 图解

图 18.10 显示了在平面中随机选出的若干点的最远点 Voronoi 图解。和在 Voronoi 图解中一样，我们将假设点都在一般位置，也就是没有三点共线，也没有四点共圆。下面的定理和定理 18.1 类似。

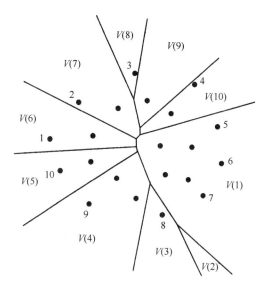

图 18.10　一个点集的最远点 Voronoi 图解

定理 18.7　*每个最远点 Voronoi 顶点 v 是三条 Voronoi 边的公共交点。因而，v 是由 S 中的三点定义的圆 $C(v)$ 的圆心，而且 $C(v)$ 包含所有其他点。*

18.4.1　最远点 Voronoi 图解的构造

点集 S 的最远点 Voronoi 图解 $\mathcal{V}_f(S)$ 的构造，从丢弃所有不在凸包上的点开始，其余部分的构造类似于 18.2.2 节中描述的最近点 Voronoi 图解 $\mathcal{V}(S)$ 的构造。其中有些小的修改，反映在把"最近性"转换成"最远性"中。这些修改在图 18.11 的构造中可以很清楚地看出。

第一个修改在寻找等分链 C 中［参见图 18.11（a）～（c）］。在从 $\mathcal{V}_f(S_L)$ 和 $\mathcal{V}_f(S_R)$ 构造 $\mathcal{V}_f(S)$ 时，射线从 $+\infty$ 向内垂直于 $CH(S_L)$ 和 $CH(S_R)$ 的底部的支撑线，也就是图中连接 1 和连接 12 的线段。这意味着射线起源于 $\mathcal{V}_f(S_L)$ 的 $V(1)$ 和 $\mathcal{V}_f(S_R)$ 的 $V(12)$。然后它与 $\mathcal{V}_f(S_R)$ 的 $V(11)$ 和 $V(12)$ 之间的边界相交，自此沿 1，11 的平分线而行。射线与 $\mathcal{V}_f(S_L)$ 的 $V(1)$ 和 $V(2)$ 之间的边界相交后，沿 2，11 的平分线而行。等分链继续这一方法，直至最终变成垂直于连接 3 和 8 的顶部支撑线，然后沿这个方向无限地继续下去。

第二个修改是在合并它们以获得 $\mathcal{V}_f(S)$ 时移去 $\mathcal{V}_f(S_L)$ 和 $\mathcal{V}_f(S_R)$ 的射线。在这种情况下，到等分链左边的 $\mathcal{V}_f(S_L)$ 的射线和到等分链右边的 $\mathcal{V}_f(S_R)$ 的射线被删除。得到的最远点 Voronoi 图解在图 18.11（d）中显示。除了上面说明的两处修改，构造最远点 Voronoi 图解的算法和构造 Voronoi 图解的算法是一样的。

构造的概要在算法 FPVORONOID 中给出。

算法 18.2　FPVORONOID

输入：平面上 n 个点的集合 S。

输出: $\mathcal{V}_f(S)$, S 的最远点 Voronoi 图解。

    1. 按 x 坐标的非降序排列 S

    2. $\mathcal{V}_f(S) \leftarrow fpvd(S, 1, n)$

过程 $fpvd(S, low, high)$

    1. 如果 $|S| \leq 3$, 则用直接方法计算 $\mathcal{V}_f(S)$, 返回 $\mathcal{V}_f(S)$, 否则继续

    2. $mid \leftarrow \lfloor (low + high)/2 \rfloor$

    3. $S_L \leftarrow S[low \cdots mid]$; $S_R \leftarrow S[mid + 1 \cdots high]$

    4. $\mathcal{V}_f(S_L) \leftarrow fpvd(S, low, mid)$

    5. $\mathcal{V}_f(S_R) \leftarrow fpvd(S, mid + 1, high)$

    6. 构造等分链 C

    7. 删除 $\mathcal{V}_f(S_L)$ 的那些射向 C 左侧的射线和 $\mathcal{V}_f(S_R)$ 的那些射向 C 右侧的射线

    8. **return** $\mathcal{V}_f(S)$

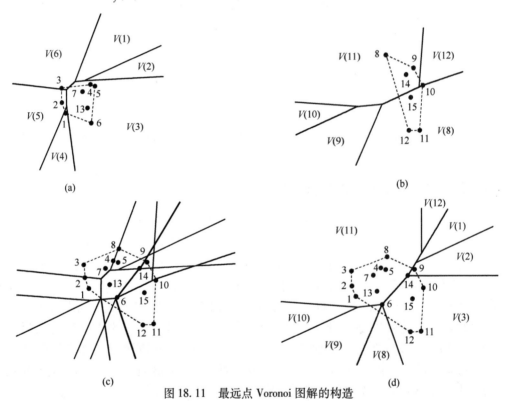

图 18.11 最远点 Voronoi 图解的构造

18.5 最远点 Voronoi 图解的应用

最远点 Voronoi 图解被用来回答或计算一些必须和"最远性"有关的结果, 例如聚集和覆盖问题。在本节, 我们简单介绍两个问题, 它们可以用最远点 Voronoi 图解有效地解决。

18.5.1 所有最远邻点

定义 18.2 设 S 是平面内的一个点集, p 和 q 在 S 中, 如果 q 距离 p 比 $S - \{p\}$ 中的所有

其他点都远，则称 q 为 p 的最远邻点。也就是如果

$$d(p,q) = \max_{r \in S-\{p\}} d(p,r)$$

则称 q 为 p 的最远邻点，其中 $d(p,r)$ 是 p 和 r 之间的欧几里得距离。

"最远邻点"是集合 S 上的一种关系，它不必是对称的。对于每一点 p，我们需要找出 p 位于哪个最远点 Voronoi 区域。如果 p 位于 $V(q)$，则 q 是 p 的最远邻点。这样问题变成了一个点的定位问题，我们不在这里展开讨论。可以说，这个图解能够在 $O(n \log n)$ 时间被预处理以产生一个数据结构，它能用来在 $O(\log n)$ 时间回答以下形式的任意问题：给出任意点 x（不一定在 S 中），返回 x 所在的区域。由此可得，在预处理 $\mathcal{V}_f(S)$ 后，S 中的所有点的最远邻点可以在 $O(n \log n)$ 时间内算出。

18.5.2 最小包围圆

考虑下面的问题。给定一个平面中 n 个点的集合 S，找出包围它们的最小圆。这个问题在运筹学研究中为人们所熟知，它作为设备定位问题受到了极大的关注。最小包围圆是唯一的，它或者是集合 S 中三点的外接圆，或者由作为直径的两点定义。显而易见的蛮力方法考虑 S 的所有两个元素和三个元素的子集，导致一个 $\Theta(n^4)$ 时间算法，利用 $\mathcal{V}_f(S)$ 找出最小包围圆就变得简单了。首先找出 $CH(S)$ 并计算 S 的直径，$D = diam(S)$（见 17.6 节），如果具有直径 D 的圆封闭这些点，则我们就完成了算法。否则，我们检验 $\mathcal{V}_f(S)$ 的每个顶点作为候选的封闭圆圆心，并返回最小圆；回忆最远点 Voronoi 图解的顶点是由 $CH(S)$ 上的三点定义的，并且封闭所有点的圆心（见定理 18.7）。计算 $CH(S)$ 要耗费 $O(n \log n)$ 时间，计算 $CH(S)$ 的直径要耗费 $\Theta(n)$ 时间，从 $CH(S)$ 构造 $\mathcal{V}_f(S)$ 要耗费 $O(n \log n)$ 时间。事实上，$\mathcal{V}_f(S)$ 可以在 $O(n)$ 时间内从 $CH(S)$ 构造。最后，由于图解由 $O(n)$ 个顶点组成，找出最小包围圆只需要 $O(n)$ 时间，因此用最远点 Voronoi 图解找出最小包围圆要耗费 $O(n \log n)$ 时间。最后，我们注意到通过解三维线性规划问题的变形，可以在 $\Theta(n)$ 时间内找出最小包围圆。

18.6 练习

18.1 画出正方形 4 个顶点的 Voronoi 图解。

18.2 设计一个计算平面点集的 Voronoi 图解的蛮力算法。

18.3 给定一个有 n 个度数为 3 的顶点的图，设计一个有效算法以判定它是否是一个点集 S 的 Voronoi 图解。如果是，要求该算法也将构造出这个点集 S。

18.4 证明定理 18.1。

18.5 在图 18.12 所示的两个三角剖分中，哪一个是 Delaunay 三角剖分？请解释。

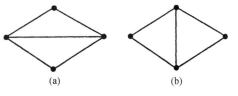

18.6 证明定理 18.4。

18.7 证明定理 18.5。

(a)　(b)

图 18.12　4 点集合的两个三角剖分

18.8 设 $\mathcal{V}(S)$ 是点集 S 的 Voronoi 图解，x 和 y 是两点，使得 $x \in S$ 但 $y \notin S$。再假设 y 位于 x 的 Voronoi 多边形内。请说明如何有效地构造 $\mathcal{V}(S \cup \{y\})$。

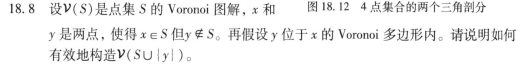

18.9　　用练习 18.8 的结果,设计一个通过每次处理 S 中的一点来构造 $\mathcal{V}(S)$ 的增量算法。算法的时间复杂性是什么?

18.10　设 $\mathcal{V}(S)$ 是平面点集 S 的 Voronoi 图解,$x \in S$。请说明如何有效地构造 $\mathcal{V}(S - \{x\})$。

18.11　说明如何直接从 $\mathcal{D}(S)$ 在 $\Theta(n)$ 时间内获得平面点集 S 的欧几里得最小生成树。

18.12　证明在点集 S 中的一点 p 的最远邻点是 S 的凸包的一个顶点。

18.13　证明对于平面中的任意点集,$\mathcal{V}_f(S) = \mathcal{V}_f(CH(S))$(见练习 18.12)。

18.14　设 P 是一个凸多边形。为简单起见,假设它的每个顶点只有一个最远邻点。对于 P 的任意顶点 x,用 $f(x)$ 记 x 的最远邻点。证明对于一条边的两个顶点 x 和 y,两条线段 $\overline{x f(x)}$ 和 $\overline{y f(y)}$ 必定相交。

18.15　修改构造点集 S 的最远点 Voronoi 图解的算法 FPVORONOID,使得在每次递归调用中,算法丢弃所有不在凸包上的点。

18.16　证明点集 S 的最小包围圆不是由集合的直径定义,就是由集合的三点定义。

18.17　设 S 是平面中的点集,为简单起见假设每点仅有一个最远邻点。对于每个点 $x \in S$,用 $f(x)$ 标记 x 的最远邻点。令 $d(x,y)$ 为 x 和 y 之间的欧几里得距离,设 x, y 和 z 是 S 中的三个不同点,使得 $f(x) = y$ 和 $f(y) = z$。证明 $d(x,y) < d(y,z)$。

18.18　这个问题是练习 18.17 的推广。对于一点 $x \in S$,证明有限序列
$$d(x, f(x)), d(f(x), f(f(x))), d(f(f(x)), f(f(f(x)))), \cdots$$
除了序列的最后两个元素必须相等,它是严格递增的。

18.7　参考注释

关于 Voronoi 图解,特别是最近点 Voronoi 图解,可以在很多计算几何的专著中找到,其中包括 de Berg, van Kreveld, Overmars, and Schwarzkopf(1997),Edelsbrunner(1987),Mehlhorn(1984c),O'Rourke(1994),Preparata and Shamos(1985),Toussaint(1984)。构造 Voronoi 图解的分治算法首先出现在 Shamos and Hoey(1975)中。Voronoi 图解也能够用线扫描的方法在 $O(n \log n)$ 时间内算出(见第 17 章)。这种算法出现在 Fortune(1978)中。一个由三维凸包计算平面中点集的 Delaunay 三角剖分的算法(进而和它的 Voronoi 图解)源自 Edelsbrunner and Seidel(1986),尽管 Brown(1979)首次建立了 Voronoi 图解和高维凸包之间的联系。这个算法在 O'Rourke (1994)中被详述。一个简单的构造最远点 Voronoi 图解的 $O(n \log n)$ 迭代算法可以在 Skyum (1991)中找到,这种算法用来生成本章中的最远点 Voronoi 图解,这是计算最小包围圆的一种简单算法的修改版本。两篇关于 Voronoi 图解的综述论文是 Aurenhammer (1991)和 Fortune(1992)。Okabe, Boots, and Sugihara(1992)给出了 Voronoi 图解的算法和它的应用。

附录 A   数学预备知识

在分析算法时，通常把所需要的资源量表示为输入规模大小的函数。一个非平凡算法典型地由重复指令集合组成，它或者通过执行如 for 或 while 循环这样的语句来迭代地重复，或者通过一再调用同样的算法来递归地重复。每调用一次，输入的大小都减少，直到它变得足够小为止。到那时，算法用简单直接的方法来求解这样的输入实例。这意味着可以用求和的形式或递归公式来表示算法所用资源的量，于是就产生了对基本数学工具的需求。这些基本数学工具在分析算法的过程中处理这些求和与递归公式时是必需的。

本附录中，我们复习一些数学预备知识，简要讨论一些在分析算法时要经常用到的数学工具。

A.1   集合、关系和函数

当分析算法时，我们认为它的输入是从某个特定范围（如整数集合）取出的一个集合。形式化地说，可以认为算法是一个函数，它是一个受约束的关系，它将每一个可能的输入映射到一个特定的输出，这样集合和函数就都处于算法分析的核心中。在这一节里，我们简要回顾一下集合、关系和函数的基本概念，它们很自然地在算法设计和分析中常常出现，更详细的讨论可以在大多数关于集合论和离散数学的书中找到。

A.1.1   集合

术语"集合"可用来指任何一组对象，它们称为集合的成员或元素。如果对某个常数 $n \geqslant 0$，一个集合包含 n 个元素，则称它为有限的，否则是无限的。无限集合的例子包括自然数集合、整数集合、有理数集合和实数集合等。

非形式化地说，如果一个无限集合的元素能被第一个元素、第二个元素等列举出来，就称这个无限集合是可数的，否则称为不可数的。例如，整数集合 $\{0, 1, -1, 2, -2, \cdots\}$ 是可数的，而实数集合是不可数的。

有限集合是这样描述的：用某种方法列举它的元素，并用花括号将列表括起来。假如这个集合是可数的，可用三点来代替所有那些没有列出的元素。例如，从 1 到 100 的整数集合可以表示为 $\{1, 2, 3, \cdots, 100\}$，自然数集合可以用 $\{1, 2, 3, \cdots\}$ 说明。集合还可以用指定的某个特性来说明。例如集合 $\{1, 2, \cdots, 100\}$ 可以这样表示：$\{x \mid 1 \leqslant x \leqslant 100$ 且 x 是整数$\}$。不可数集合只能通过后一种方式来表示，例如，0 到 1 之间的实数可以表示为 $\{x \mid x$ 是实数且 $0 \leqslant x \leqslant 1\}$。空集记为 $\{\}$ 或 $\varnothing$。

如果 A 是一个有限集合，那么 A 的基数是指 A 中元素的个数，表示成 $|A|$。如果 x 是 A 的成员，我们写为 $x \in A$，否则写为 $x \notin A$。如果每一个 B 的元素都是 A 的元素，那么称集合 B 是集合 A 的子集，记为 $B \subseteq A$。如果还有 $B \neq A$，则称 B 是 A 的真子集，记为 $B \subset A$。这样 $\{a, \{2, 3\}\} \subset \{a, \{2, 3\}, b\}$，但是 $\{a, \{2, 3\}\} \nsubseteq \{a, \{2\}, \{3\}, b\}$。对于任何集合 A，有 $A \subseteq A$ 和

$\varnothing \subseteq A$。可以看到，如果 A 和 B 是集合，有 $A \subseteq B$ 且 $B \subseteq A$，则 $A = B$。这样，为了证明两个集合 A 和 B 相等，只需证明 $A \subseteq B$ 且 $B \subseteq A$ 即可。

两个集合的并是集合 $\{x \mid x \in A$ 或 $x \in B\}$，记为 $A \cup B$。两个集合 A 和 B 的交是集合 $\{x \mid x \in A$ 且 $x \in B\}$，记为 $A \cap B$。集合 A 和集合 B 的差是集合 $\{x \mid x \in A$ 且 $x \notin B\}$，记为 $A - B$。集合 A 的补集定义为 $U - A$，这里 U 是包含 A 在内的全集，它通常可从上下文中知道，A 的补集可记为 $\overline{A}$。如果 A, B 和 C 是集合，则 $A \cup (B \cup C) = (A \cup B) \cup C$，且 $A \cap (B \cap C) = (A \cap B) \cap C$。如果 $A \cap B = \varnothing$，则称两个集合不相交。集合 A 的幂集是 A 的所有子集的集合，记为 $P(A)$。注意，$\varnothing \in P(A)$ 且 $A \in P(A)$。如果 $|A| = n$，那么 $|P(A)| = 2^n$。

A.1.2　关系

有序 n 元组 $(a_1, a_2, \cdots, a_n)$ 是一个有序集，其中 a_1 是它的第一个元素，a_2 是它的第二个元素……a_n 是它的第 n 个元素。作为特例，2 元组称为有序对。令 A 和 B 是两个集合，A 和 B 的笛卡儿积是所有有序对 (a, b) 的集合，这里 $a \in A, b \in B$，笛卡儿积记为 $A \times B$。用集合符号表示为

$$A \times B = \{(a, b) \mid a \in A \text{ 且 } b \in B\}$$

更一般地，$A_1, A_2, \cdots, A_n$ 的笛卡儿积定义为

$$A_1 \times A_2 \times \cdots \times A_n = \{(a_1, a_2, \cdots, a_n) \mid a_i \in A_i, 1 \leq i \leq n\}$$

设 A 和 B 是两个非空集，一个从 A 到 B 的二元关系，或简单地说 A 到 B 的关系 R 是有序对 (a, b) 的集合，这里 $a \in A, b \in B$，也就是 $R \subseteq A \times B$。如果 $A = B$，则称 R 是集合 A 上的关系。R 的定义域有时写成 $\mathrm{Dom}(R)$，定义为

$$\mathrm{Dom}(R) = \{a \mid \text{对于某个 } b \in B, (a, b) \in R\}$$

R 的值域有时写成 $\mathrm{Ran}(R)$，定义为

$$\mathrm{Ran}(R) = \{b \mid \text{对于某个 } a \in A, (a, b) \in R\}$$

例 A.1　设 $R_1 = \{(2, 5), (3, 3)\}$，$R_2 = \{(x, y) \mid x, y$ 是正整数，且 $x \leq y\}$，$R_3 = \{(x, y) \mid x, y$ 是实数，且 $x^2 + y^2 \leq 1\}$。那么 $\mathrm{Dom}(R_1) = \{2, 3\}$，$\mathrm{Ran}(R_1) = \{5, 3\}$，$\mathrm{Dom}(R_2) = \mathrm{Ran}(R_2)$ 是自然数集合，$\mathrm{Dom}(R_3) = \mathrm{Ran}(R_3)$ 是在区间 $[-1 \cdots 1]$ 中的实数集合。

设 R 是在集合 A 上的关系，如果对于所有的 $a \in A$，有 $(a, a) \in R$，则称 R 是自反的；如果对于所有的 $a \in A$，$(a, a) \notin R$，则称 R 是反自反的。如果 $(a, b) \in R$ 蕴含着 $(b, a) \in R$，则称它为对称的；如果 $(a, b) \in R$ 蕴含着 $(b, a) \notin R$，则称它为非对称的；如果 $(a, b) \in R$ 和 $(b, a) \in R$ 蕴含着 $a = b$，则称它为反对称的。最后，如果 $(a, b) \in R$ 和 $(b, c) \in R$，得出 $(a, c) \in R$，则称 R 是传递的。一个关系是自反的、反对称的和传递的，则称其为一个偏序。

例 A.2　设 $R_1 = \{(x, y) \mid x, y$ 是正整数，且 x 整除 $y\}$，$R_2 = \{(x, y) \mid x, y$ 是整数，且 $x \leq y\}$。那么 R_1 和 R_2 都是自反的、反对称的和传递的，因此都是偏序。

A.1.2.1　等价关系

如果集合 A 上的关系 R 是自反的、对称的和传递的，则称它是等价关系。在这种情况

下，R 将 A 划分成为等价类 $C_1, C_2, \cdots, C_k$，这样等价类中的任意两个元素有 R 关系。也就是对于任意的 C_i，$1 \leq i \leq k$，如果 $x \in C_i$ 且 $y \in C_i$，则 $(x, y) \in R$。另一方面，如果 $x \in C_i$ 且 $y \in C_j$，$i \neq j$，那么 $(x, y) \notin R$。

例 A.3 设 x 和 y 是两个整数，n 是正整数，如果对于某个整数 k，有 $x - y = kn$，则称 x 和 y 模 n 同余，记为

$$x \equiv y \ (\bmod \ n)$$

换句话说，如果 x 和 y 被 n 除的余数相同，就有 $x \equiv y \ (\bmod \ n)$。例如 $13 \equiv 8 (\bmod 5)$ 和 $13 \equiv -2 (\bmod 5)$。现在定义关系

$$R = \{(x, y) \mid x, y \ \text{是整数，且} \ x \equiv y \ (\bmod \ n)\}$$

那么，R 是等价关系。它将整数集合划分为 n 类 $C_0, C_1, \cdots, C_{n-1}$，当且仅当 $x \equiv y (\bmod n)$ 时，有 $x \in C_i$ 和 $y \in C_i$。

A.1.3 函数

函数 f 是一个（二元）关系，也就是对于每一个元素 $x \in \mathrm{Dom}(f)$，恰有一个元素 $y \in \mathrm{Ran}(f)$，并且 $(x, y) \in f$。在这种情况下，常常把 $(x, y) \in f$ 写成 $f(x) = y$，并且称 y 是 f 在 x 上的值或像。

例 A.4 关系 $\{(1,2), (3,4), (2,4)\}$ 是函数，而关系 $\{(1,2), (1,4)\}$ 不是函数。关系 $\{(x, y) \mid x, y \ \text{是正整数，且} \ x = y^3\}$ 是函数，而关系 $\{(x, y) \mid x \ \text{是正整数}，y \ \text{是整数，且} \ x = y^2\}$ 不是函数。在例 A.1 中，R_1 是函数，而 R_2 和 R_3 不是函数。

设 f 是一个函数，对于非空集合 A 和 B，有 $\mathrm{Dom}(f) = A$ 和 $\mathrm{Ran}(f) \subseteq B$，如果 A 中没有不同的元素 x 和 y，使 $f(x) = f(y)$，则称 f 是一对一的，即 $f(x) = f(y)$ 蕴含着 $x = y$。如果 $\mathrm{Ran}(f) = B$，则称 f 是映到 B 的。如果 f 是一对一的，又是映到 B 的，则称它是双射的或者称 A 和 B 之间是一一对应的。

A.2 证明方法

证明在设计和分析算法中是一个重要的组成部分。算法的正确性及算法所需要用的时间、空间资源的量，都是通过对预设断言的证明来确立的。在这一节里，我们简要回顾一下在算法分析中最常用的证明方法。

符号

简单地说，一个命题或断言 P 是一条陈述句，它可以是真或假，但不能二者都是。符号 "$\neg$" 是否定符号，例如，$\neg P$ 是命题 P 的否定。符号 "$\rightarrow$" 和 "$\leftrightarrow$" 在证明中被广泛地应用，"$\rightarrow$" 读作 "蕴含" 而 "$\leftrightarrow$" 读作 "当且仅当"。这样，如果 P 和 Q 是两个命题，语句 "$P \rightarrow Q$" 表示 "P 蕴含 Q"，或表示 "如果 P 那么 Q"。语句 "$P \leftrightarrow Q$" 表示 "P 当且仅当 Q"，也就是 "当且仅当 Q 为真时 P 为真"。语句 "$P \leftrightarrow Q$" 通常可分成两条蕴含语句："$P \rightarrow Q$" 和 "$Q \rightarrow P$"，每条语句被分开证明。如果 $P \rightarrow Q$，就说 Q 是 P 的必要条件，P 是 Q 的充分条件。

A.2.1　直接证明

要证明"$P \rightarrow Q$",可以先假设 P 是真的,然后从 P 为真推出 Q 为真,这是直接证明法,许多数学证明都是属于这种类型的。

例 A.5　证明断言:如果 n 是偶数,则 n^2 也是偶数。该命题的直接证明如下:由于 n 是偶数,有 $n = 2k$,k 是某个整数,所以有 $n = 4k^2 = 2(2k^2)$,这就得出 n^2 是偶数的结论。

A.2.2　间接证明

蕴含式"$P \rightarrow Q$"逻辑等价于逆反命题"$\neg Q \rightarrow \neg P$"。例如命题"如果在下雨,那么天是阴的"逻辑等价于命题"如果天不阴,那么就不下雨"。有时,证明"如果非 Q,那么非 P"比直接证明命题"如果 P,那么 Q"要容易得多。

例 A.6　考虑断言:如果 n^2 是偶数,那么 n 是偶数。如果我们用直接证明技术来证明这个定理,可以像例 A.5 中的证明那样做。换一种更加简单的方法,证明逻辑等价的断言:如果 n 是奇数,那么 n^2 也是奇数。我们用以下直接证明的方法来证明该命题为真:如果 n 是奇数,那么 $n = 2k + 1$,k 是某个整数。这样,$n^2 = (2k+1)^2 = 4k^2 + 4k + 1 = 2(2k^2 + 2k) + 1$,所以 n^2 是奇数。

A.2.3　用反证法证明

这是一种被广泛应用的、功能强大的证明方法,它可以使证明简单明了。利用这种方法,为了证明命题"$P \rightarrow Q$"为真,先假定 P 为真,但 Q 为假。如果从这个假设导出矛盾,就意味着假设"Q 为假"必定是错的,所以 Q 必定可由 P 推出。这种方法基于下面的逻辑因果关系,如果已知 $P \rightarrow Q$ 为真,且 Q 为假,则 P 必定为假。所以,如果一开始先假定 P 为真,Q 为假,从而得出 P 为假的结论。这样,P 既是真的又是假的,但是 P 不能既为真又为假,因此这是一个矛盾,那么得出 Q 为假的假定是错误的,所以最终只有一种可能:Q 为真。应该注意到这并不是可以导出的唯一的矛盾,例如,在假定 P 为真、Q 为假后,可能得出这样的结论:$1 = -1$。下面的例子说明了这种证明方法,在这个例子中,将用到如下定理:如果 a, b, c 是整数,b 和 c 能被 a 整除,那么 a 能整除它们的差,即 a 整除 $b - c$。

例 A.7　证明断言:有无限多的素数。用反证法来证明这个命题如下:假设相反,仅存在 k 个素数 $p_1, p_2, \cdots, p_k$,这里 $p_1 = 2$,$p_2 = 3$,$p_3 = 5$,等等,所有其他大于 1 的整数都是合数。令 $n = p_1 p_2 \cdots p_k + 1$,令 p 为 n 的一个素数因子(注意由前面的假设,由于 n 大于 p_k,因此 n 不是素数)。既然 n 不是素数,那么 $p_1, p_2, \cdots, p_k$ 中必定有一个能够整除 n,也就是说,p 是 $p_1, p_2, \cdots, p_k$ 中的一个,因为 p 整除 $p_1 p_2 \cdots p_k$,因此,p 整除 $n - p_1 p_2 \cdots p_k$,但是 $n - p_1 p_2 \cdots p_k = 1$,由素数的定义可知,因为 p 大于 1,所以 p 不能整除 1。这是一个矛盾,于是得到素数的个数是无限的。

后面定理 A.3 的证明也为反证法提供了一个极好的例子。

A.2.4 反例证明法

这种方法对于假设的命题是错误的情况提供了快捷的证明,它通常用来证明一个命题在很多时候是正确的,但并不永远正确的情况。当我们面对一个需要证明其正确或错误的断言时,可以从尝试用反例来证明其不正确开始。甚至如果我们怀疑断言是正确的,寻找一个反例也有助于理解为什么反例是不可能的。这常常会引出一个证明,它证明给定命题是正确的。在算法分析中,这种方法经常用来证明算法并不总是产生带有一定性质的结果。

例 A.8 令 $f(n) = n^2 + n + 41$ 是定义在非负整数集合上的一个函数。考虑断言:$f(n)$ 永远是一个素数。例如,$f(0) = 41$,$f(1) = 43$,$\cdots$,$f(39) = 1601$ 都是素数。为了说明该命题有错,只需找出一个正整数 n,使得 $f(n)$ 是合数即可。因为 $f(40) = 1681 = 41^2$ 是合数,所以该断言为假。

例 A.9 考虑下列命题:$\lceil \sqrt{\lfloor x \rfloor} \rceil = \lceil \sqrt{x} \rceil$ 适用于所有非负实数。例如,$\lceil \sqrt{\lfloor \pi \rfloor} \rceil = \lceil \sqrt{\pi} \rceil$。为了证明该命题为假,我们只需要找到一个反例,也就是找到一个非负实数 x,使得该等式不成立。这个反例留作练习(见练习 A.11)。

A.2.5 数学归纳法

数学归纳法在证明某一性质对自然数序列 $n_0, n_0 + 1, n_0 + 2, \cdots$ 成立时是一种强有力的方法。典型地,n_0 取 0 或 1,但也可以是任何自然数。假设要证明某一性质 $P(n)$ 对于 $n = n_0$,$n_0 + 1, n_0 + 2, \cdots$ 为真,它的正确性来自性质 $P(n-1)$ 对于所有的 $n > n_0$ 为真。首先证明该性质对于 n_0 成立,这称为基础步,然后证明只要这个性质对于 $n_0, n_0 + 1, \cdots, n-1$ 为真,那么必有对于 n 这个性质为真,这称为归纳步。于是可得出结论,对于所有的 $n \geq n_0$ 的值,该性质都成立。一般来说,要证明性质 $P(n)$ 对于 $n = n_k, n_{k+1}, n_{k+2}, \cdots$ 成立,它的正确性来自对于某个 $k \geq 1$,性质 $P(n-1), P(n-2), \cdots, P(n-k)$ 为真。因此必须先直接证明 $P(n_0)$,$P(n_0 + 1), \cdots, P(n_0 + k - 1)$,然后再进行归纳步。下面的例子说明了这种证明方法。

例 A.10 证明 Bernoulli 不等式:对于每一个实数 $x \geq -1$ 和每一个自然数 n,有 $(1+x)^n \geq 1 + nx$。

基础步:如果 $n = 1$,那么 $1 + x \geq 1 + x$。

归纳步:假定不等式对于所有的 k 成立,$1 \leq k < n$,$n > 1$,那么

$$
\begin{aligned}
(1+x)^n &= (1+x)(1+x)^{n-1} \\
&\geq (1+x)(1+(n-1)x) \quad \{\text{用归纳假设,且 } x \geq -1\} \\
&= (1+x)(1+nx-x) \\
&= 1 + nx - x + x + nx^2 - x^2 \\
&= 1 + nx + (nx^2 - x^2) \\
&\geq 1 + nx \quad \{\text{因为对于 } n \geq 1, (nx^2 - x^2) \geq 0\}
\end{aligned}
$$

因此,对于所有的 $n \geq 1$,有 $(1+x)^n \geq 1 + nx$。

例 A.11 考虑 Fibonacci 序列 $1, 1, 2, 3, 5, 8, \cdots$,定义如下:

$$f(1) = f(2) = 1, \text{如果 } n \geq 3, f(n) = f(n-1) + f(n-2)$$

令

$$\phi = \frac{1+\sqrt{5}}{2}$$

证明对于所有的 $n \geq 1$，$f(n) \leq \phi^{n-1}$。

基础步：如果 $n=1$，有 $1 = f(1) \leq \phi^0 = 1$；如果 $n=2$，有 $1 = f(2) \leq \phi^1 = (1+\sqrt{5})/2$。

归纳步：假定这一假设在 $n>2$ 时，对于所有的 k 值都成立，$1 \leq k < n$，首先注意

$$\phi^2 = \left(\frac{1+\sqrt{5}}{2}\right)^2 = \left(\frac{1+2\sqrt{5}+5}{4}\right) = \left(\frac{2+2\sqrt{5}+4}{4}\right) = \phi + 1$$

因此

$$f(n) = f(n-1) + f(n-2) \leq \phi^{n-2} + \phi^{n-3} = \phi^{n-3}(\phi+1) = \phi^{n-3}\phi^2 = \phi^{n-1}$$

所以，对于所有的 $n \geq 1$，$f(n) \leq \phi^{n-1}$。

例 A.12　这个例子说明，如果问题有两个或更多的参数，选择哪一个参数来应用归纳法是很重要的。令 n, m 和 r 分别表示在平面图的嵌入中顶点、边和区域的数目（见 2.3.2 节），证明欧拉公式

$$n - m + r = 2$$

通过对边的数目 m 用归纳法，我们来证明这个公式。

基础步：如果 $m=1$，只有一个区域和两个顶点，所以 $2 - 1 + 1 = 2$。

归纳步：假定这一假设对于 $1, 2, \cdots, m-1$ 都成立，我们证明它对于 m 也成立。令 G 为一个平面图，它有 n 个顶点、$m-1$ 条边和 r 块区域，假定 $n - (m-1) + r = 2$。现在再加一条边，那么就要考虑两种情况，如果新的边连接两个已在图上的顶点，那么就引入了一块新的区域，公式变成 $n - m + (r+1) = n - (m-1) + r = 2$；如果新的边连接的顶点有一个在图上而另一个是新加上的，那就没有引入新的区域，所以公式变成 $(n+1) - m + r = n - (m-1) + r = 2$，这样，这个假设对于 m 成立，因此对于所有的 $m \geq 1$ 都成立。

A.3　对数

设 b 为一个大于 1 的正实数，x 是实数，假定对于某个正实数 y，有 $y = b^x$，那么 x 称为以 b 为底的 y 的对数，写作

$$x = \log_b y$$

这里，b 称为对数的底数。对于任意大于 0 的实数 x 和 y，有

$$\log_b xy = \log_b x + \log_b y$$

和

$$\log_b(c^y) = y \log_b c, \quad c > 0$$

$b = 2$ 时，我们把 $\log_2 x$ 写作 $\log x$。

另一个有用的底数是 e，它被定义为

$$e = \lim_{n \to \infty} \left(1 + \frac{1}{n}\right)^n = 1 + \frac{1}{1!} + \frac{1}{2!} + \frac{1}{3!} + \cdots = 2.718\,281\,8\cdots \tag{A.1}$$

通常把 $\log_e x$ 写成 $\ln x$，$\ln x$ 称为 x 的自然对数，自然对数也定义为

$$\ln x = \int_1^x \frac{1}{t} \mathrm{d}t$$

可以采用链法则（chain rule）改变底数：

$$\log_a x = \log_b x \log_a b \text{ 或 } \log_b x = \frac{\log_a x}{\log_a b}$$

例如

$$\log x = \frac{\ln x}{\ln 2} ，\ln x = \frac{\log x}{\log \mathrm{e}}$$

下面的重要等式可以通过两边同时取对数来证明：

$$x^{\log_b y} = y^{\log_b x}, \quad x, y > 0 \tag{A.2}$$

A.4 底函数和顶函数

令 x 是实数，用 $\lfloor x \rfloor$ 来表示 x 的底函数，它被定义为小于等于 x 的最大整数；x 的顶函数用 $\lceil x \rceil$ 来表示，它被定义为大于等于 x 的最小整数，例如

$$\lfloor \sqrt{2} \rfloor = 1, \lceil \sqrt{2} \rceil = 2, \lfloor -2.5 \rfloor = -3, \lceil -2.5 \rceil = -2$$

下面不加证明地列出一些重要等式：

$$\lceil x/2 \rceil + \lfloor x/2 \rfloor = x$$
$$\lfloor -x \rfloor = -\lceil x \rceil$$
$$\lceil -x \rceil = -\lfloor x \rfloor$$

下面的定理很有用。

定理 A.1 $f(x)$ 是单调递增函数，使得若 $f(x)$ 是整数，则 x 是整数。那么

$$\lfloor f(\lfloor x \rfloor) \rfloor = \lfloor f(x) \rfloor \text{ 且 } \lceil f(\lceil x \rceil) \rceil = \lceil f(x) \rceil$$

例如

$$\lceil \sqrt{\lceil x \rceil} \rceil = \lceil \sqrt{x} \rceil \text{ 且 } \lfloor \log \lfloor x \rfloor \rfloor = \lfloor \log x \rfloor$$

下面的公式从定理 A.1 得出：

$$\lfloor \lfloor x \rfloor / n \rfloor = \lfloor x/n \rfloor \text{ 且 } \lceil \lceil x \rceil / n \rceil = \lceil x/n \rceil, n \text{ 是整数} \tag{A.3}$$

例如，如果令 $x = n/2$，那么

$$\lfloor \lfloor \lfloor n/2 \rfloor / 2 \rfloor / 2 \rfloor = \lfloor \lfloor n/4 \rfloor / 2 \rfloor = \lfloor n/8 \rfloor$$

A.5 阶乘和二项式系数

这一节简要列出一些重要的组合特性，它们在那些专门为组合问题设计的算法分析中经常用到。我们的讨论将限于排列和组合，并引出阶乘和二项式系数的定义。

A.5.1 阶乘

n 个不同对象的排列定义为这些对象排成一排。例如，a, b, c 三个元素有 6 种排列，分别是

$$a\,b\,c, a\,c\,b, b\,a\,c, b\,c\,a, c\,a\,b, c\,b\,a$$

一般来说，设有 n 个对象，其中 $n > 0$，假如从中选择 k 个对象元素，$1 \leqslant k \leqslant n$，将它们排成一排，计算共有多少种方法。在第一个位置上有 n 种选择，在第二个位置上有 $n-1$ 种选择……在第 k 个位置上有 $n-k+1$ 种选择。这样，选择 $k \leqslant n$ 个对象并把它们排成一排的方法数是

$$n(n-1)\cdots(n-k+1)$$

这个量记为 P_k^n，称为从 n 个对象中每次取 k 个对象的排列数。当 $k = n$ 时，这个量变成

$$P_n^n = n \times (n-1) \times \cdots \times 1$$

通常称为 n 个对象的排列数。由于它的重要性，这个量记为 $n!$，称为"n 的阶乘"，并约定 $0! = 1$。$n!$ 具有如下简单的递归定义：

$$0! = 1; \text{如果 } n \geqslant 1, \text{则 } n! = n(n-1)!$$

$n!$ 是一个增长非常快的函数，例如

$$30! = 265\ 252\ 859\ 812\ 191\ 058\ 636\ 308\ 480\ 000\ 000$$

对 $n!$ 的一个有用的近似式是 Stirling 公式

$$n! \approx \sqrt{2\pi n}\left(\frac{n}{e}\right)^n \tag{A.4}$$

这里，$e = 2.718\ 281\ 8\cdots$ 是自然对数的底。例如，利用 Stirling 公式，可以得到

$$30! \approx 264\ 517\ 095\ 922\ 964\ 306\ 151\ 924\ 784\ 891\ 709$$

相对误差大约是 0.27%。

A.5.2 二项式系数

不考虑顺序，从 n 个对象中选取 k 个对象的可能方法，通常称为从 n 个对象中一次取出 k 个对象的组合，记作 C_k^n。例如从字母 a, b, c, d 中一次取出 3 个的组合有

$$a\,b\,c, a\,b\,d, a\,c\,d, b\,c\,d$$

由于顺序在这里并不重要，从 n 个对象中一次取出 k 个对象的组合数，等于用 $k!$ 去除从 n 个对象中一次取出 k 个对象的排列数，即

$$C_k^n = \frac{P_k^n}{k!} = \frac{n(n-1)\cdots(n-k+1)}{k!} = \frac{n!}{k!(n-k)!}, \quad n \geqslant k \geqslant 0$$

这个量记为 $\binom{n}{k}$，读作"n 选 k"，称为二项式系数。例如，从 4 个对象中一次取出 3 个的组合数是

$$\binom{4}{3} = \frac{4!}{3!(4-3)!} = 4$$

等价地，$\binom{n}{k}$是在 n 个元素的集合中 k 个元素子集的数目。例如，在集合 $\{a,b,c,d\}$ 中，3 个元素的子集是

$$\{a,b,c\},\{a,b,d\},\{a,c,d\},\{b,c,d\}$$

由于从 n 个元素中选出 k 个元素的方法数，等于从 n 个元素中不选择 $n-k$ 个元素的方法数，因此我们有下面的重要等式：

$$\binom{n}{k} = \binom{n}{n-k}, \quad 特别地, \quad \binom{n}{n} = \binom{n}{0} = 1 \qquad (A.5)$$

下面的等式也是很重要的，

$$\binom{n}{k} = \binom{n-1}{k} + \binom{n-1}{k-1} \qquad (A.6)$$

式(A.6)可以证明如下：令 $A = \{1,2,\cdots,n\}$，k 个元素的子集可以分成包括元素 n 的那些子集和不包括元素 n 的那些子集。不包括 n 的子集个数是从集合 $\{1,2,\cdots,n-1\}$ 中选择 k 个元素的方法的数目，即 $\binom{n-1}{k}$，包括 n 的子集的数目是从集合 $\{1,2,\cdots,n-1\}$ 中选择 $k-1$ 个元素的方法的数目，即 $\binom{n-1}{k-1}$，由此证明了式(A.6)的正确性。

下面叙述的二项式定理是算法分析中的基本工具之一，为简单起见，我们只考虑 n 是正整数的特殊情况。

定理 A.2 设 n 为正整数，那么

$$(1+x)^n = \sum_{j=0}^{n} \binom{n}{j} x^j$$

如果在定理 A.2 中令 $x=1$，就有

$$\binom{n}{0} + \binom{n}{1} + \cdots + \binom{n}{n} = 2^n$$

从组合的角度来讲，这个恒等式表明在一个大小为 n 的集合中，所有子集的个数等于 2^n，这和我们预计的一样。如果在定理 A.2 中令 $x=-1$，有

$$\binom{n}{0} - \binom{n}{1} + \binom{n}{2} - \cdots \pm \binom{n}{n} = 0$$

或

$$\sum_{j\,\text{even}} \binom{n}{j} = \sum_{j\,\text{odd}} \binom{n}{j}$$

其中"j even"表示 j 为偶数，"j odd"表示 j 为奇数。

如果在定理 A.2 中令 $n = 1,2,3,\cdots$，可以得到下面的展开式：$(1+x) = 1+x$，$(1+x)^2 = 1 + 2x + x^2$，$(1+x)^3 = 1 + 3x + 3x^2 + x^3$，等等。如果这样不断进行下去，可以得到一个帕斯卡三角形，见图 A.1。在这个三角形里，除第一行外，每一行都是用式(A.6)从前面一行中计算出来的。

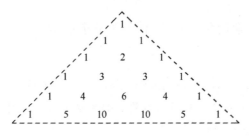

图 A.1   帕斯卡三角形的前 6 行

A.6   鸽巢原理

鸽巢原理虽然简单直观,但在算法分析中,这个原理是十分强大且不可或缺的。

定理 A.3   如果把 n 个球分别放在 m 个盒子中,那么

(1) 存在一个盒子,必定至少装 $\lceil n/m \rceil$ 个球;

(2) 存在一个盒子,必定最多装 $\lfloor n/m \rfloor$ 个球。

证明:(1) 如果所有的盒子都有少于 $\lceil n/m \rceil$ 个球,那么球的总数最多是

$$m\left(\left\lceil \frac{n}{m} \right\rceil - 1\right) \leqslant m\left(\left(\frac{n}{m} + \frac{m-1}{m}\right) - 1\right) = n + m - 1 - m = n - 1 < n$$

这是一个矛盾。

(2) 如果所有的盒子都有多于 $\lfloor n/m \rfloor$ 个球,那么球的总数至少是

$$m\left(\left\lfloor \frac{n}{m} \right\rfloor + 1\right) = m\left(\left(\frac{n}{m} - \frac{m-1}{m}\right) + 1\right) = n - m + 1 + m = n + 1 > n$$

这也是一个矛盾。

例 A.13   令 $G = (V, E)$ 是一个连通无向图,有 m 个顶点(见 2.3 节)。令 p 是 G 中访问 $n > m$ 个顶点的一条路径,那么 p 必定包含一条回路。由于 $\lceil n/m \rceil > 2$,至少有一个顶点,假定是 v,它将被 p 访问超过一次,这样,这条路径以 v 起始又以 v 结束的部分形成了一条回路。

A.7   和式

我们将序列 $a_1, a_2, \cdots$ 形式化地定义为其定义域是自然数集合的一个函数,将一个有穷序列 $\{a_1, a_2, \cdots, a_n\}$ 定义为一个定义域为集合 $\{1, 2, \cdots, n\}$ 的函数是有用的。在本书中,除非特别说明,我们将假定序列是有限的。令 $S = a_1, a_2, \cdots, a_n$ 是任意的数的序列,它们的和 $a_1 + a_2 + \cdots + a_n$ 可以用下面的符号来简洁地表示:

$$\sum_{j=1}^{n} a_{f(j)} \text{ 或 } \sum_{1 \leqslant j \leqslant n} a_{f(j)}$$

其中 $f(j)$ 是一个函数,它定义元素 $1, 2, \cdots, n$ 的一个排列。例如,上述序列元素的和可以写成

$$\sum_{j=1}^{n} a_j \ \text{或} \sum_{1 \leqslant j \leqslant n} a_j$$

这里，$f(j)$ 简化为 j。如果 $f(j) = n - j + 1$，那么和式变成

$$\sum_{j=1}^{n} a_{n-j+1}$$

这个和可以简化为

$$\sum_{j=1}^{n} a_{n-j+1} \ = \ a_{n-1+1}, a_{n-2+1}, \cdots, a_{n-n+1} \ = \ \sum_{j=1}^{n} a_j$$

应用其他符号更改下标是很简单的，见下面的例子。

例 A.14

$$
\begin{aligned}
\sum_{j=1}^{n} a_{n-j} &= \sum_{1 \leqslant j \leqslant n} a_{n-j} && \{\text{用另一种形式重写和式}\} \\
&= \sum_{1 \leqslant n-j \leqslant n} a_{n-(n-j)} && \{\text{用 } n-j \text{ 代替 } j\} \\
&= \sum_{1-n \leqslant n-j-n \leqslant n-n} a_{n-(n-j)} && \{\text{从不等式中减去 } n\} \\
&= \sum_{1-n \leqslant -j \leqslant 0} a_j && \{\text{简化式子}\} \\
&= \sum_{0 \leqslant j \leqslant n-1} a_j && \{\text{不等式乘以 } -1\} \\
&= \sum_{j=0}^{n-1} a_j
\end{aligned}
$$

上面的过程适用于形为 $k \pm j$ 的任何排列函数 $f(j)$，k 是一个与 j 无关的整数。

下面列出算法分析中一些经常出现的和式的闭式公式。这些公式的证明可以在大多数标准的离散数学专著中找到。

算术级数

$$\sum_{j=1}^{n} j = \frac{n(n+1)}{2} = \Theta(n^2) \tag{A.7}$$

平方和

$$\sum_{j=1}^{n} j^2 = \frac{n(n+1)(2n+1)}{6} = \Theta(n^3) \tag{A.8}$$

几何级数

$$\sum_{j=0}^{n} c^j = \frac{c^{n+1}-1}{c-1} = \Theta(c^n), \ c \neq 1 \tag{A.9}$$

如果 $c = 2$，则有

$$\sum_{j=0}^{n} 2^j = 2^{n+1} - 1 = \Theta(2^n) \tag{A.10}$$

如果 $c = 1/2$，则有

$$\sum_{j=0}^{n} \frac{1}{2^j} = 2 - \frac{1}{2^n} < 2 = \Theta(1) \tag{A.11}$$

当$|c| < 1$且和式是无限时,有下面的无穷几何级数

$$\sum_{j=0}^{\infty} c^j = \frac{1}{1-c} = \Theta(1), \quad |c| < 1 \tag{A.12}$$

式(A.9)两边求导后再乘以c,得到

$$\sum_{j=0}^{n} jc^j = \sum_{j=1}^{n} jc^j = \frac{nc^{n+2} - nc^{n+1} - c^{n+1} + c}{(c-1)^2} = \Theta(nc^n), \quad c \neq 1 \tag{A.13}$$

令式(A.13)中的$c = 1/2$,得到

$$\sum_{j=0}^{n} \frac{j}{2^j} = \sum_{j=1}^{n} \frac{j}{2^j} = 2 - \frac{n+2}{2^n} = \Theta(1) \tag{A.14}$$

式(A.12)两边求导后再乘以c,得到

$$\sum_{j=0}^{\infty} jc^j = \frac{c}{(1-c)^2} = \Theta(1), \quad |c| < 1 \tag{A.15}$$

A.7.1 求和的积分近似

令$f(x)$是一个单调递减或单调递增的连续函数,现在来估算和式

$$\sum_{j=1}^{n} f(j)$$

的值。可以通过积分来近似和式,得出上下界如下。

如果$f(x)$是递减的,那么有(见图A.2)

$$\int_{m}^{n+1} f(x)\,\mathrm{d}x \leqslant \sum_{j=m}^{n} f(j) \leqslant \int_{m-1}^{n} f(x)\,\mathrm{d}x$$

如果$f(x)$是递增的,那么有(见图A.3)

$$\int_{m-1}^{n} f(x)\,\mathrm{d}x \leqslant \sum_{j=m}^{n} f(j) \leqslant \int_{m}^{n+1} f(x)\,\mathrm{d}x$$

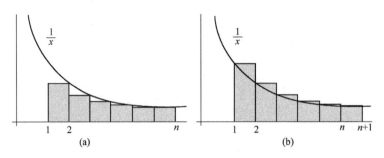

图A.2 和式$\sum_{j=1}^{n} \frac{1}{j}$的近似

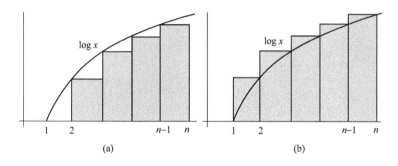

图 A.3 和式 $\sum_{j=1}^{n} \log j$ 的近似

例 A.15 可以求出和式

$$\sum_{j=1}^{n} j^k, \, k \geq 1$$

的上下界如下。由于 j^k 是递增的，我们有

$$\int_{0}^{n} x^k \mathrm{d}x \leq \sum_{j=1}^{n} j^k \leq \int_{1}^{n+1} x^k \mathrm{d}x$$

即

$$\frac{n^{k+1}}{k+1} \leq \sum_{j=1}^{n} j^k \leq \frac{(n+1)^{k+1} - 1}{k+1}$$

因此，由 Θ 符号的定义，我们有

$$\sum_{j=1}^{n} j^k = \Theta(n^{k+1}), \, k \geq 1$$

例 A.16 在这个例子中，我们导出调和级数的上下界

$$H_n = \sum_{j=1}^{n} \frac{1}{j}$$

由图 A.2(a)，可以清楚地看到

$$\sum_{j=1}^{n} \frac{1}{j} = 1 + \sum_{j=2}^{n} \frac{1}{j}$$

$$\leq 1 + \int_{1}^{n} \frac{\mathrm{d}x}{x}$$

$$= 1 + \ln n$$

同样地，由图 A.2(b)可以得出

$$\sum_{j=1}^{n} \frac{1}{j} \geq \int_{1}^{n+1} \frac{\mathrm{d}x}{x}$$

$$= \ln(n+1)$$

也就有

$$\ln(n+1) \leq \sum_{j=1}^{n} \frac{1}{j} \leq \ln n + 1 \qquad (\text{A.16})$$

或

$$\frac{\log(n+1)}{\log e} \leqslant \sum_{j=1}^{n} \frac{1}{j} \leqslant \frac{\log n}{\log e} + 1 \qquad (A.17)$$

因此，由 Θ 符号的定义，有

$$H_n = \sum_{j=1}^{n} \frac{1}{j} = \Theta(\log n)$$

例 A.17 在本例中，我们求出级数

$$\sum_{j=1}^{n} \log j$$

的上下界。由图 A.3(a)，显然

$$\sum_{j=1}^{n} \log j = \log n + \sum_{j=1}^{n-1} \log j$$

$$\leqslant \log n + \int_{1}^{n} \log x \, dx$$

$$= \log n + n \log n - n \log e + \log e$$

同样地，由图 A.3(b)，可以得出

$$\sum_{j=1}^{n} \log j = \sum_{j=2}^{n} \log j$$

$$\geqslant \int_{1}^{n} \log x \, dx$$

$$= n \log n - n \log e + \log e$$

也就有

$$n \log n - n \log e + \log e \leqslant \sum_{j=1}^{n} \log j \leqslant n \log n - n \log e + \log n + \log e \qquad (A.18)$$

因此，由 Θ 符号的定义，我们有

$$\sum_{j=1}^{n} \log j = \Theta(n \log n)$$

这和例 1.12 得出的界相同，但是这里得出的结果更加精确。例如对式(A.18)取指数得到

$$2^{n \log n - n \log e + \log e} \leqslant n! \leqslant 2^{n \log n - n \log e + \log n + \log e}$$

或

$$e\left(\frac{n}{e}\right)^n \leqslant n! \leqslant ne\left(\frac{n}{e}\right)^n$$

和 Stirling 近似公式相当接近[见式(A.4)]。

A.8 递推关系

事实上在所有的递归算法中，运行时间的界都是用递归形式来表达的，这使得求解递归公式对算法分析者来说极为重要。递归公式是用它自身来定义的一个公式，在这种情况下，我们称这个定义为递推关系或递推式。例如，正奇数序列可以用递推式描述如下。

$$f(n) = f(n-1) + 2, \ n > 1, \ \text{且} f(1) = 1$$

当 n 为很大的值时，直接用递推式来计算 $f(n)$ 会很麻烦，所以希望能够用一种闭式来表达这个序列，从它入手可以直接计算 $f(n)$。如果找到这样一种闭式，则称递推式已经解出。下面给出一些技术来求解基本的递推式。

如果递推关系具有如下这种形式，则称其为常系数线性齐次递推式：

$$f(n) = a_1 f(n-1) + a_2 f(n-2) + \cdots + a_k f(n-k)$$

这里，$f(n)$ 称为是 k 次的。当一个附加项包括常数或者 n 的函数出现在递推式中时，那么就称其为非齐次的。

A.8.1 线性齐次递推关系的求解

令

$$f(n) = a_1 f(n-1) + a_2 f(n-2) + \cdots + a_k f(n-k) \tag{A.19}$$

式（A.19）的一般解含有 $f(n) = x^n$ 形式的特解的和。用 x^n 来代替式（A.19）中的 $f(n)$，有

$$x^n = a_1 x^{n-1} + a_2 x^{n-2} + \cdots + a_k x^{n-k}$$

两边同时除以 x^{n-k} 得到

$$x^k = a_1 x^{k-1} + a_2 x^{k-2} + \cdots + a_k$$

或者写成

$$x^k - a_1 x^{k-1} - a_2 x^{k-2} - \cdots - a_k = 0 \tag{A.20}$$

式（A.20）称为递推关系（A.19）的特征方程。

下面，我们把注意力限于一阶和二阶线性齐次递推关系。一阶齐次递推方程的解可以直接得到，令 $f(n) = af(n-1)$，假定序列从 $f(0)$ 开始，由于

$$f(n) = af(n-1) = a^2 f(n-2) = \cdots = a^n f(0)$$

很容易看出 $f(n) = a^n f(0)$ 是递推关系的解。

如果递推关系的次数是 2，那么特征方程变成 $x^2 - a_1 x - a_2 = 0$，令这个二次方程的根是 r_1 和 r_2，递推关系的解是

$$f(n) = c_1 r_1^n + c_2 r_2^n，\text{如果} \ r_1 \neq r_2; \ f(n) = c_1 r^n + c_2 n r^n，\text{如果} \ r_1 = r_2 = r$$

这里 c_1 和 c_2 是序列的初值 $f(n_0)$ 和 $f(n_0 + 1)$。

例 A.18 考虑序列 $1, 4, 16, 64, 256, \cdots$ 可以用递推关系表示为 $f(n) = 3f(n-1) + 4f(n-2)$，且 $f(0) = 1, f(1) = 4$，特征方程是 $x^2 - 3x - 4 = 0$，有 $r_1 = -1, r_2 = 4$。这样递推关系的解是 $f(n) = c_1(-1)^n + c_2 4^n$。为了求出 c_1 和 c_2 的值，求解下面两个联立方程：

$$f(0) = 1 = c_1 + c_2, \ f(1) = 4 = -c_1 + 4c_2$$

得到 $c_1 = 0, c_2 = 1$，所以 $f(n) = 4^n$。

例 A.19 考虑奇整数序列 $1, 3, 5, 7, 9, \cdots$ 可以用递推关系表示为 $f(n) = 2f(n-1) - f(n-2)$，且 $f(0) = 1, f(1) = 3$，特征方程式是 $x^2 - 2x + 1 = 0$，$r_1 = r_2 = 1$。这样，递推的解是 $f(n) = c_1 1^n + c_2 n 1^n = c_1 + c_2 n$。为求出 c_1 和 c_2 的值，求解下面两个联立方程

$$f(0) = 1 = c_1, f(1) = 3 = c_1 + c_2$$

求解的结果是 $c_1 = 1, c_2 = 2$，所以 $f(n) = 2n + 1$。

例 A.20 考虑 Fibonacci 序列 $1, 1, 2, 3, 5, 8, \cdots$ 它可以用递推关系表示为 $f(n) = f(n-1) + f(n-2)$，且 $f(1) = f(2) = 1$。为了简化解，我们可以引入额外项 $f(0) = 0$。特征方程是 $x^2 - x - 1 = 0, r_1 = (1 + \sqrt{5})/2, r_2 = (1 - \sqrt{5})/2$。这样递推关系的解是

$$f(n) = c_1 \left(\frac{1 + \sqrt{5}}{2} \right)^n + c_2 \left(\frac{1 - \sqrt{5}}{2} \right)^n$$

为求出 c_1 和 c_2 的值，求解下面两个联立方程

$$f(0) = 0 = c_1 + c_2, f(1) = 1 = c_1 \left(\frac{1 + \sqrt{5}}{2} \right) + c_2 \left(\frac{1 - \sqrt{5}}{2} \right)$$

求解的结果为 $c_1 = 1/\sqrt{5}, c_2 = -1/\sqrt{5}$，所以

$$f(n) = \frac{1}{\sqrt{5}} \left(\frac{1 + \sqrt{5}}{2} \right)^n - \frac{1}{\sqrt{5}} \left(\frac{1 - \sqrt{5}}{2} \right)^n$$

因为 $(1 - \sqrt{5})/2 \approx -0.618\,034$，当 n 很大时第二项趋近于 0，所以当 n 足够大时，

$$f(n) \approx \frac{1}{\sqrt{5}} \left(\frac{1 + \sqrt{5}}{2} \right)^n \approx 0.447\,214(1.618\,03)^n$$

数值 $\phi = (1 + \sqrt{5})/2 \approx 1.618\,03$ 称为黄金比例。在例 A.11 中，我们已经证明了对于所有的 $n \geq 1, f(n) \leq \phi^{n-1}$。

A.8.2 非齐次递推关系的解

遗憾的是，一般来说没有很容易的办法可以处理非齐次递推关系。这里，我们将限于在算法分析中经常用到的一些基本的非齐次递推关系上。也许最简单的非齐次递归关系是

$$f(n) = f(n-1) + g(n), n \geq 1 \tag{A.21}$$

其中 $g(n)$ 是另一个序列。容易看出递推关系 (A.21) 的解是

$$f(n) = f(0) + \sum_{i=1}^{n} g(i)$$

例如，递推式 $f(n) = f(n-1) + 1$ 且 $f(0) = 0$ 的解是 $f(n) = n$。

现在来考虑齐次递推关系

$$f(n) = g(n)f(n-1), n \geq 1 \tag{A.22}$$

这也容易看出递推关系 (A.22) 的解是

$$f(n) = g(n)g(n-1) \cdots g(1)f(0)$$

例如，递推式 $f(n) = nf(n-1)$ 且 $f(0) = 1$ 的解是 $f(n) = n!$。

下面考虑非齐次递推关系

$$f(n) = g(n)f(n-1) + h(n), n \geq 1 \tag{A.23}$$

其中 $h(n)$ 又是另一个序列。定义一个新函数 $f'(n)$ 如下，令

$$f(n) = g(n)g(n-1)\cdots g(1)f'(n), n \geqslant 1; f'(0) = f(0)$$

将递推关系(A.23)中的 $f(n)$ 和 $f(n-1)$ 代入相应的式子，得到

$$g(n)g(n-1)\cdots g(1)f'(n) = g(n)(g(n-1)\cdots g(1)f'(n-1)) + h(n)$$

它简化为

$$f'(n) = f'(n-1) + \frac{h(n)}{g(n)g(n-1)\cdots g(1)}, n \geqslant 1$$

因此

$$f'(n) = f'(0) + \sum_{i=1}^{n} \frac{h(i)}{g(i)g(i-1)\cdots g(1)}, n \geqslant 1$$

得出

$$f(n) = g(n)g(n-1)\cdots g(1)\left(f(0) + \sum_{i=1}^{n} \frac{h(i)}{g(i)g(i-1)\cdots g(1)}\right), n \geqslant 1 \quad (A.24)$$

例 A.21　考虑序列 $0,1,4,18,96,600,4320,35\,280,\cdots$ 可以用递推关系表示为

$$f(n) = nf(n-1) + n!, \ n \geqslant 1; f(0) = 0$$

我们用如下方法来求解非齐次递推关系。令 $f(n) = n!f'(n)$，$f'(0) = f(0) = 0$，那么

$$n!f'(n) = n(n-1)!f'(n-1) + n!$$

简化为

$$f'(n) = f'(n-1) + 1$$

它的解是

$$f'(n) = f'(0) + \sum_{i=1}^{n} 1 = 0 + n$$

因此

$$f(n) = n!f'(n) = nn!$$

例 A.22　考虑序列 $0,1,4,11,26,57,120,\cdots$ 可以用递推关系表示为

$$f(n) = 2f(n-1) + n, \ n \geqslant 1; f(0) = 0$$

我们用如下方法来求解非齐次递推关系。令 $f(n) = 2^n f'(n)$，$f'(0) = f(0) = 0$，那么

$$2^n f'(n) = 2(2^{n-1}f'(n-1)) + n$$

简化为

$$f'(n) = f'(n-1) + \frac{n}{2^n}$$

它的解是

$$f'(n) = f'(0) + \sum_{i=1}^{n} \frac{i}{2^i}$$

由 $f'(0) = f(0) = 0$，得到

$$f(n) = 2^n f'(n) = 2^n \sum_{i=1}^{n} \frac{i}{2^i}$$

由式(A.14)可知

$$f(n) = 2^n \sum_{i=1}^{n} \frac{i}{2^i} = 2^n \left(2 - \frac{n+2}{2^n}\right) = 2^{n+1} - n - 2$$

A.9   分治递推关系的解

详见 1.15 节。

A.10   练习

A.1   设 A,B 是两个集合，证明下面的属性，它们称为 De Morgan 定律。
(a) $\overline{A \cup B} = \overline{A} \cap \overline{B}$。
(b) $\overline{A \cap B} = \overline{A} \cup \overline{B}$。

A.2   设 A,B,C 是有限集。
(a) 证明两个集合的容斥原理

$$|A \cup B| = |A| + |B| - |A \cap B|$$

(b) 证明三个集合的容斥原理

$$|A \cup B \cup C| = |A| + |B| + |C| - |A \cap B| - |A \cap C| - |B \cap C| + |A \cap B \cap C|$$

A.3   证明集合 A 上的关系 R 如果是传递的和反自反的，则 R 是非对称的。

A.4   设 R 是集合 A 上的关系，R^2 定义为 $\{(a,b) \mid (a,c) \in R \ \text{且} \ (c,b) \in R, c \in A\}$。证明如果 R 是对称的，则 R^2 也是对称的。

A.5   设 R 是集合 A 上的非空关系，证明如果 R 是对称的和传递的，那么 R 不是反自反的。

A.6   设 A 是有限集，$P(A)$ 是 A 的幂集，定义集合 $P(A)$ 上的关系 R 为当且仅当 $X \subseteq Y$ 时，$(X,Y) \in R$。证明 R 是偏序关系。

A.7   令 $A = \{1,2,3,4,5\}$，$B = A \times A$，定义集合 B 上的关系 R 为 $\{((x,y),(w,z)) \in \beta\}$，当且仅当 $xz = yw$。
(a) 证明 R 是等价关系。
(b) 找出由 R 导出的等价类。

A.8   给出集合 A,B 和从 A 到 B 的函数 f，确定 f 是否是一对一的、映到 B 的或二者都是（即双射函数）。
(a) $A = \{1,2,3,4,5\}$，$B = \{1,2,3,4\}$，$f = \{(1,2),(2,3),(3,4),(4,1),(5,2)\}$。
(b) A 是整数集合，B 是偶数集合，$f(n) = 2n$。
(c) $A = B$ 是整数集合，$f(n) = n^2$。
(d) $A = B$ 是实数集合，且 0 不在其中，$f(x) = 1/x$。
(e) $A = B$ 是实数集合，$f(x) = |x|$。

A.9   如果对于某整数 p 和 q，有 $r = p/q$，实数 r 就称为有理数，否则称为无理数。0.25，1.333 333 3… 是有理数，而 π 和 $\sqrt{p}$（p 是任意素数）就是无理数，用反证法来证明 $\sqrt{7}$ 是无理数。

A.10   证明对于任何正整数 n 有

$$\lfloor \log n \rfloor + 1 = \lceil \log(n+1) \rceil$$

A.11   给出一个反例证明例 A.9 的命题是错误的。

A.12 用数学归纳法证明对于 $n \geq 4$，有 $n! > 2^n$。

A.13 用数学归纳法证明有 n 个节点的树恰有 $n-1$ 条边。

A.14 证明对于所有的 $n \geq 2$，有 $\phi^n = \phi^{n-1} + \phi^{n-2}$，$\phi$ 是黄金率（见例 A.11）。

A.15 证明对于所有的正整数 k，有 $\sum_{i=1}^{n} i^k \log i = O(n^{k+1} \log n)$。

A.16 分别按如下方法证明

$$\sum_{j=1}^{n} j \log j = \Theta(n^2 \log n)$$

（a）用代数方法。

（b）用积分近似求和的方法。

A.17 分别按如下方法证明

$$\sum_{j=1}^{n} \log(n/j) = O(n)$$

（a）用代数方法。

（b）用积分近似求和的方法。

A.18 求解下列递推关系：

（a）$f(n) = 3f(n-1)$，当 $n \geq 1$；$f(0) = 5$

（b）$f(n) = 2f(n-1)$，当 $n \geq 1$；$f(0) = 2$

（c）$f(n) = 5f(n-1)$，当 $n \geq 1$；$f(0) = 1$

A.19 求解下列递推关系：

（a）$f(n) = 5f(n-1) - 6f(n-2)$，当 $n \geq 2$；$f(0) = 1$，$f(1) = 0$

（b）$f(n) = 4f(n-1) - 4f(n-2)$，当 $n \geq 2$；$f(0) = 6$，$f(1) = 8$

（c）$f(n) = 6f(n-1) - 8f(n-2)$，当 $n \geq 2$；$f(0) = 1$，$f(1) = 0$

（d）$f(n) = -6f(n-1) - 9f(n-2)$，当 $n \geq 2$；$f(0) = 3$，$f(1) = -3$

（e）$2f(n) = 7f(n-1) - 3f(n-2)$，当 $n \geq 2$；$f(0) = 1$，$f(1) = 1$

（f）$f(n) = f(n-2)$，当 $n \geq 2$；$f(0) = 5$，$f(1) = -1$

A.20 求解下列递推关系：

（a）$f(n) = f(n-1) + n^2$，当 $n \geq 1$；$f(0) = 0$

（b）$f(n) = 2f(n-1) + n$，当 $n \geq 1$；$f(0) = 1$

（c）$f(n) = 3f(n-1) + 2^n$，当 $n \geq 1$；$f(0) = 3$

（d）$f(n) = 2f(n-1) + n^2$，当 $n \geq 1$；$f(0) = 1$

（e）$f(n) = 2f(n-1) + n + 4$，当 $n \geq 1$；$f(0) = 4$

（f）$f(n) = -2f(n-1) + 2^n - n^2$，当 $n \geq 1$；$f(0) = 1$

（g）$f(n) = nf(n-1) + 1$，当 $n \geq 1$；$f(0) = 1$

附录 B　离散概率简介

B.1　定义

样本空间 Ω 是一个实验中所有可能的结果(也称发生或点)的集合。一个事件 $\mathcal{E}$ 是样本空间的子集。例如,掷骰子时,$\Omega = \{1,2,3,4,5,6\}$ 并且 $\mathcal{E} = \{1,3,5\}$ 是其中一个可能的事件。

设 $\mathcal{E}_1$ 和 $\mathcal{E}_2$ 是两个事件。则 $\mathcal{E}_1 \cup \mathcal{E}_2$ 事件包括 $\mathcal{E}_1$ 的所有点或 $\mathcal{E}_2$ 中的所有点,或两个事件的所有点。$\mathcal{E}_1 \cap \mathcal{E}_2$ 事件是所有既在 $\mathcal{E}_1$ 又在 $\mathcal{E}_2$ 中的所有点。其他的集合运算符也以类似方式定义。如果 $\mathcal{E}_1 \cap \mathcal{E}_2 = \varnothing$,则 $\mathcal{E}_1$ 和 $\mathcal{E}_2$ 称为互斥的事件。

设 $x_1, x_2, \cdots, x_n$ 是一个实验的所有可能的 n 个结果。那么,一定有 $0 \leqslant \mathbf{Pr}[x_i] \leqslant 1$,其中 $1 \leqslant i \leqslant n$ 且 $\sum_{i=1}^{n} \mathbf{Pr}[x_i] = 1$。从样本空间的所有事件集合到 $[0 \cdots 1]$ 子集的函数 $\mathbf{Pr}$ 称为概率分布。在很多实验中,很自然地假设所有的结果都有相同的概率。例如,在掷骰子的实验中,$\mathbf{Pr}[k] = \dfrac{1}{6}$,其中 $1 \leqslant k \leqslant 6$。

B.2　条件概率与独立性

设 $\mathcal{E}_1$ 和 $\mathcal{E}_2$ 是两个事件。当已有 $\mathcal{E}_2$ 时 $\mathcal{E}_1$ 发生的条件概率记为 $\mathbf{Pr}[\mathcal{E}_1 \mid \mathcal{E}_2]$,定义为

$$\mathbf{Pr}[\mathcal{E}_1 \mid \mathcal{E}_2] = \frac{\mathbf{Pr}[\mathcal{E}_1 \cap \mathcal{E}_2]}{\mathbf{Pr}[\mathcal{E}_2]} \tag{B.1}$$

如果满足以下条件,则 $\mathcal{E}_1$ 和 $\mathcal{E}_2$ 称为互相独立的:

$$\mathbf{Pr}[\mathcal{E}_1 \cap \mathcal{E}_2] = \mathbf{Pr}[\mathcal{E}_1]\mathbf{Pr}[\mathcal{E}_2]$$

如果 $\mathcal{E}_1$ 和 $\mathcal{E}_2$ 不是互相独立的,则称为依赖的。等价地有,如果满足以下条件,则 $\mathcal{E}_1$ 和 $\mathcal{E}_2$ 相互独立:

$$\mathbf{Pr}[\mathcal{E}_1 \mid \mathcal{E}_2] \times \mathbf{Pr}[\mathcal{E}_2] = \mathbf{Pr}[\mathcal{E}_1]\mathbf{Pr}[\mathcal{E}_2]$$

例 B.1　在抛两枚硬币的实验中,所有的发生结果都被假定为同样的可能性。则样本空间为 $\{HH, HT, TH, TT\}$。设 $\mathcal{E}_1$ 是第一枚硬币正面朝上的事件,$\mathcal{E}_2$ 是至少有一枚硬币反面朝上的事件。此时,$\mathbf{Pr}[\mathcal{E}_1] = \mathbf{Pr}[\{HT, HH\}] = \dfrac{1}{2}$,$\mathbf{Pr}[\mathcal{E}_2] = \mathbf{Pr}[\{HT, TH, TT\}] = \dfrac{3}{4}$。因此,

$$\mathbf{Pr}[\mathcal{E}_1 \mid \mathcal{E}_2] = \frac{\mathbf{Pr}[\{HT, HH\} \cap \{HT, TH, TT\}]}{\mathbf{Pr}[\{HT, TH, TT\}]} = \frac{\mathbf{Pr}[\{HT\}]}{\mathbf{Pr}[\{HT, TH, TT\}]} = \frac{1}{3}$$

因为 $\mathbf{Pr}[\mathcal{E}_1 \cap \mathcal{E}_2] = \dfrac{1}{4} \neq \dfrac{3}{8} = \mathbf{Pr}[\mathcal{E}_1]\mathbf{Pr}[\mathcal{E}_2]$,从而得出结论 $\mathcal{E}_1$ 和 $\mathcal{E}_2$ 不是互相独立的。

现在，把$\mathcal{E}_2$改成第二枚硬币反面朝上的事件。那么，$\mathbf{Pr}[\mathcal{E}_2] = \mathbf{Pr}[\{HT,TT\}] = \frac{1}{2}$。因此，

$$\mathbf{Pr}[\mathcal{E}_1 \mid \mathcal{E}_2] = \frac{\mathbf{Pr}[\{HT,HH\} \cap \{HT,TT\}]}{\mathbf{Pr}[\{HT,TT\}]} = \frac{\mathbf{Pr}[\{HT\}]}{\mathbf{Pr}[\{HT,TT\}]} = \frac{1}{2}$$

既然$\mathbf{Pr}[\mathcal{E}_1 \cap \mathcal{E}_2] = \frac{1}{4} = \frac{1}{2} \times \frac{1}{2} = \mathbf{Pr}[\mathcal{E}_1]\mathbf{Pr}[\mathcal{E}_2]$，我们可以断定$\mathcal{E}_1$和$\mathcal{E}_2$是互相独立的。

例 B.2 在掷两个骰子的实验中，假定所有的结果都具有同样的可能性。样本空间为$\{(1,1),(1,2),\cdots,(6,6)\}$。设$\mathcal{E}_1$是两个骰子之和为 6 的事件，$\mathcal{E}_2$是第一个骰子是 4 的事件。那么$\mathbf{Pr}[\mathcal{E}_1] = \mathbf{Pr}[\{(1,5),(2,4),(3,3),(4,2),(5,1)\}] = \frac{5}{36}$，并且，$\mathbf{Pr}[\mathcal{E}_2] = \mathbf{Pr}[\{(4,1),(4,2),(4,3),(4,4),(4,5),(4,6)\}] = \frac{1}{6}$。因为$\mathbf{Pr}[\mathcal{E}_1 \cap \mathcal{E}_2] = \mathbf{Pr}[\{(4,2)\}] = \frac{1}{36} \neq \frac{5}{36} \times \frac{1}{6} = \frac{5}{216} = \mathbf{Pr}[\mathcal{E}_1]\mathbf{Pr}[\mathcal{E}_2]$，我们断言$\mathcal{E}_1$和$\mathcal{E}_2$不是互相独立的。

现在，把$\mathcal{E}_1$改成两个骰子之和为 7 的事件。那么$\mathbf{Pr}[\mathcal{E}_1] = \mathbf{Pr}[\{(1,6),(2,5),(3,4),(4,3),(5,2),(6,1)\}] = \frac{1}{6}$。因为$\mathbf{Pr}[\mathcal{E}_1 \cap \mathcal{E}_2] = \mathbf{Pr}[\{(4,3)\}] = \frac{1}{36} = \frac{1}{6} \times \frac{1}{6} = \mathbf{Pr}[\mathcal{E}_1]\mathbf{Pr}[\mathcal{E}_2]$，我们断言$\mathcal{E}_1$和$\mathcal{E}_2$是互相独立的。

B.2.1 条件概率的乘法法则

将式(B.1)变形，可得

$$\mathbf{Pr}[\mathcal{E}_1 \cap \mathcal{E}_2] = \mathbf{Pr}[\mathcal{E}_1 \mid \mathcal{E}_2]\mathbf{Pr}[\mathcal{E}_2]$$

或

$$\mathbf{Pr}[\mathcal{E}_1 \cap \mathcal{E}_2] = \mathbf{Pr}[\mathcal{E}_1]\mathbf{Pr}[\mathcal{E}_2 \mid \mathcal{E}_1] \tag{B.2}$$

在三个事件的情况下，式(B.2)可扩展为

$$\mathbf{Pr}[\mathcal{E}_1 \cap \mathcal{E}_2 \cap \mathcal{E}_3] = \mathbf{Pr}[\mathcal{E}_1]\mathbf{Pr}[\mathcal{E}_2 \mid \mathcal{E}_1]\mathbf{Pr}[\mathcal{E}_3 \mid \mathcal{E}_1 \cap \mathcal{E}_2]$$

一般地，我们有

$$\mathbf{Pr}[\mathcal{E}_1 \cap \cdots \cap \mathcal{E}_n] = \mathbf{Pr}[\mathcal{E}_1]\mathbf{Pr}[\mathcal{E}_2 \mid \mathcal{E}_1]\cdots\mathbf{Pr}[\mathcal{E}_n \mid \mathcal{E}_1 \cap \mathcal{E}_2 \cap \cdots \cap \mathcal{E}_{n-1}] \tag{B.3}$$

B.3 随机变量与期望

随机变量X是从样本空间到实数集合的函数。例如，我们可以让X表示投抛三枚硬币时出现的正面朝上的数目。那么，随机变量X以概率取为 0、1、2 和 3 的值之一。$\mathbf{Pr}[X = 0] = \mathbf{Pr}[\{TTT\}] = \frac{1}{8}$，$\mathbf{Pr}[X = 1] = \mathbf{Pr}[\{HTT, THT, TTH\}] = \frac{3}{8}$，$\mathbf{Pr}[X = 2] = \mathbf{Pr}[\{HHT, HTH, THH\}] = \frac{3}{8}$，$\mathbf{Pr}[X = 3] = \mathbf{Pr}[\{HHH\}] = \frac{1}{8}$。

值域为S的(离散)随机变量X的期望值定义为

$$\mathbf{E}[X] = \sum_{x \in S} x\mathbf{Pr}[X = x]$$

例如，如果我们让 X 表示掷骰子时出现的数字，那么 X 的期望值是

$$\mathbf{E}[X] = \sum_{k=1}^{6} k\mathbf{Pr}[X = k] = \frac{1}{6}(1 + 2 + 3 + 4 + 5 + 6) = \frac{7}{2} \tag{B.4}$$

$\mathbf{E}[X]$ 表示随机变量 X 的平均值，通常写为 μ_X，或者简单地写为 μ。一个重要而且有用的特征是期望的线性：

$$\mathbf{E}\left[\sum_{i=1}^{n} X_i \right] = \sum_{i=1}^{n} \mathbf{E}[X_i]$$

这与独立性无关，总是成立的。

另一个重要的度量就是 X 的方差，用 $\mathbf{var}[X]$ 或者 σ_X^2 来表示，定义为

$$\mathbf{var}[X] = \mathbf{E}[(X - \mu)^2] = \sum_{x \in S} (x - \mu)^2 \mathbf{Pr}[X = x]$$

其中 S 是 X 的值域。可以看出 $\mathbf{var}[X] = \mathbf{E}[X^2] - \mu^2$。例如，在掷骰子的实验中，

$$\begin{aligned}
\mathbf{var}[X] &= \left(\sum_{k=1}^{6} k^2 \mathbf{Pr}[X = k] \right) - \left(\frac{7}{2} \right)^2 \\
&= \frac{1}{6}(1 + 2^2 + 3^2 + 4^2 + 5^5 + 6^2) - \left(\frac{7}{2} \right)^2 \\
&= \frac{91}{6} - \frac{49}{4} \\
&= \frac{35}{12}
\end{aligned}$$

σ_X 或者简记为 σ，称为标准差。因此，上例中，$\sigma = \sqrt{35/12} \approx 1.7$。

B.4　离散概率分布

B.4.1　均匀分布

均匀分布是所有概率分布中最简单的，假定其中随机变量以相等的概率取所有值。如果 X 以相等的概率取 $x_1, x_2, \cdots, x_n$ 的值，那么对于所有 k，$1 \leqslant k \leqslant n$，$\mathbf{Pr}[X = k] = \frac{1}{n}$。掷骰子时，指示出现数字的随机变量就是这种分布的一个例子。

B.4.2　Bernoulli 分布

Bernoulli 实验是一个严格地有两个结果的实验，例如抛硬币。这两个结果通常称为成功和失败，相应的概率分别为 p 和 $q = 1 - p$。设 X 为一个随机变量，对应抛一枚有偏向性的硬币，假设其正面概率为 $1/3$，反面概率为 $2/3$。如果我们在正面出现时将结果标记为成功，那么

$$X = \begin{cases} 1 & \text{如果实验成功} \\ 0 & \text{如果实验失败} \end{cases}$$

假设仅取数字 0 和 1 的随机变量称为指示器随机变量。具有成功概率 p 的指示器随机变量的期望值和方差由下式给出：

$$\mathbf{E}[X] = p \quad 和 \quad \mathbf{var}[X] = pq = p(1-p)$$

B.4.3　二项分布

设 $X = \sum_{i=1}^{n} X_i$，其中 X_i 是指示器随机变量，对应的是 n 个独立的参数为 p 的 Bernoulli 实验。那么称 X 具有二项分布，其参数为 p 和 n。恰好有 k 次成功的概率由下式给出：

$$\mathbf{Pr}[X = k] = \binom{n}{k} p^k q^{n-k}$$

其中 $q = 1 - p$。X 的期望和方差由下式给出：

$$\mathbf{E}[X] = np \quad 和 \quad \mathbf{var}[X] = npq = np(1-p)$$

第一个等式根据期望的线性结果得到，第二个等式由所有 X_i 都是成对独立的事实得到。

例如，对于得到 k 次正面朝上的概率（$0 \le k \le 4$），当抛一枚公平的硬币 4 次时，概率依次如下：

$$\frac{1}{16}, \frac{1}{4}, \frac{3}{8}, \frac{1}{4}, \frac{1}{16}$$

所以 $\mathbf{E}[X] = 4 \times \left(\frac{1}{2}\right) = 2$，$\mathbf{var}[X] = 4 \times \left(\frac{1}{2}\right) \times \left(\frac{1}{2}\right) = 1$。

B.4.4　几何分布

假设我们有一个（偏向性的）硬币，正面朝上的概率为 p。让随机变量 X 表示直到第一次正面出现抛硬币的次数。那么称 X 具有几何分布，以 p 为参数。$k \ge 1$ 次实验后成功的概率为 $\mathbf{Pr}[X = k] = q^{k-1} p$，其中 $q = 1 - p$。X 的期望值是 $\mathbf{E}[X] = 1/p$，方差是 $\mathbf{var}[X] = q/p^2$。

考虑抛硬币直到正面朝上第一次出现的实验。假设我们抛一枚硬币 10 次，没有一次成功，也就是反面出现了 10 次。那么第 11 次掷硬币得到头像的概率是多少？答案是 1/2。这种关于几何分布的观察结论称为无记忆性的：一个事件未来发生的概率与过去无关。

B.4.5　Poisson 分布

如果满足下式，则一个离散随机变量 X 称为 Poisson 随机变量（其取 $0, 1, 2 \cdots$ 值中的一个）：

$$\mathbf{Pr}[X = k] = \frac{e^{-\lambda} \lambda^k}{k!}, \quad k \ge 0$$

其中，参数 $\lambda > 0$。如果 X 是带参数 λ 的 Poisson 随机变量，则 $\mathbf{E}[X] = \mathbf{var}[X] = \lambda$。即参数为 λ 的 Poisson 随机变量的期望和方差均等于 λ。

参 考 文 献

Aho, A. V., Hopcroft, J. E. and Ullman, J. D. (1974) *The Design and Analysis of Computer Algorithms*, Addison-Wesley, Reading, MA.

Aho, A. V., Hopcroft, J. E. and Ullman, J. D. (1983) *Data Structures and Algorithms*, Addison-Wesley, Reading, MA.

Ahuja, R. K., Orlin, J. B. and Tarjan, R. E. (1989) "Improved time bounds for the maximum flow problem", *SIAM Journal on Computing*, 18, 939–954.

Alsuwaiyel, M. H. (2006) "A random algorithm for multiselection", *Journal of Discrete Mathematics and Applications*, **16**(2), 175–180.

Aurenhammer, F. (1991) "Voronoi diagrams: A survey of a fundamental data structure", *ACM Computing Surveys*, **23**, 345–405.

Baase, S. (1988) *Computer Algorithms: Introduction to Design and Analysis*, Addison-Wesley, Reading, MA; second edition.

Balcazar, J. L., Diaz, J. and Gabarro J. (1988) *Structural Complexity I*, Springer, Berlin.

Balcazar, J. L., Diaz, J. and Gabarro J. (1990) *Structural Complexity II*, Springer, Berlin.

Banachowski, L., Kreczmar, A. and Rytter, W. (1991) *Analysis of Algorithms and Data Structures*, Addison-Wesley, Reading, MA.

Bellman, R. E. (1957) *Dynamic Programming*, Princeton University Press, Princeton, NJ.

Bellman, R. E. and Dreyfus, S. E. (1962) *Applied Dynamic Programming*, Princeton University Press, Princeton, NJ.

Bellmore, M. and Nemhauser, G. (1968) "The traveling salesman problem: A survey", *Operations Research*, **16**(3), 538–558.

Bently, J. L. (1982a) *Writing Efficient Programs*, Prentice-Hall, Englewood Cliffs, NJ.

Bently, J. L. (1982b) *Programming Pearls*, Addison-Wesley, Reading, MA.

Berge, C. (1957) "Two theorems in graph theory", *Proceedings of the National Academy of Science*, **43**, 842–844.

Bin-Or, M. (1983) "Lower bounds for algebraic computation trees", *Proceedings of the 15th ACM Annual Symposium on Theory of Comp.*, 80–86.

Blum, M., Floyd, R. W., Pratt, V. R., Rivest, R. L. and Tarjan, R. E. (1973) "Time bounds for selection", *Journal of Computer and System Sciences*, **7**, 448–461.

Bovet, D. P. and Crescenzi, P. (1994) *Introduction to the Theory of Complexity*, Prentice-Hall, Englewood Cliffs, NJ.

Brassard, G. and Bratley, P. (1988) *Fundamentals of Algorithmics*, Prentice-Hall, Englewood Cliffs, NJ.

Brassard, G. and Bratley, P. (1996) *Algorithmics: Theory and Practice*, Prentice-Hall, Englewood Cliffs, NJ.

Brown, K. (1979a) *Dynamic Programming in Computer Science*, Carnegie-Mellon University, Pittsburgh, PA, USA.

Brown, K. (1979b) "Voronoi diagrams from convex hulls", *Information Processing Letters*, **9**, 223–228.

Burge, W. H. (1975) *Recursive Programming Techniques*, Addison-Wesley, Reading, MA.

Chazelle, B. (1990) "Triangulating a simple polygon in linear time", *Proceedings of the 31th Annual IEEE Symposium on the Foundations of Computer Science*, 220–230

Chazelle, B. (1991) "Triangulating a simple polygon in linear time", *Discrete &
Computational Geometry*, **6**, 485–524.

Cheriton, D. and Tarjan, R. E. (1976) "Finding minimum spanning trees", *SIAM
Journal on Computing*, **5**(4), 724–742.

Christofides, N. (1976) "Worst-case analysis of a new heuristic for the travel-
ing salesman problem", Technical Report, Graduate School of Industrial
Administration, Carnegie-Mellon University, Pittsburgh, PA.

Cook, S. A. (1971) "The complexity of theorem-proving procedures", *Proceedings
of the 3rd Annual ACM Symposium on the Theory of Computing*, 151–158.

Cook, S. A. (1973) "An observation on time-storage trade off", *Proceedings of the
5th Annual ACM Symposium on the Theory of Computing*, 29–33.

Cook, S. A. (1974) "An observation on time-storage trade off", *Journal of Com-
puter and System Sciences*, **7**, 308–316.

Cook, S. A. (1983) "An overview of computational complexity", *Communication
of the ACM*, **26**(6), 400–408 (Turing Award Lecture).

Cook, S. A. (1985) "A taxonomy of problems with fast parallel algorithms",
Information and Control, **64**, 2–22.

Cook, S. A. and Sethi, R. (1976) "Storage requirements for deterministic poly-
nomial time recognizable languages", *Journal of Computer and System
Sciences*, **13**(1), 25–37.

Cormen, T. H., Leiserson, C. E., Rivest, R. L. and Stein, C. (2009) *Introduction
to Algorithms*, MIT Press, Cambridge, MA.

de Berg, M., van Kreveld, M., Overmars, M. and Schwarzkopf, O. (1997) *Com-
putational Geometry: Algorithms and Applications*, Springer, Berlin.

Dijkstra, E. W. (1959) "A note on two problems in connexion with graphs",
Numerische Mathematik, **1**, 269–271.

Dinic, E. A. (1970) "Algorithm for solution of a problem of maximal flow in a
network with power estimation", *Soviet Mathematics Doklady*, **11**, 1277–
1280.

Dobkin, D. and Lipton, R. (1979) "On the complexity of computations under
varying set of primitives", *Journal of Computer and System Sciences*, **18**,
86–91.

Dobkin, D., Lipton, R. and Reiss, S. (1979) "Linear programming is log-space
hard for P", *Information Processing Letters*, **8**, 96–97.

Dreyfus, S. E. (1977) *The Art and Theory of Dynamic Programming*, Academic
Press, New York, NY.

Dromey, R. G. (1982) *How to Solve It by Computer*, Prentice-Hall, Englewood
Cliffs, NJ.

Edelsbrunner, H. (1987) *Algorithms in Combinatorial Geometry*, Springer, Berlin.

Edelsbrunner, H. and Seidel, R. (1986) "Voronoi diagrams and arrangements",
Discrete & Computational Geometry, **1**, 25–44.

Edmonds, J. (1965) "Paths, trees and flowers", *Canadian Journal of Mathemat-
ics*, **17**, 449–467.

Edmonds, J. and Karp, R. M. (1972) "Theoretical improvements in algorithmic
efficiency for network problems", *Journal of the ACM*, **19**, 248–264.

Even, S. (1979) *Graph Algorithms*, Computer Science Press, Rockville, MD.

Even, S. and Tarjan, R. E. (1975) " Network flow and testing graph connectivity",
SIAM Journal on Computing, **4**, 507–512.

Fischer, M. J. (1972) "Efficiency of equivalence algorithms", in *Complexity and
Computations*, Miller, R. E. and Thatcher, J. W. (eds.), Plenum Press,
New York, 153–168.

Fischer, M. J. and Salzberg, S. L. (1982) "Finding a majority among *n* votes",
Journal of Algorithms, **3**, 375–379.

Floyd, R. W. (1962) "Algorithm 97: Shortest path", *Communications of the
ACM*, **5**, 345.

Floyd, R. W. (1964) "Algorithm 245: treesort 3", *Communications of the ACM*, **7**, 701.

Floyd, R. W. (1967) "Assigning meanings to programs", *Symposium on Applied Mathematics*, American Mathematical Society, Providence, RI, pp. 19–32.

Ford Jr., L. R. and Fulkerson, D. R. (1956) "Maximal flow through a network", *Canadian Journal of Mathematics*, **8**, 399–404.

Ford Jr., L. R. and Johnson, S. (1959) "A tournament problem", *American Mathematical Monthly*, **66**, 387–389.

Fortune, S. (1978) "A sweeping algorithm for Voronoi diagrams", *Algorithmica*, **2**, 153–174.

Fortune, S. (1992) "Voronoi diagrams and Delaunay triangulations", in Du, D. Z. and Hwang, F. (eds.), *Computing in Euclidean Geometry*, Lecture Notes Series on Computing, Vol. 1, World Scientific, Singapore, pp. 193–234.

Fredman, M. L. and Tarjan, R. E. (1987) "Fibonacci heaps and their uses in network optimization", *Journal of the ACM*, **34**, 596–615.

Friedman, N. (1972) "Some results on the effect of arithmetics on comparison problems", *Proceedings of the 13th Symposium on Switching and Automata Theory*, IEEE, pp. 139–143.

Fussenegger, F. and Gabow, H. (1976) "Using comparison trees to derive lower bounds for selection problems", *Proceedings of the 17th Foundations of Computer Science*, IEEE, pp. 178–182.

Gabow, H. N. (1976) "An efficient implementation of Edmonds' algorithm for maximum matching on graphs", *Journal of the ACM*, **23**, 221–234.

Galil, Z. (1980) "An $O(V^{5/3}E^{2/3})$) algorithm for the maximal flow problem", *Acta Informatica*, **14**, 221–242.

Galil, Z. and Tardos, E. (1988) "An $O(n^2(m + n \log n) \log n)$ min-cost flow algorithm", *Journal of the ACM*, **35**, 374–386.

Galler B. A. and Fischer, M. J. (1964) "An improved equivalence algorithm", *Communications of the ACM*, **7**, 301–303.

Garey, M. R. and Johnson, D. S. (1979) *Computers and Intractability: A Guide to the Theory of NP-Completeness*, W. H. Freeman and Co., San Francisco, CA.

Garey, M. R., Johnson, D. S., Preparata, F. P. and Tarjan, R. E. (1978) "Triangulating a simple polygon", *Information Processing Letters*, **7**, 175–179.

Gilmore, P. C. (1977) "Cutting Stock, Linear Programming, Knapsack, Dynamic Programming and Integer Programming, Some Interconnections", IBM Research Report RC6528.

Gilmore, P. C. and Gomory, R. E. (1966) "The Theory and Computation of Knapsack Functions", *Journal of ORSA*, **14**(6), 1045–1074.

Godbole, S. (1973) "On efficient computation of matrix chain products", *IEEE Transactions on Computers*, **C-22**(9), 864–866.

Goldberg, A. V. and Tarjan, R. E. (1988) "A new approach to the maximum flow problem", *Journal of the ACM*, **35**, 921–940.

Goldschlager, L., Shaw, L. and Staples, J. (1982) "The maximum flow problem is log space complete for P", *Theoretical Computer Science*, **21**, 105–111.

Golomb, S. and Brumert, L. (1965) "Backtrack programming", *Journal of the ACM*, **12**(4), 516–524.

Gonnet, G. H. (1984) *Handbook of Algorithms and Data Structures*, Addison-Wesley, Reading, MA.

Graham, R. L. (1972) "An efficient algorithm for determining the convex hull of a finite planar set", *Information Processing Letters*, **1**, 132–133.

Graham, R. L. and Hell, P. (1985) "On the history of the minimum spanning tree problem", *Annals of the History of Computing*, **7**(1), 43–57.

Greene, D. H. and Knuth, D. E. (1981) *Mathematics for the Analysis of Algorithms*, Birkhauser, Boston, MA.

Greenlaw, R., Hoover, J. and Ruzzo, W. (1995), *Limits to Parallel Computation: P-completeness Theory*, Oxford University Press, New York.

Gupta, R., Smolka, S. and Bhaskar, S. (1994) "On randomization in sequential and distributed algorithms", *ACM Computing Surveys*, **26**(1), 7–86.

Hall Jr., M. (1956) "An algorithm for distinct representatives", *The American Mathematical Monthly*, **63**, 716–717.

Hartmanis, J. and Stearns, R. E. (1965) "On the computational complexity of algorithms", *Transactions of the American Mathematical Society*, **117**, 285–306.

Held, M. and Karp, R. M. (1962) "A dynamic programming approach to sequencing problems", *SIAM Journal on Applied Mathematics*, **10**(1), 196–210.

Held, M. and Karp, R. M. (1967) "Finite-state process and dynamic programming", *SIAM Journal on Computing*, **15**, 693–718.

Hoare, C. A. R. (1961) "Algorithm 63 (partition) and Algorithm 65 (find)", *Communication of the ACM*, **4**(7), 321–322.

Hoare, C. A. R. (1962) "Quicksort", *Computer Journal*, **5**, 10–15.

Hofri, M. (1987) *Probabilistic Analysis of Algorithms*, Springer, Berlin.

Hopcroft, J. E. and Karp, R. M. (1973) "A $n^{5/2}$ algorithm for maximum matching in bipartite graphs", *SIAM Journal on Computing*, **2**, 225–231.

Hopcroft, J. E. and Tarjan, R. E. (1973a) "Efficient algorithms for graph manipulation", *Communication of the ACM*, **16**(6), 372–378.

Hopcroft, J. E. and Tarjan, R. E. (1973b) "Dividing a graph into triconnected components", *SIAM Journal on Computing*, **2**, 135–158.

Hopcroft, J. E. and Ullman, J. D. (1973) "Set merging algorithms", *SIAM Journal on Computing*, **2**(4), 294–303.

Hopcroft, J. E. and Ullman, J. D. (1979) *Introduction to Automata Theory, Languages, and Computation*, Addison-Wesley, Reading, MA.

Horowitz, E. and Sahni, S. (1978) *Fundamentals of Computer Algorithms*, Computer Science Press, Rockville, MD.

Hromkovic, J. (2005) *Design and Analysis of Randomized Algorithms: Introduction to Design Paradigms*, Springer, Berlin.

Hu, T. C. (1969) *Integer Programming and Network Flows*, Addison-Wesley, Reading, MA.

Hu, T. C. (1982) *Combinatorial Algorithms*, Addison-Wesley, Reading, MA.

Hu, T. C. and Shing, M. T. (1980) "Some theorems about matrix multiplication", *Proceedings of the 21st Annual Symposium on Foundations of Computer Science*, 28–35.

Hu, T. C. and Shing, M. T. (1982) "Computation of matrix chain products", Part 1, *SIAM Journal on Computing*, **11**(2), 362–373.

Hu, T. C. and Shing, M. T. (1984) "Computation of matrix chain products", Part 2, *SIAM Journal on Computing*, **13**(2), 228–251.

Huffman, D. A. (1952) "A method for the construction of minimum redundancy codes", *Proceedings of the IRA*, **40**, 1098–1101.

Hwang, F. K. and Lin, S. (1972) "A simple algorithm for merging two disjoint linearly ordered sets", *SIAM Journal on Computing*, **1**, 31–39.

Hyafil, L. (1976) "Bounds for selection", *SIAM Journal on Computing*, **5**(1), 109–114.

Ibarra, O. H. and Kim, C. E. (1975) "Fast approximation algorithms for the knapsack and sum of subset problems", *Journal of the ACM*, **22**, 463–468.

Johnson, D. S. (1973) "Near-optimal bin packing algorithms", Doctoral thesis, Department of Mathematics, MIT, Cambridge, MA.

Johnson, D. B. (1975) "Priority queues with update and finding minimum spanning trees", *Information Processing Letters*, **4**(3), 53–57.

Johnson, D. B. (1977) "Efficient algorithms for shortest paths in sparse networks", *Journal of the ACM*, **24**(1), 1–13.

Johnson, D. S., Demers, A., Ullman, J. D., Garey, M. R. and Graham, R. L. (1974) "Worst-case performance bounds for simple one-dimensional packing algorithm", *SIAM Journal on Computing*, **3**, 299–325.

Jones, N. D. (1975) "Space-bounded reducibility among combinatorial problems", *Journal of Computer and System Sciences*, **11**(1), 68–85.

Jones, D. W. (1986) "An empirical comparison of priority-queue and event-set implementations", *Communications of the ACM*, **29**, 300–311.

Jones, N. D. and Lasser, W. T. (1976) "Complete problems for deterministic polynomial time", *Theoretical Computer Science*, **3**(1), 105–118.

Jones, N. D., Lien, E. and Lasser, W. T. (1976) "New problems complete for nondeterministic log space", *Mathematical System Theory*, **10**(1), 1–17.

Karatsuba, A. and Ofman, Y. (1962) "Multiplication of multidigit numbers on automata" (in Russian) *Doklady Akademii Nauk SSSR*, **145**, 293–294.

Karp, R. (1972) "Reducibility among combinatorial problems", in *Complexity of Computer Computations*, Miller, R. E. and Thatcher, J. W., eds., Plenum Press, New York, NY, 85–104.

Karp, R. M. (1986) "Combinatorics, complexity, and randomness", *Communications of the ACM*, **29**, 98–109 (Turing Award Lecture).

Karp, R. M. (1991) "An introduction to randomized algorithms", *Discrete Applied Mathematics*, **34**, 165–201.

Karp, R. M. and M. O. Rabin (1987) "Efficient randomized pattern-matching algorithms", *IBM Journal of Research and Development*, **31**, 249–260.

Khachiyan, L. G. (1979) "A polynomial algorithm in linear programming", *Soviet Mathematics Doklady*, **20**, 191–194.

Knuth, D. E. (1968) *The Art of Computer Programming*, 1: *Fundamental Algorithms*, Addison-Wesley, Reading, MA; second edition, 1973.

Knuth, D. E. (1969) *The Art of Computer Programming*, 2: *Seminumerical Algorithms*, Addison-Wesley, Reading, MA; second edition, 1981.

Knuth, D. E. (1973) *The Art of Computer Programming*, 3: *Sorting and Searching*, Addison-Wesley, Reading, MA, 1973.

Knuth, D. E. (1975) "Estimating the efficiency of backtrack programs", *Mathematics of Computation*, **29**, 121–136.

Knuth, D. E. (1976) "Big Omicron and big Omega and big Theta", *SIGACT News, ACM*, **8**(2), 18–24.

Knuth, D. E. (1977) "Algorithms", *Scientific American*, **236**(4), 63–80.

Kozen, D. C. (1992) *The Design and Analysis of Algorithms*, Springer, Berlin.

Kruskal Jr., J. B. (1956) "On the shortest spanning subtree of a graph and the traveling salesman problem", *Proceedings of the American Mathematical Society*, **7**(1), 48–50.

Lander, R. E. (1975) "The circuit value problem is log-space complete for P", *SIGACT News, ACM*, **7**(1), 18–20.

Lawler, E. L. (1976) *Combinatorial Optimization: Networks and Matroids*, Holt, Rinehart and Winston, New York.

Lawler, E. L. and Wood, D. W. (1966) "Branch-and-bound methods: A survey", *Operations Research*, **14**(4), 699–719.

Lawler, E. L., Lenstra, J. K., Rinnooy Kan, A. H. G. and Shmoys, D. B. (eds.) (1985) *The Traveling Salesman Problem*, John Wiley & Sons, Catonsville, MD, USA.

Lee, C. Y. (1961) "An algorithm for path connection and its applications", *IRE Transactions on Electronic Computers*, **EC-10**(3), 346–365.

Lewis, H. R. and Papadimitriou, C. H. (1978) "The efficiency of algorithms", *Scientific American*, **238**(1), 96–109.

Lewis, P. M., Stearns, R. E. and Hartmanis, J. (1965) "Memory bounds for recognition of context-free and context sensitive languages", *Proceedings of the 6th Annual IEEE Symposium on Switching Theory and Logical Design*, 191–202.

Little, J. D. C., Murty, K. G., Sweeney, D. W. and Karel, C. (1963) "An algorithm for the traveling salesman problem", *Operations Research*, **11**, 972–989.

Lueker, G. S. (1980) "Some techniques for solving recurrences", *Computing Surveys*, **12**, 419–436.

Malhotra, V. M., Pramodh-Kumar, M. and Maheshwari, S. N. (1978) "An $O(V^3)$ algorithm for finding maximum flows in networks", *Information Processing Letters*, **7**, 277–278.

Manber, U. (1988) "Using induction to design algorithms", *Communication of the ACM*, **31**, 1300–1313.

Manber, U. (1989) *Introduction to Algorithms: A Creative Approach*, Addison-Wesley, Reading, MA.

McHugh, J. A. (1990) *Algorithmic Graph Theory*, Prentice-Hall, Englewood Cliffs, NJ.

Mehlhorn, K. (1984a) *Data Structures and Algorithms*, I: *Sorting and Searching*, Springer, Berlin.

Mehlhorn, K. (1984b) *Data Structures and Algorithms*, 2: *Graph Algorithms and NP-completeness*, Springer, Berlin.

Mehlhorn, K. (1984c) *Data Structures and Algorithms*, 3: *Multi-dimensional Searching and Computational Geometry*, Springer, Berlin.

Micali, S. and Vazirani, V. V. (1980) "An $O(\sqrt{V}.E)$ algorithm for finding maximum matching in general graphs", *Proceedings of the Twenty-first Annual Symposium on the foundation of Computer Science*, Long Beach, California, IEEE, 17–27.

Minieka, E. (1978) *Optimization Algorithms for Networks and Graphs*, Marcel Dekker, New York, NY.

Misra, J. and Gries, D. (1982) "Finding repeated elements", *Science of Computer Programming*, **2**, 143–152.

Mitzenmacher, M. and Upfal, E. (2005) *Probability and Computing: Randomized Algorithms and Probabilistic Analysis*, Cambridge University Press, New York, NY, USA.

Moore, E. F. (1959) "The shortest path through a maze", *Proceedings of the International Symposium on the Theory of Switching*, Harvard University Press, pp. 285–292.

Moret, B. M. E. and Shapiro, H. D. (1991) *Algorithms from P to NP*, 1: *Design and Efficiency*, Benjamin/Cummings, Redwood City, CA.

Motwani, R. and Raghavan, P. (1995) *Randomized Algorithms*, Cambridge University Press, New York, NY, USA.

Nemhauser, G. (1966) *Introduction to Dynamic Programming*, John Wiley, New York, NY.

Norman, R. Z. (1959) "An algorithm for a minimum cover of a graph", *Proceedings of the American Mathematical Society*, **10**, 315–319.

Okabe, A., Boots, B. and Sugihara, K. (1992) *Spatial Tessellations: Concepts and Applications of Voronoi Diagrams*, John Wiley, Chichester, UK.

O'Rourke, J. (1994) *Computational Geometry in C*, Cambridge University Press, New York, NY.

Pan, V. (1978) "Strassen's algorithm is not optimal", *Proceedings of the 9th Annual IEEE Symposium on the Foundations of Computer Science*, 166–176.

Papadimitriou, C. H. (1994) *Computational Complexity*, Addison-Wesley, Reading, MA.

Papadimitriou, C. H. and Steiglitz, K. (1982) *Combinatorial Optimization: Algorithms and Complexity*, Prentice-Hall, Englewood Cliffs, NJ.

Paull, M. C. (1988) *Algorithm Design: A Recursion Transformation Framework*, John Wiley, New York, NY.

Preparata, F. P. and Shamos, M. I. (1985) *Computational Geometry: An introduction*, Springer, New York, NY.

Prim, R. C. (1957) "Shortest connection networks and some generalizations", *Bell System Technical Journal*, **36**, 1389–1401.

Purdom Jr., P. W. and Brown, C. A. (1985) *The Analysis of Algorithms*, Holt, Rinehart and Winston, New York, NY.

Rabin, M. O. (1960) "Degree of difficulty of computing a function and a partial ordering of recursive sets", Technical Report 2, Hebrew University, Jerusalem.

Rabin, M. O. (1976) "Probabilistic algorithms", in Traub, J. F. (ed.), *Algorithms and Complexity: New Directions and Recent Results*, Academic Press, New York, pp. 21–39.

Reif, J. (1985) "Depth first search is inherently sequential", *Information Processing Letters*, **20**(5), 229–234.

Reingold, E. M. (1971) "Computing the maximum and the median", *Proceedings of the 12th Symposium on Switching and Automata Theory*, IEEE, pp. 216–218.

Reingold, E. M. (1972) "On the optimality of some set algorithms", *Journal of the ACM*, **23**(1), 1–12.

Reingold, E. M. and Hansen, W. J. (1983) *Data Structures*, Little, Brown, Boston, MA.

Reingold, E. M., Nievergelt, J. and Deo, N. (1977) *Combinatorial Algorithms: Theory and Practice*, Prentice-Hall, Englewood Cliffs, NJ.

Rosenkrantz, D. J., Stearns, R. E. and Lewis, P. M. (1977) "An analysis of several heuristics for the traveling salesman problem", *SIAM Journal on Computing*, **6**, 563–581.

Sahni, S. (1975) "Approximation algorithms for the 0/1 knapsack problem", *Journal of the ACM*, **22**, 115–124.

Sahni, S. (1977) "General techniques for combinatorial approximation", *Operations Research*, **25**(6), 920–936.

Savitch, W. J. (1970) "Relationships between nondeterministic and deterministic tape complexities", *Journal of Computer and System Sciences*, **4**(2), 177–192.

Sedgewick, R. (1988) *Algorithms*, Addison-Wesley, Reading, MA.

Shamos, M. I. and Hoey, D. (1975) "Geometric intersection problems", *Proceedings of the 16th Annual Symposium on Foundation of Computer Science*, 208–215.

Sharir, M. (1981) "A strong-connectivity algorithm and its application in data flow analysis", *Computers and Mathematics with Applications*, **7**(1), 67–72.

Skyum, S. (1991) "A simple algorithm for computing the smallest enclosing circle", *Information Processing Letters*, **37**, 121–125.

Sleator, D. D. (1980) "An $O(nm \log n)$ algorithm for maximum network flow", Technical Report STAN-CS-80-831, Stanford University.

Solovay, R. and Strassen, V. (1977) "A fast Monte-Carlo test for primality", *SIAM Journal on Computing*, **6**(1), 84–85.

Solovay, R. and Strassen, V. (1978) "Erratum: A fast Monte-Carlo test for primality", *SIAM Journal on Computing*, **7**(1), 118.

Springsteel, F. N. (1976) "On the pre-AFL of [log n] space and related families of languages", *Theoretical Computer Science*, **2**(3), 295–304.

Standish, T. A. (1980) *Data Structure Techniques*, Addison-Wesley, Reading, MA.

Stearns, R. E., Hartmanis, J. and Lewis, P. M. (1965) "Hierarchies of memory-limited computations", *Conference Record on Switching Circuit Theory and Logical Design*, 191–202.

Strassen, V. (1969) "Gaussian elimination is not optimal", *Numerische Mathematik* **13**, 354–356.

Stockmeyer, L. J. (1974) "The complexity of decision problems in automata theory and logic", MAC TR-133, Project MAC, MIT, Cambridge, MA.

Stockmeyer, L. J. (1976) "The polynomial hierarchy", *Theoretical Computer Science*, **3**, 1–22.

Stockmeyer, L. J. and Meyer, A. R. (1973) "Word problems requiring exponential time", *Proceedings of ACM Symposium on Theory of Computing*, 1–9.

Sudborough, I. H. (1975a) *A note on tape-bounded complexity classes and linear context-free languages*, *Journal of the ACM*, **22**(4), 499–500.

Sudborough, I. H. (1975b) "On tape-bounded complexity classes and multihead finite automata", *Journal of Computer and System Sciences*, **10**(1), 62–76.

Tardos, E. (1985) "A strongly polynomial minimum cost circulation algorithm", *Combinatorica*, **5**, 247–255.

Tarjan, R. E. (1972) "Depth-first search and linear graph algorithms", *SIAM Journal on Computing*, **1**, 146–160.

Tarjan, R. E. (1975) "On the efficiency of a good but not linear set merging algorithm", *Journal of the ACM*, **22**(2), 215–225.

Tarjan, R. E. (1983) *Data Structures and Network Algorithms*, SIAM, Philadelphia, PA.

Tarjan, R. E. (1987) "Algorithm design", *Communications of the ACM*, **30**, 204–212 (Turing Award Lecture).

Tarjan, R. E. and Van Wyk, C. J. (1988) "An $O(n \log \log n)$-time algorithm for triangulating a simple polygon", *SIAM Journal on Computing*, **17**, 143–178. Erratum in **17**, 106.

Toussaint, G. (1984) *Computational Geometry*, North-Holland, Amsterdam.

Vega, W. and Lueker, G. S. (1981) "Bin packing can be solved within $1 + \epsilon$ in linear time", *Combinatorica*, **1**, 349–355.

Weide, B. (1977) "A survey of analysis techniques for discrete algorithms", *Computing Surveys*, **9**, 292–313.

Welsh, D. J. A. (1983) "Randomized algorithms", *Discrete Applied Mathematics*, **5**, 133–145.

Wilf, H. S. (1986) *Algorithms and Complexity*, Prentice-Hall, Englewood Cliffs, NJ.

Williams, J. W. J. (1964) "Algorithm 232: Heapsort", *Communications of the ACM*, **7**, 347–348.

Wirth, N (1986) *Algorithms & Data Structures*, Prentice-Hall, Englewood Cliffs, NJ.

Wrathall, C. (1976) "Complete sets for the polynomial hierarchy", *Theoretical Computer Science*, **3**, 23–34.

Yaglom, I. M. and Boltyanskii, V. G. (1986) *Convex Figures*, Holt, Rinehart and Winston, New York, NY.

Yao, A. C. (1975) "An $0(|E| \log \log |V|)$ algorithm for finding minimum spanning trees", *Information Processing Letters*, **4**(1), 21–23.

反侵权盗版声明

电子工业出版社依法对本作品享有专有出版权。任何未经权利人书面许可,复制、销售或通过信息网络传播本作品的行为;歪曲、篡改、剽窃本作品的行为,均违反《中华人民共和国著作权法》,其行为人应承担相应的民事责任和行政责任,构成犯罪的,将被依法追究刑事责任。

为了维护市场秩序,保护权利人的合法权益,我社将依法查处和打击侵权盗版的单位和个人。欢迎社会各界人士积极举报侵权盗版行为,本社将奖励举报有功人员,并保证举报人的信息不被泄露。

举报电话:(010)88254396;(010)88258888
传　　真:(010)88254397
E-mail:　　dbqq@phei.com.cn
通信地址:北京市海淀区万寿路 173 信箱
　　　　　电子工业出版社总编办公室
邮　　编:100036